中国农业标准经典收藏系列

中国农业行业标准汇编

（2021）

综合分册

标准质量出版分社　编

中国农业出版社
农村读物出版社
北　京

主　　编：刘　伟

副 主 编：冀　刚

编写人员（按姓氏笔画排序）：

冯英华　刘　伟　杨桂华

胡烨芳　廖　宁　冀　刚

出 版 说 明

近年来，我们陆续出版了多版《中国农业标准经典收藏系列》标准汇编，已将2004—2018年由我社出版的4 400多项标准单行本汇编成册，得到了广大读者的一致好评。无论从阅读方式还是从参考使用上，都给读者带来了很大方便。

为了加大农业标准的宣贯力度，扩大标准汇编本的影响，满足和方便读者的需要，我们在总结以往出版经验的基础上策划了《中国农业行业标准汇编（2021）》。本次汇编对2019年出版的226项农业标准进行了专业细分与组合，根据专业不同分为种植业、畜牧兽医、植保、农机、综合和水产6个分册。

本书收录了土壤肥料、农产品加工、沼气、生物质能源及设施建设方面的农业标准43项，并在书后附有2019年发布的6个标准公告供参考。

特别声明：

1. 汇编本着尊重原著的原则，除明显差错外，对标准中所涉及的有关量、符号、单位和编写体例均未做统一改动。

2. 从印制工艺的角度考虑，原标准中的彩色部分在此只给出黑白图片。

3. 本辑所收录的个别标准，由于专业交叉特性，故同时归于不同分册当中。

本书可供农业生产人员、标准管理干部和科研人员使用，也可供有关农业院校师生参考。

标准质量出版分社

2020年9月

目　　录

第四部分　其他类标准

附录

第一部分

土壤肥料标准

ICS 13.080
B 10

中华人民共和国农业行业标准

NY/T 1119—2019
本标准代替 NY/T 1119—2012

耕地质量监测技术规程

Rules for cultivated land quality monitoring

2019-08-01 发布　　2019-11-01 实施

中华人民共和国农业农村部　发布

前　言

本标准按照 GB/T 1.1—2009 给出的规则起草。

本标准由农业农村部种植业管理司提出并归口。

本标准代替 NY/T 1119—2012《耕地质量监测技术规程》。与 NY/T 1119—2012 相比，除编辑性修改外主要技术变化如下：

——修订了耕地质量、耕地地力、耕地质量监测和监测点定义；

——增加了土壤健康状况、长期不施肥、当年不施肥和常规施肥定义；

——修订了监测点设置，增加了自动监测功能区、培肥改良试验监测功能区；将原有监测小区调整为耕地质量监测功能区，并增加了当年不施肥小区设计内容；

——新增监测功能区建设有关要求；

——调整耕地质量监测内容，增加物理性指标土壤紧实度、水稳性大团聚体，增加生物性指标微生物量碳、微生物量氮；

——补充完善了样品测定方法，增加土壤紧实度，水稳性大团聚体，微生物量碳、微生物量氮以及还原性物质总量等的检测方法；

——新增耕地质量监测关键环节质量控制要求；

——新增耕地质量监测数据存储有关要求。

本标准起草单位：农业农村部耕地质量监测保护中心、中国农业科学院农业资源与农业区划研究所、中国农业大学、中国热带农业科学院南亚热带作物研究所。

本标准主要起草人：马常宝、薛彦东、徐明岗、卢昌艾、刘亚男、李德忠、代天飞、武雪萍、张淑香、曲潇琳、黄新君。

本标准所代替标准的历次版本发布情况为：

——NY/T 1119—2006、NY/T 1119—2012。

耕地质量监测技术规程

1 范围

本标准规定了国家耕地质量监测涉及的术语和定义,监测点设置,建点时的调查内容,监测内容,土壤样品的采集、处理和储存,样品检测,数据的规范化及建立数据库,监测报告。

本标准适用于国家耕地质量监测,省(自治区、直辖市)、市、县耕地质量监测可参照执行。

2 规范性引用文件

下列文件对于本文件的应用是必不可少的。凡是注日期的引用文件,仅注日期的版本适用于本文件。凡是不注日期的引用文件,其最新版本(包括所有的修改单)适用于本文件。

GB/T 17138 土壤质量 铜、锌的测定 火焰原子吸收分光光度法

GB/T 17139 土壤质量 镍的测定 火焰原子吸收分光光度法

GB/T 17141 土壤质量 铅、镉的测定 石墨炉原子吸收分光光度法

GB/T 17296 中国土壤分类与代码

GB/T 33469 耕地质量等级

NY/T 52 土壤水分测定法

NY/T 86 土壤碳酸盐测定法

NY/T 87 土壤全钾测定法

NY/T 88 土壤全磷测定法

NY/T 295 中性土壤阳离子交换量和交换性盐基的测定

NY/T 395 农田土壤环境质量监测技术规范

NY/T 889 土壤速效钾和缓效钾含量的测定

NY/T 890 土壤有效态锌、锰、铁、铜含量的测定

NY/T 1121.1 土壤检测 第1部分:土壤样品的采集、处理和储存

NY/T 1121.2 土壤检测 第2部分:土壤pH的测定

NY/T 1121.3 土壤检测 第3部分:土壤机械组成的测定

NY/T 1121.4 土壤检测 第4部分:土壤容重的测定

NY/T 1121.5 土壤检测 第5部分:石灰性土壤阳离子交换量的测定

NY/T 1121.6 土壤检测 第6部分:土壤有机质的测定

NY/T 1121.7 土壤检测 第7部分:土壤有效磷的测定

NY/T 1121.8 土壤检测 第8部分:土壤有效硼的测定

NY/T 1121.9 土壤检测 第9部分:土壤有效钼的测定

NY/T 1121.10 土壤检测 第10部分:土壤总汞的测定

NY/T 1121.11 土壤检测 第11部分:土壤总砷的测定

NY/T 1121.12 土壤检测 第12部分:土壤总铬的测定

NY/T 1121.13 土壤检测 第13部分:土壤交换性钙和镁的测定

NY/T 1121.14 土壤检测 第14部分:土壤有效硫的测定

NY/T 1121.15 土壤检测 第15部分:土壤有效硅的测定

NY/T 1121.16 土壤检测 第16部分:土壤水溶性盐总量的测定

NY/T 1121.19 土壤检测 第19部分:土壤水稳性大团聚体组成的测定

NY/T 1121.24 土壤检测 第24部分:土壤全氮的测定自动定氮仪法

NY/T 1615 石灰性土壤交换性盐基及盐基总量的测定

3 术语和定义

下列术语和定义适用于本文件。

3.1

耕地 cultivated land

用作农作物种植的土地。

3.2

耕地质量 cultivated land quality

由耕地地力、土壤健康状况和田间基础设施构成的满足农产品持续产出和质量安全的能力。

3.3

耕地地力 cultivated land productivity

在当前管理水平下，由土壤立地条件、自然属性等相关要素构成的耕地生产能力。

3.4

土壤健康状况 soil health condition

土壤作为一个动态生命系统具有的维持其功能的持续能力，用清洁程度、生物多样性表示。

注：清洁程度反映了土壤受重金属、农药和农膜残留等有毒有害物质影响的程度；生物多样性反映了土壤生命力丰富程度。本文件中用土壤重金属含量表示清洁程度，用土壤微生物量碳、微生物量氮含量表示生物多样性。

3.5

耕地质量长期定位监测 long-term monitoring of cultivated land quality

在固定田块上，通过多年连续定点调查、田间试验、样品采集、分析化验等方式，观测耕地地力、土壤健康状况、田间基础设施等因子动态变化的过程。

3.6

监测点 cultivated land monitoring site

为进行长期耕地质量监测而设置的观测、试验、取样的定位地块。

3.7

长期不施肥 long-term no fertilization

多年连续不施用任何肥料，包括化肥和有机肥（无害化处理的畜禽粪便、农家肥、秸秆等）。

3.8

当年不施肥 no fertilization in the year

从某作物生长周期开始，1 个年度内不施用任何肥料，包括化肥和有机肥（无害化处理的畜禽粪便、农家肥、秸秆等）。

3.9

常规施肥 conventional fertilization

按当地农民普遍采用的肥料品种、施肥量和施肥方式等施用肥料。

4 监测点设置

4.1 设置原则

监测点设立时，应综合考虑土壤类型、种植制度、地力水平、耕地环境状况、管理水平等因素。同时，应参考有关规划，将监测点设在永久基本农田保护区、粮食生产功能区、重要农产品生产保护区等有代表性的地块上，以保持监测点的稳定性、监测数据的连续性。

4.2 监测功能区设置

耕地质量监测点田间建设包括 3 个功能区，建设面积 500 m^2～1 000 m^2。耕地质量监测点田间建设布局见附录 A。

4.2.1 自动监测功能区

设置1个生产条件、土壤多参数自动监测区，避开水源50 m以上，无其他干扰监测的障碍物，区域面积不小于33 m^2，四周设立保护围栏。

4.2.2 耕地质量监测功能区

设置3个区，即长期不施肥区、当年不施肥区、常规施肥区。

a) 长期不施肥区。设1个固定小区，小区面积33 m^2～67 m^2。

b) 当年不施肥区。设1个固定小区，2个备用轮换小区(即当年不施肥区不能与上年重复，3年一轮换)，每个小区面积33 m^2～67 m^2。

c) 常规施肥区。设1个固定小区，小区面积133 m^2～267 m^2。

4.2.3 培肥改良试验监测功能区

针对耕地质量监测发现的突出问题，可根据实际情况分别设置培肥改良、轮作休耕等技术模式试验及综合治理试验，监测培肥改良效果，区域面积200 m^2～400 m^2。

4.3 监测功能区建设

4.3.1 田间工程建设

耕地质量监测功能区采用水泥板或砖混结构等进行隔离。水田地上部分高出最高淹水位0.1 m、地下部分0.5 m以上、厚度0.1 m以上，旱田地上部分0.2 m、地下部分0.5 m或至基岩，厚度0.1 m，防止水肥横向渗透，根据实际需要设置灌排设施。

4.3.2 耕地质量监测标识牌、展示牌

每个耕地质量监测点设置1个标识牌，介绍编号、地理位置、建点年份、土壤类型等；设置1个展示牌，介绍种植制度、作物类型、主推技术、田间管理等。具体参照附录B要求进行制作。

4.3.3 田间监测设备配置

土壤样品采集设备、土壤多参数自动监测设备、农田气象要素等田间管理监测设备。耕地质量监测点田间建设内容、功能参数和要求见附录C。

5 建点时的调查内容

建立监测点时，应调查监测点的立地条件、自然属性、田间基础设施情况和农业生产概况，建立监测点档案信息。同时，按NY/T 1121.1规定的方法挖取未经扰动的土壤剖面，并拍摄剖面照片，监测各发生层次理化性状。

5.1 立地条件、自然属性和农业生产概况调查

主要包括监测点的常年降水量、常年有效积温、常年无霜期、成土母质、土壤类型、地形部位、田块坡度、潜水埋深、障碍层类型、障碍层深度、障碍层厚度、灌溉能力及灌溉方式、水源类型、排水能力、农田林网化程度、典型种植制度、常年施肥量、产量水平等。具体项目和填写说明见附录D。

5.2 土壤剖面理化性状调查

监测点发生层次、深度、颜色、结构、紧实度、容重、新生体、植物根系、机械组成、化学性状(包括有机质、全氮、全磷、全钾、pH、碳酸钙、阳离子交换量，土壤含盐量、盐渍化程度，土壤铬、镉、铅、汞、砷、铜、锌、镍全量)。具体项目和填写说明见附录E。

6 监测内容

6.1 自动监测内容

6.1.1 农田气象要素

温度、湿度、风速、风向、光照、大气压、降水量等。

6.1.2 土壤参数

分层监测0 cm～20 cm、20 cm～40 cm、40 cm～60 cm、60 cm～80 cm土层土壤含水量、温度、电导率等(其中，水田不监测土壤含水量)。

6.1.3 作物长势

监测作物覆盖度、株高、叶面积指数、叶绿素等，有条件的区域可以选择性地监测归一化植被指数、叶冠层指数等。

6.2 年度监测内容

监测田间作业情况、施肥情况、作物产量，并在每年最后一季作物收获后、下一季施肥前分别采集耕地质量监测功能区长期不施肥区、当年不施肥区、常规施肥区耕层土壤样品，进行集中检测。监测具体项目参见附录 F、附录 G 和附录 H。

6.2.1 田间作业情况

记载年度内每季作物的名称，品种，播种量（栽培密度），播种期，播种方式，收获期，耕作情况，灌排，病虫害防治，自然灾害发生的时间、强度及对作物产量的影响，以及其他对监测地块有影响的自然、人为因素。具体项目参见附录 F。

6.2.2 施肥情况

记录每一季作物的施肥明细情况（施肥时期、肥料品种、施肥次数、养分含量、施用实物量、施用折纯量）。具体项目参见表 G.1。

6.2.3 作物产量

对长期不施肥区、当年不施肥区、常规施肥区的每季作物分别进行果实产量（风干基）与茎叶（秸秆）产量（风干基）的测定。具体项目见表 G.2。

果实产量测定可以去边行后实打实收，也可以随机抽样测产。随机抽样测产时，全田块取 5 个以上面积 1 m^2～2 m^2（细秆作物）或 5 m^2～10 m^2（粗秆作物）的样方实脱测产。棉花分籽棉和秸秆测产，并把籽棉折成皮棉。

茎叶（秸秆）产量根据小样本测产数据的果实、茎叶（秸秆）重量比换算得出。

6.2.4 土壤理化性状

监测耕层厚度、土壤容重、紧实度、水稳性大团聚体，土壤 pH、有机质、全氮、有效磷、速效钾、缓效钾、土壤含盐量（盐碱地）。具体项目见附录 H。

6.2.5 土壤生物性状

监测耕层土壤微生物量碳、微生物量氮等。具体项目见附录 H，并参照附录 J 的方法执行。

6.2.6 培肥改良情况

主要包括培肥和改良措施对耕地质量的影响（各地根据实际情况自行设计监测指标）。

6.3 耕地质量监测功能区五年监测内容

在年度监测内容的基础上，在每个“五年计划”的第 1 年度增加监测土壤质地、阳离子交换量（CEC）、还原性物质总量（水田），全磷、全钾，中微量及有益元素含量（交换性钙、镁，有效硫、有效硅、有效铁、有效锰、有效铜、有效锌、有效硼、有效钼），重金属元素全量（铬、镉、铅、汞、砷、铜、锌、镍）。具体项目见附录 H。

7 土壤样品的采集、处理和储存

样品采集、处理按 NY/T 1121.1 规定的方法进行。

每个监测点耕地质量监测功能区（长期不施肥区、当年不施肥区、常规施肥区）的土壤样品按年度分类长期保存。设立固定的耕地质量监测土壤样品保存空间，每个土壤样品存储瓶标签标明采集年份、采样地点（经纬度）、土壤类型等基本信息，建点时调查和五年监测保留原状土不少于 5 kg，年度监测保留原状土不少于 1 kg；建立土壤样品电子数据库，便于样品查询。

8 样品检测

将采集的耕地质量监测功能区土壤样品送具备土壤肥料检测能力并通过检验检测机构资质认定的机构集中检测。实验室分析质量控制按 NY/T 395 规定的方法操作执行。土壤样品制备、样品检测、数据处理等仪器设备,具体参见附录 I。

8.1　土壤 pH 的测定

按 NY/T 1121.2 规定的方法测定。

8.2　土壤机械组成的测定

按 NY/T 1121.3 规定的方法测定。

8.3　土壤容重的测定

按 NY/T 1121.4 规定的方法测定。

8.4　土壤水分的测定

按 NY/T 52 规定的方法测定。

8.5　土壤碳酸钙的测定

按 NY/T 86 规定的方法测定。

8.6　土壤阳离子交换量的测定

中性土壤和微酸性土壤按 NY/T 295 规定的方法测定,石灰性土壤按 NY/T 1121.5 规定的方法测定。

8.7　土壤有机质的测定

按 NY/T 1121.6 规定的方法测定。

8.8　土壤全氮的测定

按 NY/T 1121.24 规定的方法测定。

8.9　土壤全磷的测定

按 NY/T 88 规定的方法测定。

8.10　土壤有效磷的测定

按 NY/T 1121.7 规定的方法测定。

8.11　土壤全钾的测定

按 NY/T 87 规定的方法测定。

8.12　土壤速效钾和缓效钾的测定

按 NY/T 889 规定的方法测定。

8.13　土壤交换性钙和镁的测定

酸性和中性土壤按 NY/T 1121.13 规定的方法测定,石灰性土壤按 NY/T 1615 规定的方法测定。

8.14　土壤有效硫的测定

按 NY/T 1121.14 规定的方法测定。

8.15　土壤有效硅

按 NY/T 1121.15 规定的方法测定。

8.16　土壤有效铜、锌、铁、锰的测定

按 NY/T 890 规定的方法测定。

8.17　土壤有效硼的测定

按 NY/T 1121.8 规定的方法测定。

8.18　土壤有效钼的测定

按 NY/T 1121.9 规定的方法测定。

8.19　土壤总汞的测定

按 NY/T 1121.10 规定的方法测定。

8.20　土壤总砷的测定

按 NY/T 1121.11 规定的方法测定。

8.21　土壤总铬的测定

按 NY/T 1121.12 规定的方法测定。

8.22 土壤质量铜、锌的测定

按 GB/T 17138 规定的方法测定。

8.23 土壤质量镍的测定

按 GB/T 17139 规定的方法测定。

8.24 土壤质量铅、镉的测定

按 GB/T 17141 规定的方法测定。

8.25 土壤水稳性大团聚体组成的测定

按 NY/T 1121.19 规定的方法测定。

8.26 土壤微生物量碳、微生物量氮的测定

参照附录 J 规定的方法测定。

8.27 土壤紧实度的测定

按照仪器设备说明操作测定。

8.28 土壤含盐量

按 NY/T 1121.16 规定的方法测定。

8.29 土壤还原性物质总量

参照附录 K 规定的方法测定。

9 数据的规范化及建立数据库

规范国家耕地质量监测数据，具体要求见附录 L；建立国家耕地质量监测数据库，储存国家耕地质量监测信息，并做好备份。同时，按照要求及时报送有关信息。

10 监测报告

监测报告应包括监测点基本情况，耕地质量主要性状的现状及变化趋势，农田投入、结构现状及变化趋势，作物产量现状及变化趋势，耕地质量变化原因分析，提高耕地质量的对策和建议等内容。

附　录　A
（规范性附录）
国家级耕地质量监测点布局示意图

国家级耕地质量监测点布局示意图见图 A.1。

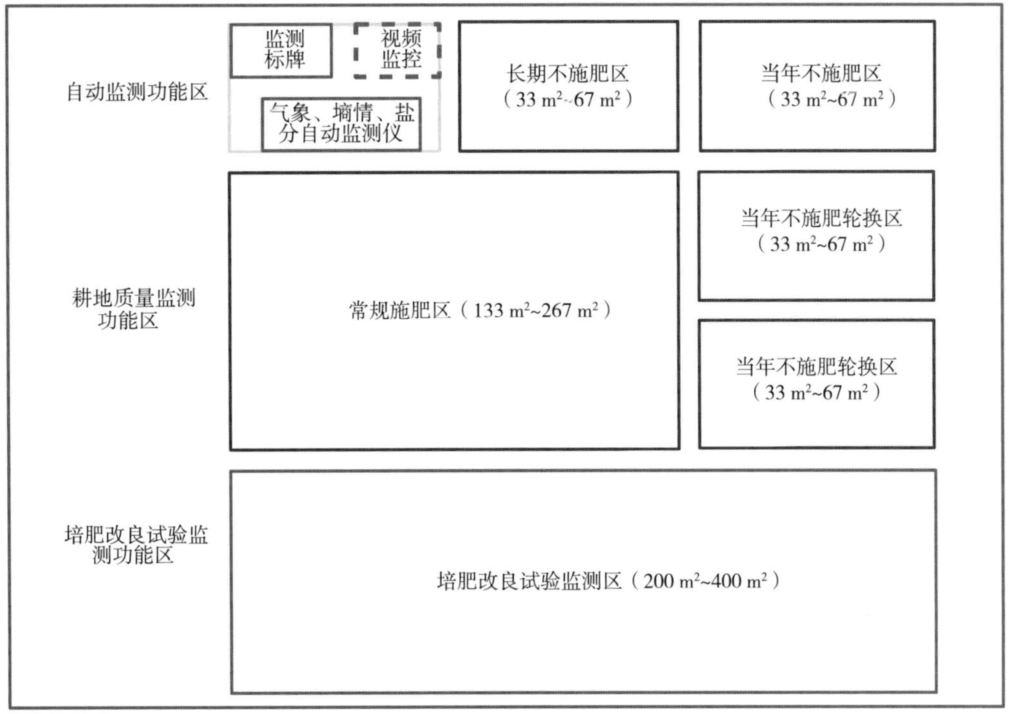

图 A.1　国家级耕地质量监测点布局示意图

附 录 B
(资料性附录)
耕地质量监测标识牌、展示牌

B.1 国家级耕地质量监测点标识牌(样式)

B.1.1 规格尺寸说明

在耕地质量监测点设立标识牌(见图 B.1)。标识牌材质为大理石或相似材质石材,最小尺寸限制:标识牌高 1 500 mm(其中 500 mm 埋在地下)、宽 800 mm、厚 250 mm。“国家级耕地质量监测点”字样在上方居中,位置距上边缘 62.5 mm,左边缘 160 mm,字体为方正粗宋简体,字号 120,颜色为红色(RGB:255,0,0)。“中国耕地质量监测”标识位于“国家级耕地质量监测点”字样下方 20 mm,距左边缘 300 mm。监测点信息“编号”“建点年份”“地理位置”“土壤类型”“质量等级”“设立单位”字样自上而下等间距(15 mm)排列;“编号”字样距上边缘 260 mm,距左边缘 150 mm。字体为方正大黑简体,字号 50,颜色为黑色(RGB:0,0,0)。

B.1.2 监测点信息填写说明

编号:填写国家级耕地质量监测点的标准 6 位编码。前 2 位是省级行政区划代码,后 4 位是国家级耕地质量监测点顺序号。建点年份:填写监测点建成年份,如 1997 年。地理位置:填写监测点 GPS 定位信息,如北纬:40.305 82°、东经:115.329 16°。土壤类型:按 GB/T 17296 的规定填写土类、亚类、土属、土种名称。质量等级:按照 GB/T 33469 的规定评价结果填写。

国家级耕地质量监测点

编号:
建点年份:
地理位置:
土壤类型:
质量等级:
设立单位:

图 B.1 国家级耕地质量监测点标识牌

B.2 国家级耕地质量监测点展示牌(样式)

见图 B.2。

注:1. 标牌尺寸 5 m×3 m,彩喷,铁架。2. 标牌底色、背景图案、字体大小和颜色由各省份自行确定,在本省(自治区、直辖市)范围内统一。

图 B.2 国家级耕地质量监测点展示牌(样式)

附 录 C
(规范性附录)
耕地质量监测点田间建设内容、功能参数和要求

耕地质量监测点田间建设内容、功能参数和要求见表C.1。

表C.1 耕地质量监测点田间建设内容、功能参数和要求

名　　称	数量	单位	主要功能和相关参数	备注
土地流转	7 500	m^2	流转到第二轮土地承包期或30年	
标识牌、展示牌	2	个	功能和相关参数参见附录B	
隔离区设置(含田间整治)	≥6	个	建设监测区水泥板或砖混结构(内外做防水)隔离等,相关参数见4.3.1	
土壤样品采集设备	2	套	土钻、环刀、铝盒、团聚体筛分设备等	
土壤贯穿阻力仪(紧实度仪)	1	套	测量范围:0 MPa~10 MPa	
土壤多参数自动监测站	1	套	1. 土壤温度范围:−40℃~85℃,误差±0.3℃ 2. 土壤体积含水量:0%~100%,相对误差±3% 3. 土壤电导率,测量范围0 dS/m~5 dS/m 4. 监测深度0 cm~20 cm、20 cm~40 cm、40 cm~60 cm、60 cm~80 cm	
手持式土壤墒情速测仪	1	套	1. 土壤体积含水量:0%~100%,相对误差±3% 2. 监测深度0 cm~10 cm、10 cm~20 cm 3. 监测10个以上样点土壤墒情	
移动式作物生长监测站	1	套	监测覆盖度、株高、叶面积指数(LAI)、叶绿素(SPAD)等,有条件监测点选择监测归一化植被指数(NDVI)、叶冠层指数(CC)等	
农田气象要素观测仪	1	套	1. 空气温湿度:温度测量范围−40℃~70℃,相对湿度测量范围0~100% 2. 风速:测量范围:0 m/s~30 m/s 3. 风向:测量范围:0°~360° 以上3项指标精度参照国家气象局有关标准 4. 雨量 5. 大气压力 6. 光照传感器 以上3项指标测量范围、精度参照国家气象局有关标准	
物联网系统	1	台	摄像头200万像素8寸红外,200 m红外照射距离,焦距:6 mm~186 mm,30倍以上光学变倍	
数据存储设备	1	台	主机,4个2TB硬盘	
视频监控系统	1	套	1. 长6 m、直径160 mm整体镀锌管监控立杆,1.2 m长横臂1个,各地可根据实际情况调整 2. 抗风力:45 kg/(m·h) 3.1 m×1 m基础混凝土浇灌,钢结构预埋件	
防雷器+接地设备	1	个	配备视频、控制信号防雷设施,用于监控视频信号设备点对点的协击保护;配备避雷针、接地体等	
围栏	1	套	不锈钢围栏,尺寸:5 m×5 m×1.5 m,高度1.5 m以上	
太阳能供电系统	1	套	阴雨天可连续使用达10 d~15 d	
4G、5G或有线网络	1	套		
仪器设备维护	5	年	保证5年硬件、软件运行正常	

附 录 D
(规范性附录)
监测点基本情况记载表及填表说明

D.1 监测点基本情况记载表

见表 D.1。

表 D.1 监测点基本情况记载表

监测点代码： 建点年度(时间)：

<table>
<tr><td rowspan="22">基本情况</td><td colspan="2">省(自治区、直辖市)名</td><td colspan="2"></td><td colspan="2">地(市、州、盟)名</td><td colspan="2"></td></tr>
<tr><td colspan="2">县(旗、市、区)名</td><td colspan="2"></td><td colspan="2">乡(镇)名</td><td colspan="2"></td></tr>
<tr><td colspan="2">村名</td><td colspan="2"></td><td colspan="2">农户(地块)名</td><td colspan="2"></td></tr>
<tr><td colspan="2">县代码</td><td colspan="2"></td><td colspan="2">经度,°</td><td colspan="2"></td></tr>
<tr><td colspan="2">纬度,°</td><td colspan="2"></td><td colspan="2">常年降水量,mm</td><td colspan="2"></td></tr>
<tr><td colspan="2">常年有效积温,℃</td><td colspan="2"></td><td colspan="2">常年无霜期,d</td><td colspan="2"></td></tr>
<tr><td colspan="2">地形部位</td><td colspan="2"></td><td colspan="2">田块坡度,°</td><td colspan="2"></td></tr>
<tr><td colspan="2">海拔高度,m</td><td colspan="2"></td><td colspan="2">潜水埋深,m</td><td colspan="2"></td></tr>
<tr><td colspan="2">障碍因素</td><td colspan="2"></td><td colspan="2">障碍层类型</td><td colspan="2"></td></tr>
<tr><td colspan="2">障碍层深度,cm</td><td colspan="2"></td><td colspan="2">障碍层厚度,cm</td><td colspan="2"></td></tr>
<tr><td colspan="2">灌溉能力</td><td colspan="2"></td><td colspan="2">水源类型</td><td colspan="2"></td></tr>
<tr><td colspan="2">灌溉方式</td><td colspan="2"></td><td colspan="2">排水能力</td><td colspan="2"></td></tr>
<tr><td colspan="2">地域分区</td><td colspan="2"></td><td colspan="2">熟制分区</td><td colspan="2"></td></tr>
<tr><td colspan="2">农田林网化程度</td><td colspan="2"></td><td colspan="2">主栽作物</td><td colspan="2"></td></tr>
<tr><td colspan="2">典型种植制度</td><td colspan="2"></td><td colspan="2">产量水平,kg/hm²</td><td colspan="2"></td></tr>
<tr><td colspan="2">耕地质量等级</td><td colspan="6"></td></tr>
<tr><td rowspan="2">常年施肥量(折纯)
kg/hm²</td><td>化肥</td><td>N</td><td></td><td>P_2O_5</td><td></td><td>K_2O</td><td></td></tr>
<tr><td>有机肥</td><td>N</td><td></td><td>P_2O_5</td><td></td><td>K_2O</td><td></td></tr>
<tr><td colspan="2">田块面积,hm²</td><td colspan="2"></td><td colspan="2">代表面积,hm²</td><td colspan="2"></td></tr>
<tr><td colspan="2">土壤代码</td><td colspan="2"></td><td colspan="2">成土母质</td><td colspan="2"></td></tr>
<tr><td colspan="2">土类</td><td colspan="2"></td><td colspan="2">亚类</td><td colspan="2"></td></tr>
<tr><td colspan="2">土属</td><td colspan="2"></td><td colspan="2">土种</td><td colspan="2"></td></tr>
<tr><td colspan="5">景观照片拍摄时间：</td><td colspan="4">剖面照片拍摄时间：</td></tr>
<tr><td colspan="5"></td><td colspan="4"></td></tr>
</table>

监测单位： 监测人员： 联系电话：

D.2 监测点基本情况记载表填表说明

D.2.1 地形部位

监测田块所处的能影响土壤理化特性的最末一级的地貌单元。如河流冲积平原要区分河床、河漫滩、阶地等；山麓平原要区分出坡积裙、洪积锥、洪积扇、扇间洼地、扇缘洼地等；黄土丘陵要区分塬、梁、峁、坪等；丘陵要区分高丘、中丘、低丘、缓丘、漫岗等。在此基础上再进一步续分，如洪积扇上部、中部、下部；黄土丘陵的峁，再冠以峁顶、峁边；南方冲垄稻田则有大冲、小冲、冲头、冲口等。在拍摄景观照片时，应突出这些地貌特征，从照片上判别出监测地块所在的小地貌单元的部位。

D.2.2 田块坡度

实际测定田块内田面坡面与水平面的夹角度数。

D.2.3 海拔高度

采用 GPS 定位仪现场测定填写，单位为米(m)。

D.2.4 潜水埋深

冬季地下水位的埋深，单位为米(m)，小数点后保留 1 位。只有草甸土、潮土、砂姜黑土、水稻土、盐化(碱化)土监测点填写。

D.2.5 障碍因素

盐碱、瘠薄、酸化、渍涝、潜育、侵蚀、干旱等，没有明显障碍因素时填“无”。

D.2.6 障碍层类型

1 m 土体内出现的障碍层类型，如砂姜层、白浆层、黏盘层、铁盘层、沙砾层、盐积层、石膏层、白土层、灰化层、潜育层、冻土层、沙漏层等。

D.2.7 障碍层深度

障碍层的最上层面到地表的垂直距离。

D.2.8 障碍层厚度

障碍层的最上层面到下层面间的垂直距离。

D.2.9 灌溉能力

充分满足、满足、基本满足、不满足。

D.2.10 灌溉方式

漫灌、沟灌、畦灌、喷灌、滴灌、管灌，没有的填“无”。

D.2.11 水源类型

地表水、地下水、地表水＋地下水，没有的填“无”。

D.2.12 排水能力

充分满足、满足、基本满足、不满足。

D.2.13 地域分区

按 GB/T 33469 划分的 9 个一级农业区填写，分东北区、内蒙古及长城沿线区、黄淮海区、黄土高原区、长江中下游区、西南区、华南区、甘新区、青藏区。

D.2.14 熟制分区

一年一熟、一年二熟、一年三熟、两年三熟等。

D.2.15 耕地质量等级

根据 GB/T 33469 确定的耕地质量等级，从高到低分为一到十等。

D.2.16 常年施肥量

化肥和有机肥常年平均施用量(折纯量)。

D.2.17 土壤代码与土类、亚类、土属、土种

按 GB/T 17296 命名要求填写。

D.2.18 成土母质

成土母质是指岩石经过风化、搬运、堆积等过程所形成的地质历史上最年轻的疏松矿物质层。成土母质可分为残积母质和运积母质。残积母质与母岩有直接关系，可以填写为××岩残积物母质。运积母质指母质经外力作用(如水、风等)迁移到其他地区的物质，可以细分为冲积母质、坡积母质、洪积母质、湖积母质、海积母质、黄土(状)母质、冰碛母质等。

附 录 E
(规范性附录)
监测点土壤剖面性状记载表及填表说明

E.1 监测点土壤剖面性状记载表

见表 E.1。

表 E.1 监测点土壤剖面性状记载表

监测点代码： 监测年度：

项 目		发生层次				
层次代号						
层次名称						
层次深度，cm						
剖面描述	颜色					
	结构					
	紧实度，MPa					
	容重，g/cm^3					
	新生体					
	植物根系					
机械组成	沙粒(2 mm≥D>0.02 mm)，%					
	粉粒(0.02 mm≥D>0.002 mm)，%					
	黏粒(D<0.002 mm)，%					
	质地					
化学性状	有机质，g/kg					
	全氮，g/kg					
	全磷，g/kg					
	全钾，g/kg					
	pH					
	碳酸钙，g/kg					
	阳离子交换量，cmol/kg					
	含盐量，g/kg					
	盐渍化程度					
	全铬，mg/kg					
	全镉，mg/kg					
	全铅，mg/kg					
	全汞，mg/kg					
	全砷，mg/kg					
	全铜，mg/kg					
	全锌，mg/kg					
	全镍，mg/kg					
注：1. 本表建点时填写，详情参见 E.2；2. 机械组成中 D 代表土壤颗粒有效直径。						

取样时间： 监测单位： 监测人员： 联系电话：

E.2 监测点土壤剖面性状记载表填表说明

E.2.1 层次代号及名称

由于监测点均在耕作土壤上，发生层次中一定要把耕作层划分出来。耕作层指农业耕作(农机具作业)、施肥、灌溉影响及作物根系分布的集中层段,是人类耕作与熟化自然土壤的部分,其颜色、结构、紧实度等都会有明显的特征和界线。

水稻土发生层次分为耕作层(Aa)、犁底层(Ap)、渗育层(P)、潴育层(W)、脱潜层(Gw)、潜育层(G)、漂洗层(E)、腐泥层(M)等;旱地发生层次分为旱耕层(A_{11})、亚耕层(A_{12})、心土层(C_1)、底土层(C_2)等。

E.2.2 剖面描述

颜色:指土壤在自然状态的颜色,如土壤由 2 个或 2 个以上色调组合而成。在描述时,先确定主要颜色和次要颜色,主要颜色放在后,次要颜色放在前。

结构:取一大块土,用剖面刀背轻轻敲碎,观察其碎块形状及大小。一般有 3 种类型:横轴与纵轴大致相等,分为块状、团块核状及粒状等结构;横轴大于纵轴,分为片状和板状结构;横轴小于纵轴,分为柱状和棱柱状结构。

紧实度:土壤在自然状态下的坚实程度,采用土壤紧实度测定仪测量。

新生体:指土壤形成过程中产生的物质,它不但反映土壤形成过程的特点,而且对土壤的生产性能有很大影响,在观察时对其种类、形状及数量要详细记载。常见的新生体有铁锰结核、铁锰胶膜、二氧化硅粉末、锈纹、锈斑、假菌丝、砂姜等。

植物根系:主要看剖面各层单位面积(dm^2)根系分布数量的多少,分为无、很少、少、中和多 5 级,按表 E.2 填写。

表 E.2 根系描述

粗细			丰度,条/dm^2		
编码	描述	直径,mm	描述	VF&F	M&C&VC
VF	极细	<0.5	无	0	0
F	细	0.5~2	很少	<20	<2
M	中	2~5	少	20~50	2~5
C	粗	5~10	中	50~200	≥5
VC	很粗	≥10	多	>200	

质地(机械组成):即土壤的沙黏程度,采用国际制土壤质地分级标准,按表 E.3 填写。

表 E.3 国际制土壤质地分类表

质地分类			颗粒组成,%		
类别	名称	代号	沙粒 2 mm≥D>0.02 mm	粉(沙)粒 0.02 mm≥D>0.002 mm	黏粒 D<0.002 mm
沙土类	沙土及壤质沙土	LS	85~100	0~15	0~15
壤土类	沙质壤土	SL	55~85	0~45	0~15
	壤土	L	40~55	30~45	0~15
	粉(沙)质壤土	IL	0~55	45~100	0~15
黏壤土类	沙质黏壤土	SCL	55~85	0~30	15~25
	黏壤土	CL	30~55	20~45	15~25
	粉(沙)质黏壤土	ICL	0~40	45~85	15~25
黏土类	沙质黏土	SC	55~75	0~20	25~45
	壤质黏土	LC	10~55	0~45	25~45
	粉(沙)质黏土	IC	0~30	45~75	25~45
	黏土	C	0~55	0~55	45~65
	重黏土	HC	0~35	0~35	65~100
注:D 代表土壤颗粒有效直径。					

盐渍化程度：主要根据含盐量的多少，将土壤盐渍化程度划分非盐化、轻度、中度、重度和盐土5级，具体按表E.4填写。

表E.4　土壤盐渍化程度

盐化系列及适用地区	土壤含盐量,g/kg				
	非盐化	轻度	中度	重度	盐土
海滨、半湿润、半干旱、干旱区	＜1.0	1.0～2.0	2.0～4.0	4.0～6.0	＞6.0
半漠境及漠境区	＜2.0	2.0～3.0	3.0～5.0	5.0～10.0	＞10.0

附 录 F
(资料性附录)
监测点田间生产情况表及填表说明

F.1 监测点田间生产情况记载表

见表 F.1。

表 F.1 监测点田间生产情况记载表

监测点代码： 监测年度：

项 目		第一季	第二季	第三季
作物名称				
品种				
播种量/栽培密度，株/hm²				
播种期				
播种方式				
收获期				
耕作情况				
灌排水及降水	降水量，mm			
	灌溉设施			
	灌溉方式			
	灌水量，m^3/hm^2			
	排水方式			
	排水能力			
自然灾害	种类			
	发生时间			
	危害程度			
病虫害	种类			
	发生时间			
	危害程度			
	防治方法			
	防治效果			

监测单位： 监测人员： 联系电话：

F.2 监测点田间生产情况记载表填表说明

F.2.1 监测年度的划分

对于一年两熟、一年三熟或两年三熟制地区，年度划分以冬作前一年的播种整地时间为始到当年最后一季作物收获为止。对于一年一熟制地区，只种一季冬作(冬小麦)实行夏季休闲或只种一季春作(玉米、谷子、高粱、棉花、中稻)实行冬季休闲的，年度划分以前季作物收获后开始，到该季作物收获为止。

F.2.2 播种期和收获期

填写年月日(××××-××-××)。

F.2.3 播种方式

机播或机插、人工播种或人工移栽。

F.2.4 耕作情况

耕、耙、中耕及除草等。

F.2.5　灌溉设施

井灌、渠灌或集雨设施,没有的填“无”。

F.2.6　灌溉方式

漫灌、沟灌、畦灌、喷灌、滴灌、管灌,没有的填“无”。

F.2.7　排水方式

排水沟、暗管排水、强排。

F.2.8　排水能力

充分满足、满足、基本满足、不满足。

F.2.9　自然灾害种类

风、雨、雹、旱、涝、霜、冻、冷等。

附　录　G
（资料性附录）
监测点施肥明细及作物生产情况记载表

G.1　施肥明细情况记载表

见表 G.1。

表 G.1　施肥明细情况记载表

监测点代码：　　　　　　　　　　　　　　监测年度：

施肥日期	有机肥							化肥					
	品种	有机质 %	养分含量 %			实物量 kg/hm^2	折纯量 kg/hm^2	品种	养分含量 %			实物量 kg/hm^2	折纯量 kg/hm^2
			N	P_2O_5	K_2O				N	P_2O_5	K_2O		
合计													

填表日期：　　　　　　　　　　填表人员：　　　　　　　　　　联系电话：

G.2　作物生产记载表

见表 G.2。

表 G.2　作物生产记载表

监测点代码：　　　　　　　　　　　　　　监测年度：

项　目			内　容
作物名称			
作物品种			
播种量/栽培密度，株/hm^2			
生育期，d			
大田期	起始日期		
	结束日期		
作物产量，kg/hm^2	长期不施肥区	果实	
		茎叶(秸秆)	
	当年不施肥区	果实	
		茎叶(秸秆)	
	常规施肥区	果实	
		茎叶(秸秆)	

填表日期：　　　　　　　　　　填表人员：　　　　　　　　　　联系电话：

附　录　H
（规范性附录）
监测点土壤理化性状记载表

监测点土壤理化性状记载表见表 1.1.1。

表 1.1.1　监测点土壤理化性状记载表

监测时间：　年　月　日至　年　月　日

<table>
<tr><td colspan="3">监测点代码</td><td colspan="5"></td><td colspan="3">监测年度</td><td colspan="3"></td></tr>
<tr><td colspan="3">采样地点</td><td colspan="5"></td><td colspan="3">采样时间</td><td colspan="3"></td></tr>
<tr><td colspan="14">项目年度监测内容</td></tr>
<tr><td>分区</td><td>耕层厚度
cm</td><td>容重
g/cm³</td><td>紧实度
MPa</td><td>水稳性大团聚体
%</td><td>含盐量
g/kg</td><td>pH</td><td>有机质
g/kg</td><td>全氮
g/kg</td><td>有效磷
mg/kg</td><td>速效钾
mg/kg</td><td>缓效钾
mg/kg</td><td>微生物量碳
mg/kg</td><td>微生物量氮
mg/kg</td></tr>
<tr><td>长期不施肥区</td><td></td><td></td><td></td><td></td><td></td><td></td><td></td><td></td><td></td><td></td><td></td><td></td><td></td></tr>
<tr><td>当年不施肥区</td><td></td><td></td><td></td><td></td><td></td><td></td><td></td><td></td><td></td><td></td><td></td><td></td><td></td></tr>
<tr><td>常规施肥区</td><td></td><td></td><td></td><td></td><td></td><td></td><td></td><td></td><td></td><td></td><td></td><td></td><td></td></tr>
</table>

<table>
<tr><td colspan="10">项目周期监测内容（5 年）</td></tr>
<tr><td rowspan="2">分区</td><td colspan="3">耕层理化性状</td><td colspan="2">大量元素
g/kg</td><td colspan="4">中量及有益元素</td></tr>
<tr><td>质地
（国际制）</td><td>CEC
cmol/kg</td><td>还原性物质总量（水田）
cmol/kg</td><td>全磷</td><td>全钾</td><td>交换性钙
cmol/kg</td><td>交换性镁
cmol/kg</td><td>有效硫
mg/kg</td><td>有效硅
mg/kg</td></tr>
<tr><td>长期不施肥区</td><td></td><td></td><td></td><td></td><td></td><td></td><td></td><td></td><td></td></tr>
<tr><td>当年不施肥区</td><td></td><td></td><td></td><td></td><td></td><td></td><td></td><td></td><td></td></tr>
<tr><td>常规施肥区</td><td></td><td></td><td></td><td></td><td></td><td></td><td></td><td></td><td></td></tr>
</table>

<table>
<tr><td rowspan="2">分区</td><td colspan="6">微量元素有效含量
mg/kg</td><td colspan="8">重金属元素全量
mg/kg</td></tr>
<tr><td>铁</td><td>锰</td><td>铜</td><td>锌</td><td>硼</td><td>钼</td><td>铬</td><td>镉</td><td>铅</td><td>汞</td><td>砷</td><td>铜</td><td>锌</td><td>镍</td></tr>
<tr><td>长期不施肥区</td><td></td><td></td><td></td><td></td><td></td><td></td><td></td><td></td><td></td><td></td><td></td><td></td><td></td><td></td></tr>
<tr><td>当年不施肥区</td><td></td><td></td><td></td><td></td><td></td><td></td><td></td><td></td><td></td><td></td><td></td><td></td><td></td><td></td></tr>
<tr><td>常规施肥区</td><td></td><td></td><td></td><td></td><td></td><td></td><td></td><td></td><td></td><td></td><td></td><td></td><td></td><td></td></tr>
</table>

监测单位：　　监测人员：　　联系电话：　　日期：

（公章）批准人：　　审核人：　　编制人：　　日期：

附　录　I
（资料性附录）
土壤样品采集检测和数据处理设备

土壤样品采集检测和数据处理设备见表I.1。

表I.1　土壤样品采集检测和数据处理设备

建设内容	建设明细	单位	数量
采样分析设备	GPS定位仪	套	5
	手持数据处理设备	套	5
	玛瑙球磨机	台	1
	土壤粉碎机	台	1
	样品盘	个	100
	万分之一电子天平	台	2
	千分之一电子天平	台	1
	百分之一电子天平	台	1
	微波消解炉	台	1
	烘箱	台	2
	电热恒温干燥箱	台	2
	马弗炉	台	1
	电热恒温水浴锅	台	1
	恒温振荡器	台	1
	电热板	台	2
	可调式电炉	台	2
	四(六)联式可调电炉	台	2
	离心机	台	2
	原子吸收分光光度计(含石墨炉)	台	1
	原子荧光光谱仪	台	1
	全自动定氮仪	台	1
	紫外可见光分光光度计	台	2
	火焰光度计	台	1
	极谱仪	台	1
	电导率仪	台	1
	酸度计	台	2
	数字式离子计	台	1
	自动电位滴定仪	台	1
	超纯水设备	套	1
	石英器具	套	1
	铂金坩埚	个	5
	超声波清洗器	台	1
	冰箱	台	2
	实验台	延米	40
	试剂柜	个	8
	器皿柜	个	5
	样品柜	个	8
	气瓶柜	个	3

表 I.1（续）

建设内容	建设明细	单位	数量
数据存储传输设备	计算机	台	3
	便携式计算机	台	2
	扫描仪	台	1
	投影仪	台	1
	打印机	台	1
	地理信息系统软件	套	1
	操作系统	套	2
	数据库系统	套	1
	防病毒软件	套	1
	墒情数据存储、传输系统	套	1

附 录 J
(资料性附录)
土壤微生物量碳、微生物量氮的测定

J.1 基本原理

新鲜土壤经氯仿熏蒸(24 h)后,被杀死的土壤微生物量碳、微生物量氮,能够以一定比例被 0.5 mol/L K_2SO_4溶液提取并被定量地测定出来,根据熏蒸土壤与未熏蒸土壤测定的有机碳、氮量的差值和提取效率(或转换系数 k_{EC}),估计土壤微生物量碳、微生物量氮等。

J.2 主要仪器及设备

必备:培养箱、真空干燥器、真空泵、往复式振荡机(速率 200 r/min)、冰柜、恒温水浴锅等。

选备:消煮炉、蒸馏定氮仪、分光光度计、总有机氮磷(TOCN)分析仪等(依据测定方法,并非全部需要)。

J.3 试剂

J.3.1 无乙醇氯仿:商品氯仿都含有乙醇(作为稳定剂),使用前必须除去乙醇。方法为:量取 500 mL 氯仿于 1 000 mL 的分液漏斗中,加入 50 mL 体积浓度为 5%的硫酸溶液(19 份体积的去离子水中加入 1 份体积的 98%化学纯浓硫酸),充分摇匀,弃除下层硫酸溶液,如此进行 3 次。再加入 50 mL 去离子水,同上摇匀,弃去上部的水分,如此进行 5 次。将下层的氯仿转移到蒸馏瓶中,在 62℃的水浴中蒸馏,馏出液存放在棕色瓶中,并加入约 20 g 无水分析纯 K_2CO_3,在冰箱的冷藏室中保存备用。

J.3.2 硫酸钾溶液[$c(K_2SO_4)$= 0.5 mol/L]:称取硫酸钾(K_2SO_4,化学纯)87.10 g,溶于去离子水中,稀释至 1 L。

J.3.3 锌粉(Zn,分析纯)。

J.3.4 硫酸铜溶液[$c(CuSO_4)$= 0.19 mol/L]:称取硫酸铜($CuSO_4 \cdot 5H_2O$,分析纯)47.40 g,溶于去离子水中,稀释至 1 L。

J.3.5 氢氧化钠溶液[$c(NaOH)$= 10 mol/L]:称取 400.0 g 氢氧化钠(NaOH,化学纯)溶于去离子水中,稀释至 1 L。

J.3.6 硼酸溶液[$\rho(H_3BO_3)$=20.0 g/L]:称取硼酸(H_3BO_3,化学纯)20.0 g,溶于去离子水中,稀释至 1 L。

J.3.7 还原剂:50.0 g 硫酸铬钾[$KCr(SO_4)_2$,分析纯]溶解在 700 mL 去离子水中,加入 200 mL 浓硫酸,冷却后定容至 1 L。

J.3.8 重铬酸钾-硫酸溶液[0.018 mol/L $K_2Cr_2O_7$/12 mol/L H_2SO_4]:5.300 0 g 分析纯重铬酸钾溶于 400 mL 去离子水中,缓缓加入 435 mL 分析纯浓硫酸(H_2SO_4,ρ=1.84 g/mL),边加边搅拌,冷却至室温后,用去离子水定容至 1 L。

J.3.9 重铬酸钾标准液[$c(1/6K_2Cr_2O_7)$=0.05 mol/L]:称取经 130℃烘干 2 h~3 h 的重铬酸钾($K_2Cr_2O_7$,分析纯)2.451 5 g,溶于去离子水中,稀释至 1 L。

J.3.10 邻菲罗啉指示剂:称取邻菲罗啉指示剂[$C_{12}H_8N_2 \cdot H_2O$,分析纯] 1.49 g,溶于含有 0.70 g $FeSO_4 \cdot 7H_2O$的 100 mL 去离子水中,密闭保存于棕色瓶中。

J.3.11 硫酸亚铁溶液[$c(FeSO_4)$=0.05 mol/L]:称取硫酸亚铁($FeSO_4 \cdot 7H_2O$,化学纯)13.9 g,溶解于 600 mL~800 mL 去离子水中,加化学纯浓硫酸 5 mL,搅拌均匀,定容至 1 L,于棕色瓶中保存。此溶液不稳定,需每天标定浓度。

硫酸亚铁溶液浓度的标定：吸取重铬酸钾标准溶液(C_1 = 0.05 mol/L) 20.00 mL (V_1)，放入150 mL三角瓶中，加化学纯浓硫酸 3 mL 和邻菲罗啉指示剂 1 滴，用 $FeSO_4$ 溶液滴定，根据 $FeSO_4$ 溶液消耗量(V_2)即可计算 $FeSO_4$ 溶液的准确浓度 $C = C_1V_1/V_2$。

J.3.12 还原水合茚三酮：称取 80 g 茚三酮放入 2 L 90℃热水中，加入 400 mL 40℃抗坏血酸水溶液(含维生素 C 80 g)，放置 30 min；流水冷却 1 h 至室温，过滤冲洗，在闭光真空干燥器中放入 P_2O_5 粉进行干燥，可得约 75 g 还原水合茚三酮，放置于暗色瓶中备用。

J.3.13 乙酸钠缓冲液(pH5.5)：每配 100 mL 茚三酮试剂用 25 mL。每次配 500 mL。方法如下：200 mL 去离子水中加入 27.2 g $NaOAc \cdot 3H_2O$，放入水浴中使其充分溶解，冷却至室温后加入 50 mL 冰醋酸标定至 500 mL，pH 应为 5.51±0.03。该缓冲液在 4℃下可保存。

J.3.14 茚三酮试剂：每样用 1.00 mL。100 mL 配制方法：2 g 水合茚三酮和 0.3 g 的还原水合茚三酮溶解于 75 mL 的二甲基亚砜和 25 mL 的乙酸钠缓冲液；然后用 N_2 通气 30 min，4℃下密闭 1 d 备用。

J.3.15 柠檬酸缓冲液(pH 5.0)：每样用 2.00 mL。250 mL 配制方法：10.50 g 柠檬酸和 4.00 g NaOH 加入 225 mL 蒸馏水中，用 10 mol/L NaOH 调整到 pH 5.0，标定至 250 mL。保存于 4℃。

J.3.16 稀释乙醇：95%乙醇加入同体积的蒸馏水。

J.3.17 硫酸铵标准液：浓度分别为 0 μmol/L、50 μmol/L、100 μmol/L、200 μmol/L、250 μmol/L、500 μmol/L、1 000 μmol/L N，保存于 4℃。方法为：准确称取 0.066 1 g 分析纯 $(NH_4)_2SO_4$(相对分子质量=132.1)，定容至 1 L，此溶液的 N 浓度为 1 000 μmol/L(母液)；分别吸取 0 mL、5 mL、10 mL、20 mL、25 mL、50 mL、100 mL 母液放入 100 mL 容量瓶，定容，得到 0 μmol/L、50 μmol/L、100 μmol/L、200 μmol/L、250 μmol/L、500 μmol/L、1 000 μmol/L N 的硫酸铵标准液。

J.3.18 标准酸溶液：0.02 mol/L(1/2 H_2SO_4)标准溶液，量取 H_2SO_4(化学纯，无氮，ρ = 1.84 g/mL) 2.83mL，加水稀释至 5 000 mL，用硼砂基准物标定其浓度。

J.4 土壤样品

土壤样品要有代表性，避免在秸秆还田或有机肥施用后的 1 个月内采样。

土壤样品要求新鲜、不可冰冻，含水量适中(大致为田间持水量的 60%)，过 2 mm 筛。

对于风干土壤样品，可以调节土壤含水量为田间持水量 60%左右，在室温下黑暗环境中预培养 7 d～10 d，过 2 mm 筛。

J.5 操作步骤

J.5.1 熏蒸

称取相当于 25.0 g 烘干土重的湿润土壤 3 份，分别放入 3 个 100 mL 小烧杯中，一起放入同一真空干燥器中。干燥器底部放置几张用水湿润的滤纸和分别装有 50 mL NaOH 溶液、一定量蒸馏水的小烧杯。将装有约 50 mL 的无乙醇氯仿的小烧杯(同时加入少量抗暴沸的物质)放入干燥器底部，用少量凡士林密封干燥器。将真空干燥器和真空泵放在通风橱内，用塑料管连接真空干燥器和真空泵，打开真空泵对真空干燥器进行抽气，至氯仿大量冒气泡，并保持至少 2 min。关闭干燥器阀门，断开真空干燥器与真空泵的连接管。将真空干燥器放在 25℃、黑暗的培养箱中 24 h。称同样质量的土壤 3 份，不进行熏蒸处理，放入另一个真空干燥器中，同样在 25℃的黑暗条件下放置 24 h，作为土壤对照。另称取土壤用烘干法测定土壤含水量。

J.5.2 浸提

熏蒸结束后，将真空干燥器放在通风橱内，慢慢打开通气阀门，让外部空气进入真空干燥器。小心打开真空干燥器的上部封盖，取出装有水和氯仿的烧杯，氯仿倒回瓶中可重复使用。擦净干燥器底部的水，用真空泵反复抽气，直到土壤闻不到氯仿气味为止。将烧杯中土壤全部转移到 250 mL 的三角瓶中，加入 100 mL K_2SO_4 溶液，在振荡机上振荡浸提 30 min(25℃)。用定量滤纸过滤。对照土壤同上用 K_2SO_4 溶液浸提。浸提液立即测定或在－15℃下保存。

J.5.3 测定

如浸提液经过冰冻保存，需经过室温完全融化后备用。

J.5.3.1 TOCN 分析仪测定土壤微生物量碳

按 TOCN 仪操作说明吸取一定量浸提液，放入自动进样器进行 TOC 和 TN 测定。如需稀释，应用高纯水进行稀释，稀释倍数要适中。

J.5.3.2 容量法测定土壤微生物量碳

准确吸取 10.0 mL 浸提液放入消煮管中，准确加入重铬酸钾-硫酸溶液 10.0 mL，再加入 3 片～4 片经浓盐酸溶液浸泡、洗涤干净并烘干的碎瓷片，混合均匀后置于(175±1)℃磷酸浴中煮沸 10 min。冷却后无损地转移至 150 mL 三角瓶中，用去离子水洗涤消煮管 3 次～5 次，使溶液体积约为 80 mL。加入 1 滴邻菲罗啉指示剂，用硫酸亚铁溶液滴定剩余的重铬酸钾，溶液颜色从橙黄色变为蓝绿色，再变为棕红色即为滴定终点。

J.5.3.3 茚三酮比色法测定土壤微生物量氮

准确吸取 1.00 mL 的浸提液加入 20 mL 试管中，加入 2.00 mL 的柠檬酸缓冲液，慢慢加入 1.00 mL 茚三酮试剂并充分混匀，放上橡胶塞(注意不要塞紧)，在沸水中加热 25 min，冷水浴冷却至室温后加入 5.0 mL 稀释乙醇，充分混匀，在 570 nm 处比色。硫酸铵标准曲线同上方法显色(以不同浓度的 1 mL 硫酸铵溶液替代 1.00 mL 浸提剂)。

J.5.3.4 微量凯氏定氮法测定土壤微生物量氮

准确吸取 30.0 mL 浸出液于消煮管中，加入 10 mL 还原剂和 0.3 g 锌粉，充分混匀，室温下放置至少 2 h，再加入 0.6 mL 硫酸铜溶液和 8 mL 浓硫酸。缓慢加热(150℃)约 2 h，直至消煮管中的水分全部蒸发掉，然后高温(硫酸发烟)消煮 3 h。待消煮液完全冷却后，将消煮管接到定氮蒸馏器上，向蒸馏管中加入氢氧化钠溶液 40 mL，进行蒸馏，并用标准稀盐酸或硫酸溶液滴定硼酸吸收液。同时做空白对照。

J.6 结果计算

J.6.1 土壤微生物量碳

J.6.1.1 TOCN 仪法：土壤微生物量碳(BC)按式(J.1)计算。

$$BC = EC / k_{EC} \tag{J.1}$$

式中：

BC——TOCN 仪测出的土壤微生物量碳的质量分数，单位为毫克每千克(mg/kg)；

EC——TOCN 仪测出的熏蒸土样中 0.5 mol/L K_2SO_4浸提液中 TOC 的含量(TOCF)与对照土样中 0.5 mol/L K_2SO_4浸提液中 TOC 的含量(TOCUF)之差，单位为毫克每千克(mg/kg)；

k_{EC}——TOCN 仪法氯仿熏蒸杀死的微生物体中碳被浸提出来的比例，一般取 0.45。

J.6.1.2 容量法

a) 浸提液中有机碳按式(J.2)计算。

$$O_C(V_0 - V_1) \times c \times 3 \times ts \times 1000/DW \tag{J.2}$$

式中：

O_C ——有机碳的质量分数，单位为毫克每千克(mg/kg)；

V_0 ——滴定空白样时所消耗的 $FeSO_4$体积，单位为毫升(mL)；

V_1 ——滴定样品时所消耗的 $FeSO_4$体积，单位为毫升(mL)；

c ——$FeSO_4$溶液的浓度，单位为摩尔每升(mol/L)；

3 ——碳(1/4C)的毫摩尔质量，M(1/4C)=3 mg/mol；

1 000——转换为千克的系数；

ts ——分取倍数；

DW ——土壤的烘干质量，单位为克(g)。

b） 土壤微生物量碳按式(J.3)计算。

$$BC_0 = EC_0 / k_{EC0} \quad \text{(J.3)}$$

式中：

BC_0——容量法测出的土壤微生物量碳的质量分数，单位为毫克每千克(mg/kg)；

EC_0——容量法测出的熏蒸土样 O_C 量与对照土样 O_C 量之差，单位为毫克每千克(mg/kg)；

k_{EC0}——容量法氯仿熏蒸杀死的微生物体中碳被浸提出来的比例，一般取 0.38。

J.6.2 土壤微生物量氮

J.6.2.1 TOCN 仪法：土壤微生物量氮按式(J.4)计算。

$$BN = EN / k_{EN} \quad \text{(J.4)}$$

式中：

BN——TOCN 仪测出的土壤微生物量氮的质量分数，单位为毫克每千克(mg/kg)；

EN——TOCN 仪测出的熏蒸土样中 0.5 mol/L K_2SO_4 浸提液中全氮的含量(TNF)与对照土样中 0.5 mol/L K_2SO_4 浸提液中全氮的含量($TNUF$)之差，单位为毫克每千克(mg/kg)；

k_{EN}——TOCN 仪法熏蒸杀死的微生物中的氮被 0.5 mol/L K_2SO_4 所提取的比例，一般取 0.45。

J.6.2.2 微量凯氏定氮法

a） 浸提液中全氮按式(J.5)计算。

$$TN = (V_0 - V) \times c \times 14 \times ts \times 1000 / DW \quad \text{(J.5)}$$

式中：

TN ——全氮的质量分数，单位为毫克每千克(mg/kg)；

V_0 ——空白滴定时所消耗标准酸的体积，单位为毫升(mL)；

V ——样品滴定时所消耗标准酸的体积，单位为毫升(mL)；

c ——标准酸的浓度，单位为摩尔每升(mol/L)；

14 ——氮(N)的毫摩尔质量，M(N)=14 mg/mol；

1 000 ——换算为千克的系数；

ts ——分取倍数；

DW ——土壤的烘干质量，单位为克(g)。

b） 土壤微生物量氮按式(J.6)计算。

$$BN_0 = EN_0 / k_{EN0} \quad \text{(J.6)}$$

式中：

BN_0——微量凯氏定氮法测出的土壤微生物量氮的质量分数，单位为毫克每千克(mg/kg)；

EN_0——微量凯氏定氮法测出的熏蒸土样所浸提的全氮与对照土样之间的差值，单位为毫克每千克(mg/kg)；

k_{EN0}——微量凯氏定氮法熏蒸杀死的微生物中的氮被 0.5 mol/L K_2SO_4 所提取的比例，一般取 0.45。

J.6.2.3 茚三酮比色法中土壤微生物量氮按式(J.7)计算。

$$BN_1 = EN_1 / k_{EN1} \quad \text{(J.7)}$$

式中：

BN_1——茚三酮比色法测出的土壤微生物量氮的质量分数，单位为毫克每千克(mg/kg)；

EN_1——茚三酮比色法测出的熏蒸土样所浸提的茚三酮反应氮与对照土样之间的差值，单位为毫克每千克(mg/kg)；

k_{EN1}——茚三酮比色法熏蒸杀死的微生物中的氮被 0.5 mol/L K_2SO_4 所提取的比例，一般取 0.2。

J.7 注意事项

a） 水稻土和沼泽土。对于含水量接近饱和的水稻土和沼泽土，熏蒸时可以采用向每个土样滴加

0.5mL 氯仿液体的方法，再同上方法进行熏蒸。

b) 校正系数 k_{EC}：原则上应对土壤质地和有机质含量不同的土壤进行逐一校正。同一土壤不同处理间一般不需校正。加生物碳量(5%)较大时需要校正。

c) 熏蒸完全是关键。检查方法：抽气使氯仿大量冒气泡并维持 2 min 后，关闭真空干燥器的阀门。然后轻轻开启阀门，如果有“丝丝”的空气流动声，说明干燥器内有一定负压，熏蒸完全；如果没有空气流动的声音，表示干燥器漏气，应检查干燥器，特别是封口部位和上盖部位，或更换新的干燥器。

d) 浸提条件的一致性。熏蒸土样和未熏蒸土样应同时进行浸提，保证浸提时间、温度、震荡强度、容器大小与形状的一致性。

e) 浸提液保存。过滤得到浸提液后，如不立即测定，需要迅速转移到塑料瓶中，装入量为塑料瓶体积的 80%。融化后所含絮状 K_2SO_4 不影响测定。

f) 测定重复。熏蒸与未熏蒸土样各为 3 个，要求操作一致，计算时取 3 个测定重复的算数平均数。

g) 起泡剂。可用 2 mm～5 mm 大小碎瓷片作为起泡剂，要求洁净、干燥。烘干后可重复使用。

h) 干基计算。土壤微生物量碳的含量以干土质量为基础计算。

附　录　K
（资料性附录）
土壤还原性物质总量的测定

K.1　基本原理

采用络合力和交换力很强的硫酸铝溶液将土壤还原性物质浸提出来，在 95℃～100℃条件下被重铬酸钾溶液氧化，用硫酸亚铁溶液滴定，根据消耗硫酸亚铁的量计算出土壤还原性物质总量。本法主要适用于各类水成、半水成新鲜土样，特别是还原性土壤还原性物质总量的测定。

K.2　主要仪器设备

电热恒温水浴、滴定设备等。

K.3　试剂

K.3.1　硫酸铝溶液{$c[(Al_2(SO_4)_3] = 0.1$ mol/L}：称取硫酸铝[$(Al_2(SO_4)_3 \cdot 18H_2O$，化学纯] 66.6 g，加水溶解并稀释至 1 L，以 5.0 mol/L 氢氧化钠调节 pH 至 2.5。

K.3.2　重铬酸钾标准液[$c(1/6K_2Cr_2O_7) = 0.02$ mol/L]：称取经 120℃烘干 2 h～3 h 的重铬酸钾($K_2Cr_2O_7$)0.980 6 g 溶于水中，定容至 1 L。

K.3.3　邻菲罗啉指示剂：称取邻菲罗啉指示剂($C_{12}H_8N_2 \cdot H_2O$，分析纯)1.49 g 溶于含有 1.00 g 硫酸亚铁铵[$(NH_4)_2Fe(SO_4)_2 \cdot 6H_2O$]的 100 mL 水溶液中，密闭保存于棕色瓶中。

K.3.4　硫酸溶液(1∶1)：量取浓硫酸(H_2SO_4，1.84 g/cm^3) 250 mL，分批缓慢加入 250 mL 水中。

K.3.5　硫酸亚铁溶液[$c(FeSO_4) = 0.02$ mol/L]：称取硫酸亚铁($FeSO_4 \cdot 7H_2O$，化学纯)5.56 g，溶于 1∶1 硫酸溶液 5 mL 中，再加水定容至 1 L。

K.3.6　氢氧化钠溶液[$c(NaOH) = 5.0$ mol/L]：称取氢氧化钠(NaOH，化学纯) 20.0 g 溶于水中，稀释至 100 mL。

K.4　分析步骤

K.4.1　待测液制备：称取相当于 10.0 g 风干土的新鲜土样于三角瓶中，加入 0.1 mol/L 硫酸铝浸提液 200 mL，摇匀后放置 5 min，以干滤纸过滤，滤液即为待测液，然后立即测定。

K.4.2　测定：吸取待测液 5.00 mL～25.00 mL 置于 150 mL 三角瓶中，加 0.02 mol/L 重铬酸钾溶液 20 mL 和 1∶1 硫酸溶液 5 mL，加水使总体积约 50 mL。水浴加热 20 min 后，冷却，加入邻菲罗啉指示剂 2 滴，以 0.02 mol/L 硫酸亚铁溶液滴定至棕红色为终点。同时做两个空白试验，取其平均值。

K.5　结果计算

土壤还原性物质总量按式(K.1)计算。

$$STARM = \frac{c \times 20 \times (V_0 - V) \times D}{m \times V_0 \times 10} \times 1000 \qquad \text{(K.1)}$$

式中：

$STARM$——土壤还原性物质总量(soil total amount of reductive materials)，单位为厘摩尔每千克(cmol/kg)；

c　　——$1/6K_2Cr_2O_7$标准溶液的浓度，单位为摩尔每升(mol/L)；

20　　——加入重铬酸钾标准溶液量,单位为毫升(mL);
V_0　　——空白溶液消耗硫酸亚铁溶液体积,单位为毫升(mL);
V　　——待测溶液消耗硫酸亚铁溶液体积,单位为毫升(mL);
D　　——分取倍数,200/(5~25);
m　　——新鲜土样相当的风干土样质量,单位为克(g);
10　　——毫摩尔换算成厘摩尔的系数;
1 000　——克换算成千克的系数。

平行测定结果用算数平均值表示,结果保留小数点后2位。

K.6　精密度

平行测定值允许相对误差≤10%。

附 录 L
（规范性附录）
耕地质量监测数据标准化要求

耕地质量监测数据标准化要求见表L.1。

表L.1 耕地质量监测数据标准化要求

常规监测部分：							
字段名称	数据类型	数据长度	量纲	极大值	极小值	小数位	备 注
监测点代码	文本	12	无				
建点年度	日期	4	无	2 100	1 900	0	格式为yyyy
时间	日期	10	无				如:2009-09-25
县代码	文本	6	无				
经度	数值	8	°	136	72	5	采用十进制表示。例:东经119.032 45
纬度	数值	7	°	60	0	5	采用十进制表示。例:北纬32.532 45
常年降水量	数值	6	mm	9 999.9	0	1	填写具体数值,不填范围
常年有效积温	数值	5	℃	99 999	0	0	填写具体数字,不填范围
常年无霜期	数值	3	d	366	0	0	填写具体数值,不填范围
田块坡度	数值	2	°	90	0	0	实际测定田块内田面坡面与水平面的夹角度数
海拔高度	数值	6	m	9 999.9	−155	0	用GPS定位仪现场测定填写,单位为米(m)
潜水埋深	数值	7	m	9 999.99	0	1	填写具体数值,不填范围
障碍因素	文本	20	无				指盐碱、瘠薄、酸化、渍涝、潜育、侵蚀、干旱等,没有明显障碍因素时填无
障碍层类型	文本	10	无				指1 m土体内出现的障碍层类型,如砂姜层、白浆层、黏盘层、铁盘层、沙砾层、盐积层、石膏层、白土层、灰化层、潜育层、冻土层、沙漏层等
障碍层深度	数值	3	cm	300	0	0	指障碍层的最上层面到地表的垂直距离
障碍层厚度	数值	3	cm	300	0	0	指障碍层的最上层面到最下层面的垂直距离
水源类型	文本	8	无				指地表水、地下水、地表水＋地下水、无

表 L.1（续）

常规监测部分：							
字段名称	数据类型	数据长度	量纲	极大值	极小值	小数位	备　注
灌水量	数值	4	m^3/hm^2	9 999	0	0	
灌溉方式	文本	30	无				指漫灌、沟灌、畦灌、喷灌、滴灌、管灌，没有的填“无”
排水方式	文本	20	无				分排水沟、暗管排水、强排
灌溉、排水能力	文本	10	无				指充分满足、满足、基本满足、不满足
地域分区	文本	10	无				根据 GB/T 33469 的规定填写一级农业区
熟制分区	文本	8	无				指一年一熟、一年二熟、一年三熟、两年三熟等
农田林网化程度	文本	5	无				分为高、中、低
产量水平	数值	6	kg/hm^2	9 999.9	0	1	
耕地质量等级	文本	4	无				按 GB/T 33469 的规定填写
化肥、有机肥	数值	6	kg/hm^2	999.99	0	2	
田块面积	数值	7	hm^2	99 999.9	0	1	
代表面积	数值	10	hm^2	9 999 999.99	0	2	
土壤代码	文本	8	无				按 GB/T 17296 的规定填写
层次深度	文本	20	cm				0 cm～20 cm 或 20 cm～40 cm 等
剖面颜色	文本	12	无				指土壤在自然状态的颜色
剖面紧实度	数值	4	MPa	10	0	2	
剖面容重	数值	4	g/cm^3	2	0.5	2	
剖面新生体	文本	20	无				常见的新生体有铁锰结核、铁锰胶膜、二氧化硅粉末、锈纹、锈斑、假菌丝、砂姜等
植物根系	文本	4	无				主要看剖面各层根系分布的数量，指无、很少、少、中和多
颗粒组成（沙粒、粉粒、黏粒）	数值	5	%	99.99	0	2	
质地	文本	20	无				按国际制质地名称填写
有机质、碳酸钙	数值	5	g/kg	999.9	0	1	
全氮	数值	4	g/kg	9.99	0	2	
全磷	数值	5	g/kg	9.999	0	3	
全钾	数值	5	g/kg	99.99	0	2	
pH	数值	4	无	14	0.1	1	
阳离子交换量	数值	4	cmol/kg	99.9	0	1	
含盐量	数值	4	g/kg	99.99	0	2	
全铬	数值	8	mg/kg	9 999.999	0	3	

表 L.1（续）

常规监测部分：							
字段名称	数据类型	数据长度	量纲	极大值	极小值	小数位	备　　注
全镉、全汞	数值	6	mg/kg	99.999	0	3	
全铅、全砷	数值	7	mg/kg	999.999	0	3	
全铜	数值	7	mg/kg	999.999	0	3	
全镍	数值	7	mg/kg	999.999	0	3	
播种方式	文本	20	无				填机播、人工播种等
耕作情况	文本	20	无				填耕、耙、中耕、除草等
自然灾害种类	文本	20	无				填风、雨、雹、旱、涝、霜、冻、冷等
自然灾害、病虫害危害程度	文本	20	无				填强、中、弱
病虫害防治效果	文本	20	无				填好、一般、差
有机肥中有机质，有机肥、化肥中 N、P_2O_5、K_2O 含量	数值	4	%	99.9	0	1	
有机肥、化肥实物量	数值	4	kg/hm^2	9 999	0	0	
有机肥、化肥折纯量	数值	6	kg/hm^2	999.99	0	2	
生育期	数值	3	d	366	0	0	
果实、秸秆产量	数值	7	kg/hm^2	99 999.9	0	1	
耕层厚度	数值	4	cm	50	1	1	
水稳性大团聚体	数值	4	%	80	0	2	
有效磷	数值	5	mg/kg	999.9	0	1	
速效钾	数值	3	mg/kg	900	0	0	
缓效钾	数值	4	mg/kg	5 000	0	0	
微生物量碳、微生物量氮	数值		mg/kg	2 000	0	2	
还原性物质总量	数值	4	cmol/kg		0	2	
交换性钙、镁	数值	8	cmol/kg	99 999.99	0	2	
有效硫、硅	数值	6	mg/kg	999.99	0	2	
有效铁、锰	数值	5	mg/kg	999.9	0	1	
有效铜、锌	数值	5	mg/kg	99.99	0	2	
有效硼、钼	数值	4	mg/kg	9.99	0	2	
自动监测部分：							
字段名称	数据类型	数据长度	量纲	极大值	极小值	小数位	备注
土壤体积含水量	数值	6	%	100	0	2	
土壤温度	数值	6	℃	85	−40	2	
电导率	数值	5	dS/m	10	0	2	
覆盖度	数值	6	%	100	0	2	
株高	数值	3	cm		0	1	
叶绿素	数值	6	无	100	0	2	
叶面积指数	数值	5	无	10	0	2	
归一化植被指数	数值	4	无	1	−1	2	
叶冠层指数	数值	3	无	1	0	2	
空气温度	数值	6	℃	85	−40	2	
空气相对湿度	数值	6	%	100	0	2	
风速	数值	5	m/s	30	0	2	
风向	数值	6	°	360	0	2	

表 L.1（续）

自动监测部分：							
字段名称	数据类型	数据长度	量纲	极大值	极小值	小数位	备　注
降水量	数值	7	mm	1 000	0	2	
大气压	数值	7	kPa	1 000	0	2	
太阳总辐射	数值		W/m^2		0	2	
光照强度	数值		lx	200 000	0	2	

ICS 13.080
Z 18

中华人民共和国农业行业标准

NY/T 3420—2019

土壤有效硒的测定 氢化物发生原子荧光光谱法

Determination of available selenium in soil—Hydride generation atomic fluorescence spectrometry

2019-01-17 发布　　2019-09-01 实施

中华人民共和国农业农村部 发布

前　言

本标准按照 GB/T 1.1—2009、GB/T 20001.4—2015 给出的规则起草。

本标准由农业农村部种植业管理司提出并归口。

本标准起草单位：恩施土家族苗族自治州农业科学院。

本标准主要起草人：陈永波、李卫东、黄光昱、胡百顺、陈娥、刘淑琴、秦邦、张朝阳、熊倩、朱云芬、瞿勇、明佳佳。

土壤有效硒的测定　氢化物发生原子荧光光谱法

1　范围

本标准规定了氢化物发生原子荧光光谱仪测定土壤有效硒的方法。

本标准适用于土壤有效硒含量的测定。

2　规范性引用文件

下列文件对于本文件的应用是必不可少的。凡是注日期的引用文件，仅注日期的版本适用于本文件。凡是不注日期的引用文件，其最新版本(包括所有的修改单)适用于本文件。

GB/T 6682　分析实验室用水规格和试验方法

NY/T 1121.1　土壤检测　第1部分：土壤样品的采集、处理和储存

NY/T 1377　土壤 pH 的测定

3　术语和定义

下列术语和定义适用于本文件。

3.1

土壤有效硒　available selenium in soil

土壤中可被作物直接吸收利用的硒，包括水溶态和可交换态硒酸根离子、亚硒酸根离子及有机硒小分子物质。

4　原理

土壤有效硒用磷酸二氢钾溶液浸提后，经硝酸和双氧水消解，被 6 mol/L 盐酸还原成亚硒酸根离子(SeO_3^{2-})，再用硼氢化钾将 SeO_3^{2-} 还原成硒化氢(H_2Se)，由载气(氩气)带入原子化器中进行原子化，在硒空心阴极灯的照射下，基态硒原子被激发至高能态回到基态时发射出特征波长的荧光，其荧光强度与被测溶液中硒浓度成正比，外标法定量。

5　试剂或材料

除非另有说明，本标准所用试剂均为分析纯，水为 GB/T 6682 规定的二级水。

5.1　硝酸(HNO_3)：优级纯。

5.2　盐酸(HCl)：优级纯。

5.3　双氧水(H_2O_2)。

5.4　氢氧化钾(KOH)：优级纯。

5.5　磷酸二氢钾(KH_2PO_4)。

5.6　硼氢化钾(KBH_4)。

5.7　铁氰化钾[$K_3Fe(CN)_6$]。

5.8　硼氢化钾溶液(10 g/L)：称取 2.0 g 氢氧化钾(5.4)，溶于约 900 mL 水中，再加入 10.0 g 硼氢化钾(5.6)，溶解后用水定容至 1 000 mL，现配现用，配制顺序不可颠倒。

5.9　铁氰化钾溶液(100 g/L)：称取 10.0 g 铁氰化钾(5.7)，溶于约 90 mL 水中，用水定容至 100 mL。

5.10　盐酸溶液(6 mol/L)：量取 50 mL 盐酸(5.2)缓慢加入约 40 mL 水中，冷却后用水定容至 100 mL。

5.11　盐酸溶液(5%):量取 50 mL 盐酸(5.2),缓慢加入 950 mL 水中,混匀。

5.12　氢氧化钾溶液(5 mol/L):称取 28.0 g 氢氧化钾(5.4),溶于约 90 mL 水中,冷却后用水定容至 100 mL。

5.13　磷酸二氢钾溶液(0.10 mol/L):准确称取 13.6 g 磷酸二氢钾(5.5),溶于约 950 mL 水中,根据土壤的酸碱度(按照 NY/T 1377 的方法测定),用氢氧化钾溶液(5.12)或盐酸溶液(5.10)调节至附录 A 中相应的 pH,用水定容至 1 000 mL。

5.14　硒标准溶液:100 μg/mL,或经国家认证并授予标准物质证书的一定浓度的硒标准溶液。

5.15　硒标准储备液(1.0 μg/mL):准确吸取 100 μg/mL 硒标准溶液(5.14)1.00 mL 于 100 mL 容量瓶中,用盐酸溶液(5.11)定容。

5.16　硒标准工作液(100 ng/mL):准确吸取 1.0 μg/mL 硒标准储备液(5.15)1.00 mL 于 10 mL 容量瓶中,用盐酸溶液(5.11)定容。

6　仪器设备

注:所有玻璃器皿及聚四氟乙烯消解内罐均需硝酸溶液(1+4,体积比)浸泡过夜,用自来水反复冲洗,最后用水冲洗干净。

6.1　氢化物发生原子荧光光谱仪:配硒空心阴极灯。

6.2　微波消解仪:配聚四氟乙烯消解内罐。

6.3　恒温混匀仪:1 500 r/min。

6.4　天平:感量为 0.01 g、0.001 g。

6.5　离心机:3 000 r/min。

7　试验步骤

7.1　试样制备

土壤样品的采集、处理和储存按照 NY/T 1121.1 中相关部分,在采样和制备中避免交叉污染,土壤样品磨细后过 60 目筛,储存在玻璃瓶中,作为待测试样。

7.2　试样处理

称取待测试样 1 g(精确至 0.001 g)于 15 mL 离心管中,加入 0.10 mol/L 磷酸二氢钾溶液(5.13)10 mL,于恒温混匀仪 30℃、1 500 r/min 条件下振荡 80 min,离心机 3 000 r/min 离心 15 min,取上清液 5 mL 于消解罐中,加入硝酸(5.1)7 mL、双氧水(5.3)1 mL,参见附录 B 中条件进行消解。试样消解完毕后,取下消解罐,在电热板上 160℃加热至近干,冷却后加入盐酸溶液(5.10)5 mL,继续加热至溶液变为清亮无色并伴有白烟出现,冷却,转移至 10 mL 容量瓶中,加入铁氰化钾溶液(5.9)1 mL,用盐酸溶液(5.11)定容。同时做空白试验。

7.3　测定

7.3.1　仪器参考条件

参见附录 C。

7.3.2　标准曲线的制作

准确吸取 100 ng/mL 硒标准工作液(5.16)0 mL、0.50 mL、1.00 mL、2.00 mL 和 3.00 mL 于 10 mL 容量瓶中,加入铁氰化钾溶液(5.9)1.0 mL,用盐酸溶液(5.11)定容至刻度,混匀,配置成 0 ng/mL、5.0 ng/mL、10.0 ng/mL、20.0 ng/mL 和 30.0 ng/mL 的标准系列溶液,待仪器读数稳定后,将硒标准溶液按质量浓度由低到高的顺序分别导入仪器,测定其荧光强度,以质量浓度为横坐标、荧光强度为纵坐标,制作标准曲线,外标法定量。

7.3.3　试样测定

在与标准系列溶液相同的实验条件下，将空白溶液和试样溶液分别导入仪器，测定其荧光强度值，外标法定量。如果试样溶液浓度超出标准曲线范围，应适当稀释后重测。

8 分析结果的表述

土壤中有效硒含量按式(1)计算。

$$X=\frac{(C-C_0)\times V\times V_2}{1000\times m\times V_1} \qquad (1)$$

式中：

X ——试样中硒的含量，单位为毫克每千克(mg/kg)；

C ——试样质量浓度，单位为纳克每毫升(ng/mL)；

C_0 ——样品空白质量浓度，单位为纳克每毫升(ng/mL)；

m ——试样质量，单位为克(g)；

V ——浸提液体积，单位为毫升(mL)；

V_1 ——用于消化的浸提液上清液体积，单位为毫升(mL)；

V_2 ——消化液定容体积，单位为毫升(mL)。

结果以重复性条件下获得的2次独立测定结果的算术平均值表示，保留3位有效数字。

9 精密度

质量浓度低于0.1 mg/kg时，在重复性条件下获得的2次独立测定结果的绝对差值不得超过算术平均值的20%。

质量浓度高于0.1 mg/kg时，在重复性条件下获得的2次独立测定结果的绝对差值不得超过算术平均值的15%。

10 其他

该方法定量限为0.006 mg/kg。

附　录　A
(规范性附录)
不同酸碱度土壤采用的浸提液 pH

不同酸碱度土壤采用的浸提液 pH 见表 A.1。

表 A.1　不同酸碱度土壤采用的浸提液 pH

土壤 pH	<4.0	4.0～5.0	5.0～6.0	6.0～7.0	7.0～8.0	>8.0
浸提液 pH	4.0	5.0	6.0	7.0	8.0	9.0

附　录　B
（资料性附录）
微波消解参考条件

微波消解参考条件见表 B.1。

表 B.1　微波消解参考条件

步骤	温度,℃	保持时间,min
1	130	10
2	150	10
3	180	10
4	210	10

附 录 C
(资料性附录)
原子荧光光谱仪参考工作条件

原子荧光光谱仪参考工作条件见表 C.1。

表 C.1 原子荧光光谱仪参考工作条件

工作参数	最佳条件设定值
负高压,V	285
灯电流(总电流/辅电流),mA	80/40
炉高,mm	8
载气流速,mL/min	400
屏蔽气流速,mL/min	800
读数方式	峰面积
延迟时间,s	1
读数时间,s	10～15

ICS 65.080
G 20

中华人民共和国农业行业标准

NY/T 3422—2019

肥料和土壤调理剂　氟含量的测定

Fertilizers and soil amendments—Determination of fluorine content

2019-01-17 发布　　2019-09-01 实施

中华人民共和国农业农村部　发布

前　　言

本标准按照 GB/T 1.1—2009 给出的规则起草。

本标准由中华人民共和国农业农村部提出并归口。

本标准起草单位:中国农业科学院农业资源与农业区划研究所、中国农学会、广东地球土壤研究院、中国植物营养与肥料学会、土壤肥料产业联盟。

本标准主要起草人:刘红芳、黄均明、刘蜜、保万魁、韩岩松、马新华、谢小玲、林茵、侯晓娜。

肥料和土壤调理剂　氟含量的测定

1　范围

本标准规定了采用离子色谱法和离子选择电极法测定肥料和土壤调理剂中水溶性氟含量的试验方法。

本标准适用于肥料和土壤调理剂中水溶性氟含量的测定。

2　规范性引用文件

下列文件对于本文件的应用是必不可少的。凡是注日期的引用文件，仅注日期的版本适用于本文件。凡是不注日期的引用文件，其最新版本（包括所有的修改单）适用于本文件。

GB/T 6682　分析实验室用水规格和实验方法

HG/T 3696　无机化工产品　化学分析用标准溶液、制剂及制品的制备

NY/T 887　液体肥料　密度的测定

3　离子色谱法

3.1　原理

试样中的氟离子用水超声提取，离心，过滤后，经离子色谱分离，用电导检测器检测，外标法定量。

3.2　试剂和材料

所用试剂和溶液的配制，在未注明规格和配制方法时，均应按 HG/T 3696 的规定执行，水为 GB/T 6682 规定的一级水。

3.2.1　氢氧化钾：优级纯。

3.2.2　甲醇：色谱纯。

3.2.3　氢氧化钾淋洗液：c(KOH)＝35 mmol/L。

3.2.4　氟标准储备液：$\rho(F^-)$＝1 000 mg/L。准确称取基准氟化钠（NaF，105℃～110℃烘干 2 h）0.221 0 g，加水溶解后，移入 100 mL 容量瓶中，用水定容，储存于聚乙烯瓶中。保存在 0℃～5℃的冰箱中，有效期为 6 个月；

注：氟标准储备液可购买经国家认证并授予标准物质证书的标准溶液物质。

3.2.5　氟标准溶液：$\rho(F^-)$＝20 mg/L。吸取氟标准储备液（3.2.4）20.00 mL 于 1 000 mL 容量瓶中，用水定容，储存于聚乙烯瓶中。保存在 0℃～5℃的冰箱中，有效期为 1 个月。

3.3　仪器和设备

3.3.1　通常实验室仪器。

3.3.2　离子色谱仪：配电导检测器。

3.3.3　离心机：转速可达 4 000 r/min。

3.3.4　微孔滤膜：0.22 μm，水系。

3.3.5　固相萃取柱：C_{18}小柱，1 mL，或相当者。

3.3.6　聚乙烯容量瓶。

3.4　分析步骤

3.4.1　试样的制备

固体样品缩分至约 100 g，将其迅速研磨至全部通过 0.50 mm 孔径试验筛（如样品潮湿，可通过 1.00

mm 试验筛),混合均匀,置于洁净、干燥容器中;液体样品经多次摇动后,迅速取出约 100 mL,置于洁净、干燥容器中。

3.4.2 固相萃取柱的活化

依次用 5 mL 甲醇(3.2.2)、15 mL 水以不超过 3 mL/min 的速度淋洗小柱,平放静置 20 min,待用。

3.4.3 试样溶液的制备

称取 0.2 g~0.3 g 试样(精确至 0.000 1 g)置于 250 mL 容量瓶中,加约 150 mL 水。在室温下水浴超声 30 min,取出,放至室温,用水定容。取部分溶液于离心机中以 4 000 r/min 的转速离心 10 min,上清液过微孔滤膜后,待测。

注:可根据样品有机物的干扰情况,取通过水系滤膜后的滤液 5 mL,以不超过 3 mL/min 的速度推入活化后的 C_{18} 柱,弃去最初的 3 mL,剩余 1 mL~2 mL 液体进样检测。

3.4.4 仪器参考条件

3.4.4.1 等度淋洗

——色谱柱:阴离子色谱柱,7.5 μm,4 mm×250 mm,离子交换功能基为烷醇季铵,或相当者。阴离子色谱保护柱,7.5 μm,4 mm×50 mm,离子交换功能基为烷醇季铵,或相当者;

——柱温箱温度:30℃;

——抑制器:自动再生阴离子抑制器,或相当者;

——检测器:电导检测器,检测池温度为室温;

——淋洗液:氢氧化钾淋洗液(3.2.3);

——淋洗液流速:1.0 mL/min;

——进样量:10 μL。

3.4.4.2 梯度淋洗

如果实验发现目标物氟离子分离效果较差,可选择梯度淋洗方式进行测定。淋洗液浓度变化梯度程序见表 1,其他条件见 3.4.4.1。

表 1

时间,min	淋洗液浓度,mmol/L
0.00~10.00	5
10.00~25.00	5~45
25.00~35.00	45
35.00~40.00	5

3.4.5 标准曲线的绘制

分别吸取氟标准溶液(3.2.5)0 mL、0.50 mL、2.50 mL、5.00 mL、10.00 mL、25.00 mL 和 50.00 mL 于 7 个 100 mL 容量瓶中,用水定容。该标准系列溶液氟的质量浓度分别为 0 mg/L、0.1 mg/L、0.5 mg/L、1.0 mg/L、2.0 mg/L、5.0 mg/L 和 10.0 mg/L。过微孔滤膜后,按浓度由低到高进样检测,以标准系列溶液质量浓度(mg/L)为横坐标、以峰面积为纵坐标,绘制标准曲线。

注:可根据不同仪器灵敏度或样品含量调整标准系列溶液的质量浓度。

3.4.6 试样溶液的测定

将试样溶液或经稀释一定倍数后在与测定标准系列溶液相同的条件下测定,在标准曲线上查出相应的质量浓度(mg/L)。

3.4.7 空白试验

除不加试样外,其他步骤同试样溶液的测定。

3.5 分析结果的表述

氟含量以质量分数 ω_1 计,数值以百分率表示,按式(1)计算。

$$\omega_1 = \frac{(\rho - \rho_0)VD \times 10^{-3}}{m \times 10^3} \times 100\% \quad \cdots\cdots (1)$$

式中：

ρ ——由标准曲线查出的试样溶液氟的质量浓度，单位为毫克每升(mg/L)；

ρ_0 ——由标准曲线查出的空白溶液氟的质量浓度，单位为毫克每升(mg/L)；

V ——试样溶液总体积，单位为毫升(mL)；

D ——测定时试样溶液的稀释倍数；

10^{-3} ——将毫升换算成升的系数，以升每毫升(L/mL)表示；

m ——试料的质量，单位为克(g)；

10^3 ——将克换算成毫克的系数，以毫克每克(mg/g)表示。

取2次平行测定结果的算术平均值为测定结果，结果保留到小数点后2位。

4 离子选择电极法

4.1 原理

氟离子选择电极的氟化镧单晶膜对氟离子有选择性，在氟化镧电极膜两侧的不同浓度氟溶液之间存在电位差，电位差的大小与氟离子浓度有关，利用电动势与氟离子浓度对数的线性关系求出试样中氟离子浓度。

4.2 试剂和材料

所用试剂、水和溶液的配制，在未注明规格和配制方法时，均应按 HG/T 3696 的规定执行。

4.2.1 乙酸溶液：$c(CH_3COOH)=1$ mol/L。

4.2.2 乙酸钠溶液：$c(CH_3COONa)=3$ mol/L。称取204 g乙酸钠($CH_3COONa \cdot 3H_2O$)，溶于300 mL水中，加乙酸溶液(4.2.1)调节pH至7.0，然后移入500 mL容量瓶中，用水定容。

4.2.3 柠檬酸钠溶液：$c(Na_3C_6H_5O_7)=0.75$ mol/L。称取110 g柠檬酸钠($Na_3C_6H_5O_7 \cdot 2H_2O$)，溶于300 mL水中，加14 mL高氯酸，然后移入500 mL容量瓶中，用水定容。

4.2.4 总离子强度缓冲剂：$c(CH_3COONa)=1.5$ mol/L，$c(Na_3C_6H_5O_7)=0.375$ mol/L。乙酸钠溶液(4.2.2)与柠檬酸钠溶液(4.2.3)等体积混合，现配现用。

4.2.5 氟标准储备液：$\rho(F^-)=1\,000$ μg/mL。准确称取基准氟化钠(NaF，105℃～110℃烘干2 h)0.221 0 g，加水溶解后，移入100 mL容量瓶中，用水定容，储存于聚乙烯瓶中。保存在0℃～5℃的冰箱中，有效期为6个月。

注：氟标准储备液可购买经国家认证并授予标准物质证书的标准溶液物质。

4.2.6 氟标准溶液：$\rho(F^-)=10$ μg/mL。吸取氟标准储备液(4.2.5)10.00 mL于1 000 mL容量瓶中，用水定容，储存于聚乙烯瓶中。保存在0℃～5℃的冰箱中，有效期为1个月。

4.3 仪器和设备

4.3.1 通常实验室仪器。

4.3.2 pH计(精度±0.1 mV)：配有氟离子选择电极及饱和甘汞电极，或离子计等具有相同功能的设备。

4.3.3 磁力搅拌器：配有聚乙烯包膜的搅拌转子。

4.3.4 聚乙烯烧杯。

4.3.5 聚乙烯容量瓶。

4.4 分析步骤

4.4.1 试样的制备

固体样品缩分至约100 g，将其迅速研磨至全部通过0.50 mm孔径试验筛(如样品潮湿，可通过1.00 mm试验筛)，混合均匀，置于洁净、干燥容器中；液体样品经多次摇动后，迅速取出约100 mL，置于洁净、干燥容器中。

4.4.2 试样溶液的制备

称取 0.2 g～0.3 g 试样(精确至 0.000 1 g)置于 250 mL 容量瓶中,加约 150 mL 水,在室温下水浴超声 30 min,取出,放至室温,用水定容,用定性滤纸进行干过滤(弃去过滤最初的滤液),滤液待用。

4.4.3 标准曲线的绘制

分别吸取 0 mL、0.50 mL、1.00 mL、2.00 mL、5.00 mL、10.00 mL、20.00 mL 氟标准溶液(4.2.6)于 7 个 50 mL 容量瓶中,加入 25 mL 总离子强度缓冲剂(4.2.4),用水定容。该标准系列溶液质量浓度分别为 0 mg/L、0.10 mg/L、0.20 mg/L、0.40 mg/L、1.00 mg/L、2.00 mg/L 和 4.00 mg/L。

将电极和搅拌转子置于盛有水的塑料杯中,电磁搅拌,待电极空白电位值达到测定要求后,按浓度由低至高进行测定,以电位响应值为横坐标、以相应的氟离子浓度对数值为纵坐标,绘制标准曲线。

注:可根据不同仪器灵敏度或样品含量调整标准系列溶液的质量浓度。

4.4.4 试样溶液的测定

吸取适量的滤液(4.4.2),置于 50 mL 容量瓶中,加入 25 mL 总离子强度缓冲剂(4.2.4)后,用水定容。在与测定标准系列溶液相同的条件下,测定试样溶液的电位,在标准曲线上查出相应试样溶液中氟的质量浓度(μg/mL)。

4.4.5 空白试验

除不加试样外,其他步骤同试样溶液的测定。

4.5 分析结果的表述

氟含量以质量分数 ω_2 计,数值以百分率表示,按式(2)计算。

$$\omega_2=\frac{(\rho-\rho_0)VD\times10^{-3}}{m\times10^3}\times100\% \quad\cdots\cdots(2)$$

式中:

ρ ——由标准曲线查出的试样溶液氟的质量浓度,单位为毫克每升(mg/L);

ρ_0 ——由标准曲线查出的空白溶液氟的质量浓度,单位为毫克每升(mg/L);

V ——试样溶液总体积,单位为毫升(mL);

D ——测定时试样溶液的稀释倍数;

10^{-3} ——将毫升换算成升的系数,以升每毫升(L/mL)表示;

m ——试料的质量,单位为克(g);

10^3 ——将克换算成毫克的系数,以毫克每克(mg/g)表示。

取 2 次平行测定结果的算术平均值为测定结果,结果保留到小数点后 2 位。

5 允许差

离子色谱法和离子选择电极法平行测定结果和不同实验室测定结果的允许差应符合表 2 的要求。

表 2

氟的质量分数(ω),%	平行测定结果的相对相差,%	不同实验室测定结果的相对相差,%
0.03≤ω<0.10	≤40	≤80
0.10≤ω<0.20	≤30	≤60
0.20≤ω<1.00	≤20	≤40
ω≥1.00	≤10	≤20
注:相对相差为 2 次测量值相差与 2 次测量值均值之比。		

6 质量浓度的换算

液体试样氟的含量以质量浓度 ρ_1 计,单位为克每升(g/L),按式(3)计算。

$$\rho_1 = 1000\omega\rho \quad \cdots\cdots (3)$$

式中：

1 000——将克每毫升换算为克每升的系数，以毫升每升(mL/L)表示；

ω ——试样中氟的质量分数；

ρ ——液体试样的密度，单位为克每毫升(g/mL)。

结果保留到小数点后 1 位。

液体试样密度的测定按 NY/T 887 的规定执行。

ICS 65.080
G 20

中华人民共和国农业行业标准

NY/T 3423—2019

肥料增效剂　3,4-二甲基吡唑磷酸盐(DMPP)含量的测定

Fertilizer synergists—Determination of 3,4-dimethyl-pyrazole phosphate (DMPP) content

2019-01-17 发布　　2019-09-01 实施

中华人民共和国农业农村部　发布

前　　言

本标准按照 GB/T 1.1—2009 给出的规则起草。

本标准由中华人民共和国农业农村部提出并归口。

本标准起草单位:中国农业科学院农业资源与农业区划研究所、中国农学会、中国植物营养与肥料学会、土壤肥料产业联盟。

本标准主要起草人:保万魁、刘红芳、侯晓娜、林茵、韩岩松、黄均明。

肥料增效剂　3,4-二甲基吡唑磷酸盐(DMPP)含量的测定

1 范围

本标准规定了肥料增效剂3,4-二甲基吡唑磷酸盐(DMPP)含量测定的高效液相色谱法试验方法。

本标准适用于固体或液体DMPP及添加DMPP的固体或液体肥料。

2 规范性引用文件

下列文件对于本文件的应用是必不可少的。凡是注日期的引用文件,仅注日期的版本适用于本文件。凡是不注日期的引用文件,其最新版本(包括所有的修改单)适用于本文件。

GB/T 6682　分析实验室用水规格和试验方法

NY/T 887　液体肥料　密度的测定

3 原理

试样中的3,4-二甲基吡唑磷酸盐用水提取,经液相色谱分离后,用紫外检测器检测,外标法定量。

4 试剂和材料

除另有说明外,本标准中所用试剂为色谱纯,水符合GB/T 6682中一级水要求。

4.1 乙腈。

4.2 一水合磷酸二氢钠($NaH_PO_4 \cdot H_2O$),分析纯。

4.3 3,4-二甲基吡唑磷酸盐标准品,纯度≥99.5%;在−20℃条件下储存。

4.4 3,4-二甲基吡唑磷酸盐标准溶液:ρ(DMPP)=1 000 mg/L。准确称取0.1 g(精确至0.000 1 g)3,4-二甲基吡唑磷酸盐标准品(4.3),置于100 mL容量瓶中,加入50 mL水并振荡至完全溶解后,用水定容。现配现用。

5 仪器和设备

5.1 通常实验室仪器。

5.2 高效液相色谱仪:配紫外检测器。

5.3 恒温振荡器:温度可控制在(25±5)℃,振荡频率可控制在(180±20) r/min。

5.4 微孔滤膜:0.45 μm,水系。

6 分析步骤

6.1 试样的制备

固体样品缩分至约100 g,将其迅速研磨至全部通过0.50 mm孔径试验筛(如样品潮湿,可通过1.00 mm试验筛),混合均匀,置于洁净、干燥容器中;液体样品经摇动均匀后,迅速取出约100 mL,置于洁净、干燥容器中。

6.2 试样溶液的制备

称取0.1 g～3 g(精确至0.000 1 g)混合均匀的试样于250 mL容量瓶中,加约200 mL水,塞紧瓶塞,摇动容量瓶使试料分散,置于(25±5)℃振荡器内,在(180±20) r/min频率下振荡30 min,取出,用水定容并摇匀,过微孔滤膜后待测。

6.3 仪器参考条件

——色谱柱：C_{18}，5 μm，150 mm×4.6 mm，或相当者；

——流动相：将 1.38 g 一水合磷酸二氢钠(4.2)溶于 1 L 水中，加入 175 mL 乙腈(4.1)，脱气；

——流速：1.5 mL/min；

——柱温：室温；

——进样量：10 μL；

——检测波长：224 nm。

6.4 标准曲线的绘制

分别吸取 DMPP 标准溶液 0 mL、0.20 mL、0.50 mL、1.00 mL、2.00 mL、3.00 mL 于 6 个 10 mL 容量瓶中，用水定容，摇匀。该标准系列溶液质量浓度分别为 0 mg/L、20 mg/L、50 mg/L、100 mg/L、200 mg/L、300 mg/L。过微孔滤膜后，按浓度由低到高进样检测，以标准系列溶液质量浓度(mg/L)为横坐标、以峰面积为纵坐标，绘制标准曲线。标准溶液色谱图参见附录 A。

注：可根据不同仪器灵敏度或样品含量调整标准系列溶液的质量浓度。

6.5 试样溶液的测定

将试样溶液或经稀释一定倍数后在与测定标准系列溶液相同的条件下测定，在标准曲线上查出相应的质量浓度(mg/L)。

7 分析结果的表述

3,4-二甲基吡唑磷酸盐(DMPP)含量以质量分数 ω 计，数值以百分率表示，按式(1)计算。

$$\omega = \frac{\rho V D \times 10^{-3}}{m \times 10^{3}} \times 100\% \qquad (1)$$

式中：

ρ ——由标准曲线查出的试样溶液 3,4-二甲基吡唑磷酸盐的质量浓度，单位为毫克每升(mg/L)；

V ——试样溶液总体积，单位为毫升(mL)；

D ——测定时试样溶液的稀释倍数；

10^{-3}——将毫升换算成升的系数，以升每毫升(L/mL)表示；

m ——试料的质量，单位为克(g)；

10^{3} ——将克换算成毫克的系数，以毫克每克(mg/g)表示。

取 2 次平行测定结果的算术平均值为测定结果，结果保留到小数点后 2 位，最多不超过 3 位有效数字。

8 允许差

平行测定结果和不同实验室测定结果允许差应符合表 1 的要求。

表 1

3,4-二甲基吡唑磷酸盐质量分数(ω)，%	平行测定结果的绝对差值，%	不同实验室结果的绝对差值，%
ω<1.00	≤0.20	≤0.40
1.00≤ω<10.0	≤0.50	≤1.00
10.0≤ω<50.0	≤1.0	≤2.0
ω≥50.0	≤2.0	≤3.0

9 质量浓度的换算

液体试样 3,4-二甲基吡唑磷酸盐(DMPP)含量以质量浓度 ρ_1 计，单位为克每升(g/L)，按式(2)计算。

$$\rho_1 = 1000\omega\rho \quad \cdots\cdots (2)$$

式中：

1 000——将克每毫升换算为克每升的系数，以毫升每升(mL/L)表示；

ω ——试样中 3,4-二甲基吡唑磷酸盐的质量分数；

ρ ——液体试样的密度，单位为克每毫升(g/mL)。

结果保留到小数点后 1 位，最多不超过 3 位有效数字。

液体试样密度的测定按 NY/T 887 的规定执行。

附 录 A
(资料性附录)
3,4-二甲基吡唑磷酸盐标准品色谱图

浓度为 50 mg/L 的标准品色谱图见图 A.1。

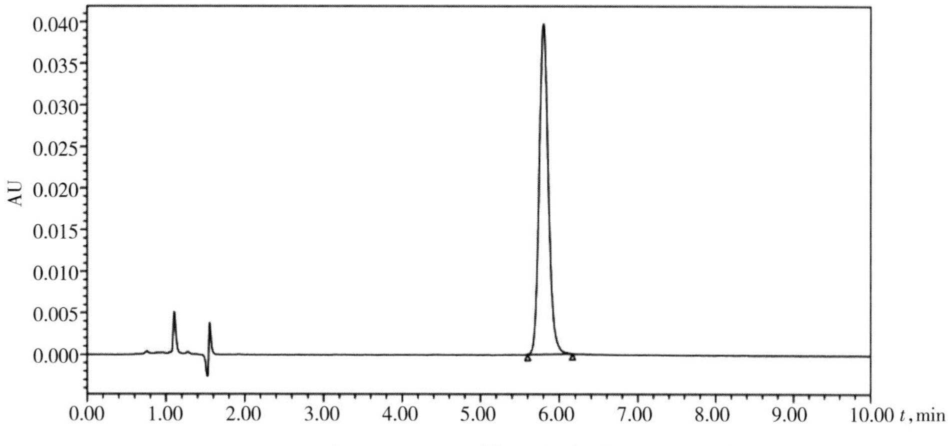

图 A.1 50 mg/L 3,4-二甲基吡唑磷酸盐标准品色谱图

ICS 65.080
G 20

中华人民共和国农业行业标准

NY/T 3424—2019

水溶肥料　无机砷和有机砷含量的测定

Water-soluble fertilizers—Determination of inorganic arsenic and organic arsenic contents

2019-01-17 发布　　　　2019-09-01 实施

中华人民共和国农业农村部　发布

前　　言

本标准按照 GB/T 1.1—2009 给出的规则起草。

本标准由中华人民共和国农业农村部提出并归口。

本标准起草单位:中国农业科学院农业资源与农业区划研究所、中国农学会、中国植物营养与肥料学会、土壤肥料产业联盟。

本标准主要起草人:刘红芳、黄均明、保万魁、韩岩松、刘蜜、侯晓娜、林茵。

水溶肥料　无机砷和有机砷含量的测定

1　范围

本标准规定了采用液相色谱-原子荧光光谱法测定水溶肥料中无机砷含量的试验方法和有机砷含量的差减方法。

本标准适用于水溶肥料中无机砷和有机砷含量的测定。

2　规范性引用文件

下列文件对于本文件的应用是必不可少的。凡是注日期的引用文件，仅注日期的版本适用于本文件。凡是不注日期的引用文件，其最新版本(包括所有的修改单)适用于本文件。

GB/T 6682　分析实验室用水规格和实验方法

HG/T 3696　无机化工产品　化学分析用标准溶液、制剂及制品的制备

NY/T 1978　肥料　汞、砷、镉、铅、铬含量的测定

3　无机砷含量的测定　液相色谱-原子荧光光谱法

3.1　原理

肥料中无机砷经稀王水提取后，经液相色谱进行分离，分离后的目标物在酸性环境下与 KBH_4 反应，生成气态砷化合物，用原子荧光光谱仪检测，外标法定量。

3.2　试剂和材料

所用试剂和溶液的配制，在未注明规格和配制方法时，均应按 HG/T 3696 的规定执行，水符合 GB/T 6682 中一级水要求。

3.2.1　盐酸，优级纯。

3.2.2　硝酸，优级纯。

3.2.3　三氧化二砷(As_2O_3)标准品：纯度≥99.5%。

3.2.4　砷酸二氢钾(KH_2AsO_4)标准品：纯度≥99.5%。

3.2.5　盐酸溶液：$\varphi(HCl)=5\%$。

3.2.6　王水：将盐酸(3.2.1)与硝酸(3.2.2)按体积比 3∶1 混合。

3.2.7　王水溶液：$\varphi(HCl)=1\%$。将王水(3.2.6)与水按体积比 1∶99 混合。

3.2.8　磷酸氢二钠和磷酸二氢钾混合溶液：$c(Na_2HPO_4)=5\ mmol/L$，$c(KH_2PO_4)=44.5\ mmol/L$。过微孔滤膜(3.3.4)后备用，现配现用。

3.2.9　氢氧化钾溶液：$\rho(KOH)=5\ g/L$。

3.2.10　氢氧化钾溶液：$\rho(KOH)=100\ g/L$。

3.2.11　硼氢化钾溶液：$\rho(KBH_4)=20\ g/L$。称取 20 g 硼氢化钾，用氢氧化钾溶液(3.2.9)溶解并定容至 1 000 mL，现配现用。

3.2.12　亚砷酸盐[As(Ⅲ)]标准储备液：ρ[As(Ⅲ)]=100 mg/L，按 As 计。准确称取三氧化二砷(3.2.3)0.013 2 g，加氢氧化钾溶液(3.2.10)1 mL 和少量水溶解，转入 100 mL 容量瓶中，加入适量盐酸(3.2.1)调节其酸度近中性，用水定容，现配现用。

3.2.13　砷酸盐[As(Ⅴ)]标准储备液：ρ[As(Ⅴ)]=100 mg/L，按 As 计。准确称取砷酸二氢钾(3.2.4)

0.024 0 g,加水溶解,转入 100 mL 容量瓶中,用水定容,现配现用。

3.2.14 As(Ⅲ)和 As(Ⅴ)混合标准溶液:ρ[As(Ⅲ)]=1.00 mg/L,ρ[As(Ⅴ)]=1.00 mg/L,均按 As 计。分别吸取 100 mg/L As(Ⅲ)标准储备液(3.2.12)和 As(Ⅴ)标准储备液(3.2.13)各 1.0 mL 于 100 mL 容量瓶中,用水定容,现配现用。

注:亚砷酸盐[As(Ⅲ)]标准储备液和砷酸盐[As(Ⅴ)]标准储备液可购买经国家认证并授予标准物质证书的标准溶液物质。

3.3 仪器和设备

3.3.1 通常实验室仪器。

3.3.2 液相色谱-原子荧光光谱联用仪(LC-AFS):由液相色谱仪与原子荧光光谱仪组成。

3.3.3 离心机:转速可达 8 000 r/min。

3.3.4 微孔滤膜:0.45 μm,水系。

3.4 分析步骤

3.4.1 试样的制备

固体样品缩分至约 100 g,将其迅速研磨至全部通过 0.50 mm 孔径试验筛(如样品潮湿,可通过 1.00 mm 孔径试验筛),混合均匀,置于洁净、干燥容器中;液体样品经摇动均匀后,迅速取出约 100 mL,置于洁净、干燥容器中。

3.4.2 试样溶液的制备

称取 0.2 g~2 g(精确至 0.000 1 g)混合均匀的试样于 50 mL 塑料离心管中,加入 20 mL 王水溶液(3.2.7),在室温下水浴超声 30 min,取出,放至室温,置于离心机中以 8 000 r/min 的转速离心 10 min,过微孔滤膜后,待测。

3.4.3 仪器参考条件

3.4.3.1 液相色谱参考条件

——色谱柱:阴离子交换色谱柱,10 μm,4.1 mm×250 mm,柱子填充剂为苯乙烯-二乙烯基苯聚合物,或相当者。阴离子交换色谱保护柱,10 μm,4.1 mm×10 mm,柱子填充剂为苯乙烯-二乙烯基苯聚合物,或相当者。

——流动相:磷酸氢二钠和磷酸二氢钾混合溶液(3.2.8)。

——流速:1.0 mL/min。

——柱温:室温。

——进样量:100 μL。

3.4.3.2 原子荧光检测参考条件

——负高压:300 V;

——砷灯总电流:60 mA;

——主电流/辅助电流:30/30;

——原子化方式:火焰原子化;

——载液:盐酸溶液(3.2.5),流速 4 mL/min;

——还原剂:硼氢化钾溶液(3.2.11),流速 4 mL/min;

——载气流速:400 mL/min;

——屏蔽气流速:800 mL/min。

3.4.4 标准曲线的绘制

分别吸取 As(Ⅲ)和 As(Ⅴ)混合标准溶液(3.2.14)0 mL、0.10 mL、0.20 mL、0.50 mL、0.80 mL、1.00 mL 于 6 个 10 mL 容量瓶中,用水定容。该标准系列溶液浓度分别为 0 ng/mL、10 ng/mL、20 ng/mL、50 ng/mL、80 ng/mL 和 100 ng/mL。过微孔滤膜后,按浓度由低到高进样检测,以标准系列溶液质量浓

度(ng/mL)为横坐标、以峰面积为纵坐标,绘制标准曲线。标准溶液色谱图参见附录 A。

注:可根据不同仪器灵敏度或样品含量调整标准系列溶液的质量浓度。

3.4.5 试样溶液的测定

将试样溶液或经稀释一定倍数后在与测定标准系列溶液相同的条件下测定,在标准曲线上查出相应的质量浓度(ng/mL)。

3.4.6 空白试验

除不加试样外,其他步骤同试样溶液的测定。

3.5 分析结果的表述

3.5.1 三价砷 As(Ⅲ)和五价砷 As(Ⅴ)含量分别以质量分数 ω_1 和 ω_2 计,数值以毫克每千克(mg/kg)表示,按式(1)计算。

$$\omega_i = \frac{(\rho - \rho_0)VD \times 10^{-6}}{m \times 10^{-3}} \quad \cdots\cdots (1)$$

式中:

ω_i ——三价砷 As(Ⅲ)或五价砷 As(Ⅴ)含量,单位为毫克每千克(mg/kg);

ρ ——由标准曲线查出的试样溶液 As(Ⅲ)/As(Ⅴ)的质量浓度,单位为纳克每毫升(ng/mL);

ρ_0 ——由标准曲线查出的空白溶液 As(Ⅲ)/As(Ⅴ)的质量浓度,单位为纳克每毫升(ng/mL);

V ——试样溶液总体积,单位为毫升(mL);

D ——测定时试样溶液的稀释倍数;

10^{-6} ——将纳克换算成毫克的系数,以毫克每纳克(mg/ng)表示;

m ——试料的质量,单位为克(g);

10^{-3} ——将克换算成千克的系数,以千克每克(kg/g)表示。

取 2 次平行测定结果的算术平均值为测定结果,结果保留到小数点后 1 位。

3.5.2 无机砷含量以质量分数 ω 计,数值以毫克每千克(mg/kg)表示,按式(2)计算。

$$\omega = \omega_1 + \omega_2 \quad \cdots\cdots (2)$$

式中:

ω_1——三价砷含量,单位为毫克每千克(mg/kg);

ω_2——五价砷含量,单位为毫克每千克(mg/kg)。

3.6 允许差

平行测定结果和不同实验室测定结果允许差应符合表 1 的要求。

表 1

无机砷质量分数(ω),mg/kg	平行测定结果的相对相差,%	不同实验室结果的相对相差,%
$0.5 \leqslant \omega < 5.0$	≤40	/
$5.0 \leqslant \omega < 8.0$	≤20	≤80
$\omega \geqslant 8.0$	≤10	≤40
注:相对相差为 2 次测量值相差与 2 次测量值均值之比。		

4 有机砷含量的测定 差减法

有机砷含量以质量分数 ω_3 计,数值以毫克每千克(mg/kg)表示,按式(3)计算。

$$\omega_3 = \omega_4 - \omega \quad \cdots\cdots (3)$$

式中:

ω_4——总砷含量,单位为毫克每千克(mg/kg);

ω ——无机砷含量,单位为毫克每千克(mg/kg)。

其中总砷含量的测定按 NY/T 1978 的规定执行,无机砷含量的测定按第 3 章的规定执行。

附　录　A
（资料性附录）
As(Ⅲ)和 As(Ⅴ)标准溶液色谱图

As(Ⅲ)和 As(Ⅴ)标准溶液色谱图见图 A.1。

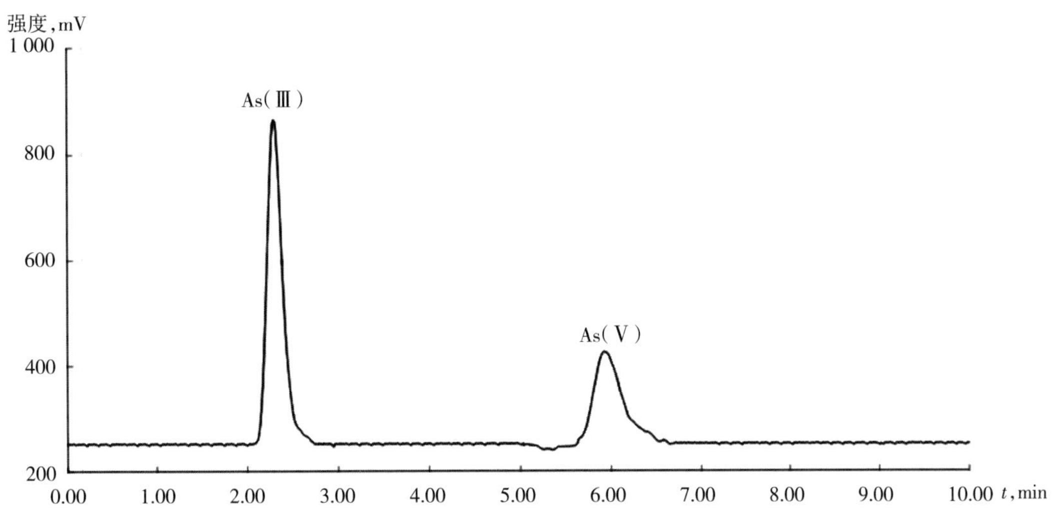

图 A.1　50 ng/mL As(Ⅲ)和 As(Ⅴ)标准溶液色谱图

ICS 65.080
G 20

中华人民共和国农业行业标准

NY/T 3425—2019

水溶肥料　总铬、三价铬和六价铬含量的测定

Water-soluble fertilizers—Determination of total Chromium and chromium(Ⅲ) and chromium(Ⅵ)contents

2019-01-17 发布　　2019-09-01 实施

中华人民共和国农业农村部　发布

前　　言

本标准按照 GB/T 1.1—2009 给出的规则起草。

本标准由中华人民共和国农业农村部提出并归口。

本标准起草单位：中国农业科学院农业资源与农业区划研究所、中国农学会、中国植物营养与肥料学会、土壤肥料产业联盟。

本标准主要起草人：刘红芳、韩岩松、保万魁、林茵、侯晓娜、黄均明。

水溶肥料　总铬、三价铬和六价铬含量的测定

1　范围

本标准规定了水溶肥料中水溶态总铬、三价铬和六价铬测定的原子吸收光谱法和差减法试验方法。

本标准适用于水溶肥料中水溶态总铬、三价铬和六价铬含量的测定。

2　规范性引用文件

下列文件对于本文件的应用是必不可少的。凡是注日期的引用文件，仅注日期的版本适用于本文件。凡是不注日期的引用文件，其最新版本（包括所有的修改单）适用于本文件。

GB/T 6682　分析实验室用水规格和实验方法

HG/T 3696　无机化工产品　化学分析用标准溶液、制剂及制品的制备

3　原理

利用三价铬和六价铬在水溶液中荷电性不同，采用离子交换法分离试样中六价铬和三价铬，原子吸收光谱法于波长 357.9 nm 检测总铬和三价铬，差减法测得六价铬。加焦硫酸钾作抑制剂，可消除试样溶液中钼、铅、铝、铁、镍和镁离子对铬测定的干扰。

4　试剂和材料

所用试剂、水和溶液的配制，在未注明规格和配制方法时，均应按 HG/T 3696 的规定执行，水符合 GB/T 6682 中试验用水要求。

4.1　甲醇：优级纯。

4.2　焦硫酸钾溶液：$\rho(K_2S_2O_7)=100$ g/L。称取 100 g 焦硫酸钾，用去离子水溶解并定容至 1 000 mL。

4.3　铬标准储备液：$\rho(Cr^{6+})=1$ mg/mL。购买经国家认证并授予标准物质证书的标准溶液物质。

4.4　铬标准溶液：$\rho(Cr^{6+})=50$ μg/mL。吸取铬标准储备液（4.3）5.00 mL 于 100 mL 容量瓶中，用水定容，混匀。

4.5　乙炔。

5　仪器和设备

5.1　通常实验室仪器。

5.2　原子吸收分光光度计，附有空气-乙炔燃烧器及铬空心阴极灯。

5.3　恒温振荡器：温度可控制在（25±5）℃，往复振荡频率可控制在（180±20）r/min。

6　分析步骤

6.1　试样的制备

固体样品缩分至约 100 g，将其迅速研磨至全部通过 0.50 mm 孔径试验筛（如样品潮湿，可通过 1.00 mm 试验筛），混合均匀，置于洁净、干燥容器中；液体样品经摇动均匀后，迅速取出约 100 mL，置于洁净、干燥容器中。

6.2　试样溶液的制备

6.2.1　水溶态总铬溶液的制备

6.2.1.1 固体试样:称取 1 g～5 g 试样(精确至 0.000 1 g)置于 50 mL 容量瓶中,加约 40 mL 水,置于(25±5)℃振荡器内,在(180±20) r/min 频率下振荡 30 min。取出,加入焦硫酸钾溶液 5 mL(4.2),用水定容并摇匀,干过滤,弃去最初几毫升滤液后,滤液待测。

6.2.1.2 液体试样:称取 1 g～5 g 试样(精确至 0.000 1 g)置于 50 mL 容量瓶中,加入焦硫酸钾溶液 5 mL(4.2),用水定容并摇匀,干过滤,弃去最初几毫升滤液后,滤液待测。

6.2.2 水溶态三价铬溶液的制备

取适量 6.2.1 过滤液,缓慢通过阴离子交换树脂柱,收集滤液,待测。

注:离子交换树脂柱参考条件:平均粒度为 50 μm,平均孔径 50.00 Å～250.00 Å,浊度≤7.0,可洗残渣≤7.0 mg/g,或相当者。离子交换树脂柱预处理采用 3 mL 甲醇(4.1)、3 mL 水以 1.0 mL/min 流速各冲洗一次。

6.3 标准曲线的绘制

分别吸取铬标准溶液(4.4)0 mL、1.00 mL、2.00 mL、4.00 mL、6.00 mL、8.00 mL、10.00 mL 于 7 个 100 mL 容量瓶中,加入 10 mL 焦硫酸钾溶液(4.2),用水定容,混匀。该标准系列溶液质量浓度分别为 0 μg/mL、0.50 μg/mL、1.00 μg/mL、2.00 μg/mL、3.00 μg/mL、4.00 μg/mL、5.00 μg/mL。在选定最佳工作条件下,于波长 357.9 nm 处,使用富燃性空气-乙炔火焰,以铬含量为 0 的标准溶液为参比溶液调零,测定各标准溶液的吸光值。

以各标准溶液铬的质量浓度(μg/mL)为横坐标、相应的吸光值为纵坐标,绘制曲线。

注:可根据不同仪器灵敏度调整标准系列溶液的质量浓度。

6.4 试样溶液的测定

将试样溶液或经稀释一定倍数后在与测定标准系列溶液相同的条件下测定,在标准曲线上查出相应的质量浓度(μg/mL)。

6.5 空白试验

除不加试样外,其他步骤同试样溶液的测定。

6.6 分析结果的表述

6.6.1 水溶态总铬和三价铬含量分别以质量分数 ω_1 和 ω_2 计,数值以毫克每千克(mg/kg)表示,按式(1)计算。

$$\omega_i = \frac{(\rho - \rho_0)VD}{m} \quad \cdots\cdots (1)$$

式中:

ω_i ——水溶态总铬或水溶态三价铬含量,单位为毫克每千克(mg/kg);

ρ ——由工作曲线查出的试样溶液中铬的质量浓度,单位为微克每毫升(μg/mL);

ρ_0 ——由工作曲线查出的空白溶液中铬的质量浓度,单位为微克每毫升(μg/mL);

V ——试样溶液总体积,单位为毫升(mL);

D ——测定时试样溶液的稀释倍数;

m ——试料的质量,单位为克(g)。

取平行测定结果的算术平均值为测定结果,结果保留到小数点后 1 位。

6.6.2 水溶态六价铬含量以质量分数 ω_3 计,数值以毫克每千克(mg/kg)表示,按式(2)计算。

$$\omega_3 = \omega_1 - \omega_2 \quad \cdots\cdots (2)$$

式中:

ω_1——水溶态总铬含量,单位为毫克每千克(mg/kg);

ω_2——水溶态三价铬含量,单位为毫克每千克(mg/kg)。

7 允许差

水溶态总铬和三价铬平行测定结果以及不同实验室测定结果的允许差应符合表 1 的要求。

表 1

铬的质量分数(ω),mg/kg	平行测定结果的相对相差,%	不同实验室测定结果的相对相差,%
5.0≤ω<10.0	≤50	≤80
10.0≤ω<20.0	≤30	
ω≥20.0	≤10	≤50
注 1:相对相差为 2 次测量值相差与 2 次测量值均值之比。 注 2:铬质量分数小于 5.0 mg/kg 不计平行及不同实验室允许差。		

ICS 13.080.01
B 11

中华人民共和国农业行业标准

NY/T 3443—2019

石灰质改良酸化土壤技术规范

Technical specification for acidic soil amelioration by liming

2019-08-01 发布　　2019-11-01 实施

中华人民共和国农业农村部　发布

前　　言

本标准按照 GB/T 1.1—2009 给出的规则起草。

本标准由农业农村部种植业管理司提出并归口。

本标准起草单位:农业农村部耕地质量监测保护中心、中国农业科学院农业资源与农业区划研究所。

本标准主要起草人:杨帆、马义兵、董燕、李菊梅、韩丹丹、曾赛琦、张曦、孟远夺、崔勇、杨宁。

石灰质改良酸化土壤技术规范

1 范围

本标准规定了农用石灰质物质用于改良酸性土壤和防止土壤酸化的质量要求、施用量、施用时期和方法。

本标准适用于中国农用地酸性土壤。

2 规范性引用文件

下列文件对于本文件的应用是必不可少的。凡是注日期的引用文件,仅注日期的版本适用于本文件。凡是不注日期的引用文件,其最新版本(包括所有的修改本)适用于本文件。

GB/T 3286.1 石灰石及白云石化学分析方法 第1部分:氧化钙和氧化镁含量的测定

GB/T 23349 肥料中砷、镉、铅、铬、汞生态指标

NY/T 1121.2 土壤检测 第2部分:土壤pH的测定

NY/T 1121.3 土壤检测 第3部分:土壤机械组成的测定

NY/T 1121.6 土壤检测 第6部分:土壤有机质的测定

NY/T 1978 肥料汞、砷、镉、铅、铬含量的测定

3 术语和定义

下列术语和定义适用于本文件。

3.1

农用石灰质物质 calcareous substances for agriculture

以含有钙和镁氧化物、氢氧化物和碳酸盐等碱性物质为主的、符合农用质量要求的矿物质,如生石灰、熟石灰、石灰石、白云石,用于保持或提高土壤的pH。

3.1.1

生石灰 quick lime

主要化学成分为氧化钙(CaO),由石灰石(包括钙质石灰石、镁质石灰石)焙烧而成,具有吸湿性和强腐蚀性,可与水发生放热反应生成熟石灰。

3.1.2

熟石灰 slaked lime

主要成分为氢氧化钙[$Ca(OH)_2$],白色粉末,又称消石灰,以生石灰为原料经吸湿或加水而生成的产物。

3.1.3

白云石 dolomite

主要化学成分为碳酸钙($CaCO_3$)和碳酸镁($MgCO_3$),由白云石加工而成的粉末状矿物质,较适用于镁含量低的酸性土壤。

3.1.4

石灰石 limestone

主要化学成分为碳酸钙($CaCO_3$),不易溶于水,无臭、无味,露置于空气中无变化,由石灰石加工而成的粉末状矿物质。

3.2

酸性土壤 acidic soil

土壤 pH(土水比为 1∶2.5)<6.5 的表层土壤(0 cm～20 cm)。酸性土壤可根据土壤 pH 分为弱酸性到强酸性不同等级。

4 农用石灰质物质要求

4.1 外观

粉末状产品，无机械杂质，要求粒径<1 mm。

4.2 质量要求

见表 1。

表 1 改良酸性土壤农用石灰质物质的质量要求

石灰类型	钙镁氧化物含量，%	重金属含量(烘干基)，mg/kg				
		镉(Cd)	铅(Pb)	铬(Cr)	砷(As)	汞(Hg)
生石灰(粉)	>75	≤1.0	≤100	≤150	≤30	≤2.0
熟石灰(粉)	>55	≤1.0	≤100	≤150	≤30	≤2.0
白云石(粉)	>40	≤1.0	≤100	≤150	≤30	≤2.0
石灰石(粉)	>40	≤1.0	≤100	≤150	≤30	≤2.0
注：钙镁氧化物含量以 CaO 与 MgO 含量之和计，重金属按照元素计。						

4.3 检验方法

4.3.1 氧化钙和氧化镁含量的测定

按 GB/T 3286.1 的规定执行。

4.3.2 重金属含量的测定

按 GB/T 23349 的规定进行样品制备，按 NY/T 1978 的规定进行重金属的测定。

5 改良酸性土壤石灰质物质施用量

按 NY/T 1121.2 的规定进行土壤 pH 的测定，按 NY/T 1121.3 的规定进行土壤机械组成的测定，按 NY/T 1121.6 进行土壤有机质的测定。

根据耕地类型和种植制度的需要合理确定土壤目标 pH 后，再根据土壤起始 pH 和目标 pH 确定不同土壤性状下不同石灰质物质的施用量。不同有机质、质地土壤提高 1 个 pH 单位值的耕层土壤(0 cm～20 cm)农用石灰质物质施用量见表 2。当土壤 pH 调节值大于或小于一个单位时，农用石灰质物质施用量应当按比例调整。

表 2 中的施用量主要用于旱地土壤，水田参考执行。

表 2 不同有机质、质地土壤提高 1 个 pH 单位值的耕层土壤(0 cm～20 cm)农用石灰质物质施用量

单位为吨每公顷

有机质含量	生石灰		熟石灰		白云石		石灰石	
	沙土/壤土	黏土	沙土/壤土	黏土	沙土/壤土	黏土	沙土/壤土	黏土
有机质含量<20 g/kg	2.8	3.5	3.8	3.9	6.8	7.4	5.8	6.5
20 g/kg≤有机质含量<50 g/kg	3.0	3.8	4.1	4.4	8.7	9.3	7.1	8.0
有机质含量≥50 g/kg	3.3	4.3	4.7	5.1	11.8	12.4	9.1	10.7

6 防止土壤酸化石灰质物质施用量

对需要维持现有酸碱性、防止酸化的土壤，也可施用石灰质物质，其中，红壤、黄壤地区可每 3 年施用 1 次。具体施用量见表 3。

表 3 防止土壤酸化农用石灰质物质施用量

单位为吨每公顷

石灰类型	生石灰粉	熟石灰	白云石粉	石灰石粉
施用量	0.6	0.8	1.6	1.3

7 施用时期与方法

播种或移栽前 3 d 以前,将农用石灰质物质均匀撒施在耕地土壤表面,然后进行翻耕或旋耕,使其与耕层土壤充分混合。也可利用拖拉机等农机具,通过加挂漏斗进行机械化施用或与秸秆还田等农艺措施配合施用。

8 注意事项

施用石灰质物质后,随着土壤 pH 升高,土壤养分,如磷、铁、锌、锰等的状态会发生变化。应注意选用适宜的肥料品种,合理调整土壤养分,以满足植物生长需要,并适当增施有机肥,防止土壤板结。

当有其他碱性物质,如钙镁磷肥、硅钙肥、草木灰等施用到土壤时,应注意减少石灰质物质的用量。施用石灰质物质时应注意安全,按照产品说明书使用,佩戴乳胶手套、防尘口罩和套鞋等用于防护,防止因石灰质物质遇水灼伤手脚或粉尘被吸入呼吸道灼伤呼吸系统。若作业人员出现因施用石灰质物质造成皮肤灼伤等症状,应及时送医院进行救治。避免雨天施用石灰质物质。

ICS 13.080.10
B 11

中华人民共和国农业行业标准

NY/T 3499—2019

受污染耕地治理与修复导则

Guidelines for pollution control and soil remediation of contaminated cultivated land

2019-08-01 发布　　　　2019-11-01 实施

中华人民共和国农业农村部　发布

前　　言

本标准按照GB/T 1.1—2009给出的规则起草。

本标准由农业农村部科技教育司提出并归口。

本标准起草单位：农业农村部农业生态与资源保护总站、中国农业科学院农业资源与农业区划研究所、广东生态环境技术研究所、农业农村部环境保护科研监测所、生态环境部环境规划院、中国科学院南京土壤研究所、中国科学院生态环境研究中心、江苏省耕地质量与农业环境保护站、北京博瑞环境工程有限公司、湖南永清环保股份有限公司。

本标准主要起草人：郑顺安、王久臣、高尚宾、黄宏坤、李芳柏、马义兵、方放、王夏晖、安毅、孙约兵、林大松、师荣光、倪润祥、王兴祥、陈卫平、邱丹、李晓华、吴泽嬴、袁宇志、刘代欢。

受污染耕地治理与修复导则

1 范围

本标准规定了受污染耕地治理与修复的术语和定义、基本原则、治理修复目标、治理修复范围、治理修复流程、总体技术性要求。

本标准适用于对种植食用类农产品的受污染耕地开展治理与修复，且治理与修复前后均种植食用类农产品。

2 规范性引用文件

下列文件对于本文件的应用是必不可少的。凡是注日期的引用文件，仅注日期的版本适用于本文件。凡是不注日期的引用文件，其最新版本（包括所有的修改单）适用于本文件。

GB 2762 食品安全国家标准 食品中污染物限量

GB 15618 土壤环境质量 农用地土壤污染风险管控标准（试行）

HJ 25.5 污染地块风险管控与土壤修复效果评估技术导则

NY/T 395 农田土壤环境质量监测技术规范

NY/T 398 农、畜、水产品污染监测技术规范

NY/T 497 肥料效应鉴定田间试验技术规范

NY/T 3343 耕地污染治理效果评价准则

3 术语和定义

下列术语和定义适用于本文件。

3.1

耕地 cultivated land

用于农作物种植的土地。

3.2

受污染耕地 contaminated cultivated land

污染物积累到一定程度，对周边环境造成污染，存在危害食用类农产品质量安全的风险的耕地。

3.3

受污染耕地治理与修复 pollution control and soil remediation of contaminated cultivated land

通过源头控制、农艺调控、土壤改良、植物修复等措施，减少耕地土壤中污染物的输入、总量或降低其活性，从而降低农产品污染物超标风险，改善受污染耕地土壤环境质量。本文件所规定的治理与修复措施不包括改变食用类农产品种植结构的措施，如改种花卉林木、退耕还林还草等。

3.4

食用类农产品 edible agricultural products

供食用的源于农业的初级产品。

3.5

治理与修复效果 effects of pollution control and soil remediation of contaminated cultivated land

治理与修复效果包括两方面：一方面是治理与修复措施对受污染耕地农产品可食部位中污染物含量降低所起的作用，另一方面是对耕地土壤中污染物含量降低所起的作用。

3.6

耕地污染风险评估 risk assessment for contaminated cultivated land

在耕地污染调查的基础上，协同农产品质量安全，分析耕地污染状况，评估耕地种植的农产品中污染物超标风险，确定耕地污染治理与修复的区域范围、污染物种类和目标等，其方法、程序、目标等由相关标准予以规定。

3.7

目标污染物 target contaminant

根据 GB 2762 规定的污染物种类，由耕地污染风险评估所确定的需要进行治理与修复的污染物。

4 基本原则

4.1 科学性

基于资料调查和数据分析，综合考虑受污染耕地的污染类型、污染程度和范围、污染成因，以及备选的治理与修复技术，技术的效果、时间、成本和环境影响等因素，科学合理地选择治理与修复技术，制订实施方案。

4.2 可行性

受污染耕地治理与修复要因地制宜、合理可行。治理与修复方案与技术不能脱离当前技术、经济和社会发展的实际，应满足技术、经济的可行性。

4.3 安全性

治理与修复技术应具有环境友好性，一方面，应防止对实施人员、周边人群健康产生风险；另一方面，应防止治理与修复过程对周边环境产生二次污染。

4.4 可持续性

治理与修复应有利于保持或提高耕地质量，保证耕地可持续利用，在经济和技术上有一定的可持续性。优先选择不影响农业生产、不改变农产品种类、不降低土壤生产功能的治理与修复技术。

5 治理修复目标

必须目标：治理修复区域内实现当地常规或主栽农产品达标生产，评价标准按照 NY/T 3343 的规定执行。

参考目标：在实现基本目标的基础上，进一步使耕地土壤中目标污染物含量降低到 GB 15618 规定的筛选值以下（含），或降低到可保障当地常规或主栽农产品达标生产的含量。

6 治理修复范围

由前期耕地污染风险评估程序确定受污染耕地治理与修复区域的边界与面积。

7 治理修复流程

受污染耕地治理与修复的一般程序如图 1 所示，包括：基础数据和资料收集、受污染耕地污染特征和成因分析、治理修复范围和目标确定、治理修复模式选择、治理修复技术确定、治理修复实施方案编制、治理修复组织实施、治理修复效果评估等。

7.1 基础数据和资料收集

在受污染耕地治理与修复工作开展之前，应收集治理与修复相关的资料，包括但不限于以下内容：

a） 区域自然环境特征：气候、地质地貌、水文、土壤、植被、自然灾害等。

b） 农业生产状况：农作物种类、布局、面积、产量、农作物长势、耕作制度等。

c） 耕地污染风险评估情况：包含土壤环境状况、农产品监测资料、污染成因分析等。

7.1.1 土壤环境状况：土壤污染物种类、含量、有效态含量、历史分布与范围，土壤环境质量背景值状况、污染源分布情况等。

7.1.2 农产品监测资料：农产品超标元素历年值、农产品质量现状等。

7.1.3 污染成因分析：受污染耕地土壤与农产品污染来源、污染物排放途径和年排放量资料、农灌水质及

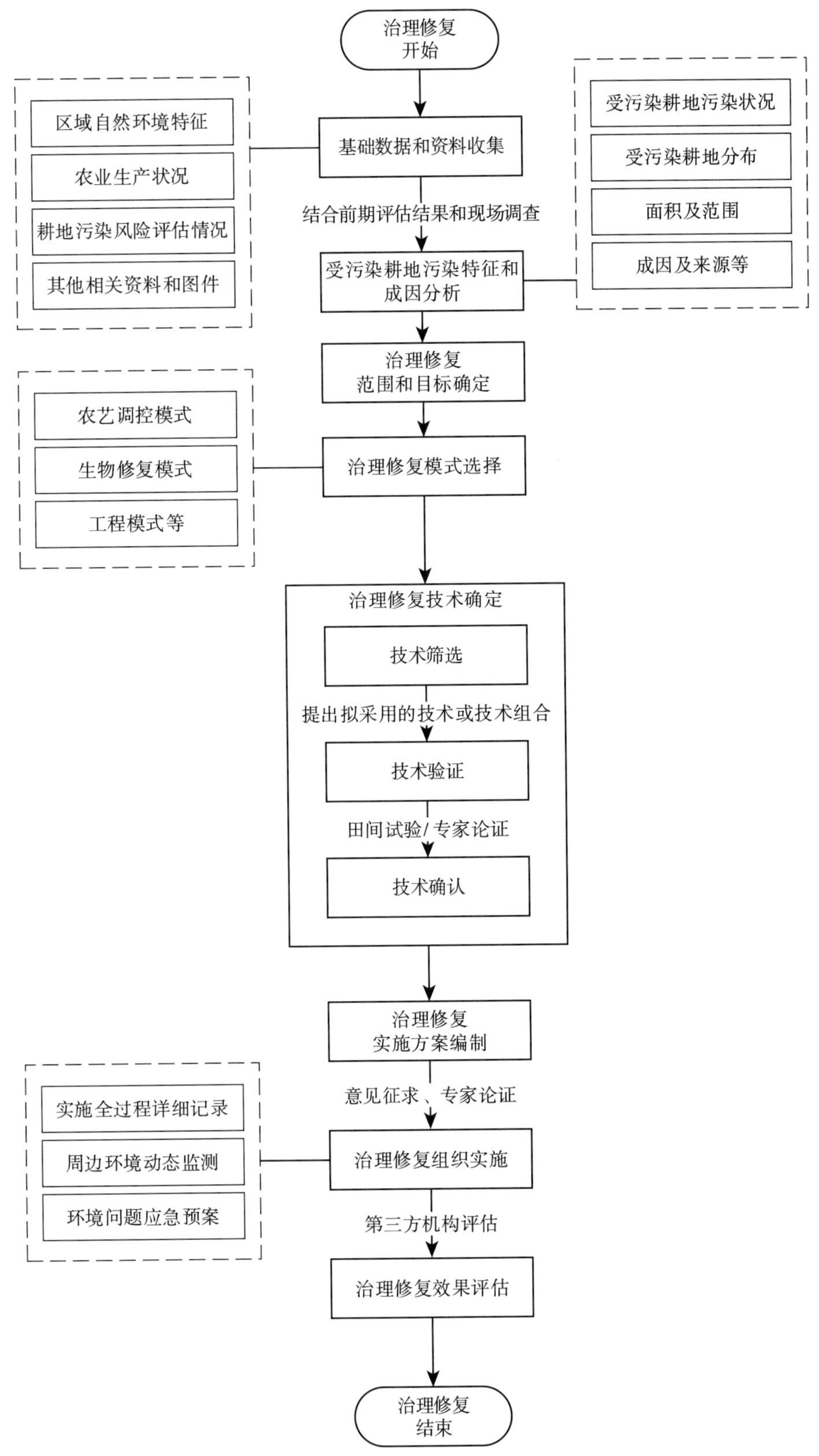

图 1　受污染耕地治理与修复流程

水系状况、大气环境质量状况、农业投入品状况等。

7.1.4　其他相关资料和图件：土地利用现状图、土地利用总体规划、行政区划图、农作物种植分布图、土壤(土种)类型图、高程数据、耕地地理位置示意图、永久基本农田分布图、粮食生产功能区分布图等。

注：收集资料应尽可能包括空间信息。点位数据应包括地理空间坐标，面域数据应有符合国家坐标系的地理信息系统矢量或栅格数据。

7.2 受污染耕地污染特征和成因分析

汇总已有调查资料和数据，判断已有数据是否足以支撑治理与修复工作精准实施。如有必要，应在治理和修复工作开展前，进行土壤与农产品加密调查，摸清底数，确定治理修复边界。综合分析收集到的资料和数据，明确耕地土壤污染的成因和来源等，为制订方案和开展治理修复工作提供支撑。

7.3 治理修复范围和目标确定

根据耕地污染风险评估及土壤与农产品加密调查结果，综合工作基础、实际情况、经济性、可行性等因素，明确受污染耕地治理修复的范围，确定受污染耕地经治理与修复后需达到基本目标还是参考目标。

7.4 治理修复模式选择

根据耕地污染风险评估及土壤与农产品加密调查结果，基于耕地污染类型、程度、范围、污染来源及经济性、可行性等因素，因地制宜地选择治理与修复模式，如农艺调控模式、生物修复模式、工程模式、其他模式。对已确定污染源的地块或区域，在治理和修复中，应考虑切断污染源，减少污染物的输入。

7.5 治理修复技术确定

包括技术筛选、技术验证和技术确认 3 个环节：

a) 技术筛选：治理与修复模式确定后，从该模式备选治理与修复技术中，筛选潜在可用的技术，采用列表描述分析或权重打分等方法，对选出的技术进行排序，提出拟采用的技术或技术组合。

b) 技术验证：对拟采用的治理与修复技术进行可行性验证。按照 NY/T 497 的规定选择与目标区域环境条件、污染种类及程度相似的耕地开展田间试验，或者直接在目标区域选择小块耕地开展田间试验。如治理修复技术已在相似耕地开展田间试验，并可提供详细试验数据和报告，经专家论证后，可以不再开展田间试验。

c) 技术确认：根据技术的田间试验结果、综合经济性、可行性等因素，最终确定目标区域内受污染耕地治理与修复技术。

7.6 治理修复实施方案编制

根据 7.3～7.5 所确定的治理与修复的范围、目标、模式、技术等，编制受污染耕地治理与修复实施方案。实施方案所包含的内容及技术要点见附录 A。实施方案需要经过意见征求、专家论证等过程。

7.7 治理修复组织实施

严格按照治理与修复实施方案确定的步骤和内容，在目标区域开展受污染耕地治理与修复工作。对治理与修复实施的全过程进行详细记录，并对周边环境开展动态监测，分析治理与修复措施对耕地及其周边环境的影响。对可能出现的环境问题需有应急预案。

7.8 治理修复效果评估

评估受污染耕地经治理与修复后是否达到治理修复目标。治理与修复完成（或阶段性完成）后，由第三方机构对治理与修复的措施完成情况及效果开展评估。对于必须目标，评估方法按照 NY/T 3343 的规定执行；对于参考目标，评估方法按照 NY/T 3343 与 HJ 25.5 的规定执行。

8 总体技术性要求

8.1 耕地污染治理与修复措施不能对土壤、地下水、大气及种植作物等周边环境造成二次污染。治理与修复过程中产生的废水、废气和固体废物，应当按照国家有关规定进行处理或者处置，并达到国家或者地方规定的环境保护标准和要求。治理与修复所使用的有机肥、土壤调理剂等耕地投入品中镉、汞、铅、铬、砷 5 种重金属含量，不能超过 GB 15618 规定的筛选值，或者治理与修复区域耕地土壤中对应元素的含量。

8.2 耕地污染治理与修复措施不能对治理区域主栽农产品产量产生严重的负面影响。农产品种类未发生改变的，治理与修复区域农产品单位产量（折算后）与治理与修复前同等条件对照相比减产幅度应小于或等于 10%。

注：治理与修复区域内农产品单位产量及其测算方式由前期耕地污染风险评估程序确定。

8.3 受污染耕地治理与修复，应当优先采取农艺调控等措施，阻断或者减少污染物和其他污染物进入农作物可食部分，降低农产品超标风险；当农艺调控等措施难以奏效时，应当优先采取不影响农业生产、不降低土壤生产功能的生物修复措施。

8.4 治理与修复期间，在农产品收获时期定期开展土壤与农产品质量协同监测评价，根据监测评价结果及时优化调整治理与修复措施。土壤与农产品协同监测的方法按照 NY/T 395 和 NY/T 398 的规定执行。

附 录 A
(规范性附录)
受污染耕地治理与修复实施方案编制提纲与要点

A.1 必要性及编制依据

A.1.1 必要性

a) 土壤污染现状及其危害。简述拟开展治理修复区域耕地污染的总体情况,包括土壤污染范围、程度、污染物种类及来源、污染源分布、农产品超标情况以及土壤污染对当地经济社会发展的影响等。

b) 与政策的符合性。简述治理修复项目与国家和地方相关环境保护规划、区域经济社会发展规划、土地利用总体规划以及《土壤污染防治行动计划》要求的符合性,明确项目在相关规划中的重要性。

c) 紧迫性。从耕地污染危害的严重性、土地资源的稀缺性、拟开展治理修复区域发展规划和生态文明建设中的地位等方面重点阐述项目实施的紧迫性。

A.1.2 编制依据

国家和地方相关法律法规、政策文件、规划(计划)、标准与技术规范。

A.2 区域概况

介绍行政区域地理位置和区域自然、经济社会及环境概况。自然概况包括土壤类型、土壤地球化学、地形地貌、气候气象、地表水文、水文地质等情况。经济社会概况包括行政区划、国民经济发展规划、产业结构和布局、土地利用规划、农用地面积与分布、农业种植结构、畜禽养殖情况、污水灌区分布、灌溉水量水质、肥料和农药使用情况、农产品质量状况、水源地及水系分布等。环境概况包括主要土壤环境污染状况、点位超标区分布、土壤重点污染源分布、土壤污染问题突出区域分布、固体废物堆放情况等。

A.3 耕地污染特征和成因分析

a) 简述已开展的耕地土壤调查和污染风险评估情况(含调查时间、调查范围;采样布点方案、采集样品种类及数量;检测指标、检测方法、检测结果;风险评估方法、风险评估结果等内容)及评审意见、论证意见等。基于已有资料和数据,明确是否需要以及哪些区域需要开展土壤和农产品加密调查。

b) 简述土壤与农产品加密调查结果(根据实际情况)。

c) 根据耕地污染风险评估及土壤与农产品加密调查结果,分析耕地污染状况、分布、面积、成因及来源等。

A.4 治理与修复的范围、目标与指标

根据耕地污染风险评估及土壤与农产品加密调查结果,综合工作基础、实际情况、经济性、可行性等因素,明确治理与修复的面积、分布和范围。采用定性语言与定量指标,逐一描述治理与修复措施实施后的目标。依据拟达到的治理与修复目标,明确治理与修复措施实施效果的评价指标(含对农业生产影响的指标),并论述其合理性。若治理修复需达到必须目标,指标设置按照 NY/T 3343 的规定执行;若需达到参考目标,指标设置按照 NY/T 3343 与 HJ 25.5 的规定执行。

A.5 治理与修复技术评选

A.5.1 技术概述

简要介绍当前国内外受污染耕地治理与修复技术及其应用案例，包括技术要点、性能效果、适用条件、限制因素、运行成本、实施周期、可操作性等。

A.5.2 技术筛选与评估

针对目标区域，逐一开展技术筛选与评估。原则上应当优先采取不影响农业生产、不降低土壤生产功能、不威胁环境安全的绿色可持续治理与修复措施，如农艺调控、施用环境友好的土壤调理剂等。可以采用列举法定性评估或利用技术评估工具表定量评估通过技术筛选的治理与修复技术，得到切实可行的技术。

A.5.3 技术方案比选

在技术筛选与评估的基础上，综合考虑土壤污染特征、土壤理化性质、农作物类型、地形地貌、种植习惯、水文地质条件、环境管理要求等因素，合理集成各种可行技术，形成若干治理与修复技术备选方案。备选方案可以由单项技术组成，也可由多项技术组合而成；可以是多个可行技术"串行"，也可以是"并行"。在充分考虑技术、经济、环境、社会等层面的诸多因素基础上，利用比选指标体系，比较与分析不同备选方案优点和不足，最终形成经济效益、社会效益、环境效益综合表现最佳的技术方案。

A.5.4 田间试验效果

为根据 7.5 b)开展的田间试验结果。经专家论证未开展田间试验的，需提供相关主要试验案例与数据。

A.6 技术方案设计

阐述总体技术路线，制订涵盖技术流程、技术参数在内的操作性方案及规程，绘制治理与修复实施平面示意图。总体技术路线应反映治理与修复的总体思路、技术框架及模式；技术流程详细介绍具体技术步骤、工作量、实施周期等；技术参数应包括技术处理能力、实施条件、投入品配方及消耗、作业面积等；平面示意图应采用适宜的比例尺[一般应为 1∶(10 000～50 000)]，符合图式图例规范，图斑的边界和图例要清晰。

A.7 组织实施与进度安排

治理与修复工作实施及推进方式，包括与政府、农业生产者、其他企事业单位、公众的关系及协调机制，还应说明信息公开方式以及舆情应对方案；进度安排应包括计划安排、实施阶段的划分等内容，并附实施进度表。

A.8 经费预算

经费估算采用单价乘以工程量的合价法。估算价格一般采用当前的静态价格，也可考虑动态价格。应说明有关单价和税率采用的依据，总预算应包含详细的计算过程，并附总预算表。根据进度要求，提出经费使用年度计划，并说明资金的来源和额度。

A.9 效益分析

采取定性与定量描述相结合的方法，分析实施治理与修复措施后将取得的环境效益、经济效益和社会效益，主要包括治理与修复措施对土壤环境质量改善、农产品质量改善、农业创收增效、公众健康、社会稳定的影响等。

A.10 风险分析与应对

简要分析开展治理与修复过程中，可能存在的国家或地方相关政策调整导致的政策风险、相关技术操作不当导致治理与修复效果不佳的技术风险、因受到公众或媒体的高度关注引发的社会风险等，阐述对相应风险的应对措施。

A.11 二次污染防范和安全防护措施

阐述在治理与修复过程中，保护清洁土壤、地下水、地表水、大气环境、种植作物及防止污染扩散的二次污染防范措施，实施人员职业健康防护、周围居民警示、历史文化遗迹保护等安全防护措施。

A.12 附件

a) 耕地污染风险评估报告；
b) 拟治理修复区域土壤与农产品加密调查报告（根据需要）；
c) 治理修复技术操作规范及作业指导书。

A.13 附图

a) 治理与修复区域的地理位置图；
b) 治理与修复区域土壤污染状况空间分布图；
c) 治理与修复区域农产品污染物含量分布图；
d) 治理与修复技术方案流程图；
e) 治理与修复实施平面示意图；
f) 其他用于指导治理与修复过程的图件。

ICS 65.080
B 10

中华人民共和国农业行业标准

NY/T 3502—2019

肥料　包膜材料使用风险控制准则

Fertilizers—Guideline of risk control for coating materials

2019-12-27 发布　　2020-04-01 实施

中华人民共和国农业农村部　发布

前　言

本标准按照 GB/T 1.1—2009 给出的规则起草。

本标准由农业农村部种植业管理司提出并归口。

本标准起草单位:中国农业科学院农业资源与农业区划研究所、中国农学会、中国植物营养与肥料学会、中国氮肥工业协会、土壤肥料产业联盟。

本标准主要起草人:王旭、林茵、侯晓娜、刘红芳、王立庆、保万魁、黄均明。

肥料　包膜材料使用风险控制准则

1　范围

本标准规定了肥料包膜材料的术语和定义、包膜要求、风险等级、试验评价及风险评价。

本标准适用于以无机和(或)有机聚合物材料进行包膜的肥料。

本标准不适用于添加脲酶抑制剂和硝化抑制剂的肥料及脲甲醛肥料。

2　规范性引用文件

下列文件对于本文件的应用是必不可少的。凡是注日期的引用文件,仅注日期的版本适用于本文件。凡是不注日期的引用文件,其最新版本(包括所有的修改单)适用于本文件。

GB/T 19276.1　水性培养液中材料最终需氧生物分解能力的测定　采用测定密闭呼吸计中需氧量的方法

GB/T 19276.2　水性培养液中材料最终需氧生物分解能力的测定　采用测定释放的二氧化碳的方法

GB/T 19277.1　受控堆肥条件下材料最终需氧生物分解能力的测定　采用测定释放的二氧化碳的方法　第1部分:通用方法

GB/T 19277.2　受控堆肥条件下材料最终需氧生物分解能力的测定　采用测定释放的二氧化碳的方法　第2部分:用重量分析法测定实验室条件下二氧化碳的释放量

GB/T 21809　化学品　蚯蚓急性毒性试验

GB/T 22047　土壤中塑料材料最终需氧生物分解能力的测定　采用测定密闭呼吸计中需氧量或测定释放的二氧化碳的方法

NY/T 2267　缓释肥料　通用要求

NY/T 2274　缓释肥料　效果试验和评价要求

3　术语和定义

下列术语和定义适用于本文件。

3.1

包膜材料　coating materials

对肥料进行包膜等工艺处理所使用的材料,以使氮、磷、钾养分在一定时间内缓慢释放。常用的包膜材料包括无机材料、有机聚合物材料以及其中2种或2种以上混合材料。有机聚合物材料包括天然高分子材料、热固性树脂和热塑性树脂等。

3.2

材料降解　material degradation

在特定环境条件下,由于材料化学结构改变,致使材料特有性能(如完整性、相对分子质量)发生变化的过程。

3.3

材料生物分解　material biodegradation

在有氧或缺氧环境条件下,通过微生物作用,使材料化学结构发生变化,最终分解为二氧化碳或(和)甲烷、水、矿化无机盐等的过程。

4　包膜要求

4.1　生产方用于肥料生产的包膜材料应经过风险评价,符合风险控制要求。

4.2 生产方应建立包膜材料可追溯体系，保存包膜材料的选购、使用、风险评价等档案信息。

4.3 肥料中使用包膜材料应符合 NY/T 2267 产品技术要求，不应导致肥料特性发生改变。

4.4 生产方应在肥料标签上标明包膜材料的名称和用量。

5 风险等级

5.1 零级风险

5.1.1 使用具有良好降解性的天然高分子包膜材料用于肥料生产。

5.1.2 使用经证明在生态链中无毒无害的从植物、动物或矿物中提取的有机和/或无机包膜材料用于肥料生产。

5.2 高级风险

5.2.1 使用经证明或已公布的具有急性毒性、致畸性或致癌性以及危害农田生态环境的包膜材料用于肥料生产。

5.2.2 使用经证明或已公布在降解过程中对生物和生态环境有危害的包膜材料用于肥料生产。

5.3 控制风险

既非零级风险亦非高级风险的包膜材料应符合下列条款，否则应予以控制使用。

5.3.1 使用符合 180 d 内生物分解率不小于 15%要求，且对生物和生态环境进行危害风险控制的有机聚合物材料用于肥料生产：

a) 使用具有降解结构或可降解物质的聚氨酯、环氧树脂等热固性树脂；

b) 使用具有可降解物质的聚乙烯、聚丙烯等热塑性树脂。

注：当某种有机聚合物材料以一种特定形态被证明可降解，则任何其他具有相同性质的、更小质量表面积比或更薄壁厚的物理形态也应视为可降解。

5.3.2 肥料生产所使用的包膜材料，在未能有明确证据证明在生态链中是安全无害或是存在毒害时，可适量予以添加。

6 试验评价

6.1 生物分解试验评价

包膜材料降解特性评价按附录 A 的规定可选择下列 3 种条件进行生物分解试验：

a) 水性培养液中材料生物分解特性评价按 GB/T 19276.1 或 GB/T 19276.2 的规定执行；

b) 受控堆肥条件下材料生物分解特性评价按 GB/T 19277.1 或 GB/T 19277.2 的规定执行；

c) 土壤中材料生物分解特性评价按 GB/T 22047 的规定执行。

6.2 生物学试验评价

包膜材料生物学特性评价可选择下列 2 种方法进行材料生物学试验：

a) 采用小区试验或盆栽试验进行包膜材料生物学评价参照 NY/T 2274 的规定执行。试验以未包膜肥料为对照、以等养分量的包膜肥料为处理，在生物生长过程中或收获期，当出现处理的产量和/或品质指标较之对照降低的结果时，即视为所添加的包膜材料或添加量存在生物学风险。

b) 采用植物出苗及生长效果试验进行包膜材料生物学评价按附录 B 的规定执行。试验以未包膜肥料为对照、以等养分量的包膜肥料为处理，在出苗过程中，当出现处理的出苗率指标较之对照降低的结果时，即视为所添加的包膜材料或添加量存在生物学风险。

6.3 蚯蚓急性毒性试验评价

包膜材料土壤风险评价采用化学品蚯蚓急性毒性试验方法进行，按 GB/T 21809 的规定执行。

注：肥料包膜材料制备按附录 C 的规定执行。

7 风险评价

7.1 肥料生产方进行肥料生产时，应按包膜要求和风险控制要求选购、使用、评价和标注所选用的包膜材料。

7.2 肥料使用方应选择符合风险控制要求、标注清晰的包膜肥料。

7.3 当肥料使用方有证据显示由于肥料包膜导致作物产量或品质下降时，应向肥料生产方提出质疑，要求肥料生产方做出解释并提供包膜材料可追溯风险评价资料。

7.4 若肥料生产方未能提供包膜材料可追溯风险评价资料，肥料使用方有权向第三方机构提出风险评价申请。

7.5 第三方机构可按第5章的和第6章的要求对包膜材料进行风险评价。用于试验评价的包膜材料可根据协商结果，选择常规用量、加倍用量或包膜降解至具有较大风险时的不同用量进行试验。

附　录　A
（规范性附录）
肥料包膜材料　降解特性评价试验

A.1　范围

本附录规范了肥料包膜材料在水性培养液中、受控堆肥条件下及土壤中降解特性评价的生物分解率测定技术要求。

本附录适用于添加天然高分子、热固性树脂和热塑性树脂等有机聚合物类包膜材料的肥料。

A.2　试样要求

A.2.1　采用由肥料样品制备包膜材料

包膜肥料样品需将包膜材料与内容物分离，包膜材料制备按附录C的规定执行。

A.2.2　采用经相同工艺处理后的包膜材料

根据所添加的有机聚合物类包膜材料类型，可采用与其主要成分、用量、性能、结构、处理工艺等完全一致，表面积更大或厚度更大的材料。

A.2.3　降解试验对包膜材料试样的要求

选择符合A.2.1或A.2.2的材料进行降解试验。

A.3　水性培养液中生物分解率的测定

A.3.1　测定密闭呼吸计中需氧量的方法提要

A.3.1.1　本方法在水性系统中利用好气微生物，测定试验材料的最终生物分解能力。

A.3.1.2　试验混合物包含一种无机培养基、有机碳浓度介于100 mg/L～2 000 mg/L的试验材料（碳和能量的唯一来源），以及活性污泥或堆肥或活性土壤的悬浮液制成的培养液。

A.3.1.3　将混合物导入呼吸计内密封烧瓶中，搅拌培养一定时间，在烧瓶上方用适当的吸收器吸收释放的二氧化碳，测量生化需氧量（BOD）。

A.3.1.4　当生物分解达到平稳阶段时结束试验，试验周期不超过180 d。

A.3.1.5　试验材料的生物分解率由生化需氧量（BOD）和理论需氧量（ThOD）之比求得，结果以百分率表示。

A.3.1.6　具体试验操作按GB/T 19276.1的规定执行。

A.3.2　测定释放二氧化碳的方法提要

A.3.2.1　本方法在水性系统中利用好气微生物，测定试验材料的最终生物分解能力。

A.3.2.2　试验混合物包含一种无机培养基、有机碳浓度介于100 mg/L～2 000 mg/L的试验材料（碳和能量的唯一来源），以及活性污泥或堆肥或活性土壤的悬浮液制成的培养液。

A.3.2.3　将混合物在试验烧瓶中搅拌，并通入去除二氧化碳的空气。定期测量试验过程中释放的二氧化碳量，可用红外分析仪或气相色谱仪直接测定，或用碱性溶液完全吸收后在测定溶解的无机碳（DIC）计算得出。

A.3.2.4　当生物分解达到平稳阶段时结束试验，试验周期不超过180 d。

A.3.2.5　试验材料的生物分解率由试验产生的二氧化碳量与二氧化碳理论释放量（$ThCO_2$）之比求得，结果以百分率表示。

A.3.2.6　具体试验操作按 GB/T 19276.2 的规定执行。

A.4　受控堆肥条件下生物分解率的测定

A.4.1　测定释放二氧化碳的通用方法提要

A.4.1.1　本方法在模拟的强烈需氧堆肥条件下，测定试验材料的最终生物分解能力。

A.4.1.2　使用的接种物来自稳定的、腐熟的堆肥，也可从城市固体废弃物中有机物的堆肥中获取。

A.4.1.3　将试验材料与接种物混合，导入静态堆肥容器，混合物在规定的温度、氧浓度和湿度下进行强烈的需氧堆肥。

A.4.1.4　试验中连续监测、定期测量试验过程中产生的二氧化碳，累计产生的二氧化碳量，可用红外分析仪、总有机碳分析仪或气相色谱仪直接测定，或用碱性溶液完全吸收后在测定溶解的无机碳(DIC)计算得出。

A.4.1.5　当生物分解达到平稳阶段时结束试验，试验周期不超过 180 d。

A.4.1.6　试验材料的生物分解率由试验产生的二氧化碳量与二氧化碳的理论释放量（$ThCO_2$）之比求得，结果以百分率表示。

A.4.1.7　具体试验操作按 GB/T 19277.1 的规定执行。

A.4.2　测定释放二氧化碳的重量分析方法提要

A.4.2.1　本方法在腐熟堆肥条件下，使用小型反应器，测定试验材料的最终生物分解能力。

A.4.2.2　将试验材料与接种物（腐熟的堆肥）和惰性材料（如海沙）混合，导入反应器，混合物在规定的温度、通氧率和湿度下进行需氧堆肥。

A.4.2.3　通过装有钠石灰和钠滑石的吸收装置吸收二氧化碳，定期用电子天平测定吸收装置的质量变化，测定二氧化碳释放量。

A.4.2.4　当生物分解达到平稳阶段时结束试验，试验周期不超过 180 d。

A.4.2.5　试验材料的生物分解率由试验产生的二氧化碳量与二氧化碳理论释放量（$ThCO_2$）之比求得，结果以百分率表示。

A.4.2.6　具体试验操作按 GB/T 19277.2 的规定执行。

A.5　土壤中生物分解率的测定

A.5.1　测定密闭呼吸计中需氧量的方法提要

A.5.1.1　本方法通过调整土壤的湿度，测定试验材料在试验土壤中的最终生物分解能力。

A.5.1.2　将试验材料作为唯一的碳和能量来源与土壤混合，导入呼吸计内密封烧瓶中，搅拌培养一定时间，测定生化需氧量(BOD)。

A.5.1.3　当分解率恒定时或试验时间达 180 d 后终止试验。

A.5.1.4　试验材料的生物分解率由生化需氧量(BOD)和理论需氧量(ThOD)之比求得，结果以百分率表示。

A.5.2　测定释放二氧化碳的方法提要

A.5.2.1　本方法通过调整土壤的湿度，测定试验材料在试验土壤中的最终生物分解能力。

A.5.2.2　将试验材料作为唯一的碳和能量来源与土壤混合，导入密封烧瓶中搅拌，将无二氧化碳空气通入土壤。

A.5.2.3　测定生物分解期间释放的二氧化碳量，可用红外分析仪或气相色谱仪直接测定，或用碱性溶液完全吸收后在测定溶解的无机碳(DIC)计算得出。

A.5.2.4　当分解率恒定时或试验时间达 180 d 后终止试验。

A.5.2.5　试验材料的生物分解率由试验产生的二氧化碳量和二氧化碳理论释放量（$ThCO_2$）之比求得，结果以百分率表示。

A.5.3　具体试验操作按 GB/T 22047 的规定执行。

附　录　B
（规范性附录）
肥料包膜材料　植物出苗及生长效果试验

B.1　范围

本附录规范了不同肥料包膜材料处理进行植物出苗及生长效果试验的材料、条件、操作、过程控制及报告要求。

本附录适用于评价肥料包膜材料对植物出苗率及相关指标影响。

注：本附录技术要求非等效采用经济合作与发展组织（OECD）化学品测试指南 No. 208 陆生植物试验：出苗及幼苗生长试验（Terrestrial Plant Test: Seedling Emergence and Seedling Growth Test），用于肥料包膜材料生物学评价。

B.2　试验材料

B.2.1　应选择具有地域经济影响和生态价值的植物，其种子应籽粒饱满、大小均匀。容易获得，发芽率均匀，长势一致。试验应至少使用 3 种不同科植物种子。

B.2.2　供试肥料样品应包括包膜肥料和等养分量的未包膜肥料。

B.2.3　供试土壤有机质含量应不高于 3%，风干后过 2 mm 筛。

B.3　试验条件

B.3.1　试验应在人工气候室试验盆钵中进行。

B.3.2　盆钵装入土壤厚度应不低于 10 cm。

B.3.3　人工气候室环境条件应满足光照温度 23℃～27℃，黑暗温度 20℃～24℃，光暗比 16∶8，光照强度 15 000 lx～20 000 lx，湿度 55%～85%。

B.4　试验要求

B.4.1　试验应以未包膜肥料为对照、以等养分量的包膜肥料为处理。最高养分量根据供试植物的田间最大施用量的 3 倍计算。处理和对照均设 4 个重复。

B.4.2　土壤与供试物充分拌匀后，播入 10 粒种子，种子密度根据其大小达到 3 粒/100 cm^2～10 粒/100 cm^2。

B.4.3　将盆钵置于人工气候室中，试验过程中应保持土壤湿润，从底部吸湿浇水。

B.4.4　对照组发芽达到 50%后的第 14 d 观察记录出苗率、生物量、株高及其他性状特征。

B.4.5　当试验对照处理种子出苗率达到高于 70%，幼苗成活率高于 90%，且幼苗生长正常，无萎黄、萎蔫坏死等症状时，视为有效试验。否则，视为无效试验。

B.4.6　采用数据统计软件进行数据处理。

B.5　试验报告

试验报告至少应包括下列内容：

a）供试肥料信息，包括主要原料及含量、包膜材料及含量、使用说明等标签信息；

b）供试植物的学名、品种或品系、来源；

c）供试土壤的 pH、有机质含量等；

d）观察到的生物学效应，包括出苗率、生物量及其他性状特征。

附 录 C
(规范性附录)
肥料包膜材料制备

C.1 范围

本附录规范了将肥料包膜材料进行分离的样品和包膜材料制备技术要求。

本附录适用于不溶或难溶于水的包膜材料。

C.2 肥料样品

将所采肥料样品迅速混匀,用缩分器或四分法将样品缩分,再次缩分成2份,分装于2个洁净、干燥容器中,密封并贴上标签。一瓶用于试验评价,另一瓶应保存至少6个月,以备复验。

注:包膜材料制备所需要的样品量应根据肥料包膜率计算。

C.3 包膜制备

C.3.1 将肥料样品用洁净器具碾压或粉碎,使包膜破裂。

C.3.2 放入适量常温蒸馏水容器中,搅拌,待其溶解后将溶液过滤,再用蒸馏水快捷、多次地淋洗、过滤残留包膜至内容物洗净。

C.3.3 将残留包膜装入蒸发皿中,置于(50±5)℃的干燥箱中至少干燥72 h,备用。

ICS 65.080
B 10

中华人民共和国农业行业标准

NY/T 3503—2019

肥料　着色材料使用风险控制准则

Fertilizers—Guideline of risk control for coloring materials

2019-12-27 发布　　2020-04-01 实施

中华人民共和国农业农村部　发布

前　　言

本标准按照 GB/T 1.1—2009 给出的规则起草。

本标准由农业农村部种植业管理司提出并归口。

本标准起草单位：中国农业科学院农业资源与农业区划研究所、中国农学会、中国植物营养与肥料学会、中国磷复肥工业协会、土壤肥料产业联盟。

本标准主要起草人：王旭、侯晓娜、林茵、刘红芳、修学峰、保万魁、韩岩松。

肥料　着色材料使用风险控制准则

1　范围

本标准规定了肥料着色材料的术语和定义、着色要求、风险等级、试验评价及风险评价。

本标准适用于为使产品具有特定颜色而添加着色材料的肥料。

本标准不适用于有机和(或)无机成分中含有天然颜色的肥料。

2　规范性引用文件

下列文件对于本文件的应用是必不可少的。凡是注日期的引用文件,仅注日期的版本适用于本文件。凡是不注日期的引用文件,其最新版本(包括所有的修改单)适用于本文件。

GB 2760　食品安全国家标准　食品添加剂使用标准

GB 15618　土壤环境质量　农用地土壤污染风险管控标准

GB 19601　染料产品中 23 种有害芳香胺的限量及测定

GB 20814　染料产品中重金属元素的限量及测定

GB/T 21603　化学品　急性经口毒性试验方法

GB/T 21608　化学品皮肤致敏试验方法

GB/T 23973　染料产品中甲醛的测定

GB/T 24101　染料产品中 4-氨基偶氮苯的限量及测定

GB/T 24164　染料产品中多氯苯的测定

GB/T 24165　染料产品中多氯联苯的测定

GB/T 24166　染料产品中含氯苯酚的测定

GB/T 24167　染料产品中氯化甲苯的测定

NY/T 2544　肥料效果试验和评价通用要求

3　术语和定义

下列术语和定义适用于本文件。

着色材料 coloring materials

利用吸收或反射可见光的原理,为使肥料呈现某种颜色而加入的物料,包括染料、颜料、食品着色剂和天然色素等。

4　着色要求

4.1　生产方用于肥料生产的着色材料应经过风险评价,符合风险控制要求。

4.2　生产方应建立着色材料可追溯体系,保存着色材料的选购、使用、风险评价等档案信息。

4.3　肥料中添加着色材料应符合产品技术要求,不应导致肥料特性发生改变。

4.4　生产方应在肥料标签上应标明着色材料的名称和用量。当着色材料有化学文摘编号(CAS 号)、中国食品编码(CNS 号)或索引号时,应予以标明。

5　风险等级

5.1　零级风险

5.1.1　使用符合 GB 2760 的着色材料(参见附录 A)或经证明可安全在食品中添加的着色材料用于肥料生产。

5.1.2 使用经证明在生态链中无毒无害的从植物、动物或矿物中提取的着色材料用于肥料生产。

5.2 高级风险

5.2.1 使用已证明或公布具有急性毒性、致敏性或致癌性的着色材料用于肥料生产。

5.2.2 使用已证明或公布对生物和生态环境有危害的着色材料用于肥料生产。

5.3 控制风险

5.3.1 当使用既非零级风险亦非高级风险的着色材料用于肥料生产时，应同时满足土壤生态环境和生物学安全要求。

5.3.2 当使用染料或有机颜料类着色材料用于肥料生产时，应符合染料和有机颜料中有机成分限量要求（见表1）和无机成分限量要求（见表2）。

表 1

单位为毫克每千克

有机限量成分名称	限量值
有害芳香胺[a]	≤150
多氯苯酚[b]	≤20
多氯联苯	≤50
氯苯/氯甲苯类	≤200
甲醛	≤200
[a] 24种有害芳香胺参见附录B。 [b] 指四氯苯酚和五氯苯酚之和。	

表 2

单位为毫克每千克

无机限量成分名称	限量值
汞(Hg)(以元素计)	≤4
砷(As)(以元素计)	≤50
镉(Cd)(以元素计)	≤20
铅(Pb)(以元素计)	≤100
铬(Cr)(以元素计)	≤100
钴(Co)(以元素计)	≤500
镍(Ni)(以元素计)	≤200
锑(Sb)(以元素计)	≤50

6 试验评价

6.1 染料和有机颜料限量评价

6.1.1 有害芳香胺限量评价按 GB 19601 和 GB/T 24101 的规定执行。

6.1.2 多氯苯酚限量评价按 GB/T 24166 的规定执行。

6.1.3 多氯联苯限量评价按 GB/T 24165 的规定执行。

6.1.4 氯苯、氯甲苯限量评价按 GB/T 24164 和 GB/T 24167 的规定执行。

6.1.5 甲醛限量评价按 GB/T 23973 的规定执行。

6.1.6 重金属限量评价按 GB 20814 的规定执行。

注：肥料着色材料中有机限量成分的毒性及测定见附录C。

6.2 生物学试验评价

着色材料生物学特性评价可选择下列2种方式进行：

a) 采用小区试验或盆栽试验进行着色材料生物学评价参照 NY/T 2544 的规定执行。试验以未着色肥料为对照、以等养分量的着色肥料为处理，在生物生长过程中或收获期，当出现处理的产量和/或品质指标较之对照降低的结果时,即视为所添加的着色材料或添加量存在生物学风险。

b) 采用植物出苗试验进行着色材料生物学评价按附录D的规定执行。试验以未着色肥料为对照、以等养分量的着色肥料为处理,在出苗过程中,当出现处理的出苗率等指标较之对照降低的结果时,即视为所添加的着色材料或添加量存在生物学风险。

6.3 土壤环境质量评价

采用小区试验或盆栽试验,以未着色肥料为对照、以等养分量的着色肥料为处理,在生物生长过程中或收获期,当出现处理的土壤重金属和有机污染物含量较之对照升高的结果时,即视为所添加的着色材料或添加量存在土壤生态环境风险。土壤污染物测定按GB 15618的规定执行。

6.4 化学品毒性、致敏评价

6.4.1 急性经口毒性评价按GB/T 21603的规定执行。

6.4.2 皮肤致敏评价按GB/T 21608的规定执行。

7 风险评价

7.1 肥料生产方进行肥料生产时,应按着色要求和风险控制要求选购、使用、评价和标注所选用的着色材料。

7.2 肥料使用方应选择符合风险控制要求、标注清晰的着色肥料。

7.3 当肥料使用方有证据显示由于肥料着色导致作物产量或品质下降时,应向肥料生产方提出质疑,要求肥料生产方做出解释并提供着色材料可追溯风险评价资料。

7.4 若肥料生产方未能提供着色材料可追溯风险评价资料,肥料使用方有权向第三方机构提出风险评价申请。

7.5 第三方机构可按第5章和第6章的要求对着色材料进行风险评价。

附 录 A
(资料性附录)
食品添加剂使用标准中食品着色剂目录

A.1 GB 2760 中 68 种食品着色剂的中文名称、英文名称、中国食品编码、着色剂索引通用名及索引号等见表 A.1。

A.2 当食品添加剂使用标准被修订时,允许在肥料生产中所使用的食品着色剂安全使用目录可相应进行调整。

表 A.1

序号	中文名称	英文名称	中国食品编码(CNS 号)	着色剂索引通用名	着色剂索引号(Color Index)
1	β-阿朴-8′-胡萝卜素醛	β-apo-8′-carotenal	08.018	食品橙 6	CI 40820
2	赤藓红及其铝色淀	erythrosine, erythrosine aluminum lake	08.003	食品红 14,食品红 14:1	CI 45430,CI 45430:1
3	靛蓝及其铝色淀	indigotine, indigotine aluminum lake	08.008	食品蓝 1,食品蓝 1:1	CI 73015,CI 73015:1
4	二氧化钛	titanium dioxide	08.011	颜料白 6	CI 77891
5	番茄红	tomato red	08.150		
6	番茄红素	lycopene	08.017	天然黄 27	CI 75125
7	柑橘黄	orange yellow	08.143		
8	核黄素	riboflavin	08.148		
9	黑豆红	black bean red	08.114		
10	黑加仑红	black currant red	08.122		
11	红花黄	carthamins yellow	08.103		
12	红米红	red rice red	08.111		
13	红曲黄色素	monascus yellow pigment	08.152		
14	红曲米,红曲红	red kojic rice, monascus red	08.119,08.120		
15	β-胡萝卜素	beta-carotene	08.010	食品橙 5	CI 40800
16	花生衣红	peanut skin red	08.134		
17	姜黄	turmeric	08.102		
18	姜黄素	curcumin	08.132	天然黄 3	CI 75300
19	焦糖色(加氨生产)	caramel colour class Ⅲ-ammonia process	08.110		
20	焦糖色(苛性硫酸盐)	caramel colour class Ⅱ-caustic sulfite	08.151		
21	焦糖色(普通法)	caramel colour class Ⅰ-plain	08.108		
22	焦糖色(亚硫酸铵法)	caramel colour class Ⅳ-ammonia sulphite process	08.109		
23	金樱子棕	rose laevigata michx brown	08.131		
24	菊花黄浸膏	coreopsis yellow	08.113		
25	可可壳色	cocao husk pigment	08.118		
26	喹啉黄	quinoline yellow	08.016	食品黄 13	CI 47005
27	辣椒橙	paprika orange	08.107		
28	辣椒红	paprika red	08.106		
29	辣椒油树脂	paprika oleoresin	00.012		
30	蓝锭果红	uguisukagura red	08.136		

表 A.1(续)

序号	中文名称	英文名称	中国食品编码(CNS 号)	着色剂索引通用名	着色剂索引号(Color Index)
31	亮蓝及其铝色淀	brilliant blue, brilliant blue aluminum lake	08.007	食品蓝 2,食品蓝 2∶1	CI 42090,CI 42090∶1
32	萝卜红	radish red	08.117		
33	落葵红	basella rubra red	08.121		
34	玫瑰茄红	roselle red	08.125		
35	密蒙黄	buddleia yellow	08.139		
36	柠檬黄及其铝色淀	tartrazine, tartrazine aluminum lake	08.005	食品黄 4,食品黄 4∶1	CI 19140,CI 19140∶1
37	葡萄皮红	grape skin extract	08.135		
38	日落黄及其铝色淀	sunset yellow, sunset yellow aluminum lake	08.006	食品黄 3,食品黄 3∶1	CI 15985,CI 15985∶1
39	桑椹红	mulberry red	08.129		
40	沙棘黄	hippophae rhamnoides yellow	08.124		
41	酸性红(又名偶氮玉红)	carmoisine (azorubine)	08.013		
42	酸枣色	jujube pigment	08.133		
43	天然苋菜红	natural amaranthus red	08.130		
44	苋菜红及其铝色淀	amaranth, amaranth aluminum lake	08.001	食品红 9,食品红 9∶1	CI 16185,CI 16185∶1
45	橡子壳棕	acorn shell brown	08.126		
46	新红及其铝色淀	new red, new red aluminum lake	08.004		
47	胭脂虫红	carmine cochineal	08.145		
48	胭脂红及其铝色淀	ponceau 4R, ponceau 4R aluminum lake	08.002	食品红 7,食品红 7∶1	CI 16255,CI 16255∶1
49	胭脂树橙(又名红木素,降红木素)	annatto extract	08.144	天然橙 4	CI 75120
50	杨梅红	mynica red	08.149		
51	氧化铁黑,氧化铁红	iron oxide black, iron oxide red	08.014,08.015		
52	叶黄素	lutein	08.146		
53	叶绿素铜	copper chlorophyll	08.153		CI 75815
54	叶绿素铜钠盐,叶绿素铜钾盐	chlorophyllin copper complex, sodium and potassium salts	08.009		
55	诱惑红及其铝色淀	allura red, allura aluminum lake	08.012	食品红 17,食品红 17∶1	CI 16035,CI 16035∶1
56	玉米黄	corn yellow	08.116		
57	越橘红	cowberry red	08.105		
58	藻蓝(淡、海水)	spirulina blue (algae blue, lina blue)	08.137		
59	栀子黄	gardenia yellow	08.112		
60	栀子蓝	gardenia blue	08.123		
61	植物炭黑	vegetable carbon, carbon black	08.138		CI 77266
62	紫草红	gromwell red	08.140		
63	紫甘薯色素	purple sweet potato colour	08.154		
64	紫胶(又名虫胶)	shellac	14.001		
65	紫胶红(又名虫胶红)	lac dye red (lac red)	08.104		
66	高粱红	sorghum red	08.115		
67	天然胡萝卜素	natural carotene	08.147		
68	甜菜红	beet red	08.101		

附 录 B
(资料性附录)
染料和有机颜料中有害芳香胺目录

B.1 GB 19601 和 GB/T 24101 列出染料产品中 24 种有害芳香胺的中文名称、英文名称、化学文摘编号、毒性分级等见表 B.1。

B.2 当 GB 19601 和 GB/T 24101 被修订时,染料和有机颜料中有害芳香胺目录可相应进行调整。

表 B.1

序号	中文名称	英文名称	化学文摘编号(CAS)	毒性分级[a]
1	4-氨基联苯	4-aminobiphenyl	92-67-1	MAKⅢ A1
2	联苯胺	benzidine	92-87-5	MAKⅢ A1
3	4-氯邻甲苯胺	4-chloro-o-toluidine	95-69-2	MAKⅢ A1
4	2-萘胺	2-naphthylamine	91-59-8	MAKⅢ A1
5	对氯苯胺	*p*-chloroaniline	106-47-8	MAKⅢ A2
6	2,4-二氨基苯甲醚	2,4-diaminoanisole	615-05-4	MAKⅢ A2
7	4,4′-二氨基二苯甲烷	4,4′-diaminodiphenymethane	101-77-9	MAKⅢ A2
8	3,3′-二氯联苯胺	3,3′-dichlorobenzidine	91-94-1	MAKⅢ A2
9	3,3′-二甲氧基联苯胺	3,3′-dimethoxybenzidine	119-90-4	MAKⅢ A2
10	3,3′-二甲基联苯胺	3,3′-dimethylbenzidine	119-93-7	MAKⅢ A2
11	3,3′-二甲基-4,4′-二氨基二苯甲烷	3, 3′-dimethyl-4, 4′-diaminodiphenyl-methane	838-88-0	MAKⅢ A2
12	2-甲氧基-5-甲基苯胺	*p*-cresidine	120-71-8	MAKⅢ A2
13	3,3′-二氯-4,4′-二氨基二苯甲烷	4,4′-methylene-bis-(2-chloroaniline)	101-14-4	MAKⅢ A2
14	4,4′-二氨基二苯醚	4,4′-oxydianiline	101-80-4	MAKⅢ A2
15	4,4′-二氨基二苯硫醚	4,4′-thiodianiline	139-65-1	MAKⅢ A2
16	邻甲苯胺	*o*-toluidine	95-53-4	MAKⅢ A2
17	2,4-二氨基甲苯	2,4-toluylenediamine	95-80-7	MAKⅢ A2
18	2,4,5-三甲基苯胺	2,4,5-trimethylaniline	137-17-7	MAKⅢ A2
19	2-氨基-4-硝基甲苯	2-amino-4-nitrotoluene	99-55-8	MAKⅢ A2
20	邻氨基偶氮甲苯	*o*-aminoazotoluene	97-56-3	MAKⅢ A2
21	邻氨基苯甲醚	*o*-anisidine	90-04-0	MAKⅢ A2
22	2,4-二甲基苯胺	2,4-xylidine	95-68-1	MAKⅢ A2
23	2,6-二甲基苯胺	2,6-xylidine	87-62-7	MAKⅢ A2
24	4-氨基偶氮苯	4-aminoazobenzene	60-09-3	MAKⅢ A2

[a] MAK Ⅲ A1 组的 4 种芳香胺对人体有致癌性;MAK Ⅲ A2 组的 20 种芳香胺对动物有致癌性,对人体可能有致癌性。

附 录 C
(规范性附录)
肥料着色材料 有机限量成分的毒性及测定

C.1 范围

本附录列出作为肥料着色材料的染料及有机颜料中有机限量成分(有害芳香胺、多氯苯酚、多氯联苯、氯苯/氯甲苯类、甲醛)的毒性及测定方法。

本附录适用于添加染料和有机颜料的肥料。

C.2 有害芳香胺

C.2.1 毒性

有害芳香胺主要来源于以致癌芳香胺作为重氮组分制造的偶氮染料或偶氮型有机颜料,也可能是由于制造工艺中发生副反应等非结构因素带入。有害芳香胺可以通过呼吸道、消化道和皮肤等进入人体或动物体,使细胞内 DNA 发生结构与功能的变化,引起病变和诱发癌变。目前国内外公布的有害芳香胺参见附录 B。

C.2.2 23 种有害芳香胺的测定方法提要

在柠檬酸盐缓冲液中,试样被连二亚硫酸钠还原裂解成相应的芳香胺中间体,用有机溶剂萃取裂解溶液中的芳香胺,浓缩后用有机溶剂定容,用气相色谱-质谱联用仪进行检测。具体试验操作按 GB 19601 的规定执行。

C.2.3 4-氨基偶氮苯的测定方法提要

C.2.3.1 气相色谱-质谱法(仲裁法)

试样在弱碱性介质中用连二亚硫酸钠还原裂解,通过控制裂解温度与裂解时间使 4-氨基偶氮苯的偶氮键不断裂;用溶剂萃取裂解液中的 4-氨基偶氮苯,浓缩后,用气相色谱-质谱联用仪进行检测,特征离子外标法定量。

C.2.3.2 高效液相色谱法

试样在弱碱性介质中用连二亚硫酸钠还原裂解,通过控制裂解温度与裂解时间使 4-氨基偶氨苯的偶氮键不断裂,用无水乙醚萃取试样的 4-氨基偶氮苯,用高效液相色谱-紫外检测器法对萃取物进行测定,外标法定量。

C.2.3.3 具体试验操作按 GB/T 24101 的规定执行。

C.3 多氯苯酚

C.3.1 毒性

多氯苯酚主要是指四氯苯酚和五氯苯酚,属于环境激素,几乎不溶于水和碱液,会对人体和动物体的内分泌与发育过程产生较大的扰乱和破坏作用。多氯苯酚在染料合成中使用不多,但在制造水性液状染料和涂料印花色浆、涂料染色色浆时,被用作防腐防雾剂。

C.3.2 测定方法提要

用碳酸钾溶液提取试样中的含氯苯酚,提取液经乙酸酐乙酰化后用正己烷萃取其中的含氯苯酚乙酸酯,而后用气相色谱-质量选择检测器(GC-MSD)和气相色谱法-电子捕获检测器(GC-ECD)对萃取物进行测定,外标法定量。具体试验操作按 GB/T 24166 的规定执行。

C.4 多氯联苯

C.4.1 毒性

多氯联苯是一种具有高持久稳定性和高生物积累性的毒性化学物质，难以生物降解，被认定为一种环境激素，对人体和动物体的内分泌系统有较大的破坏作用。在染料和有机颜料的制造过程中发生某些副反应会产生微量多氯联苯。

C.4.2 测定方法提要

用正己烷在超声波浴中萃取试样中的多氯联苯，而后用气相色谱-质谱法(GC-MS)对萃取物进行全扫描(SCAN)和选择离子检测(SIM)测定或用气相色谱-电子捕获检测器法(GC-ECD)对萃取物进行测定。全扫描的总离子流图用于定性，特征离子外标法定量；气相色谱图采用外标法定量。具体试验操作按GB/T 24165 的规定执行。

C.5 氯苯/氯甲苯类

C.5.1 毒性

在多种染料和有机颜料及其中间体制造过程中，需要使用氯苯/氯甲苯类化合物作为原料或反应介质等。氯苯/氯甲苯类化合物(如1,2-二氯苯、1,3-二氯苯、1,4-二氯苯、三氯苯、2-氯甲苯、4-氯甲苯、二氯甲苯、三氯甲苯等)，会与人体蛋白质或核酸发生作用，或极易在环境中积聚并通过食物链影响人类。在高温特别是在重金属或重金属化合物催化剂存在的条件下，氯苯/氯甲苯类化合物还会生成多氯联苯。

C.5.2 氯苯的测定方法提要

用正己烷在超声波浴中萃取试样中的多氯苯，而后用气相色谱-质谱法(GC-MS)或气相色谱-电子捕获检测器法(GC-ECD)对萃取物进行测定，外标法定量。具体试验操作按 GB/T 24164 的规定执行。

C.5.3 氯甲苯的测定方法提要

用正己烷在超声波浴中萃取试样中的氯化甲苯，而后用气相色谱-质谱法(GC-MS)或用气相色谱-电子捕获检测器法(GC-ECD)对萃取物进行测定，外标法定量。具体试验操作按 GB/T 24167 的规定执行。

C.6 甲醛

C.6.1 毒性

甲醛在染料和助剂制造中使用较多，其反应性很强，会对人体眼睛和呼吸系统有强烈刺激作用，也能与生物细胞中的蛋白质发生反应生成 N-羟甲基化合物，会导致诱变致癌。

C.6.2 测定方法提要

C.6.2.1 分光光度法(仲裁法)

将试样中的游离甲醛通过蒸馏制备成水溶液，用乙酰丙酮显色，用分光光度计比色法测定。

C.6.2.2 高效液相色谱法

用乙腈水溶液萃取试样中游离甲醛，与2,4-二硝基苯肼(DNPH)进行衍生后，采用高效液相色谱，在反相 C_{18} 柱上进行分离，采用紫外检测器检测，外标法定量。

C.6.2.3 具体试验操作按 GB/T 23973 的规定执行。

附　录　D
（规范性附录）
肥料着色材料　植物出苗及生长效果试验

D.1　范围

本附录规范了不同肥料着色材料处理进行植物出苗及生长效果试验的材料、条件、操作、过程控制及报告要求。

本附录适用于评价肥料着色材料对植物出苗率及相关指标影响。

注：本附录技术要求非等效采用经济合作与发展组织（OECD）化学品测试指南 No.208 陆生植物试验：出苗及幼苗生长试验（Terrestrial Plant Test：Seedling Emergence and Seedling Growth Test），用于肥料着色材料生物学评价。

D.2　试验材料

D.2.1　应选择具有地域经济影响和生态价值的植物，其种子应籽粒饱满、大小均匀。容易获得，发芽率均匀，长势一致。试验应至少使用 3 种不同科植物种子。

D.2.2　供试肥料样品应包括着色肥料和等养分量的未着色肥料。

D.2.3　供试土壤有机质含量应不高于 3%，风干后过 2 mm 筛。

D.3　试验条件

D.3.1　试验应在人工气候室试验盆钵中进行。

D.3.2　盆钵装入土壤厚度应不低于 10 cm。

D.3.3　人工气候室环境条件应满足光照温度 23℃～27℃，黑暗温度 20℃～24℃，光暗比 16∶8，光照强度 15 000 lx～20 000 lx，湿度 55%～85%。

D.4　试验要求

D.4.1　试验应以未着色肥料为对照、以等养分量的着色肥料为处理。最高养分量根据供试植物的田间最大施用量的 3 倍计算。处理和对照均设 4 个重复。

D.4.2　土壤与供试物充分拌匀后，播入 10 粒种子，种子密度根据其大小达到 3 粒/100 cm^2～10 粒/100 cm^2。

D.4.3　将盆钵置于人工气候室中，试验过程中应保持土壤湿润，从底部吸湿浇水。

D.4.4　对照组发芽达到 50%后的第 14 d 观察记录出苗率、生物量、株高及其他性状特征。

D.4.5　当试验对照处理种子出苗率达到高于 70%，幼苗成活率高于 90%，且幼苗生长正常，无萎黄、萎蔫坏死等症状时，视为有效试验。否则，视为无效试验。

D.4.6　采用数据统计软件进行数据处理。

D.5　试验报告

试验报告至少应包括下列内容：

——供试肥料信息，包括主要原料及含量、着色材料及含量、使用说明等标签信息；

——供试植物的学名、品种或品系、来源；

——供试土壤的 pH、有机质含量等；
——观察到的生物学效应，包括出苗率、生物量及其他性状特征。

ICS 65.100
B 13

中华人民共和国农业行业标准

NY/T 3504—2019

肥料增效剂　硝化抑制剂及使用规程

Fertilizer synergists—Nitrification inhibitors and code of agricultural practice

2019-12-27 发布　　2020-04-01 实施

中华人民共和国农业农村部　发布

前　言

本标准按照 GB/T 1.1—2009 给出的规则起草。

本标准由农业农村部种植业管理司提出并归口。

本标准起草单位：中国农业科学院农业资源与农业区划研究所、中国农学会、中国植物营养与肥料学会、土壤肥料产业联盟、浙江奥复托化工有限公司。

本标准主要起草人：王旭、保万魁、刘红芳、戴锋、侯晓娜、韩岩松、黄均明。

肥料增效剂　硝化抑制剂及使用规程

1　范围

本标准规定了硝化抑制剂相关术语和定义、要求、试验方法、检验规则、标识、包装、运输、储存和使用规程。

本标准适用于中华人民共和国境内生产和(或)销售的2-氯-6-三氯甲基吡啶、3,4-二甲基吡唑磷酸盐(DMPP)等硝化抑制剂。

注:附录A列出了所检索的主要硝化抑制剂目录。

2　规范性引用文件

下列文件对于本文件的应用是必不可少的。凡是注日期的引用文件,仅注日期的版本适用于本文件。凡是不注日期的引用文件,其最新版本(包括所有的修改单)适用于本文件。

GB 190　危险货物包装标志

GB/T 191　包装储运图示标志

GB/T 6679　固体化工产品采样通则

GB/T 6680　液体化工产品采样通则

GB/T 8170　数值修约规则与极限数值的表示和判定

GB/T 8569　固体化学肥料包装

JJF 1070　定量包装商品净含量计量检验规则

NY/T 887　液体肥料　密度的测定

NY/T 1108　液体肥料　包装技术要求

NY/T 1973　水溶肥料　水不溶物含量和pH的测定

NY/T 1978　肥料　汞、砷、镉、铅、铬含量的测定

NY/T 1979　肥料和土壤调理剂　标签及标明值判定要求

NY/T 1980　肥料和土壤调理剂　急性经口毒性试验及评价要求

NY/T 2543　肥料增效剂　效果试验和评价要求

NY/T 3036　肥料和土壤调理剂　水分含量、粒度、细度的测定

NY/T 3037　肥料增效剂　2-氯-6-三氯甲基吡啶含量的测定

NY/T 3423　肥料增效剂　3,4-二甲基吡唑磷酸盐(DMPP)含量的测定

3　术语和定义

下列术语和定义适用于本文件。

3.1

肥料增效剂　fertilizer synergists

脲酶抑制剂和硝化抑制剂的统称。

3.2

硝化抑制剂　nitrification inhibitors

在铵态氮肥中添加的一定数量物料。通过降低土壤亚硝酸细菌活性,抑制铵态氮向硝态氮转化过程,以减少肥料氮的流失量,提高肥料利用率。

3.3

养分管理4R原则　4R nutrient stewardship

选择适用的养分原料(right source)、采用合理的养分用量(right rate)、在恰当的施用时间(right time)施用在适当的位置(right place)。

4 要求

4.1 外观

均匀、无机械杂质的粉状固体或液体。

4.2 指标要求

4.2.1 2-氯-6-三氯甲基吡啶(固体)

2-氯-6-三氯甲基吡啶固体产品指标应符合表1的要求。

表1

项 目	指 标
2-氯-6-三氯甲基吡啶含量,%	68.0～72.0
pH(1∶250倍稀释)	5.0～7.0
水分(H_2O)含量,%	≤2.5

4.2.2 2-氯-6-三氯甲基吡啶(液体)

2-氯-6-三氯甲基吡啶液体产品指标应符合表2的要求。

表2

项 目	指 标
2-氯-6-三氯甲基吡啶含量,g/L	180～330
pH(原液)	3.0～10.0
水不溶物含量,g/L	≤20
密度,g/mL	0.9～1.3

4.2.3 3,4-二甲基吡唑磷酸盐(DMPP)

3,4-二甲基吡唑磷酸盐(DMPP)液体产品指标应符合表3的要求。

表3

项 目	指 标
3,4-二甲基吡唑磷酸盐含量,g/L	420～518
pH(原液)	0.1～1.0
水不溶物含量,g/L	≤10
密度,g/mL	1.3～1.5

4.3 限量要求

汞、砷、镉、铅、铬元素限量应符合表4的要求。

表4

单位为毫克每千克

项 目	指 标
汞(Hg)(以元素计)	≤5
砷(As)(以元素计)	≤5
镉(Cd)(以元素计)	≤5
铅(Pb)(以元素计)	≤25
铬(Cr)(以元素计)	≤25

4.4 毒性试验要求

毒性试验应符合NY/T 1980的要求。

5 试验方法

5.1 外观

目视法测定。

5.2 2-氯-6-三氯甲基吡啶含量的测定

按 NY/T 3037 的规定执行。

5.3 3,4-二甲基吡唑磷酸盐(DMPP)含量的测定

按 NY/T 3423 的规定执行。

5.4 pH 的测定

按 NY/T 1973 的规定执行。

5.5 水不溶物含量的测定

按 NY/T 1973 的规定执行。

5.6 水分含量的测定

按 NY/T 3036 的规定执行。

5.7 密度的测定

按 NY/T 887 的规定执行。

5.8 汞含量的测定

按 NY/T 1978 的规定执行。

5.9 砷含量的测定

按 NY/T 1978 的规定执行。

5.10 镉含量的测定

按 NY/T 1978 的规定执行。

5.11 铅含量的测定

按 NY/T 1978 的规定执行。

5.12 铬含量的测定

按 NY/T 1978 的规定执行。

5.13 毒性试验

按 NY/T 1980 的规定执行。

6 检验规则

6.1 产品应由企业质量监督部门进行检验,生产企业应保证所有的销售产品均符合技术要求。每批产品应附有质量证明书,其内容按标识规定执行。

6.2 产品按批检验,以一次配料为一批,最大批量为 20 t。

6.3 固体或散装产品采样按 GB/T 6679 的规定执行。液体产品采样按 GB/T 6680 的规定执行。

6.4 将所采样品置于洁净、干燥的容器中,迅速混匀。取液体样品 1 L、固体粉剂样品 1 kg,分装于 2 个洁净、干燥容器中,密封并贴上标签,注明生产企业名称、产品名称、批号或生产日期、采样日期、采样人姓名。其中一部分用于产品质量分析,另一部分应保存至少 2 个月,以备复验。

6.5 按产品试验要求进行试样的制备和储存。

6.6 生产企业应进行出厂检验。如果检验结果有一项或一项以上指标不符合技术要求,应重新自加倍采样批中采样进行复验。复验结果有一项或一项以上指标不符合技术要求,则整批产品不应被验收合格。

6.7 产品质量合格判定,采用 GB/T 8170 中的"修约值比较法"。

6.8 用户有权按本标准规定的检验规则和检验方法对所收到的产品进行核验。

7 标识

7.1 产品质量证明书应载明:

——企业名称、生产地址、联系方式、行政审批证号、产品通用名称、执行标准号、主要原料名称、剂型、

包装规格、批号或生产日期；

——2-氯-6-三氯甲基吡啶、3,4-二甲基吡唑磷酸盐等有效成分含量的标明值或标明值范围；pH、密度的标明值或标明值范围；水不溶物(液体)、水分含量的最高标明值；汞、砷、镉、铅、铬元素含量的最高标明值。

7.2 产品包装标签应载明：

——2-氯-6-三氯甲基吡啶、3,4-二甲基吡唑磷酸盐等有效成分含量的标明值或标明值范围。2-氯-6-三氯甲基吡啶、3,4-二甲基吡唑磷酸盐等测定值应符合其标明值或标明值范围要求。

——pH 的标明值或标明值范围。pH 测定值应符合其标明值或标明值范围要求。

——水不溶物(液体)含量的最高标明值。水不溶物测定值应符合其标明值要求。

——水分含量的最高标明值。水分测定值应符合其标明值要求。

——密度的标明值或标明值范围。密度测定值应符合其标明值或标明值范围要求。

——汞、砷、镉、铅、铬元素含量的最高标明值。汞、砷、镉、铅、铬元素测定值应符合其标明值要求。

7.3 其余按 NY/T 1979 的规定执行。

8 包装、运输和储存

8.1 产品销售包装应按 GB/T 8569 或 NY/T 1108 的规定执行。净含量按 JJF 1070 的规定执行。

8.2 产品运输和储存过程中应防潮、防晒、防破裂,警示说明按 GB 190 和 GB/T 191 的规定执行。

9 使用规程

9.1 适用范围

9.1.1 硝化抑制剂是通过降低土壤亚硝酸细菌活性,抑制铵态氮向硝态氮转化过程,以减少肥料氮的流失量,提高肥料利用率,保护生态环境。

9.1.2 硝化抑制剂适合与含有铵态氮和(或)酰胺态氮的肥料配合使用,特别适宜用于具有滴灌或喷灌等设施的种植区。

9.1.3 适合混配的含铵态氮的肥料包括硫酸铵、氯化铵、改性硝酸铵、磷酸一铵、磷酸二铵等;含酰胺态氮的肥料包括 UAN 氮溶液、尿素及以尿素为原料的水溶肥料、混合肥料等。

9.2 基本要求

9.2.1 硝化抑制剂作为一种通过影响土壤亚硝酸细菌活性,以使施入土壤中的铵态氮缓慢向硝态氮转化的肥料增效剂,其使用量应被严格推荐。使用时,应严格按照推荐使用量范围和使用方法,混合均匀,不宜单独使用或随意增减。

9.2.2 推荐方或种植者应按照养分管理 4R 原则,明确硝化抑制剂与肥料配施的技术要求。必要时,应按 NY/T 2543 的规定进行效果试验。

9.2.3 推荐方或种植者应综合考虑作物种类、肥料种类和用量、土壤养分状况、环境敏感程度、农事操作实际及硝化抑制剂特性等,选择最佳使用方案。

9.3 使用量

9.3.1 2-氯-6-三氯甲基吡啶

2-氯-6-三氯甲基吡啶的用量通常不超过所施肥料中酰胺态氮和铵态氮总量的 0.5%。

——与硫酸铵(铵态氮含量约为 21%)混配时,其用量通常不超过硫酸铵用量的 0.105%;

——与氯化铵(铵态氮含量约为 25%)混配时,其用量通常不超过氯化铵用量的 0.125%;

——与改性硝酸铵(铵态氮含量约为 13%)混配时,其用量通常不超过改性硝酸铵用量的 0.065%;

——与磷酸一铵(传统法和料浆法粒状产品铵态氮含量约为 9%)混配时,其用量通常不超过磷酸一铵用量的 0.045%;

——与磷酸二铵(传统法和料浆法粒状产品铵态氮含量约为 13%)混配时,其用量通常不超过磷酸二铵用量的 0.065%；

——与尿素（酰胺态氮含量约为 46%）混配时，其用量通常不超过尿素用量的 0.23%；

——与 UAN 氮溶液（酰胺态氮和铵态氮含量约为 22%）混配时，其用量通常不超过 UAN 氮溶液用量的 0.11%；

——与以硫酸铵、尿素等为原料的水溶肥料、混合肥料等混配时，应根据肥料所含酰胺态氮和铵态氮总量的 0.5%，换算出应添加的硝化抑制剂的量。

9.3.2 3,4-二甲基吡唑磷酸盐（DMPP）

3,4-二甲基吡唑磷酸盐（DMPP）的用量通常不超过所施肥料中酰胺态氮和铵态氮总量的 2%。

——与硫酸铵（铵态氮含量约为 21%）混配时，其用量通常不超过硫酸铵用量的 0.42%；

——与氯化铵（铵态氮含量约为 25%）混配时，其用量通常不超过氯化铵用量的 0.50%；

——与改性硝酸铵（铵态氮含量约为 13%）混配时，其用量通常不超过改性硝酸铵用量的 0.26%；

——与磷酸一铵（传统法和料浆法粒状产品铵态氮含量约为 9%）混配时，其用量通常不超过磷酸一铵用量的 0.18%；

——与磷酸二铵（传统法和料浆法粒状产品铵态氮含量约为 13%）混配时，其用量通常不超过磷酸二铵用量的 0.26%；

——与尿素（酰胺态氮含量约为 46%）混配时，其用量通常不超过尿素用量的 0.92%；

——与 UAN 氮溶液（酰胺态氮和铵态氮含量约为 22%）混配时，其用量通常不超过 UAN 氮溶液用量的 0.44%；

——与以硫酸铵、尿素等为原料的水溶肥料、混合肥料等混配时，应根据肥料所含酰胺态氮和铵态氮总量的 2%，换算出应添加的硝化抑制剂的量。

注：硝化抑制剂使用量均以纯量计，氮肥用量以实物量计。

9.4 使用方法

9.4.1 确定硝化抑制剂最佳使用量和施氮量后，使其充分混匀，适时、适当地施入土壤中。

——粉状产品与固体肥料混配时，应充分混匀。可先用少量肥料与之混匀，再多次加量，而后再整体混匀。

——粉状产品与液体肥料混配时，应先将硝化抑制剂溶解，再现混现用。

——液体产品与固体肥料混配时，可通过边喷雾、边混拌（或边干燥）的方式进行。

——液体产品与液体肥料混配时，可现混现用。

9.4.2 使用由推荐方提供的混配好的含硝化抑制剂肥料，应明确其所含硝化抑制剂及氮的含量和比例、生产时间及储存条件、是否适合所种植的作物和土壤类型、使用要求等。

9.5 注意事项

9.5.1 使用硝化抑制剂应严格按照使用说明书进行，过多使用会对土壤生态造成不良影响，且增加种植成本，达不到提高肥料利用率的效果。

9.5.2 使用硝化抑制剂切忌随意，若同时与酸性、碱性较强的肥料或农药混配时，应慎重。必要时，应与生产方明确后再使用。

9.5.3 种植者应妥善储存硝化抑制剂及含硝化抑制剂的肥料，应提供必要的场所避免长时间光照或高温，使用前应确认是否有效。

9.5.4 种植者应谨慎阅读使用说明书中可能对人、畜、生态环境等造成影响的条款，避免可能产生的不良后果。

附 录 A
(资料性附录)
硝化抑制剂文献检索资料

本附录列出了主要硝化抑制剂的文献检索不同时期资料(见表 A.1)。随着不断地研究和实践,出现新的硝化抑制剂产品,其具有更为优良的增效作用,且对生态环境友好。

表 A.1

中文名称	英文名称	英文缩写	备注
硫脲	thiourea	TU	20 世纪 60 年代,日本
2-磺胺噻唑	sulfathiazole	ST	20 世纪后期,日本
2-巯基-苯并噻唑	2-mercaptobenzothiazole	MBT	20 世纪后期,日本
2-氨基-4-氯-9-甲基吡啶	2-amino-4-chloro-9-methylpyridine	AM	20 世纪后期,日本
4-氨基-1,2,4-三唑盐酸盐	4-amino-1,2,4-triazole hydrochloride	ATC	20 世纪后期,日本
2-氯-6-三氯甲基吡啶、西砒、硝基吡啶	nitrapyrin	N-Serve	20 世纪 60～70 年代,美国
1-甲基吡唑-1-羧酰胺	1-methylpyrazole-1-carboxamide	CMP	20 世纪 70 年代,美国
双氰胺	dicyandiamide	DCD	20 世纪 70～80 年代,美国
3-甲基吡唑	3-methylpyrazole	MP	20 世纪 80 年代,德国
3,5-二甲基吡唑	3,5-dimethylpyrazole	DMP	20 世纪 80 年代,德国
3,4-二甲基吡唑磷酸盐	3,4-dimethylpyrazole phosphate	DMPP	20 世纪 90 年代,德国

ICS 65.100
B 13

中华人民共和国农业行业标准

NY/T 3505—2019

肥料增效剂　脲酶抑制剂及使用规程

Fertilizer synergists—Urease inhibitors and code of agricultural practice

2019-12-27 发布　　2020-04-01 实施

中华人民共和国农业农村部　发布

前　言

本标准按照 GB/T 1.1—2009 给出的规则起草。

本标准由农业农村部种植业管理司提出并归口。

本标准起草单位:中国农业科学院农业资源与农业区划研究所、中国农学会、中国植物营养与肥料学会、土壤肥料产业联盟、浙江今晖新材料股份有限公司。

本标准主要起草人:王旭、保万魁、刘红芳、李文、侯晓娜、黄均明、韩岩松。

肥料增效剂　脲酶抑制剂及使用规程

1　范围

本标准规定了脲酶抑制剂相关术语和定义、要求、试验方法、检验规则、标识、包装、运输、储存和使用规程。

本标准适用于中华人民共和国境内生产和(或)销售的正丁基硫代磷酰三胺(NBPT)固体、正丁基硫代磷酰三胺(NBPT)和正丙基硫代磷酰三胺(NPPT)混合液体等脲酶抑制剂。

注:附录A列出了所检索的主要脲酶抑制剂目录。

2　规范性引用文件

下列文件对于本文件的应用是必不可少的。凡是注日期的引用文件,仅注日期的版本适用于本文件。凡是不注日期的引用文件,其最新版本(包括所有的修改单)适用于本文件。

GB 190　危险货物包装标志

GB/T 191　包装储运图示标志

GB/T 6679　固体化工产品采样通则

GB/T 6680　液体化工产品采样通则

GB/T 8170　数值修约规则与极限数值的表示和判定

GB/T 8569　固体化学肥料包装

JJF 1070　定量包装商品净含量计量检验规则

NY/T 887　液体肥料　密度的测定

NY/T 1108　液体肥料　包装技术要求

NY/T 1973　水溶肥料　水不溶物含量和pH的测定

NY/T 1978　肥料　汞、砷、镉、铅、铬含量的测定

NY/T 1979　肥料和土壤调理剂　标签及标明值判定要求

NY/T 1980　肥料和土壤调理剂　急性经口毒性试验及评价要求

NY/T 2543　肥料增效剂　效果试验和评价要求

NY/T 3038　肥料增效剂　正丁基硫代磷酰三胺(NBPT)和正丙基硫代磷酰三胺(NPPT)含量的测定

3　术语和定义

下列术语和定义适用于本文件。

3.1

肥料增效剂　fertilizer synergists

脲酶抑制剂和硝化抑制剂的统称。

3.2

脲酶抑制剂　urease inhibitors

在尿素中添加的一定数量物料。通过降低土壤脲酶活性,抑制尿素水解过程,以减少酰胺态氮的氨挥发损失量,提高肥料利用率。

3.3

养分管理4R原则　4R nutrient stewardship

选择适用的养分原料(right source)、采用合理的养分用量(right rate)、在恰当的施用时间(right time)施用在适当的位置(right place)。

4 要求

4.1 外观

均匀、无机械杂质的粉状固体或液体。

4.2 指标要求

4.2.1 正丁基硫代磷酰三胺(NBPT)

正丁基硫代磷酰三胺(NBPT)固体产品指标应符合表1的要求。

表1

项　目	指　标
正丁基硫代磷酰三胺含量,%	≥97.0
pH(1∶250倍稀释)	6.5～8.5
水不溶物含量,%	≤1.0

4.2.2 正丁基硫代磷酰三胺(NBPT)和正丙基硫代磷酰三胺(NPPT)

正丁基硫代磷酰三胺(NBPT)和正丙基硫代磷酰三胺(NPPT)混合液体产品指标应符合表2的要求。

表2

项　目	指　标
正丁基硫代磷酰三胺含量,g/L	180～230
正丙基硫代磷酰三胺含量,g/L	50～75
pH(原液)	10.5～12.5
水不溶物含量,g/L	≤10
密度,g/mL	1.0～1.1

4.3 限量要求

汞、砷、镉、铅、铬元素限量应符合表3的要求。

表3

单位为毫克每千克

项　目	指　标
汞(Hg)(以元素计)	≤5
砷(As)(以元素计)	≤5
镉(Cd)(以元素计)	≤5
铅(Pb)(以元素计)	≤25
铬(Cr)(以元素计)	≤50

4.4 毒性试验要求

毒性试验应符合NY/T 1980的要求。

5 试验方法

5.1 外观

目视法测定。

5.2 正丁基硫代磷酰三胺(NBPT)含量的测定

按NY/T 3038的规定执行。

5.3 正丙基硫代磷酰三胺(NPPT)含量的测定

按NY/T 3038的规定执行。

5.4 pH的测定

按NY/T 1973的规定执行。

5.5 水不溶物含量的测定

按 NY/T 1973 的规定执行。

5.6 密度的测定

按 NY/T 887 的规定执行。

5.7 汞含量的测定

按 NY/T 1978 的规定执行。

5.8 砷含量的测定

按 NY/T 1978 的规定执行。

5.9 镉含量的测定

按 NY/T 1978 的规定执行。

5.10 铅含量的测定

按 NY/T 1978 的规定执行。

5.11 铬含量的测定

按 NY/T 1978 的规定执行。

5.12 毒性试验

按 NY/T 1980 的规定执行。

6 检验规则

6.1 产品应由企业质量监督部门进行检验,生产企业应保证所有的销售产品均符合技术要求。每批产品应附有质量证明书,其内容按标识规定执行。

6.2 产品按批检验,以一次配料为一批,最大批量为 20 t。

6.3 固体或散装产品采样按 GB/T 6679 的规定执行。液体产品采样按 GB/T 6680 的规定执行。

6.4 将所采样品置于洁净、干燥的容器中,迅速混匀。取液体样品 1 L、固体粉剂样品 1 kg,分装于 2 个洁净、干燥容器中,密封并贴上标签,注明生产企业名称、产品名称、批号或生产日期、采样日期、采样人姓名。其中一部分用于产品质量分析,另一部分应保存至少 2 个月,以备复验。

6.5 按产品试验要求进行试样的制备和储存。

6.6 生产企业应进行出厂检验。如果检验结果有一项或一项以上指标不符合技术要求,应重新自加倍采样批中采样进行复验。复验结果有一项或一项以上指标不符合技术要求,则整批产品不应被验收合格。

6.7 产品质量合格判定,采用 GB/T 8170 中的"修约值比较法"。

6.8 用户有权按本标准规定的检验规则和检验方法对所收到的产品进行核验。

7 标识

7.1 产品质量证明书应载明:

——企业名称、生产地址、联系方式、行政审批证号、产品通用名称、执行标准号、主要原料名称、剂型、包装规格、批号或生产日期;

——正丁基硫代磷酰三胺、正丙基硫代磷酰三胺等有效成分及含量的标明值或标明值范围;pH、密度的标明值或标明值范围;水不溶物含量的最高标明值;汞、砷、镉、铅、铬元素含量的最高标明值。

7.2 产品包装标签应载明:

——正丁基硫代磷酰三胺、正丙基硫代磷酰三胺等有效成分及含量的标明值或标明值范围。正丁基硫代磷酰三胺、正丙基硫代磷酰三胺等测定值应符合其标明值或标明值范围要求。

——pH 的标明值或标明值范围。pH 测定值应符合其标明值或标明值范围要求。

——水不溶物含量的最高标明值。水不溶物测定值应符合其标明值要求。

——密度的标明值或标明值范围。密度测定值应符合其标明值或标明值范围要求。

——汞、砷、镉、铅、铬元素含量的最高标明值。汞、砷、镉、铅、铬元素测定值应符合其标明值要求。

7.3 其余按 NY/T 1979 的规定执行。

8 包装、运输和储存

8.1 产品销售包装应按 GB/T 8569 或 NY/T 1108 的规定执行。净含量按 JJF 1070 的规定执行。

8.2 产品运输和储存过程中应防潮、防晒、防破裂,警示说明按 GB 190 和 GB/T 191 的规定执行。

9 使用规程

9.1 适用范围

9.1.1 脲酶抑制剂是通过降低土壤脲酶活性,抑制尿素水解过程,以减少酰胺态氮的氨挥发损失量,提高肥料利用率,保护生态环境。

9.1.2 脲酶抑制剂适合与含有酰胺态氮的肥料配合使用,特别适宜用于具有滴灌或喷灌等设施的种植区。

9.1.3 适合混配的含酰胺态氮的肥料包括 UAN 氮溶液、尿素及以尿素为原料的水溶肥料、混合肥料等。

9.2 基本要求

9.2.1 脲酶抑制剂作为一种通过影响土壤脲酶活性,以使施入土壤中的酰胺态氮损失量降低的肥料增效剂,其使用量应被严格推荐。使用时,应严格按照推荐使用量范围和使用方法,混合均匀,不宜单独使用或随意增减。

9.2.2 推荐方或种植者应按照养分管理 4R 原则,明确脲酶抑制剂与肥料配施的技术要求。必要时,应按 NY/T 2543 的规定进行效果试验。

9.2.3 推荐方或种植者应综合考虑作物种类、肥料种类和用量、土壤养分状况、环境敏感程度、农事操作实际及脲酶抑制剂特性等,选择最佳使用方案。

9.3 使用量

正丁基硫代磷酰三胺(NBPT)固体产品、正丁基硫代磷酰三胺(NBPT)和正丙基硫代磷酰三胺(NPPT)液体产品的用量通常均不超过所施肥料中酰胺态氮量的 1%。

——与尿素(酰胺态氮含量约为 46%)混配时,其用量通常不超过尿素用量的 0.46%;

——与 UAN 氮溶液(酰胺态氮含量约为 15%)混配时,其用量通常不超过 UAN 氮溶液用量的 0.15%;

——与以尿素为原料的水溶肥料、混合肥料等混配时,应根据肥料所含酰胺态氮量的 1%,换算出应添加的脲酶抑制剂的量。

注:脲酶抑制剂使用量均以纯量计,氮肥用量以实物量计。

9.4 使用方法

9.4.1 确定脲酶抑制剂最佳使用量和施氮量后,使其充分混匀,适时、适当地施入土壤中。

——粉状产品与固体肥料混配时,应充分混匀。可先用少量肥料与之混匀,再多次加量,而后再整体混匀。

——粉状产品与液体肥料混配时,应先将脲酶抑制剂溶解,再现混现用。

——液体产品与固体肥料混配时,可通过边喷雾、边混拌(或边干燥)的方式进行。

——液体产品与液体肥料混配时,可现混现用。

9.4.2 使用由推荐方提供的混配好的含脲酶抑制剂肥料,应明确其所含脲酶抑制剂及氮的含量和比例、生产时间及储存条件、是否适合所种植的作物和土壤类型、使用要求等。

9.5 注意事项

9.5.1 使用脲酶抑制剂应严格按照使用说明书进行,过多使用会对土壤生态造成不良影响,且增加种植成本,达不到提高肥料利用率的效果。

9.5.2 使用脲酶抑制剂切忌随意，若同时与酸性、碱性较强的肥料或农药混配时，应慎重。必要时，应与生产方明确后再使用。

9.5.3 种植者应妥善储存脲酶抑制剂及含脲酶抑制剂的肥料，应提供必要的场所避免长时间光照或高温，使用前应确认是否有效。

9.5.4 种植者应谨慎阅读使用说明书中可能对人、畜、生态环境等造成影响的条款，避免可能产生的不良后果。

附 录 A
(资料性附录)
脲酶抑制剂文献检索资料

本附录列出了主要脲酶抑制剂的文献检索不同时期资料(见表 A.1)。随着不断地研究和实践,出现新的脲酶抑制剂产品,其具有更为优良的增效作用,且对生态环境友好。

表 A.1

中文名称	英文名称	英文缩写	备注
氢醌,别名对苯二酚	P-hydroquinone	HQ	20 世纪 70 年代,美国
P-苯醌	P-benzoquinone	P-Quinone	20 世纪 70 年代,美国
苯基磷酰二胺	phenyl phosphorodiamidate	PPD	20 世纪 70 年代,美国
磷酰三胺	phosphoryl triamide	PT	20 世纪 70 年代,美国
硫代磷酰三胺	thiophosphoryl triamide	TPT	20 世纪 70 年代,美国
正丁基硫代磷酰三胺	N-(n-Butyl)thiophosphoric acid triamide	NBPT	20 世纪 90 年代,美国
正丙基硫代磷酰三胺	N-(n-Propyl)thiophosphoric acid triamide	NPPT	20 世纪后期,德国

第二部分

农产品加工标准

ICS 67.120.01
X 22

中华人民共和国农业行业标准

NY/T 3512—2019

肉中蛋白无损检测法　近红外法

Non-destructive determination of protein in meat—Near-infrared spectroscopy method

2019-12-27 发布　　2020-04-01 实施

中华人民共和国农业农村部　发布

前　言

本标准按照 GB/T 1.1—2009 给出的规则起草。

本标准由农业农村部畜牧兽医局提出。

本标准由全国屠宰加工标准化技术委员会(SAC/TC 516)归口。

本标准起草单位：中国农业科学院北京畜牧兽医研究所、中国农业科学院质量标准与检测技术研究所、甘肃中天羊业股份有限公司、聚光科技(杭州)股份有限公司、中国农业大学、龙大食品集团有限公司、中国动物疫病预防控制中心(农业农村部屠宰技术中心)。

本标准主要起草人：谢鹏、张松山、汤晓艳、刘丽华、韩熹、李海鹏、孙宝忠、苏华维、郎玉苗、韩双来、谭建华、宫俊杰、高胜普、张朝明。

肉中蛋白无损检测法　近红外法

1　范围

本标准规定了肉中蛋白近红外光谱检测方法的术语和定义、原理、仪器设备、模型建立、样品检测和结果、异常测量结果的确认和处理及准确性和精密度的要求。

本标准适用于肉中蛋白含量的快速检测,不适用于仲裁检测。

2　规范性引用文件

下列文件对于本文件的应用是必不可少的。凡是注日期的引用文件,仅注日期的版本适用于本文件。凡是不注日期的引用文件,其最新版本(包括所有的修改单)适用于本文件。

GB 5009.5　食品安全国家标准　食品中蛋白质的测定

GB/T 29858　分子光谱多元校正定量分析通则

3　术语和定义

GB/T 29858 界定的以及下列术语和定义适用于本文件。

3.1

校正决定系数　correlation coefficient square of calibration model (R^2C)

校正模型用于所有校正样本的预测值与其标准理化分析方法测定值的相关系数平方值,按式(1)计算。

$$R^2C=\left[1-\frac{\sum_{i=1}^{m}(y_i-\hat{y}_i)^2}{\sum_{i=1}^{m}(y_i-\bar{y})^2}\right] \quad \cdots\cdots(1)$$

式中:

y_i ——校正样品 i 的标准理化分析方法测定值;

$\hat{y}_i$ ——校正样品 i 的校正模型预测值;

$\bar{y}$ ——所有校正样品的标准理化分析方法测定值的平均值;

m ——校正样品个数。

3.2

验证决定系数　correlation coefficient square of validation (R^2V)

验证模型用于所有验证样本的预测定值与其标准理化分析方法测定值的相关系数平方值,按式(2)计算。

$$R^2V=\left[1-\frac{\sum_{i=1}^{n}(y'_i-\hat{y}'_i)^2}{\sum_{i=1}^{n}(y'_i-\bar{y}')^2}\right] \quad \cdots\cdots(2)$$

式中:

y'_i ——验证样品 i 的标准理化分析方法测定值;

$\hat{y}'_i$ ——验证模型对验证样品 i 的预测值;

$\bar{y}'$ ——所有验证样品的标准理化分析方法测定值的平均值;

n ——验证样品个数。

3.3

校正样品标准差　standard deviation of calibration samples (SDCS)

校正样品标准理化分析方法测定值的标准差,按式(3)计算。

$$\mathrm{SDCS}=\sqrt{\frac{\sum_{i=1}^{m}(y_i-\bar{y})^2}{m-1}} \qquad (3)$$

式中：

y_i ——校正样品 i 的标准理化分析方法测定值；

$\bar{y}$ ——所有校正样品的标准理化分析方法测定值的平均值；

m ——校正样品个数。

3.4

验证样品标准差　standard deviation of validation samples (SDVS)

验证样品的标准理化分析方法测定值的标准差，按式(4)计算。

$$\mathrm{SDVS}=\sqrt{\frac{\sum_{i=1}^{n}(y'_i-\bar{y}')^2}{n-1}} \qquad (4)$$

式中：

y'_i ——验证样品 i 的标准理化分析方法测定值；

$\bar{y}'$ ——所有验证样品的标准理化分析方法测定值的平均值；

n ——验证样品个数。

3.5

校正标准误差　standard error of calibration (SEC)

所有校正样品的校正模型预测值标准误差，按式(5)计算。

$$\mathrm{SEC}=\sqrt{\frac{\sum_{i=1}^{m}(\hat{y}_i-y_i)^2}{m-k}} \qquad (5)$$

式中：

y_i ——校正样品 i 的标准理化分析方法测定值；

$\hat{y}_i$ ——校正样品 i 的校正模型预测值；

m ——校正样品个数；

k ——模型变量个数。

3.6

验证标准误差　standard error of validation (SEV)

所有验证样品的校正模型验证预测值标准误差，按式(6)计算。

$$\mathrm{SEV}=\sqrt{\frac{\sum_{i=1}^{n}(\hat{y}'_i-y'_i)^2}{n}} \qquad (6)$$

式中：

y'_i ——验证样品 i 的标准理化分析方法测定值；

$\hat{y}'_i$ ——验证样品 i 的校正模型验证预测值；

n ——验证样品个数。

4　原理

本方法利用肉中蛋白分子中含氢基团XH(X=C、N、O)等化学键在780 nm ～ 2 526 nm波长下有特征吸收，采用多元分析方法，建立肉中蛋白含量近红外校正模型，实现肉中蛋白含量的快速检测。

5　仪器设备

具有基于肉样近红外光谱区的吸收特性，测定肉中的组分含量(如水分、脂肪、蛋白等)或特性指标的专用分析仪器。应具备近红外光谱数据的收集、存储分析和计算等功能，能够建立肉中蛋白含量校正模型等功能。

6 模型建立

6.1 光谱采集

确定合适的光谱采集参数。在肌肉横切面上避开脂肪、筋膜采集光谱,每次测定要求连续测量不少于3张的样品吸光度光谱。样品的吸光度光谱经过一阶微分处理后,吸光度重复性指标应不大于0.000 4 AU。计算平均光谱作为最终测量光谱,否则记录为异常测量。每个样品采集2张光谱。

6.2 蛋白含量标准理化分析测定

选取光谱采集处的肌肉组织,按照GB 5009.5规定的方法测定肉中蛋白含量。

6.3 校正模型的建立

用于建立模型的校正样品应具有代表性,其因素包含性别、月龄、取样部位、存放时间,蛋白含量、环境因素等,能涵盖待测样品的变化范围。校正样品数量不少于100份。按照GB/T 29858规定建立校正模型,校正模型的有效性利用SEC、R^2C以及SDCS/SEC的指标评价,相关评价指标的要求见表1。

表1 校正模型校正评价指标

项目	SEC	R^2C	SDCS/SEC
评价指标	≤1.0	≥0.8	≥1.5

6.4 校正模型的验证

用于评价模型的验证样品独立于校正集,数量不少于40份。其代表性与校正样品要求一致。选择SEV、R^2V以及SDVS/SEV的指标评价校正模型验证预测效果,相关评价指标的要求见表2。

表2 校正模型验证评价指标

项目	SEV	R^2V	SDVS/SEV
评价指标	≤1.0	≥0.8	≥1.5

7 样品检测和结果

7.1 样品测量

采用6.1的方法采集光谱,仪器和采集条件、方法应与建模一致。用6.3建立的校正模型测定其蛋白含量,记录测量结果。测量结果以g/100 g表示,保留小数点后一位。

7.2 测量结果

检测结果应在近红外光谱测量分析仪使用的校正模型所覆盖的蛋白含量范围内。

每个样品2次测定结果绝对差值不得大于算术平均值的10%,计算平均值作为最终测量结果,否则记录为异常测量。

8 异常测量结果的确认和处理

8.1 异常测量结果的来源

异常测量结果的来源包括但不限于:

——样品品种与校正模型要求不匹配;

——仪器故障;

——样品光谱测量条件与校正模型要求不匹配;

——样品光谱测量参数与建立模型时参数不匹配;

——样品蛋白含量超过校正模型范围。

8.2 异常测量结果的确认

测量结果出现以下任一条件,均可确认其为异常测量结果:

——测量结果超出校正模型覆盖的蛋白含量范围;

——2 次测量结果的绝对差不符合 9.2 的要求；

——仪器或化学计量学软件出现预警情况下的测量结果。

8.3 异常测量结果的处理

出现异常测量结果的样品，进行样品复测(包括样品蛋白含量标准理化分析方法测定、光谱测量、校正模型预测分析)，封存样品并汇总统计。

9 准确性和精密度

9.1 准确性

验证样品蛋白含量的本标准测定值与其标准理化分析方法测定值之间的验证标准误差应小于 1.0。

9.2 重复性

在同一实验室，由同一操作者使用相同的仪器设备，按照相同测试方法，并在短时间内对同一被测样品相互独立进行测试，获得的 2 次蛋白含量测量结果的绝对偏差应不大于 0.5 g/100 g。

9.3 再现性

分别在 2 个或多个实验室，由不同操作人员使用同一型号的设备对同一批样品按照相同的测试方法进行测试，所获得的蛋白含量，其测量结果的绝对偏差应不大于 1.0 g/100 g。

ICS 67.100.10
X 16

中华人民共和国农业行业标准

NY/T 3513—2019

生乳中硫氰酸根的测定　离子色谱法

Determination of thiocyanate in raw milk—Ion chromatography

2019-12-27 发布　　2020-04-01 实施

中华人民共和国农业农村部　发布

前　　言

本标准按照 GB/T 1.1—2009 给出的规则起草。

请注意本文件的某些内容可能涉及专利。本文件的发布机构不承担识别这些专利的责任。

本标准由农业农村部畜牧兽医局提出。

本标准由全国畜牧业标准化技术委员会(SAC/TC 274)归口。

本标准起草单位:中国农业科学院北京畜牧兽医研究所、农业农村部奶产品质量安全风险评估实验室(北京)、农业农村部奶及奶制品质量监督检验测试中心(北京)。

本标准主要起草人:文芳、叶巧燕、郑楠、李松励、王加启。

生乳中硫氰酸根的测定　离子色谱法

1　范围

本标准规定了生乳中硫氰酸根测定的离子色谱法。

本标准适用于牛、羊、水牛、牦牛等不同奶畜生乳中硫氰酸根的测定。

本标准的检出限为 0.25 mg/kg，定量限为 0.75 mg/kg。

2　规范性引用文件

下列文件对于本文件的应用是必不可少的。凡是注日期的引用文件，仅注日期的版本适用于本文件。凡是不注日期的引用文件，其最新版本(包括所有的修改单)适用于本文件。

GB/T 6682　分析实验室用水规格和试验方法

3　原理

试样用乙腈沉淀蛋白，上清液加水调节并经反相固相萃取柱净化后，用离子色谱分离，电导检测器检测。以保留时间定性，外标法定量。

4　试剂或材料

除非另有规定，仅使用分析纯试剂。

4.1　水，GB/T 6682，一级。

4.2　乙腈(CH_3CN)：色谱纯。

4.3　甲醇(CH_3OH)：色谱纯。

4.4　丙酮(C_3H_6O)：色谱纯。

4.5　50%氢氧化钠溶液(NaOH)：色谱纯。

4.6　离子色谱淋洗液：根据仪器型号及色谱柱选择和配制不同的淋洗液体系。

4.6.1　氢氧根系淋洗液：由仪器自动在线生成或手工配制。

4.6.1.1　氢氧化钾淋洗液：由淋洗液自动电解发生器在线生成，浓度为 45 mmol/L～60 mmol/L。

4.6.1.2　氢氧化钠淋洗液(45 mmol/L)：取 2.34 mL 50%氢氧化钠溶液(4.5)，用水稀释至 1 000 mL，可通入氮气保护，以减缓碱性淋洗液吸收空气中的 CO_2 而失效，缓慢摇匀，室温下可放置 7 d。

4.6.1.3　氢氧化钠淋洗液(60 mmol/L)：取 3.12 mL 50%氢氧化钠溶液(4.5)，用水稀释至 1 000 mL，可通入氮气保护，以减缓碱性淋洗液吸收空气中的 CO_2 而失效，缓慢摇匀，室温下可放置 7 d。

4.6.2　碳酸盐系淋洗液(Na_2CO_3 浓度为 5 mmol/L，$NaHCO_3$ 浓度为 2 mmol/L，丙酮浓度为 5%)：准确称取 0.530 0 g 碳酸钠和 0.168 0 g 碳酸氢钠，分别溶于适量水中，转移至 1 000 mL 容量瓶，加入 50 mL 丙酮，用水稀释定容，混匀。

4.7　硫酸溶液(45 mmol/L)：移取 2.45 mL 浓硫酸，加入适量水中，并用水定容至 1 000 mL，混匀。

4.8　硫氰酸根标准储备溶液(1 000 mg/L)：将硫氰酸钠(NaSCN，CAS 号：540-72-7，纯度≥99.99%)于 80℃烘箱内烘干 2 h。准确称取干燥后的硫氰酸钠 0.139 7 g，用水定容至 100 mL，混匀。0℃～4℃保存，有效期为 6 个月。

4.9　硫氰酸根标准中间溶液(10 mg/L)：准确吸取 1 mL 硫氰酸根标准储备液(4.8)，用水稀释至 100 mL，混匀。0℃～4℃保存，有效期为 1 个月。

4.10　硫氰酸根标准系列溶液：分别准确移取硫氰酸根标准中间溶液(4.9)0 μL、10 μL、20 μL、50 μL、

100 μL、500 μL 和 1 000 μL，用水定容至 10 mL，混匀，得到浓度分别为 0 mg/L、0.01 mg/L、0.02 mg/L、0.05 mg/L、0.10 mg/L、0.50 mg/L 和 1.00 mg/L 的硫氰酸根标准工作液。0℃～4℃保存，有效期为 1 个月。

5 仪器设备

5.1 离子色谱仪：配抑制器电导检测器。

5.2 高速冷冻离心机：8 000 r/min，4℃。

5.3 天平：感量为 0.1 mg、0.01 g。

5.4 涡旋混匀器。

5.5 移液器：100 μL、1 mL。

5.6 烘箱：(80±5)℃。

5.7 过滤器：水系，0.22 μm。

5.8 反相净化小柱，如 OnGuardⅡRP 柱[1)]（1.0 mL），或性能相当者。

6 样品

采集的有代表性生乳样品可用硬质玻璃瓶或聚乙烯瓶盛放，样品采集后应尽快分析。若样品在 0℃～ 6℃冷藏保存，冷藏时间不应超过 48 h；若不能及时测定，应于－20℃冷冻保存，冷冻时间不应超过 30 d，解冻温度不应超过 60℃，解冻次数不应超过 5 次。冷藏、冷冻的样品需恢复至室温并摇匀，待测。

7 试验步骤

7.1 试样处理

称取试样 4 g(精确至 0.01 g)，用乙腈定容至 10 mL，混匀 1 min，静置 20 min，离心 5 min。准确移取 1.00 mL 上清液用水定容至 10 mL 并混匀，备用。同时做空白试验。

7.2 提取液净化

将反相净化小柱依次用 5 mL 甲醇和 10 mL 水活化，静置 30 min，取上述溶液(7.1)，过 0.22 μm 滤膜并加载到活化好的净化反相柱上，弃去前 3 mL 流出液，收集滤液，待测。

7.3 仪器参考条件

7.3.1 仪器参考条件Ⅰ

7.3.1.1 色谱柱：以 OH^- 为流动相，并能使用梯度洗脱的、高容量的阴离子交换柱，如 IonPac AS-16 型色谱柱（4 mm×250 mm）和 IonPac AG-16 型保护柱[2)]（4 mm×50 mm），或性能相当的离子色谱柱。

7.3.1.2 抑制器：ASRS-3004 mm 阴离子抑制器[3)]，或性能相当的抑制器；外加水抑制模式，抑制器电流为 112 mA～149 mA，外加水流量 1.2 mL/min。

7.3.1.3 淋洗液：氢氧根系淋洗液(4.6.1)，流速为 1.0 mL/min，梯度淋洗。梯度淋洗条件参见表 1。

表 1 离子色谱仪淋洗液梯度淋洗条件(氢氧根体系)

序号	时间，min	流速，mL/min	OH^- 浓度，mmol/L
1	0.0～13.0	1.00	45.0
2	13.1～18.0	1.00	60.0
3	18.1～23.0	1.00	45.0

1） OnGuardⅡRP 柱是商品名，此处列出仅供参考，并不涉及商业目的。给出这一信息是为了方便本标准的使用者，并不表示对该产品的认可。如果其他等效产品具有相同的效果，则可使用这些等效的产品。

2） IonPac AS-16 型色谱柱和 IonPac AG-16 型保护柱是商品名，给出这一信息是为了方便本标准的使用者，并不表示对该产品的认可。如果其他等效产品具有相同的效果，则可使用这些等效的产品。

3） ASRS-300 4 mm 阴离子抑制器是商品名，给出这一信息是为了方便本标准的使用者，并不表示对该产品的认可。如果其他等效产品具有相同的效果，则可使用这些等效的产品。

7.3.1.4 进样体积:100 μL。

7.3.1.5 柱温:30℃。

7.3.1.6 电导池温度:35℃。

7.3.2 仪器参考条件Ⅱ

7.3.2.1 色谱柱:碳酸盐淋洗体系的高容量阴离子交换柱,如 Metrosep Anion Supp5-150(4 mm×150 mm)阴离子交换色谱柱和 Metrosep Anion Guard(4 mm×50 mm)专用保护柱[4),或性能相当的离子色谱柱。

7.3.2.2 抑制器:MSMⅡ型抑制器[5),抑制器再生液为硫酸溶液(4.7)。

7.3.2.3 淋洗液:碳酸盐系淋洗液(4.6.2),流速为 1.0 mL/min。

7.3.2.4 进样体积:100 μL。

7.3.2.5 柱温:30.0℃。

7.3.2.6 电导池温度:40.0℃。

7.4 标准系列溶液和试样溶液分析

按选定的仪器参考条件Ⅰ或条件Ⅱ,对硫氰酸根标准系列溶液和试样溶液进行测定。不同淋洗液体系的标准溶液色谱图参见附录 A。

7.5 定性

以硫氰酸根的保留时间定性,试样溶液中硫氰酸根的保留时间应与标准系列溶液(浓度相当)中硫氰酸根的保留时间一致,其相对偏差在±2.5%之内。

7.6 定量

以硫氰酸根的浓度为横坐标、色谱峰面积(或峰高)为纵坐标,绘制标准曲线,其相关系数应不低于0.99。试样溶液中待测物的浓度应在标准曲线的线性范围内。如超出范围,应将试样溶液用水溶液稀释 n 倍后,重新测定。

8 试验数据处理

试样中硫氰酸根的含量以质量浓度 w 计,数值以毫克每千克(mg/kg)表示,按式(1)计算。

$$w=\frac{c\times V_1\times V_3\times 1000}{m\times V_2\times 1000}\times n \quad \cdots\cdots (1)$$

式中:

c ——待测溶液从标准曲线上查得硫氰酸根的质量浓度,单位为毫克每升(mg/L);

V_1 ——样品用乙腈提取时定容体积,单位为毫升(mL);

V_2 ——移取离心后上清液的体积,单位为毫升(mL);

V_3 ——上清液稀释定容的体积,单位为毫升(mL);

m ——试样质量,单位为克(g);

n ——上机测定的试样溶液超出规定的范围后,进一步稀释的倍数。

计算结果保留至小数点后 2 位,用 2 次平行测定的算术平均值表示。

注:试样中测得的硫氰酸根离子含量乘以换算系数 1.40,即得硫氰酸钠含量。

9 精密度

在重复性条件下,2 次独立测试结果与其算术平均值的绝对差值不大于该算术平均值的 10%。

4) Metrosep Anion Supp5-150(4 mm×150 mm)阴离子交换色谱柱和 Metrosep Anion Guard(4 mm×50 mm)专用保护柱是商品名,给出这一信息是为了方便本标准的使用者,并不表示对该产品的认可。如果其他等效产品具有相同的效果,则可使用这些等效的产品。

5) MSMⅡ型抑制器是商品名,给出这一信息是为了方便本标准的使用者,并不表示对该产品的认可。如果其他等效产品具有相同的效果,则可使用这些等效的产品。

附　录　A
(资料性附录)
硫氰酸根离子色谱仪色谱图

A.1　氢氧根体系的硫氰酸根标准溶液离子色谱图

见图 A.1。

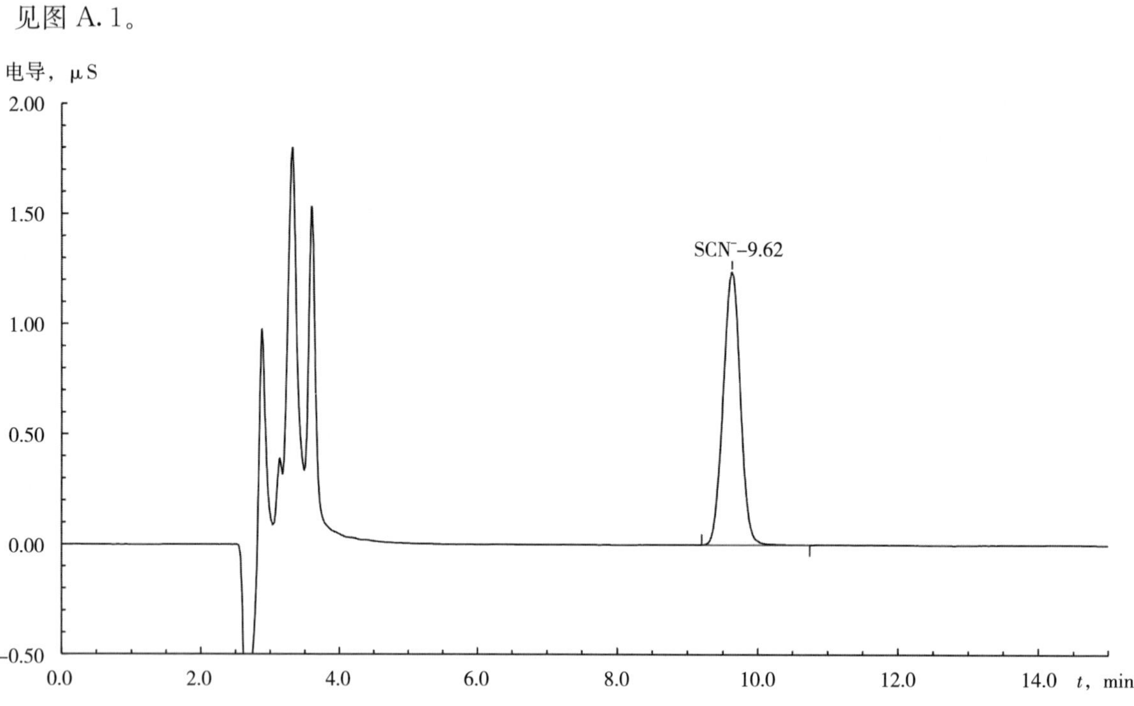

图 A.1　硫氰酸根标准溶液(0.5 mg/L)离子色谱图(氢氧根体系)

A.2　碳酸盐体系的硫氰酸根标准溶液离子色谱图

见图 A.2。

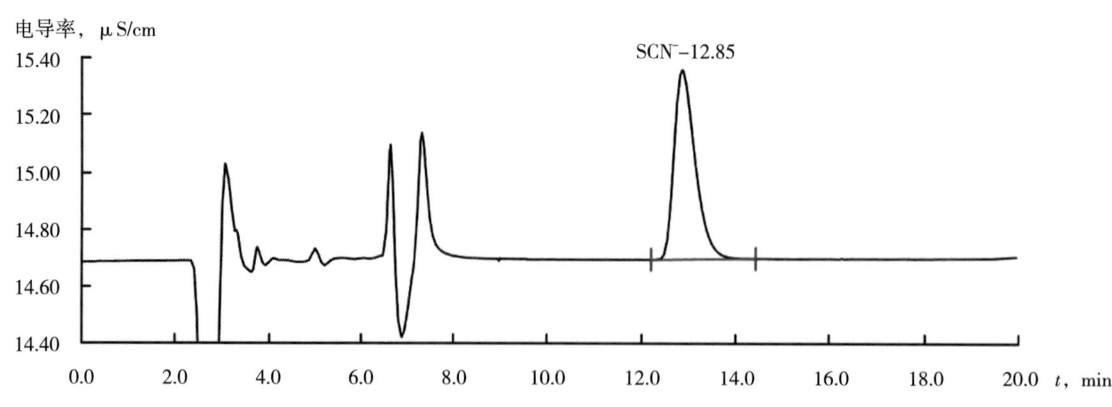

图 A.2　硫氰酸根标准溶液(0.5 mg/L)离子色谱图(碳酸盐体系)

ICS 67.140.20
B 35

中华人民共和国农业行业标准

NY/T 3514—2019

咖啡中绿原酸类化合物的测定 高效液相色谱法

Determination of chlorogenic acids in coffee—High performance liquid chromatography

2019-12-27 发布 2020-04-01 实施

中华人民共和国农业农村部 发布

前　言

本标准按照 GB/T 1.1—2009 给出的规则起草。

本标准由中华人民共和国农业农村部提出。

本标准由农业农村部热带作物及制品标准化技术委员会归口。

本标准起草单位：云南省农业科学院质量标准与检测技术研究所、农业农村部农产品质量监督检验测试中心（昆明）、农业农村部农产品质量安全风险评估实验室（昆明）。

本标准主要起草人：邵金良、黎其万、刘兴勇、林涛、王丽、刘宏程、汪禄祥、陈兴连、樊建麟。

咖啡中绿原酸类化合物的测定　高效液相色谱法

1　范围

本标准规定了咖啡中6种绿原酸类化合物的高效液相色谱测定方法。

本标准适用于咖啡中5-咖啡酰奎宁酸、绿原酸、4-咖啡酰奎宁酸、3,4-二咖啡酰奎宁酸、4,5-二咖啡酰奎宁酸和3,5-二咖啡酰奎宁酸等单个或多个组分含量的测定。

2　规范性引用文件

下列文件对于本文件的应用是必不可少的。凡是注日期的引用文件,仅注日期的版本适用于本文件。凡是不注日期的引用文件,其最新版本(包括所有的修改单)适用于本文件。

GB/T 6682　分析实验室用水规格和试验方法

NY/T 1518　袋装生咖啡　取样

3　原理

咖啡中的6种绿原酸类化合物经磷酸溶液加热提取后,采用高效液相色谱法测定,以保留时间定性、外标法定量。

4　试剂和材料

除另有说明外,水为GB/T 6682规定的一级水。

4.1　试剂

4.1.1　甲醇(CH_3OH,CAS号:67-56-1):色谱纯。

4.1.2　磷酸(H_3PO_4,CAS号:7664-38-2):分析纯,含量≥85%。

4.1.3　磷酸溶液(0.1%,体积分数):取磷酸(4.1.2)1.00 mL,用水稀释至1 L。

4.1.4　磷酸-甲醇溶液(80+20,体积比):量取磷酸溶液(4.1.3)80 mL,加入甲醇(4.1.1)20 mL,混匀。

4.2　标准品

4.2.1　5-咖啡酰奎宁酸($C_{16}H_{18}O_9$,CAS号:906-33-2):纯度≥99%。

4.2.2　绿原酸($C_{16}H_{18}O_9$,CAS号:327-97-9):纯度≥99%。

4.2.3　4-咖啡酰奎宁酸($C_{16}H_{18}O_9$,CAS号:905-99-7):纯度≥99%。

4.2.4　3,4-二咖啡酰奎宁酸($C_{25}H_{24}O_{12}$,CAS号:14534-61-3):纯度≥99%。

4.2.5　4,5-二咖啡酰奎宁酸($C_{25}H_{24}O_{12}$,CAS号:32451-88-0):纯度≥99%。

4.2.6　3,5-二咖啡酰奎宁酸($C_{25}H_{24}O_{12}$,CAS号:2450-53-5):纯度≥99%。

4.3　标准溶液

4.3.1　单一绿原酸类化合物标准储备溶液:分别准确称取5-咖啡酰奎宁酸20 mg、绿原酸80 mg、4-咖啡酰奎宁酸20 mg、3,4-二咖啡酰奎宁酸5 mg、4,5-二咖啡酰奎宁酸5 mg和3,5-二咖啡酰奎宁酸5 mg(精确至0.000 1 g)于10 mL棕色容量瓶中,用磷酸-甲醇溶液(4.1.4)溶解并稀释至刻度,配制成浓度分别为2 000 mg/L、8 000 mg/L、2 000 mg/L、500 mg/L、500 mg/L和500 mg/L的单一绿原酸类化合物标准储备溶液,−18℃以下避光储存,有效期一个月。

4.3.2　绿原酸类化合物混合标准中间溶液:分别准确吸取1.0 mL单一绿原酸类化合物标准储备溶液(4.3.1)于10 mL棕色容量瓶中,用磷酸-甲醇溶液(4.1.4)稀释至刻度,配制成绿原酸类化合物混合标准中间溶液。−18℃以下避光储存,有效期一周。

4.3.3 绿原酸类化合物系列混合标准工作溶液：分别吸取绿原酸类化合物混合标准中间溶液(4.3.2)0.10 mL、0.20 mL、0.50 mL、1.00 mL、2.50 mL 至 10 mL 棕色容量瓶中，用磷酸-甲醇溶液(4.1.4)定容至刻度，配制成绿原酸类化合物系列混合标准工作溶液。现用现配。

4.4 滤膜：0.45 μm，水相。

5 仪器和设备

5.1 高效液相色谱仪：配有紫外检测器或二极管阵列检测器。

5.2 天平：感量 0.01 mg 和 0.001 g。

5.3 咖啡磨：适用于磨碎焙炒的咖啡豆。

5.4 嵌齿轮磨：装有冷却套；或者分析磨、装有刀片和冷却套；或者其他适于磨碎生咖啡豆的磨。

5.5 样品筛：60 目。

5.6 恒温水浴锅。

6 分析步骤

6.1 取样

取样按 NY/T 1518 的规定执行。

6.2 样品制备与保存

用 5.3 或 5.4 所规定的设备研磨，直至试样通过 60 目的样品筛为止。混匀，装入密闭容器中，样品于室温下保存。

6.3 试样处理

称取试样 0.5 g(精确至 0.001 g)于 200 mL 烧杯中，加入 80 mL 磷酸溶液(4.1.3)，沸水浴 30 min，不时振摇。取出冷却至室温，转移至 100 mL 容量瓶中，用磷酸溶液(4.1.3)定容至刻度，摇匀，静置。过 0.45 μm 水相滤膜(4.4)，待测。

6.4 仪器参考条件

6.4.1 高效液相色谱参考条件

a) 色谱柱：C_{18}柱(250 mm×4.6 mm，5 μm)或相当者；

b) 流动相：磷酸溶液(4.1.3)和甲醇，梯度洗脱，梯度洗脱程序见表 1；

c) 流速：1.0 mL/min；

d) 检测波长：327 nm；

e) 柱温：30℃；

f) 进样量：10 μL。

表 1 梯度洗脱程序

时间，min	磷酸溶液，%	甲醇，%
0.00～10.00	90	10
10.01～12.00	80	20
12.01～30.00	80	20
30.01～32.00	90	10
32.01～36.00	90	10

6.4.2 色谱测定

准确吸取制备液(6.3)10 μL，注入高效液相色谱仪，并用绿原酸类化合物系列混合标准工作溶液(4.3.3)制作标准曲线，进行色谱测定。绿原酸类化合物混合标准溶液色谱图参见附录 A。

7 结果计算与表达

试样中被测绿原酸化合物以质量分数计，按式(1)计算。

$$\omega = \frac{\rho \times V}{m \times 10000} \quad \cdots\cdots (1)$$

式中：

ω——试样中待测绿原酸化合物的含量，单位为百分号(%)；

ρ——试样溶液中待测绿原酸的质量浓度，单位为毫克每升(mg/L)；

V——试样溶液定容体积，单位为毫升(mL)；

m——试样质量，单位为克(g)；

计算结果保留 3 位有效数字。

8 重复性

在重复性条件下，获得的 2 次独立测定结果的绝对差值不得超过算术平均值的 10%。

9 检出限和定量限

本方法的检出限：5-咖啡酰奎宁酸、4-咖啡酰奎宁酸、3，4-二咖啡酰奎宁酸、4，5-二咖啡酰奎宁酸和 3，5-二咖啡酰奎宁酸为 1.2 mg/kg，绿原酸为 0.70 mg/kg。

本方法的定量限：5-咖啡酰奎宁酸、4-咖啡酰奎宁酸、3，4-二咖啡酰奎宁酸、4，5-二咖啡酰奎宁酸和 3，5-二咖啡酰奎宁酸为 4.0 mg/kg，绿原酸为 2.0 mg/kg。

附 录 A
(资料性附录)
绿原酸类化合物混合标准溶液色谱图

绿原酸类化合物混合标准溶液色谱图见图 A.1。

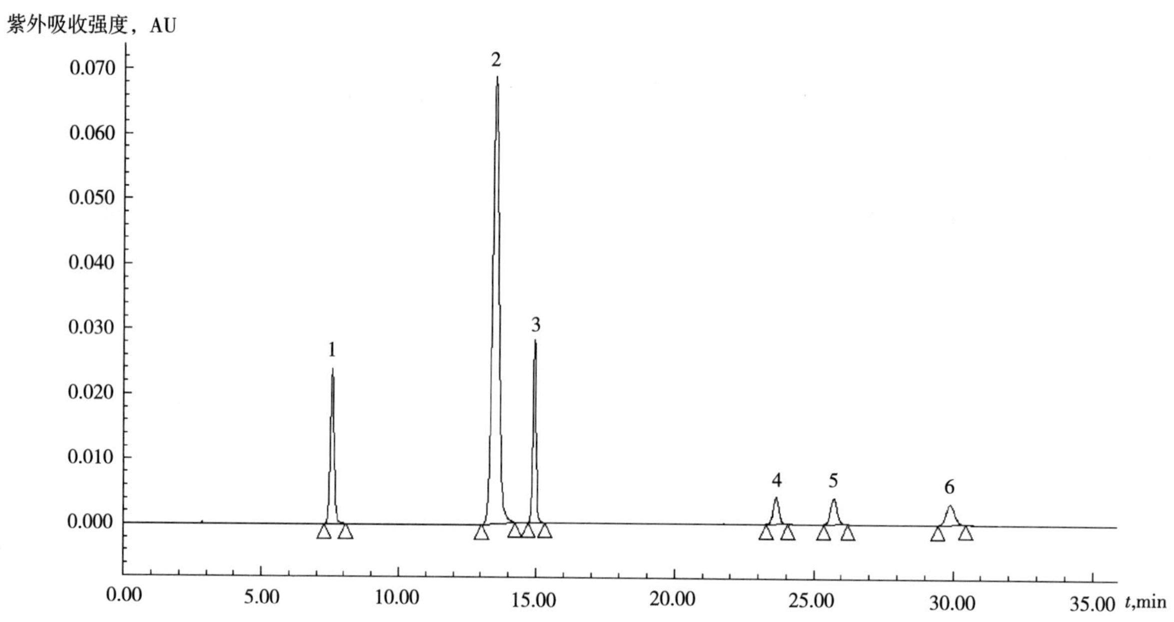

说明：

1——5-咖啡酰奎宁酸(4 mg/L)；
2——绿原酸(20 mg/L)；
3——4-咖啡酰奎宁酸(4 mg/L)；
4——3,4-二咖啡酰奎宁酸(1 mg/L)；
5——4,5-二咖啡酰奎宁酸 (1 mg/L)；
6——3,5-二咖啡酰奎宁酸(1 mg/L)。

图 A.1 绿原酸类化合物混合标准溶液色谱图

ICS 67.060
B 23

中华人民共和国农业行业标准

NY/T 3521—2019

马铃薯面条加工技术规范

Technical specification for potato noodles processing

2019-12-27 发布　　2020-04-01 实施

中华人民共和国农业农村部　发布

前　言

本标准按照 GB/T 1.1—2009 给出的规则起草。

本标准由农业农村部乡村产业发展司提出。

本标准由农业农村部农产品加工标准化技术委员会归口。

本标准起草单位：中国农业科学院农产品加工研究所、合肥中农科泓智营养健康有限公司、秦皇岛原滋味食品有限公司、陕西金中昌信农业科技有限公司、甘肃巨鹏清真食品有限公司、湖北金银丰食品有限公司、北京海乐达食品有限公司。

本标准主要起草人：胡宏海、张泓、戴小枫、刘倩楠、张娜娜、张良、刘伟、张春江、黄峰、田芳、徐芬、黄艳杰、佘永名、孙建军、李冲、张琇灵、蒋修军、何海龙。

马铃薯面条加工技术规范

1 范围

本标准规定了马铃薯面条的术语和定义，加工厂安全卫生管理要求，加工技术要求，包装、标识、运输和储存，记录和文件管理。

本标准适用于马铃薯面条的生产加工。

2 规范性引用文件

下列文件对于本文件的应用是必不可少的。凡是注日期的引用文件，仅注日期的版本适用于本文件。凡是不注日期的引用文件，其最新版本(包括所有的修改单)适用于本文件。

GB/T 191 包装储运图示标志

GB 2721 食品安全国家标准 食用盐

GB 2760 食品安全国家标准 食品添加剂使用标准

GB 5749 生活饮用水卫生标准

GB 7718 预包装食品标签通则

GB 8607 高筋小麦粉

GB 14881—2013 食品安全国家标准 食品生产通用卫生规范

GB/T 21924 谷朊粉

GB 28050 食品安全国家标准 预包装食品营养标签通则

JJF 1070 定量包装商品净含量计量检验规则

NY/T 3100 马铃薯主食产品 分类和术语

SB/T 10072—1992 挂面生产工艺技术规程

SB/T 10752 马铃薯雪花全粉

3 术语和定义

NY/T 3100、SB/T 10072—1992、SB/T 10752 界定的以及下列术语和定义适用于本文件。

3.1

马铃薯泥 potato paste

以马铃薯为主要原料，经清洗、去皮、熟制、制泥等工序加工制成的泥状产品。

3.2

马铃薯浆 potato slurry

以马铃薯为主要原料，经清洗、去皮、制浆等工序加工制成的浆液状产品。

3.3

马铃薯面条 potato noodle

以马铃薯雪花全粉(或马铃薯生全粉或马铃薯泥或马铃薯浆)、小麦粉为主要原料，可添加其他谷物粉、食用盐、谷朊粉等，经配料、混料、和面、熟化、压片、切条、干燥(或不干燥)、切断、包装等工序加工制成的马铃薯干物质(可食部分)含量不低于15%的产品。经干燥的产品称为马铃薯挂面，未经干燥的产品称为马铃薯生湿面条。

4 加工厂安全卫生管理要求

应符合 GB 14881—2013 的要求。

5 加工技术要求

5.1 原辅料要求

5.1.1 小麦粉

应符合 GB 8607 的要求。

5.1.2 马铃薯雪花全粉

5.1.2.1 应符合 SB/T 10752 的要求。

5.1.2.2 应能通过孔径不大于 200 μm 的筛网。

5.1.3 谷朊粉

应符合 GB/T 21924 的要求。

5.1.4 食用盐

应符合 GB 2721 的要求。

5.1.5 生产用水

应符合 GB 5749 的要求。

5.1.6 食品添加剂

应符合 GB 2760 的要求。

5.1.7 其他原辅料

应符合相关标准和规定。

5.2 加工工艺要求

5.2.1 配料

根据产品配方称量不同重量的原辅料,称量应符合 JJF 1070 的要求。

5.2.2 混料

马铃薯雪花全粉(或马铃薯生全粉)、小麦粉、谷朊粉及其他粉状原辅料应经预混机混合均匀。

5.2.3 和面

和面技术参数见表 1。

表 1 和面技术参数

和面机种类	转速,r/min	和面时间,min
卧式双轴和面机	100～150	10～15
卧式单轴和面机	150～250	10～15
立式和面机	300～350	4～5
真空和面机	50～100	10～15

5.2.4 熟化

熟化技术参数见表 2。

表 2 熟化技术参数

熟化类别	温度,℃	相对湿度,%	熟化时间,min
面絮	20～30	75～85	15～30
面带	25～30	80～90	30～50

5.2.5 压片

面带厚度不宜低于 8 mm(两片面带复合压延前相加厚度不宜低于 16 mm),末道压延辊线速度与压延比宜符合 SB/T 10072—1992 中 7.3 的要求。

5.2.6 切条

切出的面条应平整、光滑,无并条。

5.2.7 干燥

干燥技术参数见表3。

表3 干燥技术参数

干燥阶段	温度,℃	相对湿度,%	风速,m/s	占总干燥时间,%
冷风定条	25～28	85～90	0.8～1.0	15～20
预干燥	30～38	80～85	1.0～1.2	25～30
主干燥	35～45	65～70	1.5～1.8	25～35
完成干燥	20～30	55～65	0.8～1.0	15～20

5.2.8 切断

应规格整齐(长度误差值±5%),切口平滑。

6 包装、标识、运输和储存

6.1 包装

包装应整洁、完好,无破损。包装材料和容器应符合相应的食品安全标准的规定。

6.2 标识

应符合GB/T 191、GB 7718、GB 28050的要求。

6.3 运输

6.3.1 运输工具应清洁、无异味。

6.3.2 运输中应注意轻装、轻卸、防晒、防雨,不得与有毒、有害、有异味或影响产品质量的物品混装运输。

6.3.3 马铃薯生湿面条运输过程中温度应控制在0℃～10℃。

6.4 储存

6.4.1 产品应储存于专用的食品仓库内,库内应清洁、通风、阴凉、干燥,并有防尘、防蝇、防虫、防鼠等设施。

6.4.2 产品不应与有毒、有害、有异味、易变质、易腐败、易生虫等影响产品质量的物品共同存放。

6.4.3 马铃薯生湿面条储存库内温度应控制在0℃～10℃。

7 记录和文件管理

应符合GB 14881—2013中14的要求。

ICS 67.060
B 22

中华人民共和国农业行业标准

NY/T 3522—2019

发芽糙米加工技术规范

Technical specification for processing of sprouting husked rice

2019-12-27 发布　　　　2020-04-01 实施

中华人民共和国农业农村部　发布

前　言

本标准按照 GB/T 1.1—2009 给出的规则起草。

本标准由农业农村部乡村产业发展司提出。

本标准由农业农村部农产品加工标准化技术委员会归口。

本标准起草单位:黑龙江省农业科学院食品加工研究所、中国农业科学院农产品加工研究所、北京农业职业学院。

本标准主要起草人:卢淑雯、任传英、李庆鹏、李淑荣、洪滨、严松、王丽群、王凯、管立军、哈益明、王锋。

发芽糙米加工技术规范

1 范围

本标准规定了发芽糙米的术语和定义，加工场所要求，原辅料要求，技术要求，标识、包装、运输与储存。

本标准适用于以糙米为原料，经清洗、发芽、干燥等加工发芽糙米的过程。

2 规范性引用文件

下列文件对于本文件的应用是必不可少的。凡是注日期的引用文件，仅注日期的版本适用于本文件。凡是不注日期的引用文件，其最新版本(包括所有的修改单)适用于本文件。

GB/T 191　包装储运图示标志

GB 4806.1　食品安全国家标准　食品接触材料及制品通用安全要求

GB 5749　生活饮用水卫生标准

GB/T 6543　运输包装用单瓦楞纸箱和双瓦楞纸箱

GB 7718　食品安全国家标准　预包装食品标签通则

GB 9683　复合食品包装袋卫生标准

GB 14881　食品安全国家标准　食品生产通用卫生规范

GB/T 18810　糙米

GB 28050　食品安全国家标准　预包装食品营养标签通则

NY/T 3216　发芽糙米

3 术语和定义

下列术语和定义适用于本文件。

3.1

糙米　husked rice

稻谷经加工脱壳后的产品。

3.2

发芽糙米　sprouting husked rice

以糙米为原料，经清洗、发芽、干燥后形成的产品。

4 加工场所要求

应符合 GB 14881 的要求。

5 原辅料要求

5.1 糙米

应符合 GB/T 18810 的要求，且发芽率≥85%。

5.2 生产用水

应符合 GB 5749 的要求。

6 技术要求

6.1 设备清洗、消毒

发芽容器应清洗、消毒。

6.2 原料清洗

糙米用生产用水清洗干净。

6.3 发芽

6.3.1 喷淋发芽

清洗干净的糙米置于发芽容器中，发芽温度为25℃～35℃。发芽期间每隔0.5 h～2 h喷淋1次，喷淋温度宜与发芽温度一致。糙米芽长0.5 mm～3 mm。γ-氨基丁酸含量(干基)应符合NY/T 3216的要求。

6.3.2 浸泡发芽

清洗干净的糙米置于发芽容器中，发芽温度为25℃～35℃。发芽期间，每隔1 h～2 h冲洗、翻动1次。糙米芽长0.5 mm～3 mm，γ-氨基丁酸含量(干基)应符合NY/T 3216的要求。

6.3.3 消毒

可根据工艺需要，增加臭氧水消毒。

6.4 干燥

发芽后的糙米沥水、干燥，干燥温度不宜超过70℃，产品水分控制在14%以下。

7 标识、包装、运输与储存

7.1 标识

包装上应有明显标识，内容包括：产品名称、规格、产品执行标准编号、生产者、地址、净含量和生产日期等，标识应符合GB 7718、GB 28050和GB/T 191的相关要求。

7.2 包装

包装材料应符合GB 4806.1、GB 9683和GB/T 6543的要求。

7.3 运输

运输设施应保持清洁卫生、无异味。产品不得与有毒、有害、有异味的物质一起运输。

7.4 储存

应储存在清洁、通风、干燥、防雨、防潮、防虫、防鼠、无异味的合格仓库内，不得与有毒有害物质或水分较高的物质混存。

ICS 67.060
B 23

中华人民共和国农业行业标准

NY/T 3523—2019

马铃薯主食复配粉加工技术规范

Technical specification for processing of premix of potato staple food

2019-12-27 发布　　2020-04-01 实施

中华人民共和国农业农村部 发布

前 言

本标准按照GB/T 1.1—2009给出的规则起草。

本标准由农业农村部乡村产业发展司提出。

本标准由农业农村部农产品加工标准化技术委员会归口。

本标准起草单位:中国农业科学院农产品加工研究所、合肥中农科泓智营养健康有限公司、辽宁绿龙农业科技有限公司、湖北武陵山生态农业股份有限公司、秦皇岛原滋味食品有限公司、甘肃巨鹏清真食品股份有限公司、木兰主食加工技术研究院。

本标准主要起草人:张娜娜、张泓、戴小枫、刘倩楠、胡宏海、刘洪波、李冲、张琇灵、张春江、张良、黄峰、田芳、刘伟、黄艳杰、徐芬、赵俊俊、胡小佳、谭瑶瑶、张荣、樊月、李月明。

马铃薯主食复配粉加工技术规范

1 范围

本标准规定了马铃薯主食复配粉的术语和定义、加工企业卫生安全要求、基本条件、技术要求、标识、运输和储存、记录和文件管理等。

本标准适用于马铃薯主食复配粉的加工。

2 规范性引用文件

下列文件对于本文件的应用是必不可少的。凡是注日期的引用文件，仅注日期的版本适用于本文件。凡是不注日期的引用文件，其最新版本(包括所有的修改单)适用于本文件。

GB/T 191 包装储运图示标志

GB 1355 小麦粉

GB 2760 食品安全国家标准 食品添加剂使用卫生标准

GB 7718 预包装食品标签通则

GB 14881—2013 食品安全国家标准 食品生产通用卫生规范

GB 17440 粮食加工、储运系统防尘防爆安全规程

GB/T 21924 谷朊粉

GB 28050 食品安全国家标准 预包装食品营养标签通则

NY/T 3100 马铃薯主食产品 分类和术语

SB/T 10752 马铃薯雪花全粉

3 术语和定义

NY/T 3100 界定的以及下列术语和定义适用于本文件。

3.1

马铃薯主食复配粉 premix of potato staple food

马铃薯全粉(生粉或熟粉)，经添加或不添加小麦粉、大米粉、谷朊粉等，按马铃薯干物质含量不低于15%的比例混合而成的产品。

4 加工企业卫生安全要求

4.1 卫生要求应符合 GB 14881—2013 的要求。

4.2 防尘防爆安全规程应符合 GB 17440 的要求。

5 基本条件

5.1 原辅料要求

5.1.1 马铃薯全粉

应符合 SB/T 10752 的要求。

5.1.2 小麦粉

应符合 GB 1355 的要求。

5.1.3 谷朊粉

应符合 GB/T 21924 的要求。

5.1.4 **食品添加剂**

应符合 GB 2760 的要求。

5.1.5 **其他原辅料**

应符合相关标准和有关规定。

5.2 设施与设备

5.2.1 应包括混合设备、磁选设备、粉碎机、通风除尘系统等。

5.2.2 生产设备与器具卫生应符合 GB 14881—2013 的要求。

6 技术要求

6.1 工艺流程

见图 1。

原辅料预处理 → 配料 → 混合 → 筛选 → 磁选 → 包装、标识 → 成品

图 1 马铃薯主食复配粉加工工艺流程

6.2 预处理

根据复配粉用途将原辅料进行粉碎、灭酶等预处理。

6.3 配料

根据产品配方要求进行配料。

6.4 混合

将马铃薯全粉(或马铃薯生全粉)及其他原辅料经混合机等装备混合均匀。

6.5 筛选

采用振筛机等设备筛选杂质。

6.6 磁选

将复配粉采用磁选设备等除去金属物质。

6.7 包装

包装应整洁、完好、无破损。包装材料和容器应符合相应食品安全的标准。

6.8 标识

标识应符合 GB/T 191、GB 7718、GB 28050 的要求。

7 运输和储存

7.1 运输

7.1.1 运输工具应清洁、无异味。

7.1.2 运输中应注意轻装、轻卸、防晒、防雨,不得与有毒、有害、有异味或影响产品质量的物品混装运输。

7.2 储存

7.2.1 产品应储存于专用的食品仓库内,库内应清洁、通风、阴凉、干燥,并有防尘、防蝇、防鼠等设施。运输工具应备有防雨、雪等措施。

7.2.2 产品不应与有毒、有害、有异味、易变质、易腐败、易生虫等影响产品质量的物品共同存放。

8 记录和文件管理

应符合 GB 14881—2013 中 14.1～14.3 的要求。

ICS 67.120.10
X 22

中华人民共和国农业行业标准

NY/T 3524—2019

冷冻肉解冻技术规范

Technical specifications on thawing of frozen meat

2019-12-27 发布　　2020-04-01 实施

中华人民共和国农业农村部 发布

前　言

本标准按照GB/T 1.1—2009给出的规则起草。

本标准由农业农村部乡村产业发展司提出。

本标准由农业农村部农产品加工标准化技术委员会归口。

本标准主要起草单位:中国农业科学院农产品加工研究所、中国肉类食品综合研究中心、南京农业大学、河南省动物卫生监督所、北京东来顺集团有限责任公司、内蒙古美洋洋食品有限公司。

本标准主要起草人:张德权、李欣、乔晓玲、徐幸莲、白跃宇、田光晶、李铮、陈丽、侯成立、孙彦琴、田寒友、王振宇、邹昊、王辰彦、张振民、郑晓春、惠腾。

冷冻肉解冻技术规范

1 范围

本标准规定了冷冻肉解冻的术语和定义、基本要求、加工技术要求、标识和运输要求。

本标准适用于冷冻肉解冻加工。

2 规范性引用文件

下列文件对于本文件的应用是必不可少的。凡是注日期的引用文件,仅注日期的版本适用于本文件。凡是不注日期的引用文件,其最新版本(包括所有的修改单)适用于本文件。

GB 2707 食品安全国家标准 鲜(冻)畜、禽产品

GB 2762 食品安全国家标准 食品中污染物限量

GB 5749 生活饮用水卫生标准

GB 12694 食品安全国家标准 畜禽屠宰加工卫生规范

GB 14881 食品安全国家标准 食品生产通用卫生规范

GB/T 18883 室内空气质量标准

GB/T 20575 鲜、冻肉生产良好操作规范

GB 20799 食品安全国家标准 肉和肉制品经营卫生规范

GB 31621 食品安全国家标准 食品经营过程卫生规范

NY/T 3224—2018 畜禽屠宰术语

3 术语和定义

NY/T 3224—2018 界定的以及下列术语和定义适用于本文件。

3.1

冷冻肉 frozen meat

在低于−28℃环境下,将肉中心温度降低到−15℃以下,并在−18℃以下的环境中储存的肉。

[NY/T 3224—2018,定义 3.2.3]

3.2

解冻 thawing

将热量传入冷冻肉使其温度达到冰点以上的过程。

3.3

解冻肉 thawed meat

冷冻肉经解冻后的肉。

3.4

空气解冻 atmospheric air thawing

在常压下,通过控制空气的温度、湿度、风速和风向对冷冻肉进行解冻的方法。

3.5

高湿变温解冻 thawing under varying temperature and high humidity

在空气相对湿度高于 90%的条件下,通过间歇变化温度对冷冻肉进行解冻的方法。

3.6

常压水解冻 thawing in water

以水为介质,在常压下利用水与冷冻肉间的温差使冷冻肉解冻的方法。

3.7

微波解冻　microwave thawing

在交变电场的作用下，利用冷冻肉本身的介电性质产生热量进行解冻的方法。

4　基本要求

4.1　设施设备与卫生管理要求

应符合 GB 12694、GB 14881、GB/T 20575 的规定。

4.2　人员要求

应符合 GB 12694 的规定。

4.3　冷冻肉要求

应符合 GB 2707 的规定，且中心温度应不高于－15℃。

5　加工技术要求

5.1　解冻前检查

检查包装是否完整，生产日期是否清晰并确保冷冻肉在保质期内。冷冻肉不应变色，表面不应有冰霜，底面不应有血冰。

5.2　解冻前处理

已拆包冷冻肉应按照不同种类、规格分类储放在托盘、货架或其他装置内，设置相应的标识牌，不应直接码放在地面上。

5.3　解冻

5.3.1　解冻基本要求

5.3.1.1　解冻后肉的中心温度应不高于 4℃。

5.3.1.2　解冻汁液流失率应不高于 5%。

5.3.1.3　解冻肉感官、理化指标应符合 GB 2707 的规定，污染物限量应符合 GB 2762 的规定。

5.3.2　不同解冻方法与要求

5.3.2.1　空气解冻

空气质量应符合 GB/T 18883 的规定。静态气流解冻时解冻温度应不高于 18℃，流动气体解冻时解冻温度应不高于 21℃，空气相对湿度宜为 90%以上，风速宜为 1 m/s～2 m/s，解冻时间应不超过 24 h。

5.3.2.2　高湿变温解冻

空气质量应符合 GB/T 18883 的规定。解冻环境内空气相对湿度应高于 90%，解冻温度应采用程序变温，肉品表面温度应不高于 4℃，解冻时间不宜超过 12 h，解冻汁液流失率应不高于 3%。

5.3.2.3　常压水解冻

宜带包装进行解冻，解冻用水应符合 GB 5749 的规定。静水解冻时，水的温度应不高于 18℃；流水解冻时，温度应不高于 21℃。不应在同一水介质中解冻不同畜禽品种的冷冻肉，解冻时间应不超过 24 h。

5.3.2.4　微波解冻

解冻频率应为 915 MHz 或 2 450 MHz，冷冻肉表面不宜有水。

5.4　暂存

5.4.1　冷冻肉解冻后应于 0℃～4℃的环境中暂存，暂存时间不宜超过 48 h。

5.4.2　不同畜禽品种的解冻肉应避免混放。

5.4.3　解冻肉应暂存在卫生状况良好的场所，不得与有毒、有害、有异味、易挥发、易腐蚀的物品同处暂存。

6 标识和运输要求

6.1 冷冻肉解冻后进行二次分割,二次分割后的产品在市场销售时,包装上应标明“解冻肉”字样。

6.2 解冻肉运输应符合 GB 20799 和 GB 31621 的规定。

第三部分

沼气、生物质能源及设施建设标准

ICS 27.010
F 13

中华人民共和国农业行业标准

NY/T 1220.1—2019
代替 NY/T 1220.1—2006

沼气工程技术规范 第1部分：工程设计

Technical specification for biogas engineering—
Part 1: Engineering design

2019-01-17 发布 2019-09-01 实施

中华人民共和国农业农村部 发布

前　言

NY/T 1220《沼气工程技术规范》分为5个部分：

——第1部分：工程设计；

——第2部分：输配系统设计；

——第3部分：施工及验收；

——第4部分：运行管理；

——第5部分：质量评价。

本部分为NY/T 1220的第1部分。

本部分按照GB/T 1.1—2009给出的规则起草。

本部分代替了NY/T 1220.1—2006《沼气工程技术规范　第1部分：工艺设计》。与NY/T 1220.1—2006相比，除编辑性修改外主要变化如下：

——本部分规范的名称以"工艺设计"修改为"工程设计"；

——修改了规范性引用文件；

——增加了沼气工程、竖向推流式厌氧反应器的定义；

——设计依据增加了沼气工程可获得原料的种类与数量或要求达到的沼气产量或发酵产品利用规模；

——增加了总体设计，包括发酵原料特性表中原料的种类和特性参数、沼气发酵原料的适应条件、不同发酵原料的原料产气率，并详细规定了沼气产量的计算方法、适用不同发酵原料的拟采用工艺流程、升温保温设计；

——细化了沉砂池的设计；

——增加了混合调配池的设计；

——修改厌氧消化器为沼气发酵装置；

——将沼气发酵装置容积按容积负荷确定修改为按容积产气率确定；

——增加了容积产气率的温度影响公式及温度影响系数；

——增加了沼气净化和沼气储存的设计；

——增加了沼渣沼液分离工艺的设计；

——增加了沼气工程检测和过程控制设计，细化了泵、搅拌装置等设施的控制方式；

——增加了主要辅助工程，如电气、防腐、防爆、抗震、防火、防雷等设计内容；

——增加了劳动安全与职业卫生的设计。

本部分由农业农村部科技教育司提出。

本部分由全国沼气标准化技术委员会(SAC/TC 515)归口。

本部分起草单位：农业部沼气科学研究所、农业部沼气产品及设备质量监督检验测试中心。

本部分主要起草人员：邓良伟、刘刈、蒲小东、孔垂雪、梅自力、雷云辉、施国中。

本部分所代替标准的历次版本发布情况为：

——NY/T 1220.1—2006。

沼气工程技术规范　第 1 部分:工程设计

1　范围

本部分规定了沼气工程的设计原则、设计内容及主要设计参数。

本部分适用于新建、扩建与改建的沼气工程,不适用于农村户用沼气池。

2　规范性引用文件

下列文件对于本文件的应用是必不可少的。凡是注日期的引用文件,仅注日期的版本适用于本文件。凡是不注日期的引用文件,其最新版本(包括所有的修改单)适用于本文件。

GBZ 1　工业企业设计卫生标准

GBZ 2.1　工作场所有害因素职业接触限值　第 1 部分:化学有害因素

GBZ 2.2　工作场所有害因素职业接触限值　第 2 部分:物理因素

GBJ 22　厂矿道路设计规范

GBZ/T 223　工作场所有毒气体检测报警装置设置规范

GB 4053.1　固定式钢梯及平台安全要求　第 1 部分:钢直梯

GB 4053.2　固定式钢梯及平台安全要求　第 2 部分:钢斜梯

GB 4053.3　固定式钢梯及平台安全要求　第 3 部分:工业防护栏杆及钢平台

GB 4284　农用污泥中污染物控制标准

GB 5083　生产设备安全卫生设计总则

GB 7231　工业管道的基本识别色、识别符号和安全标识

GB/T 12801　生产过程安全卫生要求总则

GB 14554　恶臭污染物排放标准

GB 16297　大气污染物综合排放标准

GB 25246　畜禽粪便还田技术规范

GB/T 25295　电气设备安全设计导则

GB/T 29481　电气安全标志

GB 50011　建筑抗震设计规范

GB 50014　室外排水设计规范

GB 50015　建筑给水排水设计规范

GB 50016　建筑设计防火规范

GB 50019　工业建筑供暖通风与空气调节设计规范

GB 50028　城镇燃气设计规范

GB 50037　建筑地面设计规范

GB 50046　工业建筑防腐蚀设计规范

GB 50052　供配电系统设计规范

GB 50053　20 kV 及以下变电所设计规范

GB 50054　低压配电设计规范

GB 50055　通用用电设备配电设计规范

GB 50057　建筑物防雷设计规范

GB 50058　爆炸危险环境电力装置设计规范

GB 50065　交流电气装置的接地设计规范
GB 50069　给水排水工程构筑物结构设计规范
GB 50187　工业企业总平面设计规范
GB 50209　建筑地面工程施工质量验收规范
GB 50217　电力工程电缆设计规范
GB 50345　屋面工程技术规范
GB 50974　消防给水及消火栓系统技术规范
GB/T 51063　大中型沼气工程技术规范

3　术语和定义

下列术语和定义适用于本文件。

3.1

原料产气率　biogas yield

原料中单位质量的有机物可以产生沼气的体积。畜禽粪便、农作物秸秆等非可溶固体含量较高的原料的有机物以总固体(TS)计,工业废水等可溶性固体含量较高的原料的有机物以化学需氧量(COD)计。

3.2

厌氧消化　anaerobic digestion

在无氧条件下,微生物分解有机物并产生沼气的过程。

3.3

完全混合式厌氧反应器　complete stirred tank reactor(简称 CSTR)

在废水厌氧处理反应器内安装搅拌装置,使高悬浮物、高浓度有机废水和厌氧微生物处于完全混合状态,以降解废水中有机污染物,并去除悬浮物的沼气发酵装置。

3.4

厌氧接触工艺　anaerobic contact process(简称 AC)

由完全混合式厌氧反应器和消化液固液分离、污泥回流设施所组合的处理系统。

3.5

升流式厌氧固体反应器　up flow anaerobic solid reactor(简称 USR)

内部不设三相分离器、污泥回流和搅拌装置,下部含有高浓度固体颗粒和厌氧微生物,且底部进料的沼气发酵装置。

3.6

升流式厌氧污泥床反应器　up flow anaerobic sludge blanket reactor(简称 UASB)

废水通过布水装置依次进入底部的污泥层和中上部污泥悬浮区,与其中的厌氧微生物进行反应生成沼气,气、液、固混合液通过上部三相分离器进行分离,污泥回落到污泥悬浮区,分离后废水排出系统,同时回收产生沼气的沼气发酵装置。

3.7

升流式厌氧复合床　up flow anaerobic hybrid blanket(简称 UBF)

由底部升流式厌氧污泥床和上部厌氧过滤器组合为一体的沼气发酵装置。

3.8

内循环厌氧反应器　inner circulation anaerobic reactor(简称 IC)

由上下两个反应室重叠组成,具有两个三相分离器、上升管和下降管,可利用反应器内所产沼气的提升力实现料液内部循环,并利用颗粒污泥进行高效转化的沼气发酵装置。

3.9

厌氧颗粒污泥膨胀床反应器　expanded granular sludge blanket(简称 EGSB)

由底部的污泥区和气、液、固三相分离区组合为一体的，通过回流和结构设计使废水在反应器内具有较高的上升流速，反应器内颗粒污泥处于膨胀状态的沼气发酵装置。

3.10

竖向推流式厌氧反应器　vertical plug flow anaerobic reactor(简称 VPF)

以农作物秸秆等高纤维高固体生物质为原料，采用上部进料、下部出料，反应过程呈竖向推流流态，且内设沼液回流喷淋装置和回流接种系统的立式沼气发酵装置。

3.11

沼气站　biogas plant

沼气生产、净化、储存和输配的场所。

3.12

沼气工程　biogas engineering

以厌氧消化为主要技术环节，集废弃物处理、沼气生产、资源化利用为一体的系统工程。

3.13

沼气脱水　biogas dewatering

分离沼气中水分的过程。

3.14

沼气脱硫　biogas desulphurizing

采用物理、化学或生物方法脱除沼气中硫化氢气体的过程。

3.15

居民生活用气　biogas for domestic use

用于居民家庭炊事及制备热水等的沼气。

3.16

商业用气　biogas for commercial use

用于商业用户(含公共建筑用户)生产和生活的沼气。

3.17

沼气凝水器　biogas water condenser

在沼气输送管道中收集和排除沼气中冷凝水的装置。

3.18

沼气气水分离器　biogas gas-water separator

分离沼气中水分的装置。

3.19

沼气放散管　biogas discharge pipe

在维护和检修时，用于排除设备或管道内剩余沼气的管道。

3.20

低压储气柜　low pressure gasholder

工作压力(表压)在 10 kPa 以下，依靠容积变化储存沼气的储气柜。分为湿式储气柜和干式储气柜两种。

3.21

高压储气罐　high pressure gasholder

工作压力(表压)大于 0.4 MPa，依靠压力变化储存沼气的储气罐，又称为固定容积储气罐。

3.22

沼渣沼液储存池　storage tank of digestates

储存沼气发酵残余物(沼渣沼液)的设施。

4　总体要求

4.1　设计原则

4.1.1　应根据沼气工程建设目标、规划年限和工程规模,选择安全稳定、技术先进、操作简便、经济合理的工艺路线。

4.1.2　所设计的工艺流程、构(建)筑物、主要设备、设施等应能最大限度满足生产和使用的需要,以保证沼气工程功能的实现。

4.1.3　应在不断总结生产实践经验和吸收科研成果的基础上,积极采用经过实践证明行之有效的新技术、新工艺、新材料和新设备。

4.1.4　应以近期工程规模为主,兼顾远期规划,并为今后发展预留改建、扩建的余地。

4.1.5　为防止因某些突发事故而造成沼气工程停运,应有安全溢流和超越的措施。

4.1.6　在经济合理的原则下,对操作频繁且稳定性要求较高的设备及监控部位,宜采用自动化控制,以方便运行管理,降低劳动强度。

4.1.7　应与邻近区域的给排水系统以及供电、供气系统相协调。

4.1.8　应与邻近区域内的污泥处置及污水综合利用系统相协调,充分利用附近的农田。

4.1.9　本部分尚未做出规定的有关设计参数及技术要求,应通过一定规模的生产性试验研究或参照类似工程的运行参数加以解决。

4.1.10　沼气工程的设计除应按本部分执行外,还应符合国家现行相关标准、规范和规定。

4.2　设计依据

4.2.1　以沼气工程可获得的原料种类与数量或要求达到的沼气产量或发酵产品利用规模、相关技术规范与标准、有关部门要求与批文、委托单位提供的基础资料作为设计依据。

4.2.2　设计前,应搜集下列基础资料:

a)　发酵原料:发酵原料的种类、数量、特性、收集方式、稳定性及可持续年限;
b)　气象资料:当地的气温、风荷载、风向、降水量、雪荷载、日照时间、霜冻期及雷电等;
c)　水文及工程地质资料:工程所在地的水文地质、地震设防烈度、土层冰冻线及地下水位等;
d)　区域规划资料:区域现状图和区域总体规划平面图及说明书;如果沼气用于区域居民集中供气,还应有区域地下管网布置图;
e)　可消纳沼渣、沼液的土地及作物种植情况;
f)　沼液处理后允许排放的标准;
g)　沼气的用途及使用要求;
h)　当地或企业能提供的给排水、供电、供热等情况;
i)　拟建沼气工程附近及其周围的池塘、山谷、洼地、沼泽地与旧河道、废弃不用的土地资料及其他自然资源等。

4.3　设计内容

4.3.1　工程设计应包括工艺、建筑、结构、机械、采暖与通风、给排水、电气、自控、劳动安全与职业卫生等设计。

4.3.2　设计文件应包括图纸目录,设计说明,总平面图,工艺流程图,竖向布置图,管道综合图,单体建(构)筑物工艺图、建筑图与结构图,专用机械设备的设备安装图,非标机械设备施工图、电气图,仪表及自动控制图,给排水图等。

5 总体设计

5.1 发酵原料

5.1.1 畜禽粪便、作物秸秆、有机污水等可作为沼气发酵原料。原料产生量及特性应实测确定,无法实测的可参考表1、表2、表3的数据。

表1 畜禽粪便类发酵原料产生量及特性

原料种类	日产生量 kg/(头、羽、只)	总固体(TS)含量 %	挥发性固体比例(VS/TS) %	C:N (W/W)
猪粪	1.4~1.8	20~25	77~84	13~15
鸡粪	0.1~0.15	29~31	80~82	9~11
奶牛粪	30~33	16~18	70~75	17~26
肉牛粪	12~15	17~20	79~83	18~28
羊粪	1.0~1.2	30~32	66~70	26~30
鸭粪	0.10~0.12	16~18	80~82	9~15
兔粪	0.36~0.42	30~37	66~70	14~20

表2 秸秆类发酵原料产生量及特性

原料种类	单茬产生量 kg/hm^2	总固体(TS)含量 %	挥发性固体比例(VS/TS) %	C:N (W/W)
玉米秸秆	6 300~9 150	80~95	74~89	51~53
小麦秸秆	2 550~4 050	82~88	74~83	68~87
水稻秸秆	3 150~4 650	83~95	82~84	51~67

表3 工业有机废水类发酵原料产量及特性

原料种类	产品产生量 kg/kg	COD浓度 mg/L	BOD_5 浓度 mg/L
糖薯酒精废水	13~16	50 000~70 000	20 000~40 000
糖蜜酒精废水	14~16	80 000~110 000	40 000~70 000
柠檬酸废水	10~15	10 000~440 000	6 000~25 000
淀粉废水	40~60	3 000~9 000	1 500~5 000
高浓度啤酒废水	4~10	4 000~6 000	2 400~3 500
味精废水	15~20	30 000~70 000	20 000~42 000

5.1.2 沼气发酵原料应满足以下条件:

a) 化学需氧量(COD)宜大于3 000 mg/L,或者总固体(TS)含量宜大于0.4%;
b) 碳氮比宜为(20~30):1;
c) BOD_5/COD比值应大于0.3;
d) pH宜为5.0~8.0;
e) 重金属、盐分、杀虫剂、抗生素等沼气发酵抑制物浓度不应超过允许浓度。

5.1.3 原料产气率宜通过试验或参照类似工程运行数据确定。在缺少相关资料时,可参考表4的数据。

表 4 不同沼气发酵原料的产气率

单位为立方米每千克

原料种类	猪粪	鸡粪	奶牛粪	玉米秸秆	小麦秸秆	水稻秸秆	有机废水
原料产气率	0.30～0.35	0.32～0.40	0.17～0.27	0.40～0.50	0.32～0.35	0.29～0.31	0.35～0.40
注:原料产气率中的气体指沼气。							

5.1.4 沼气工程的沼气产量或沼气工程所需要的原料量宜按式(1)计算。

$$q = WSY_p \tag{1}$$

式中:

q ——沼气产量,单位为立方米每天(m^3/d);

W ——发酵原料量,单位为千克每天(kg/d)或立方米每天(m^3/d);

S ——发酵原料总固体(TS)含量或化学需氧量(COD)浓度,单位为百分比(%)或千克每立方米(kg/m^3);

Y_p ——原料产气率,单位为立方米每千克(m^3/kg),以进料总固体或化学需氧量为计算基础,取值参照5.1.3。

5.2 站址选择

5.2.1 沼气站址的选择应符合城乡建设的总体规划,并应符合下列要求:

a) 宜靠近发酵原料的产地和沼气利用地区,还应与沼渣沼液利用相衔接;

b) 应在居民区或厂(场)区全年主导风向的下风侧,并应远离居民区;

c) 有较好的工程地质条件;

d) 满足安全生产和卫生防疫要求;

e) 尽量减少土方量的开挖与回填;

f) 不应低于当地防洪标准,并有良好的排水条件;

g) 有较好的供水、供电条件,交通方便。

5.2.2 沼气站址的选择还应符合 GB 50187 的规定。

5.3 总平面布置

5.3.1 沼气站内总平面布置应根据各建(构)筑物的功能和工艺要求,结合地形、地质、气象等因素进行设计,并应便于施工、运行、维护和管理。

5.3.2 平面布置图应按比例绘制,标明场区的基本坐标原点、指北针,各建(构)筑物的名称(或编号)、平面尺寸和与坐标原点的相对位置,各种管线的走向和与建(构)筑物的相对位置,场区的道路、绿化带的布局、宽度等。

5.3.3 建(构)筑物的平面布置,应符合下列要求:

a) 管理建筑物或生活设施除必须与生产建(构)筑物结合外,宜集中布置在主导风向的上风侧,与生产建(构)筑物的距离应符合 GB 50016 的规定;

b) 建(构)筑物间距宜紧凑、合理,并应满足各建(构)筑物安全及施工、设备安装和管道埋设及维护管理的要求;

c) 噪声设备宜低位布置。

5.3.4 秸秆堆场、沼气发酵装置、储气柜或带储气膜的沼气发酵装置、火焰燃烧器与沼气站内主要设施的防火间距应符合附录 A 的要求,并应符合 GB 50016 的规定。

5.3.5 沼气净化间、沼气增压机房等甲类生产厂房、储气柜及秸秆堆场与架空电力线路最近水平距离不应小于电杆(塔)高度的 1.5 倍。

5.3.6 各种料液、气体输送管(渠)和电缆线的布置应统一考虑,避免迂回曲折和相互干扰。料液、气体输送管线(渠)的布置尽量短而直,防止堵塞和便于清通。在条件允许时,应尽量采用明渠。各种管线基本识别色应根据 GB 7231 的规定确定。

5.3.7 沼气站内必须设置给水系统,并应避免与处理装置直接衔接。当与处理装置相衔接时,必须有防止污染给水系统的措施。

5.3.8 沼气站内应留有消防通道、汽车通行主道和人行道,各建(构)筑物间应留有连接通道,其设计应符合下列要求:

a) 沼气站宜设环形消防车道。受地形条件限制的沼气站可设有回车场的尽头式消防车道,回车场的面积应按当地所配消防车辆车型确定,但不宜小于 12 m×12 m。

b) 消防车道的净宽度和净空高度均不应小于 4.0 m;转弯半径应满足消防车转弯的要求;消防车道与建筑之间不应设置妨碍消防车操作的树木、架空管线等障碍物;纵向坡度不宜大于 8%。

c) 主要车行道宽度宜为 3.5 m~4.0 m,转弯半径宜为 6 m~10 m。

d) 人行道的宽度宜为 1.5 m~2.0 m。

5.3.9 沼气站内必须设置排水系统,拦截暴雨的截水沟和排水沟应与区域或厂区(场区)总排水通道相连接。

5.3.10 沼气站四周应设置有不低于 2.0 m 高度的围墙(栏),高压储气柜和秸秆堆放场的周边围墙高度不宜低于 2.5 m,须与其他生产区、生活区分开。

5.3.11 沼气站的竖向设计应充分利用原有地形高差、符合排水通畅、降低能耗、平衡土方的要求。

5.4 工艺流程

5.4.1 啤酒废水、淀粉废水、固液分离后的酒精废水等溶解性有机废水(SS 小于 1 000 mg/L)类发酵原料沼气工程拟采用工艺流程见图 1。沼气发酵装置宜选用升流式厌氧污泥床(UASB)、厌氧颗粒污泥膨胀床反应器(EGSB)、内循环厌氧反应器(IC)。

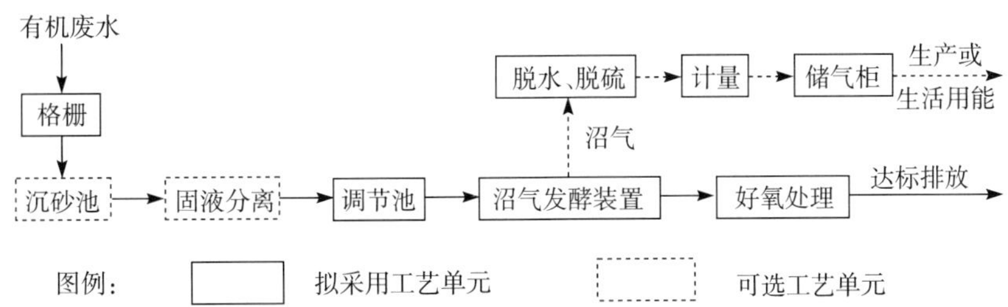

图 1 溶解性有机废水类发酵原料沼气工程工艺流程图

5.4.2 畜禽粪便污水、屠宰污水、食品废水等中浓度中固体有机废水(TS 0.5%~6%,COD 3 000 mg/L~35 000 mg/L,SS 1 000 mg/L~30 000 mg/L)类发酵原料沼气工程拟采用工艺流程见图 2。中温(28℃~38℃)沼气发酵宜采用完全混合式厌氧反应器(CSTR)或升流式厌氧固体反应器(USR)。常温(15℃~28℃)沼气发酵宜采用厌氧接触工艺(AC)、升流式厌氧复合床(UBF)等。

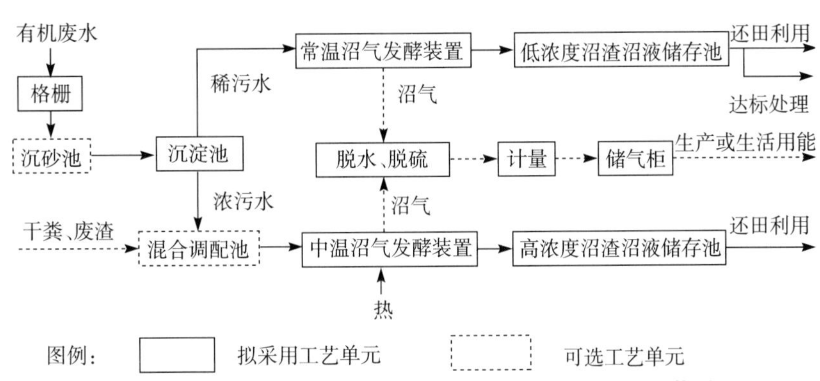

图 2 中浓度中固体有机废水类发酵原料沼气工程工艺流程图

5.4.3 高浓度高固体有机废水(TS 6%~12%,SS 35 000 mg/L~100 000 mg/L)类发酵原料及混合原料沼气工程拟采用工艺流程见图 3,沼气发酵装置宜选用完全混合式厌氧反应器(CSTR)。

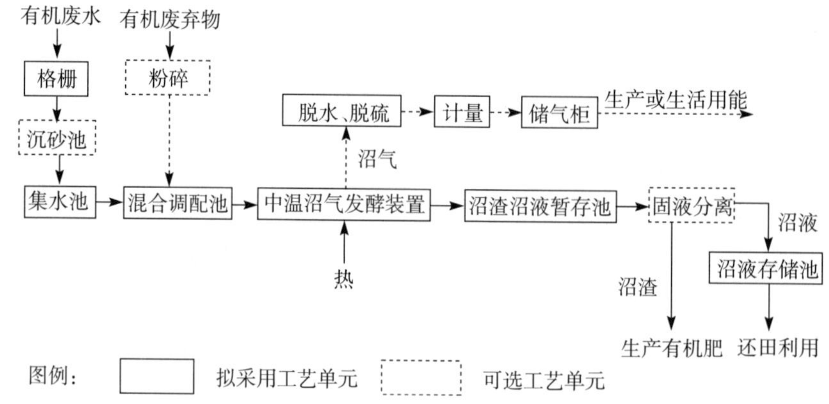

图 3 高浓度高固体有机废水类发酵原料及混合原料沼气工程工艺流程图

5.4.4 秸秆类发酵原料沼气工程拟采用工艺流程见图 4,沼气发酵装置宜选用完全混合式厌氧反应器(CSTR)、竖向推流式厌氧反应器(VPF)。

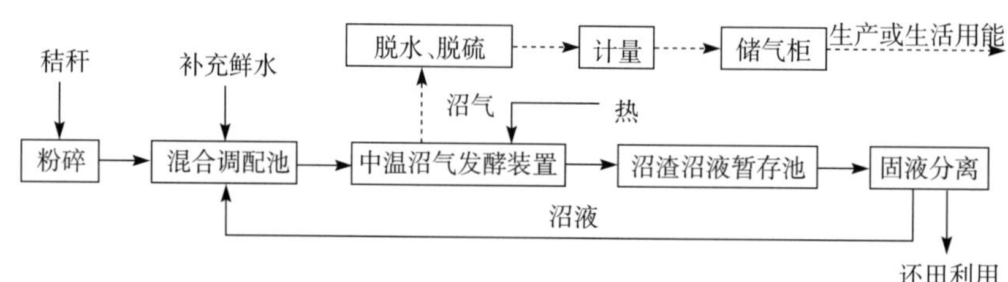

图 4 秸秆类发酵原料沼气工程工艺流程图

5.5 升温与保温

5.5.1 发酵原料温度低于 20℃的沼气工程,应对发酵原料进行加热升温,计算升温总热量应包括加热发酵原料所需热量、沼气发酵装置、热交换器及管道散失的热量,并应考虑冬季最不利工况。

5.5.2 加热热源宜采用发电余热、太阳能或沼气燃烧(锅炉)热能,也可将几种热源组合使用。

5.5.3 加热介质宜采用循环热水,可在沼气发酵装置内或在混合调配池加热,也可使料液通过沼气发酵装置外热交换器循环加热。

5.5.4 废水类发酵原料不能升温到 20℃以上时,应通过浓稀分离将废水分离为浓污水和稀污水。可利用热源优先满足浓污水的加热升温,确保浓污水中温或近中温沼气发酵。浓污水沼气发酵出料可与稀污水混合,加热稀污水,再进行沼气发酵。

5.5.5 沼气发酵装置应有保温措施,保温材料宜采用聚氨酯泡沫、聚苯乙烯泡沫、橡塑海绵等。保温层宜敷设在装置外,厚度应根据沼气发酵温度、原料温度、环境条件、结构及保温材料性能、敷设方式等计算确定;保温层外侧应设置防护层。

6 预处理系统

6.1 一般规定

6.1.1 畜禽粪便污水类沼气发酵原料应及时收集及时使用,秸秆类沼气发酵原料应在沼气站内或附近设置堆放秸秆的场所。堆料场所面积大小宜根据秸秆收集量、储存时间、秸秆容重确定。

6.1.2 应根据沼气发酵原料特性设置相应的预处理设施、设备,各种原料经预处理后,温度、原料浓度应调配均匀,且不得含有直径或长度大于 40 mm 的固态物质。

6.1.3 预处理系统的工艺设计宜采取一次性设计，按近、远期规划分步实施的方案，但水、电、气等附属设施的设计必须按总体规模设计。

6.1.4 预处理设施、设备及构筑物的设计流量应按发酵原料的输送方式考虑。当被处理的原料为自流时，可按小时最大设计流量计算；当被处理的原料为压力流时，应按工作水泵的最大组合流量计算。

6.1.5 预处理设备（格栅、提升泵等）及各处理构筑物（沉砂池、沉淀池、混合调节池等）的个（格）数宜为2个（格），且宜按并联设计。

6.1.6 预处理构筑物宜采用钢筋混凝土抗渗结构，应符合GB 50069的有关规定。

6.2 格栅

6.2.1 在沉砂池、集水井或水泵前必须设置格栅，以防堵塞水泵、输料管道及其他设备、装置。

6.2.2 格栅栅条间空隙宽度，应符合下列要求：

a) 粗格栅：采用机械清渣时，栅条间空隙宽度宜为16 mm～25 mm；采用人工清渣时，栅条间空隙宽度宜为25 mm～40 mm；

b) 细格栅：栅条间空隙宽度宜为8 mm～15 mm；

c) 在水泵前，根据水泵特性要求确定，栅条间空隙宽度宜小于20 mm。

6.2.3 格栅的其他设计应符合GB 50014的规定。

6.3 沉砂池

6.3.1 对于含泥砂量较多的发酵原料，应设置沉砂池和除砂装置。

6.3.2 中低浓度（TS小于0.5%）废水发酵原料沉砂池的设计，应符合GB 50014的规定。

6.3.3 中高浓度（TS大于0.5%）发酵原料的沉砂池设计参数，应通过试验或参照类似工程确定。

6.4 集水池

6.4.1 集水池用于废水类发酵原料的收集、存放。

6.4.2 集水池容积应按式(2)计算。

$$v = Qt/24 \tag{2}$$

式中：

v ——集水池有效容积，单位为立方米（m^3）；

Q ——进料流量，单位为立方米每天（m^3/d）；

t ——原料滞留时间，单位为小时（h），以发酵原料量变化一个周期的时间为宜。

6.5 沉淀池

6.5.1 沉淀池用于中浓度中固体有机废水浓稀分离，便于稀污水、浓污水分别发酵。

6.5.2 沉淀池宜采用竖流式沉淀池或序批式沉淀池。竖流式沉淀池设计应符合GB 50014的规定。

6.6 调节池

6.6.1 水质、水量和温度波动较大的原料应设置调节池，调节池可兼具加热功能。

6.6.2 调节池底部应有5%的坡度，坡向放空口处或泵的吸料口。

6.6.3 发酵原料在调节池的滞留时间，以发酵原料量变化一个周期的时间为宜；有特殊要求的，应根据实际需要或参照类似工程经验参数确定。

6.6.4 调节池容积应参照集水池容积计算公式(2)设计。

6.7 混合调配池

6.7.1 混合调配池用于固态发酵原料与液态发酵原料、水或回流沼液的混合，兼有酸碱度的调节以及加热的功能。

6.7.2 混合调配池的形状宜为圆形，池顶应设置盖板，池内应设搅拌装置。搅拌机功率根据混合调配池的容积、原料特性及搅拌方式等因素确定。

6.7.3 混合调配池的容积应至少能存放1个进料周期的原料量。有特殊要求的,应根据实际需要或参照类似工程经验参数确定。

6.8 泵

6.8.1 泵的选择应根据用途和输送介质的种类、流量及扬程等因素确定。当被输送的介质悬浮物浓度较低时,宜选用潜污泵、泥浆泵等;当被输送的介质悬浮物浓度较高或杂质较大时,宜选用螺杆泵、泥浆泵、转子泵等。

6.8.2 泵的备用台数,应根据水量变化情况、泵的型号和应用位置的重要性等因素确定,但不得少于1台。

6.8.3 2台或2台以上水泵合用一条出水管时,各水泵的出水管应设置闸阀,并在闸阀和水泵之间设止回阀;单独出水管为自由出流时,可不设止回阀。

6.8.4 泵机组的布置和通道宽度,应符合GB 50014的规定。

6.8.5 泵房内应有排除积水和通风的设施。

7 沼气发酵

7.1 一般规定

7.1.1 沼气发酵装置应能适应多种性质的发酵原料。

7.1.2 沼气发酵装置的个数宜大于或等于2个,根据不同工艺按串联或并联设计。

7.1.3 除升流式厌氧污泥床反应器(UASB)、内循环厌氧反应器(IC)和厌氧颗粒污泥膨胀床反应器(EGSB)外,其他类型的沼气发酵装置均应密闭,并能承受沼气的工作压力,还应有防止产生超正、负压的安全设施和措施。沼气发酵装置宜采用钢制或钢筋混凝土结构,钢制沼气发酵装置可采用焊接、钢板拼装和螺旋双折边咬口结构。对易受液体、气体腐蚀的部分,应采取有效的防腐措施。

7.1.4 沼气发酵装置可采用倒U型管或溢流堰方式溢流出料,应设有水封和通气孔,出口不得放在室内。

7.1.5 沼气发酵装置在适当的位置应设有取样口和测温点。

7.1.6 沼气发酵装置应设置进料管、出料管、排渣管、安全放散、集气管、检修人孔和观察窗等附属设施和附件,并应符合下列规定:

a) 检修人孔孔径应为600 mm~1 200 mm;
b) 进料管距沼气发酵装置底部不宜小于500 mm;
c) 沼气发酵装置集气管距液面不宜小于1 000 mm,管径应经计算确定,且不宜小于100 mm;
d) 沼气发酵装置排渣管宜设置在装置的最低处,排渣管的管径不宜小于150 mm,排渣管阀门后应设置清扫口;
e) 沼气发酵装置进料管和排渣管应选用双刀闸阀门;
f) 沼气发酵装置应预留各附属管道及附件的接口。

7.1.7 沼气发酵装置有效容积应按式(3)确定。

$$V=\frac{q}{r_p} \qquad (3)$$

$$r_{p(T)}=r_{p(20)}\theta^{(T-20)} \qquad (4)$$

式中:

V ——沼气发酵装置有效容积,单位为立方米(m^3);

q ——沼气产量,单位为立方米每天(m^3/d);

r_p ——容积产气率,单位为标准立方米每立方米每天[$Nm^3/(m^3 \cdot d)$],$r_{p(T)}$,$r_{p(20)}$分别为T℃、20℃时的容积产气率;

θ ——温度影响系数，根据试验确定。在没有试验数据的情况下，T 为 20℃～35℃时，θ 取 1.02～1.04；T 为 15℃～20℃时，θ 取 1.20～1.40。

7.2 完全混合式厌氧反应器(CSTR)

7.2.1 完全混合式厌氧反应器适合悬浮物浓度高的发酵原料。

7.2.2 完全混合式厌氧反应器的容积产气率，应通过实验或参照类似工程确定。无法通过实验或类似工程获得容积产气率时，可参考表 5 的数据；其他温度下的容积产气率，可根据式(4)计算。

表 5 35℃条件下完全混合式厌氧反应器处理不同发酵原料的容积产气率

发酵原料	猪场粪污	鸡场粪污	牛场粪污	玉米秸秆	小麦秸秆	水稻秸秆	酒精废醪
容积产气率 $m^3/(m^3 \cdot d)$	1.00～1.20	1.10～1.30	0.80～1.00	0.90～1.10	0.80～1.00	0.70～0.90	1.90～2.10

7.2.3 完全混合式厌氧反应器宜采用立式圆柱体，有效高度宜为 6 m～20 m，高径比宜为 0.6～1.0。顶盖宜采用圆锥壳，池顶倾角宜为 20°～30°，底部宜采用圆平板。

7.2.4 完全混合式厌氧反应器宜采用下部进料、上部出料的进出料方式。

7.2.5 完全混合式厌氧反应器宜采用机械搅拌，搅拌功率宜为 5 W/m^3～12 W/m^3 池容。

7.3 厌氧接触工艺(AC)

7.3.1 厌氧接触工艺适合中浓度的发酵原料。

7.3.2 厌氧接触工艺容积产气率，应通过实验或参照类似工程确定。无法通过实验或类似工程获得容积产气率时，可参考表 6 的数据；其他温度下的容积产气率，可根据式(4)计算。

表 6 20℃条件下厌氧接触工艺处理不同发酵原料的容积产气率

发酵原料	猪场废水	鸡场废水	牛场废水	屠宰废水
容积产气率 $m^3/(m^3 \cdot d)$	0.50～0.70	0.60～0.80	0.40～0.60	0.40～0.60

7.3.3 回流污泥量应根据沼气发酵装置内污泥量、进料 pH、温度等确定，宜为 50%～200%。

7.3.4 应采取真空脱气、冷冲击等措施，加速沼渣沼液的固液分离。

7.3.5 厌氧接触工艺中沼气发酵装置的几何尺寸可参照 7.2.3 的规定。

7.3.6 厌氧接触工艺的混合搅拌宜采用水力搅拌。

7.3.7 厌氧接触工艺的沉淀池宜采用竖流式沉淀池，其设计参数应根据沼气发酵出料沉降试验确定。缺乏沉降特性资料时，可参照 GB 50014 的规定。

7.4 升流式厌氧污泥床(UASB)

7.4.1 升流式厌氧污泥床适合处理悬浮物浓度≤1.5 g/L 的废水类发酵原料。

7.4.2 升流式厌氧污泥床的容积产气率，应通过实验或参照类似工程确定。无法通过实验或类似工程获得容积产气率时，可参考表 7 的数据；其他温度下的容积产气率，可根据式(4)计算。

表 7 35℃条件下絮状污泥和颗粒污泥升流式厌氧污泥床的容积产气率

污泥类型	絮状污泥	颗粒污泥
容积产气率 $m^3/(m^3 \cdot d)$	1.5～3.0	2.0～3.5
注：原料 COD 浓度大于 9 000 mg/L 时取高值，COD 浓度为 3 000 mg/L～9 000 mg/L 时取低值。		

7.4.3 升流式厌氧污泥床高度应根据污泥性状、水质特性等因素确定，宜为 4 m～10 m。

7.4.4 三相分离器沉淀区的水力负荷应保持在 0.8 $m^3/(m^2 \cdot h)$以下，水流通过气室空隙的平均流速应保持在 2 m/h 以下。沉淀区总水深应≥1.0 m，沉淀区的污水滞留时间宜为 1.0 h～1.5 h。

7.4.5 三相分离器集气罩缝隙部分的面积宜占反应器截面积的 10%～20%。

7.4.6 三相分离器集气罩斜壁角度宜采用 55°～60°。

7.4.7 三相分离器反射板与缝隙之间的遮盖宜为 100 mm～200 mm。

7.4.8 三相分离器可使用高密度聚乙烯、碳钢、不锈钢等材质制作。使用碳钢时，应进行防腐处理。

7.4.9 出气管的直径应保证沼气从集气室引出，沼气先进入水封装置，然后进入沼气净化单元。

7.4.10 在进行升流式厌氧污泥床反应器配水系统设计时，应保证进水均匀，宜设置多个进水点。进水系统可采用多种形式，但应遵循以下原则保证配水和水力搅拌的功能：

a) 确保各单位面积的进水量基本相同，每 2 m^2～4 m^2 宜设置一个进水点；

b) 满足水力搅拌的需要；

c) 很容易观察到进水管堵塞；

d) 发现堵塞后，易于清除。

7.4.11 出水系统设在升流式厌氧污泥床反应器顶部，宜采用多槽式出水堰出水，在出水堰之间应设置浮渣挡板。出水堰最大表面负荷不宜大于 1.7 L/(s·m)；出水堰上水头应大于 25 mm。

7.4.12 配水管可兼作排泥管，也可在反应器底部以及中部(反应器高 1/2 处)另设排泥管，用于排泥。

7.5 升流式厌氧复合床(UBF)

7.5.1 升流式厌氧复合床适合处理悬浮物浓度小于 1.5 g/L 的中浓度废水类发酵原料。

7.5.2 升流式厌氧复合床容积产气率应通过实验或参照类似工程确定。无法通过实验或类似工程获得容积产气率时，可参考表 6 的数据。

7.5.3 升流式厌氧复合床的有效高度可参照 7.2.3 的规定。

7.5.4 填料宜填充在反应器上部 1/3 处，填料厚度宜为 0.5 m～2.0 m，填料上稳定水层高宜为0.4 m～0.5 m。

7.5.5 升流式厌氧复合床的进水系统设计可参照 7.4.10 的规定。

7.5.6 升流式厌氧复合床填料选择应综合考虑填料的比表面积、孔隙率、表面粗糙度、机械强度、重量、价格等因素，并宜采用多孔板或支架支撑填料。

7.5.7 升流式厌氧复合床可采用溢流堰出水，过堰负荷宜为 2.0 L/(s·m)～3.0 L/(s·m)。

7.5.8 升流式厌氧复合床的排泥系统设计可参照 7.4.12 的规定。

7.6 升流式厌氧固体反应器(USR)

7.6.1 升流式厌氧固体反应器适合处理固体含量(TS)4%～6%的发酵原料。

7.6.2 升流式厌氧固体反应器的容积产气率应通过实验或参照类似工程确定。无法通过实验或类似工程获得容积产气率时，可参考表 5 的数据；其他温度下的容积产气率，可根据式(4)计算。

7.6.3 升流式厌氧固体反应器罐体宜为圆柱形，其直径与高度之比为 1∶(1.5～2)，顶盖、底部的几何尺寸可参照 7.2.3 的规定。

7.6.4 升流式厌氧固体反应器的进料由底部配水系统进入，宜采用多点均匀布水。

7.6.5 升流式厌氧固体反应器的出料宜通过液面的出水堰溢流出池外，出水堰前应设置挡渣板。

7.7 其他厌氧反应器

7.7.1 内循环厌氧反应器(IC)和厌氧颗粒污泥膨胀床反应器(EGSB)的设计可参照 HJ 2023 的规定。

7.7.2 竖向推流式厌氧反应器的设计可参照 NY/T 2142 的规定。

8 沼气净化

8.1 一般规定

8.1.1 沼气发酵装置产生的沼气应经过脱水、脱硫处理后进入沼气储存和输配系统。

8.1.2 经过净化处理后的沼气质量，应符合不同用途的要求。

8.2 沼气脱水

8.2.1 沼气中水分宜采用重力法(气水分离器、凝水器)脱除。日产气量大于等于 10 000 m^3 的沼气工程，宜采用冷分离法、固体吸附法、溶剂吸收法等工艺脱水。

8.2.2 沼气气水分离器设计应遵循以下原则：

a) 进入气水分离器的沼气量应按平均日产气量计算；

b) 气水分离器内的沼气供应压力应大于 2 000 Pa；

c) 气水分离器的压力损失应小于 100 Pa；

d) 气水分离器空塔流速宜为 0.21 m/s～0.23 m/s；

e) 沼气进口管应设置在筒体的切线方向；沼气气水分离器下部应设有积液包和排污管；

f) 沼气气水分离器的入口管内流速宜为 15 m/s，沼气出口管内流速宜为 10 m/s；

g) 沼气气水分离器内宜装入填料，填料可选用不锈钢丝网、紫铜丝网、聚乙烯丝网、聚四氟乙烯丝网或陶瓷拉西环等。

8.2.3 沼气管道的相对低点必须设置沼气凝水器，定期或自动排放管道中的冷凝水。沼气凝水器直径宜为进气管直径的 3 倍～5 倍，沼气凝水器高度宜为沼气凝水器直径的 1.5 倍～2.0 倍。

8.3 沼气脱硫

8.3.1 沼气中硫化氢含量可按下列方法确定：

a) 通过小型试验生产沼气，测量其中硫化氢含量；

b) 参照类似工程沼气中的硫化氢含量，附录 B 为常用原料生产的沼气中硫化氢含量。

8.3.2 沼气脱硫宜采用生物脱硫、干法脱硫和湿法脱硫。脱硫方案应根据沼气中硫化氢含量和要求去除的程度，技术经济比较后确定。

8.3.3 脱硫装置宜设置 2 套。

8.3.4 干法脱硫装置的罐(塔)体床层应根据脱硫量设计为单床层、双床层或多床层。

8.3.5 干法脱硫装置宜在地上架空布置，在寒冷和严寒地区应设在室内，在南方地区可设置在室外。

8.3.6 干法脱硫宜采用氧化铁作脱硫剂，脱硫剂空速宜为 200 h^{-1}～400 h^{-1}。

8.3.7 氧化铁脱硫剂的更换时间应根据脱硫剂的活性和装填量、沼气中硫化氢含量和沼气处理量确定。氧化铁脱硫剂的需用量不应小于式(5)的计算值。

$$V=\frac{1637\sqrt{C_s}}{f \cdot \rho} \qquad (5)$$

式中：

V ——每小时 1 000 m^3 沼气所需脱硫剂的容积，单位为立方米(m^3)；

C_s ——沼气中硫化氢含量(体积分数)；

f ——新脱硫剂中活性氧化铁含量，可取 15%～18%；

ρ ——新脱硫剂的密度，单位为 10^3 千克每立方米(10^3 kg/m^3)。

8.3.8 脱硫剂的反应温度应控制在生产厂家提供的最佳温度范围内。当沼气温度低于 10℃时，应有保温防冻和增温措施；当沼气温度高于 35℃时，应对沼气进行降温。

8.3.9 沼气通过粉状脱硫剂的线速度宜控制在 7 mm/s～11 mm/s；沼气通过颗粒状脱硫剂的线速度宜

控制在 20 mm/s～25 mm/s。

8.3.10 氧化铁脱硫剂的装填高度应按下列原则确定：

a) 颗粒状脱硫剂装填高度以 1.0 m～1.4 m 为宜；当脱硫装置床层高度过高时，应采用分层装填，分层装填每层脱硫剂厚度以 1 m 为宜；

b) 粉状脱硫剂宜采用分层装填，每层脱硫剂高度以 300 mm～500 mm 为宜。

8.3.11 干法脱硫装置进出气管可采用上进下出或下进上出方式；干法脱硫装置底部应设置排污阀门。

8.3.12 特大型沼气工程干法脱硫装置宜设置机械设备装卸脱硫剂。

8.3.13 干法脱硫装置应设有沼气安全泄压设备和沼气放散管。

8.3.14 脱硫剂宜在空气中再生，再生温度宜控制在 70℃以下，利用碱液或氨水将 pH 调整为 8～9。

8.3.15 沼气湿法脱硫宜采用氧化再生法，并应采用硫容量大、副反应小、再生性能好、无毒和原料来源比较方便的脱硫液。

8.3.16 采用沼气生物法脱硫时，应确保沼气工程的整体脱硫效果和脱硫稳定性。

8.3.17 生物脱硫工艺温度宜为 35℃，负荷可取 8 m^3 沼气/(h·m^3 填料)～10 m^3 沼气/(h·m^3 填料)，沼气与喷淋液之比宜为(5～10)∶1。

8.3.18 生物脱硫宜将空气鼓入循环水箱内喷淋液中，再通过循环泵将喷淋液喷洒到生物脱硫塔填料上，也可将空气直接通入生物反应器内，加入量为沼气产量的 2%～5%。有沼液后处理单元的沼气工程，可采用沼液好氧处理硝化阶段出水或氧化塘出水作为喷淋液。

9 沼气储存

9.1 一般规定

9.1.1 沼气宜采用低压储存，在场地紧张、用气端需要沼气压力高时，也可采用高压储气。

9.1.2 储气装置容积应满足用气均衡，当缺乏相关资料时，应符合以下规定：

a) 沼气用于居民生活用气时，储气装置的容积可按日产气量的 50%～60%计算；

b) 沼气用于发电，发电机组连续运行时，储气装置容积宜按发电机日用气量的 10%～30%计算；发电机组间断运行时，储气装置容积应大于间断发电时间的用气量；

c) 沼气用于提纯压缩时，储气装置容积宜按日用气量的 10%～30%计算；

d) 沼气用于烧锅炉、供热等商业用气和部分居民生活用气时，应根据沼气供应平衡曲线确定储气装置的容积；

e) 确定储气装置单体容积时，应考虑储气装置检修期间供气系统的调度平衡；对于不间断供气的用户，储气装置数量不宜少于 2 个。

9.1.3 沼气储气装置宜布置在气源附近，根据需要也可远离气源布置或分散布置。

9.1.4 储气装置出口端应设置阻火器。

9.2 低压储气

9.2.1 低压储气宜采用湿式储气柜，寒冷地区或储气量大时宜采用膜式气柜。

9.2.2 低压湿式储气柜宜采用直立升降式或螺旋升降式。

9.2.3 低压湿式储气柜宜按以下原则设计：

a) 低压湿式储气柜水封池结构宜采用钢结构或钢筋混凝土结构；水封池宜采用地上式；寒冷地区水封池可采用半地下式或地下式，并应设置增温系统防止水结冰，也可加注防冻液防止结冰；

b) 低压湿式储气柜钟罩外壁与水封池内壁的间距应不小于 450 mm；

c) 钟罩宜采用钢结构，也可采用钢筋混凝土结构或玻璃钢结构；

d) 低压湿式储气柜应设置沼气进气管、出气管、自动放空管、上水管、排水管及溢流管；当湿式储气柜连接有沼气加压装置时，湿式储气柜应设置低位限位报警和自动停止加压联锁装置；导轨、导轮应能保证储气柜钟罩平稳升降；

e) 低压湿式储气柜应设储气量指示器或标记；

f) 低压湿式储气柜应根据 GB 50057 设置防雷接地设施，其接地电阻应小于 10 Ω。

9.2.4 低压湿式储气柜储气设计压力宜为 3 000 Pa～5 000 Pa，储气压力由配重块调整。

9.2.5 膜式气柜宜按以下原则设计：

a) 膜式气柜应包括气柜本体，气柜稳压系统、泄漏检测系统、储气量监测系统、超压放散装置；

b) 外膜宜选用防静电，有良好反光效果、抗紫外线、耐老化、耐低温的高强度阻燃材料；

c) 内膜、底膜应选用防气体渗漏、耐磨、耐褶皱、耐硫化氢腐蚀的高强度阻燃材料；

d) 气柜稳压系统应包括吹膜防爆风机、柔性风管、蝶阀、调压装置和风道口，吹膜防爆风机应有备用设备；

e) 泄漏监测系统中宜安装在外膜内侧顶部，并应将报警信号传至控制室；

f) 气量检测系统应能及时显示气柜中的沼气储量；

g) 外膜应设置观察窗，观察窗的位置应便于观察内膜的情况；

h) 独立式膜式气柜应设置基础，基础应密实、平整、坡度不应小于 2%，且坡向排水管；

i) 独立式膜式气柜的形状宜采用 3/4 球冠或半球形，一体化膜式气柜形状宜为半球形或 1/4 球冠；

j) 储气量与最大储气压力的关系参见附录 C；

k) 独立膜式气柜的进出气管路应安装凝水器，管道应坡向凝水器，其坡度不应小于 0.3%。

9.3 高压储气

9.3.1 高压储气罐可采用圆筒形或球形。

9.3.2 高压储气罐的有效储气量应按式(6)计算。

$$V_B = \frac{V_C(P - P') \cdot T_B}{P_B \cdot T} \quad \cdots\cdots (6)$$

式中：

V_B ——有效储气量，单位为立方米(m^3)；

V_C ——高压储气罐的几何容积，单位为立方米(m^3)；

P ——最高使用绝对压力，单位为兆帕(MPa)；

P' ——最低使用绝对压力，单位为兆帕(MPa)；

P_B ——标准状态下的压力，单位为兆帕(MPa)；

T_B ——标准状态下的温度，单位为开尔文(K)；

T ——使用温度，单位为开尔文(K)。

9.4 储气装置防腐

9.4.1 储气装置钢结构部件必须做防腐处理。防腐层应具有漆膜性能稳定、对金属表面附着力强、耐候性好、能耐弱酸、碱腐蚀等性能。

9.4.2 对需要防腐涂层的钢结构部件，应根据选用涂料的要求对金属表面进行处理。

10 沼渣沼液利用与处理

10.1 一般规定

10.1.1 沼渣沼液应综合利用，不能利用的沼液应进一步处理。

10.1.2 沼渣沼液的利用应考虑土地对养分的承载能力，应符合 GB 25246 的规定。

10.2 沼渣沼液分离

10.2.1 沼液用于滴灌、用作叶面喷施肥、需要进一步处理或需要单独将沼渣作固态有机肥时，应对沼渣沼液进行固液分离。

10.2.2 沼渣沼液分离设备的选择应根据被分离的原料性质、浓度、要求分离的程度和综合利用的要求等因素确定。

10.2.3 分离设备的处理能力应与被处理的沼渣沼液量相匹配。

10.2.4 沼渣沼液总固体含量≥5%时，宜选用螺旋挤压固液分离机；沼渣沼液总固体含量<5%时，宜选用水力筛式固液分离机。

10.3 沼渣沼液储存

10.3.1 沼渣沼液储存池应能满足所施用农作物平衡施肥要求，其容积应根据沼渣沼液的数量、储存时间、利用方式、利用周期、当地降水量与蒸发量确定。

10.3.2 沼渣沼液储存期不得低于当地农作物生产用肥最大间隔期和冬季封冻期或雨季最长降水期，不宜小于 90 d。

10.3.3 沼渣沼液储存池宜设置为站内储存池和站外储存池。

10.3.4 站内沼渣沼液储存池容积应大于等于一个沼气发酵罐的容积，能满足沼气发酵装置检修的需要。

10.3.5 站外储存池可采用田间沼液简易储存池，池底应有防渗措施，池上有防止人畜入内的防护栅栏，并应附设沼液进出管、泵、阀等，便于农田浇、喷、滴灌。

10.3.6 沼液储存池应高于地面 20 cm 以上，周围顶部应设置安全防护栏，同时设置安全警示标记。

10.4 沼渣沼液综合利用

10.4.1 沼液可用作浸种、根际追肥或叶面喷施肥。

10.4.2 浓度高的沼液应适当稀释后再施用。

10.4.3 沼渣可用作农作物的基肥、有机复合肥的原料、作物的营养钵(土)、食用菌以及养殖蚯蚓的基料等。有害物质允许含量应符合 GB 4284 的规定，必要时应进行无害化处理。

11 沼气工程检测和过程控制

11.1 应结合工程规模、运行管理要求、工程投资情况、所选用设备及仪器的先进程度、维护和管理水平，因地制宜选择监控指标和自动化程度。

11.2 中小型沼气工程宜采用集中控制；当沼气工程的规模比较大或反应器数量比较多时，宜采用分散控制的自动化控制系统。

11.3 水泵宜采用液位加时序控制。

11.4 搅拌、沼渣沼液分离设备宜采用时序控制。

11.5 沼气工程宜根据处理工艺和运行管理要求设置料液计量、沼气计量、沼气成分、沼气压力、温度、液位、pH 等监测仪器、仪表。

11.6 沼气工程应安装能够进行成本核算的水、电、气和药品的计量仪器、仪表。

11.7 关键设备附近应设置独立的控制箱，同时具有“手动/自动”的运行控制切换功能。

11.8 现场检测仪表应具有防腐、防爆、抗渗漏、防结垢和自清洗等功能。

12 主要辅助工程

12.1 电气工程设计应符合下列规定：

a) 工艺设备的用电负荷应为二级负荷；如不能满足双路供电，应采用单路供电加发电机组的供电方式；

b) 高、低压用电设备的电压等级应与其供电系统的电压等级一致；

c) 中央控制室主要设备应配备在线式不间断供电电源；

d) 接地系统宜采用三相五线制；

e) 变电所及低压配电室设计应符合 GB 50053 和 GB 50054 的有关规定；

f) 供配电系统应符合 GB 50052 的有关规定；

g) 电机应优先采用直接启动方式，当不能满足规范中规定的直接启动电压损失条件时才考虑采用降压启动方式；

h) 电气工程设计还应符合 GB/T 25295、GB/T 29481、GB 50055、GB 50065 和 GB 50217 的相关规定。

12.2 防腐工程设计应符合 GB 50046 的有关规定。

12.3 防爆电气设备应符合 GB 50058 的有关规定。

12.4 抗震设计应符合 GB 50011 的有关规定。

12.5 构筑物结构应符合 GB 50069 的有关规定。

12.6 建筑物设计应符合 GB 50037 和 GB 50345 的有关规定。

12.7 防火与消防工程设计应符合 GB 50016 和 GB 50974 的有关规定。

12.8 防雷设计应符合 GB 50057 的有关规定。

12.9 供水工程设计应符合 GB 50015 的有关规定。

12.10 排水工程设计应符合 GB 50014 的有关规定。

12.11 采暖通风工程设计应符合 GB 50019 的有关规定。

12.12 厂区道路与绿化等工程设计应符合 GBJ 22 的有关规定。

13 劳动安全与职业卫生

13.1 沼气工程应采取有效措施和预防手段保护人身安全和身体健康。

13.2 沼气工程的设计、建设、运行过程中应高度重视职业卫生和劳动安全，严格执行《中华人民共和国安全生产法》、GB/T 12801、GBZ 1、GBZ 2.1、GBZ 2.2 和 GB 5083 的有关规定。

13.3 沼气工程的构筑物应设置防护栏杆、防滑梯等安全措施，应执行 GB 4053.1、GB 4053.2 和 GB 4053.3 的有关规定。沼渣沼液储存池等敞口构筑物应配备救生圈等防护物品。

13.4 沼气发酵装置宜采用密闭方式，减少恶臭对周围环境的污染。恶臭气体浓度应符合 GB 14554 的有关规定。

13.5 有爆炸危险的房间或区域内的电气防爆设计应符合 GB 50058 的规定，爆炸危险区域和范围的划分应符合 GB/T 51063 的有关规定。

13.6 沼气站内具有爆炸危险的进料间、净化间、锅炉房、增压机房等建(构)筑物的防火、防爆设计应符合下列规定：

a) 建(构)筑物耐火等级不应低于三级；

b) 门窗应向外开；

c) 屋面板和易于泄压的门、窗等宜采用轻质材料；

d) 照明灯具应为防爆灯，照明灯具电源开关应设置在室外；

e) 地面面层应采用撞击时不产生火花的材料，并应符合 GB 50209 的相关规定。

13.7 电气设备的金属外壳均应采取接地或接零保护，钢结构、排气管、排风管和铁栏等金属物应采用等电位连接。

13.8 沼气站内易发生沼气泄漏的进料间、净化间、锅炉房、发电机房、增压机房等建(构)筑物内应设置可燃气体及有毒气体报警装置和事故排风机，并应符合 GBZ/T 223 的规定。

13.9 沼气站内进料间、锅炉房、秸秆粉碎、发电机房、增压机房间应采用强制通风，净化间、泵房等宜采用自然通风。当自然通风不能满足要求时，可采用强制排风，并应符合下列规定：

a） 当采用自然通风时，通风口总面积应按每平方米房屋地面面积不少于 0.03 m^2 计算确定，通风口不应少于 2 个，并应靠近屋顶设置；

b） 当采用强制通风时，正常工作时每小时换气次数不应小于 6 次；事故通风时，每小时换气次数不应小于 6 次；不工作时，每小时换气次数不应小于 3 次。

13.10 特大型沼气工程宜设置火焰燃烧器。火焰燃烧器的设计应符合下列规定：

a） 火焰燃烧器前沼气管道应设置阻火器；

b） 火焰燃烧器应设置自动点火、火焰检测及报警装置；

c） 火焰燃烧器燃烧后的排放物质应符合 GB 16297 的规定。

附　录　A
（规范性附录）
防　火　间　距

A.1　秸秆堆料场与站内主要设施的防火间距应符合表 A.1 的规定。

表 A.1　秸秆堆料场与站内主要设施的防火间距

主要设施		防火间距，m
沼气发酵装置		≥20
湿式气柜或膜式气柜 总容积 V	V≤1 000 m³	≥20
	V>1 000 m³	≥25
干式气柜 总容积 V	V≤1 000 m³	≥25
	V>1 000 m³	≥32
净化间、沼气增压机房、泵房、锅炉房、辅助生产用房、管理及生活设施用房等		≥15
站内主要道路 （路边）	主要道路	≥10
	次要道路	≥5

A.2　湿式储气柜或膜式储气柜与站内主要设施的防火间距应符合表 A.2 的规定。

表 A.2　湿式储气柜或膜式储气柜与站内主要设施的防火间距

主要设施		总容积 V	
		V≤1 000 m³	V>1 000 m³
净化间、沼气增压机房		≥10 m	≥12 m
锅炉房		≥15 m	≥20 m
发电机房、监控室、配电间、化验室 维修间等辅助生产用房		≥12 m	≥15 m
秸秆粉碎间		≥20 m	≥25 m
泵房		≥10 m	≥12 m
管理及生活设施用房		≥18 m	≥20 m
站内主要道路 （路边）	主要道路	≥10 m	
	次要道路	≥5 m	
注 1：防火间距按相邻建（构）筑物的外墙凸出部分、沼气发酵装置外壁、储气柜外壁的最近距离计算。 注 2：储气柜总容积按其几何容积（m³）和设计压力（绝对压力）的乘积计算。			

A.3　干式储气柜与站内主要设施的防火间距按表 A.2 的规定增加 25%，产气储气一体化沼气发酵装置与站内主要设施的防火间距按表 A.3 的规定执行。

A.4　产气储气一体化沼气发酵装置与储气柜及各储气柜之间的防火间距不宜小于相邻设备较大直径的 1/2。

A.5　当沼气站需设置火焰燃烧器时，应符合以下规定：

a）火焰燃烧器应设置在站内全年主导风向的下风侧；
b）火焰燃烧器与沼气站外建（构）筑物的防火间距应符合 GB 50028 的相关规定；
c）火焰燃烧器与站内主要设施的防火间距应符合表 A.5 的规定；
d）封闭式火焰燃烧器与站内主要设施的防火间距应按表 A.5 的规定减少 50%。

表 A.5　火焰燃烧器与站内主要设施的防火间距

主要设施		防火间距，m
沼气发酵装置		≥20
湿式气柜或膜式气柜 总容积 V	$V\leqslant 1\ 000\ m^3$	≥20
	$V>1\ 000\ m^3$	≥25
干式气柜 总容积 V	$V\leqslant 1\ 000\ m^3$	≥25
	$V>1\ 000\ m^3$	≥32
沼气净化间、沼气增压机房		≥20
锅炉房		≥25
发电机房、监控室、配电间、化验室、维修间等辅助生产用房		≥25
秸秆粉碎间		≥30
泵房		≥20
管理及生活设施用房		≥25
秸秆堆料场		≥30
站内道路(路边)		≥2

附 录 B
（资料性附录）
常用原料生产的沼气中硫化氢含量

常用原料生产的沼气中硫化氢含量见表B.1。

表B.1 常用原料生产的沼气中硫化氢含量

常用原料	屠宰废水 猪场粪水 牛场粪水	鸡粪废水	酒精厂废醪 城粪污水 柠檬酸厂废水
沼气中硫化氢含量 g/m^3	0.5～3.2	2～6	5～18

附 录 C
(资料性附录)
膜式储气柜最大储气量与最大储气压力

膜式储气柜最大储气量与最大储气压力见表 C.1。

表 C.1 膜式储气柜最大储气量与最大储气压力

独立膜式气柜(3/4 球冠)		一体化膜式气柜(1/4 球冠)		独立膜式气柜、一体化膜式气柜(1/2 球冠)	
最大储气量 m^3	最大储气压力 kPa	最大储气量 m^3	最大储气压力 kPa	最大储气量 m^3	最大储气压力 kPa
50	5.0	100	3.0	200	4.0
100		200	2.2	400	2.8
200		400	1.6	800	2.8
400	4.6	800	1.5	1 600	2.0
800	3.5	1 600	1.1	3 200	1.6
1 600	2.7	3 200	0.8	6 400	1.4
3 200	2.1	6 100	0.3	—	—
5 300	1.7	—	—	—	—

ICS 27.010
F 13

中华人民共和国农业行业标准

NY/T 1220.2—2019
代替 NY/T 1220.2—2006

沼气工程技术规范
第2部分：输配系统设计

**Technical specification for biogas engineering—
Part 2：Design of transportation and distribution system**

2019-01-17 发布　　　　2019-09-01 实施

中华人民共和国农业农村部　发布

前　言

NY/T 1220《沼气工程技术规范》分为5个部分：

——第1部分：工程设计；

——第2部分：输配系统设计；

——第3部分：施工及验收；

——第4部分：运行管理；

——第5部分：质量评价。

本部分为NY/T 1220的第2部分。

本部分按照GB/T 1.1—2009给出的规则起草。

本部分代替了NY/T 1220.2—2006《沼气工程技术规范　第2部分：供气设计》。与NY/T 1220.2—2006相比，除编辑性修改外主要变化如下：

——名称从"供气设计"修改为"输配系统设计"；

——修改了范围；

——修改了规范性引用文件；

——修改了术语和定义；

——删除了总则中不实用的内容；

——删除了沼气净化和沼气储存的内容；

——修改了室内沼气管道推荐采用的材料；

——增加了当沼气管道穿越一般道路时，应设置套管的规定；

——修改了沼气管道与电气设备、相邻管道之间的最小净距要求；

——修改了钢质沼气管道外防腐的规定；

——增加了管道外表面应涂以黄色防腐识别漆的规定；

——增加了采用涂层保护埋地敷设的钢质沼气干管宜同时采用阴极保护的规定；

——修改了用户室内沼气管道最高压力的规定；

——增加了沼气发电利用应符合相关标准的规定；

——删除了居民住宅厨房内宜设置排气扇和可燃气体报警器的规定；

——修改了管道上宜设沼气泄漏报警器、自动切断阀和自动送排风设备的规定；

——修改了沼气锅灶和生产用气设备的炉膛和烟道处必须设置防爆设施的规定；

——修改了沼气用气设备的防爆设施的规定；

——增加了沼气管道的输出端应设置流量计进行计量的规定；

——删除了民用沼气用户宜采用集中显示计量装置的规定；

——修改了用气设备烟囱伸出室外的相关要求；

——增加了沼气锅炉烟囱不应低于8 m，且应按批复的环境影响评价文件确定的规定；

——修改了水平烟道坡向用气设备的坡度要求；

——修改了居民生活用气设备烟道距顶棚或墙的净距要求；

——删除了安全用气的内容；

——附录中增加了居民生活用燃具的同时工作系数表、几种常用原料生产的沼气中硫化氢含量表。

本部分由农业农村部科技教育司提出。

本部分由全国沼气标准化技术委员会(SAC/TC 515)归口。

本部分起草单位:农业部沼气科学研究所、农业部沼气产品及设备质量监督检验测试中心。

本部分主要起草人员:孔垂雪、梅自力、杜毓辉、宁睿婷、邓良伟、施国中、雷云辉。

本部分所代替标准的历次版本发布情况为:

——NY/T 1220.2—2006。

沼气工程技术规范　第 2 部分：输配系统设计

1　范围

本部分规定了沼气工程中的沼气输配和利用的技术要求。

本部分适用于新建、扩建或改建的沼气工程输配系统设计。

2　规范性引用文件

下列文件对于本文件的应用是必不可少的。凡是注日期的引用文件，仅注日期的版本适用于本文件。凡是不注日期的引用文件，其最新版本(包括所有的修改单)适用于本文件。

GB/T 3091　低压流体输送用焊接钢管

GB/T 8163　输送流体用无缝钢管

GB 15558.1　燃气用埋地聚乙烯(PE)管道系统　第 1 部分：管材

GB 15558.2　燃气用埋地聚乙烯(PE)管道系统　第 2 部分：管件

GB 50028　城镇燃气设计规范

GB/T 51063　大中型沼气工程技术规范

CJJ 95　城镇燃气埋地钢质管道腐蚀控制技术规程

CJ/T 125　燃气用钢骨架聚乙烯塑料复合管

CJ/T 126　燃气用钢骨架聚乙烯塑料复合管件

NY/T 1220.1　沼气工程技术规范　第 1 部分：工程设计

NY/T 1223　沼气发电机组

NY/T 1704　沼气电站技术规范

SY 0007　钢质管道及储罐腐蚀控制工程设计规范

3　术语和定义

下列术语和定义适用于本文件。

3.1

沼气输配系统　biogas transportation and distribution system

输送、分配和利用沼气的系统。

3.2

居民生活用气　biogas for domestic use

用于居民家庭炊事及制备热水等的沼气。

3.3

商业用气　biogas for commercial use

用于商业用户(含公共建筑用户)生产和生活的沼气。

3.4

月高峰系数　maximum uneven factor of monthly consumption

计算月的平均日用气量和年的日平均用气量之比。

3.5

日高峰系数　maximum uneven factor of daily consumption

计算月中的日最大用气量和该月日平均用气量之比。

3.6

小时高峰系数　maximum uneven factor of hourly consumption

计算月中最大用气量日的小时最大用气量和该日平均小时用气量之比。

3.7

调压装置　pressure regulator device

将沼气的初始压力调整至目标压力的调压单元总称。包括调压器及其附属设备。

3.8

沼气凝水器　biogas water condenser

在沼气输送管道中收集和排除沼气中冷凝水的装置。

3.9

沼气引入管　biogas service pipe

室外配气支管与用户室内燃气进口管总阀门之间的管道。

3.10

沼气放散管　biogas discharge pipe

在维护和检修时,用于排除设备或管道内剩余沼气的管道。

4　总则

4.1　为了使沼气工程输配系统符合安全生产、保证供应、合理利用和保护环境的要求,制定本规范。

4.2　沼气工程中的沼气输配系统设计方案应根据村镇和其他用气单位的总体规划,以近期为主,做到远、近期结合,经全面技术经济比较后确定。

5　沼气输配

5.1　一般规定

5.1.1　沼气输配系统设计必须优先考虑沼气供应的安全性和可靠性,保证不间断向用户供气。

5.1.2　沼气输配系统管网设计,应按区域总体规划,经过技术经济比较后,确定管网布置方案。对供气户数大于2 000户的沼气干管布置,应按逐步形成环状管网供气进行设计。

5.1.3　沼气管网宜采用低压供气。

5.1.4　沼气管道平面布置设计应标明管道起止点、管道水平转角桩号、水平转角或坐标,以及与其他固定建筑物、道路中心线、地下构筑物或相邻管道的相对距离;标出阀门(井)、沼气凝水器及套管的位置。

5.1.5　沼气管道纵断面设计应标明桩位、管道坡度、高差、水平距离、地面标高、设计标高、挖深、管材规格和防腐要求;还应标出阀门(井)、沼气凝水器、套管等的位置以及与沼气管道有关的其他地下管道和构筑物的标高。

5.2　管道计算

5.2.1　沼气用气量按下列方法确定:

a)　居民生活的用气量指标,应根据当地居民生活用气量的统计数据分析确定,当缺乏用气量的实际统计资料时,可根据当地实际情况按每户0.8 m^3/d～1.6 m^3/d估算;

b)　发电或烧锅炉的用气量,可按实际燃料消耗量折算;

c)　其他类型的用气量,可按GB 50028的规定确定;

d)　未预见气量按总用气量的5%～8%计算。

5.2.2 沼气干管、支管的计算流量(0℃和101.325 kPa),宜按式(1)计算。

$$Q=\frac{Q_a}{365\times24}\times K_m\times K_d\times K_h \quad\cdots\cdots(1)$$

式中:

Q ——沼气管道的计算流量,单位为立方米每小时(m^3/h);

Q_a ——年沼气用量,单位为立方米(m^3);

K_m——月高峰系数,计算月的日平均用气量和年的日平均用气量之比,可取1.1～1.3;

K_d ——日高峰系数,计算月中的日最大用气量和该月日平均用气量之比,可取1.05～1.2;

K_h ——小时高峰系数,计算月中最大用气量日的小时最大用气量和该日小时平均用气量之比,可取2.2～3.2。

5.2.3 独立居民小区、庭院支管及居民用户室内沼气管道的计算流量(0℃和101.325 kPa),宜按式(2)计算。

$$Q=K\times\sum NQ_n \quad\cdots\cdots(2)$$

式中:

K ——居民生活用燃具的同时工作系数,装设1台沼气灶或沼气快速热水器时,居民生活用燃具的同时工作系数可按附录A确定;

N ——同一类型燃具的数量;

Q_n ——燃具的额定耗气量,单位为立方米每小时(m^3/h)。

5.2.4 沼气管道的设计压力(P)分为5级,并应符合表1的要求。

表1 沼气管道设计压力(表压)分级

名　称		压力(P),MPa
高压沼气管道	A	$0.8<P\leqslant1.6$
	B	$0.4<P\leqslant0.8$
中压沼气管道	A	$0.2<P\leqslant0.4$
	B	$0.01<P\leqslant0.20$
低压沼气管道		$P\leqslant0.01$

5.2.5 低压沼气管道单位长度的摩擦阻力损失宜按式(3)计算。

$$\frac{\Delta P}{L}=6.26\times10^7\lambda\frac{Q^2}{d^5}\rho\frac{T}{T_0} \quad\cdots\cdots(3)$$

式中:

ΔP ——沼气管道摩擦阻力损失,单位为帕斯卡(Pa);

L ——沼气管道的计算长度,单位为米(m);

λ ——沼气管道的摩擦阻力系数;

d ——沼气管道的内径,单位为毫米(mm);

ρ ——沼气的密度,单位为千克每立方米(kg/m^3);

T ——设计中所采用的沼气温度,单位为开尔文(K);

T_0 ——273.15,单位为开尔文(K)。

a) 层流状态:$Re\leqslant2\,100$,$\lambda=64/Re$。Re 表示雷诺数(无量纲)低压沼气管道单位长度的摩擦阻力损失宜按式(4)计算。

$$\frac{\Delta P}{L}=1.13\times10^{10}\frac{Q}{d^4}\nu\rho\frac{T}{T_0} \quad\cdots\cdots(4)$$

式中:

ν ——0℃和101.325 kPa时沼气的运动黏度,单位为平方米每秒(m^2/s)。

b) 临界状态：Re＝2 100～3 500。低压沼气管道单位长度的摩擦阻力损失宜按式(6)计算。

$$\lambda = 0.03 + \frac{Re - 2100}{65Re - 10^5} \quad (5)$$

$$\frac{\Delta P}{L} = 1.9 \times 10^6 \left(1 + \frac{11.8Q - 7 \times 10^4 dv}{23Q - 10^5 dv}\right) \frac{Q^2}{d^5} \rho \frac{T}{T_0} \quad (6)$$

c) 湍流状态：Re＞3 500。钢管单位长度的摩擦阻力损失宜按式(8)计算。

$$\lambda = 0.11 \left(\frac{k}{d} + \frac{68}{Re}\right)^{0.25} \quad (7)$$

$$\frac{\Delta P}{L} = 6.9 \times 10^6 \left(\frac{k}{d} + 192.2 \frac{dv}{Q}\right)^{0.25} \frac{Q^2}{d^5} \rho \frac{T}{T_0} \quad (8)$$

式中：

k——管壁内表面的当量绝对粗糙度，取 0.1 mm。

为了简化计算，设计中允许查用根据计算公式做出的曲线或图表。

5.2.6 高压和中压沼气管道单位长度的摩擦阻力损失，宜按式(9)计算。

$$\frac{P_1^2 - P_2^2}{L} = 1.27 \times 10^7 \lambda \frac{Q^2}{d^5} \rho \frac{T}{T_0} Z \quad (9)$$

式中：

P_1——沼气管道起点的压力(绝对压力)，单位为千帕(kPa)；

P_2——沼气管道终点的压力(绝对压力)，单位为千帕(kPa)；

Z ——压缩因子，当沼气压力小于 1.2 MPa(表压)时，Z 取 1。

根据沼气管道不同材质，其单位长度摩擦阻力损失可按式(10)和式(11)计算。

$$\lambda = 0.11 \left(\frac{k}{d} + \frac{68}{Re}\right)^{0.25} \quad (10)$$

$$\frac{P_1^2 - P_2^2}{L} = 1.4 \times 10^6 \left(\frac{k}{d} + 192.2 \frac{dv}{Q}\right)^{0.25} \frac{Q^2}{d^5} \rho \frac{T}{T_0} \quad (11)$$

5.2.7 室外沼气管道的局部阻力损失可按沼气管道摩擦阻力损失的 5%～10%进行计算。

5.2.8 高压、中压沼气管道的允许压力降，应根据加压设备出口压力和调压器的进口压力要求确定。

5.2.9 储气柜或调压装置的出口端至最远用户入口端的低压沼气管道的允许总压力降，可按式(12)计算。

$$\Delta P_d = 0.75 P_n + 150 \quad (12)$$

式中：

ΔP_d ——低压沼气管道的允许总压力降，单位为帕斯卡(Pa)；

P_n ——低压沼气燃具的额定压力，单位为帕斯卡(Pa)；

注：ΔP_d 含室内沼气管道允许压力降。

5.2.10 民用低压沼气输配系统压力降可按表 2 原则分配。

表 2 民用低压沼气输配系统压力降分配表

单位为帕斯卡

燃具的额定压力 P_n	储气柜或调压装置的出口端压力	允许总压力降 ΔP_d	压力降分配			
			干管	支管	室内管	流量计
800	1 550	750	300	200	100	150
1 600	2 950	1 350	850	250	100	150
注：压力降分配可根据实际情况经计算加以调整。						

5.2.11 沼气管网压力计算应符合下列要求：

a) 沼气管道的压力损失应小于允许压力降；特殊情况下可以大于允许压力降，但不得超过允许压力降的5%；

b) 环形沼气管网各环压力降闭合差不得超过±5%。

5.3 管材及管件

5.3.1 室外高压沼气管道应采用钢管；中压和低压沼气管道宜采用聚乙烯燃气管、钢管或者钢骨架聚乙烯塑料复合管，并应符合下列要求：

a) 聚乙烯燃气管应符合 GB 15558.1 和 GB 15558.2 的规定；

b) 钢管采用焊接钢管、镀锌钢管或无缝钢管时，应分别符合 GB/T 3091、GB/T 8163 的规定；

c) 钢骨架聚乙烯塑料复合管应符合 CJ/T 125 和 CJ/T 126 的规定。

5.3.2 室内沼气管道宜采用聚乙烯燃气管。

5.3.3 沼气管道最小壁厚应满足下列要求：

a) 钢管敷设在街道红线内，4.5 mm；

b) 钢管敷设在小区、庭院及厂区内，3.5 mm；

c) 钢管敷设在室内，2.75 mm；

d) 聚乙烯燃气管，3.0 mm；

e) 塑料软管，1.5 mm；

f) 穿越重要障碍物管壁应加设套管。

5.3.4 沼气管道管件的设计应符合下列要求：

a) 成型或焊接弯管的曲率半径应不小于管径的1.5倍；

b) 煨弯曲率半径不应小于管径的3.5倍。

5.3.5 沼气管道阀门应符合国家标准规定适用于燃气介质，并有良好的密封性和耐腐蚀性。在室外宜选用球阀、新型蝶阀或密封面为不锈钢的闸阀；在室内宜选用旋塞阀或球阀。

5.4 室外沼气管道

5.4.1 室外沼气管道宜采用埋地敷设；埋地困难时，钢管可采用架空敷设；中、低压地下沼气管道采用聚乙烯燃气管时，应符合有关标准的规定。

5.4.2 沼气管道不得与其他管道或电缆同沟敷设；同时，严禁在下列场所敷设：

a) 高压电缆走廊；

b) 易燃易爆材料或具有腐蚀性液体的堆放场所；

c) 固定建筑物下面；

d) 交通隧道。

5.4.3 地下沼气管道与其他相邻建筑物、构筑物的最小水平与垂直净距，应符合 GB 50028 的规定。

5.4.4 沼气管道埋地敷设时，应埋设在土壤冰冻线以下；同时，最小覆土厚度（路面至管顶）应符合下列要求：

a) 埋设在机动车道下时，不得小于0.9 m；

b) 埋设在非机动车车道（含人行道）下时，不得小于0.6 m；

c) 埋设在庭院下时，不得小于0.3 m；

d) 埋设在水田下时，不得小于0.8 m。

注：当不能满足上述规定时，应采取有效的安全防护措施。

5.4.5 沼气管道的埋设宜与地形相适应，沼气管道的低处必须设置沼气凝水器，沼气管道坡向沼气凝水器的坡度不得小于0.3%。

5.4.6 沼气管道埋地敷设时，应尽量避开主要交通干道，避免与铁路、河道交叉；当沼气管道穿越铁路、高速公路或城镇主要干道时应符合 GB 50028 的规定；当沼气管道穿越一般道路时，应设置套管。

5.4.7 室外架空的沼气管道，可沿建筑物外墙或支柱敷设，并应符合 GB 50028 的规定。

5.4.8 沼气管道通过河流时，应符合 GB 50028 的规定。

5.4.9 沼气管道上阀门应设置在便于应急操作的地方，宜按以下原则设置：

a) 高压、中压沼气干管应设置分段阀门；

b) 沼气支管的起点应设置阀门；

c) 穿越或跨越重要河流的沼气管道，在河流两岸均应设置阀门。

5.4.10 地下沼气管道的沼气凝水器、阀门，均应设置防护罩或阀门井。

5.5 室内沼气管道

5.5.1 沼气引入管应直接从室外管引入厨房或其他用气设备房间，室内沼气管道不得敷设在易燃易爆品仓库和有腐蚀性介质的房间、配电间、变电室、电缆沟、烟道及进风道等地方。

5.5.2 沼气管道严禁引入卧室。当沼气水平管道穿过卧室、浴室或地下室时，必须采用焊接连接并安装在套管中；沼气管道进入密闭室时，密闭室必须进行改造，并设置换气口，其通风换气次数每小时不得小于3次。

5.5.3 沼气引入管最小直径不应小于 20 mm。

5.5.4 沼气引入管的坡度不应小于 1%，且坡向庭院管道。

5.5.5 沼气引入管穿过建筑物基础、墙或管沟时，均应设在套管内；套管与沼气管之间用沥青、油麻填实，热沥青封口；套管穿墙孔洞应与建筑物沉降量相适应；套管尺寸见表 3。

表 3 套管尺寸

单位为毫米

管道直径	15	20	25～32	40	50	70
套管直径	32	40	50	70	80	100

5.5.6 庭院支管采用塑料管时，沼气引入管应采用钢管。

5.5.7 沼气引入管上阀门设置应符合下列要求：

a) 阀门宜设置在室内，重要用户室内外均应设置阀门，阀门应选择快速式切断阀；

b) 低压沼气引入管直径小于 80 mm 时，可在室外设置带丝堵的三通，不另设置阀门。

5.5.8 室内沼气管道应明设。当建筑或工艺有特殊要求时沼气管道可暗设，但应符合下列要求：

a) 暗设的沼气立管，可设在墙上的管槽或管道井中；暗设的沼气水平管，可设在吊顶或管沟中；

b) 暗设沼气管道的管槽应设活动门和通风孔；暗设沼气管道的管沟应设活动盖板，并填充干沙；

c) 工业和实验室用的沼气管道可敷设在混凝土地面中，其沼气管道的引入和引出处均应设套管，套管应伸出地面 50 mm～100 mm，套管两端应采用柔性的防水材料密封；沼气管道应有防腐绝缘层；

d) 暗设的沼气管道可与空气、惰性气体、供水管道、热力管道等一起敷设在管道井、管沟或设备层中，但沼气管道应采用焊接连接；沼气管道不得敷设在可能渗入腐蚀性介质的管沟中；

e) 当敷设沼气管道的管沟与其他管沟相交时，管沟之间应密封，沼气管道应敷设在钢套管内；

f) 敷设沼气管道的设备层和管道井应通风良好，每层的管道井应设与楼板耐火极限相同的防火隔断层，并应有进出方便的检修门；

g) 沼气管道应涂以黄色的防腐识别漆。

5.5.9 室内沼气管道与电气设备、相邻管道之间的净距不应小于表 4 的要求。

表 4 沼气管道与电气设备、相邻管道之间的最小净距

单位为米

管道和设备	与沼气管道的净距	
	平行敷设	交叉敷设
明装的绝缘电线或电缆	0.25	0.10*
暗装或管内绝缘电线	0.05(从所做的槽或管子的边缘算起)	0.01
电压小于 1 000 V 的裸露电线	1.00	1.00
配电盘或配电箱、电表	0.30	不允许
电插座、电源开关	0.15	不允许
相邻管道	保证沼气管道、相邻管道的安装和检修	0.02
* 当明装电线加绝缘套管且套管的两端各伸出沼气管道 0.10 m 时，套管与沼气管道的交叉净距可降至 0.01 m；当布置确有困难，在采取有效措施后，可适当减小净距。		

5.5.10 沿墙、柱、楼板等明设的沼气管道应采用管卡、支架或吊架固定。沼气钢管的固定间距不应大于表 5 的要求。

表 5 沼气钢管固定件的最大间距

管径，mm	15	20	25	32	40	50	70	80	100	125	150	200
最大间距，m	2.5	3	3.5	4	4.5	5	6	6.5	7	8	10	12

5.5.11 室内沼气管道水平敷设高度，距室内地坪不应低于 2.2 m，距厨房地坪不应低于 1.8 m，距顶棚不应小于 0.15 m。

5.5.12 室内沼气管道的水平坡度不应小于 0.3%，且分别坡向立管和灶具。

5.5.13 室内沼气管道应在流量计和用气设备前分别设置阀门。

5.5.14 沼气发电机组、沼气锅炉等大中型用气设备的管道上应设置沼气放散管。沼气放散管管口应高出屋脊 1 m 以上，并应采取防止雨雪进入管道和吹洗放散物进入房间的措施。

5.5.15 沼气管道与工业用气设备的连接宜采用硬管连接。

5.5.16 沼气管道与民用沼气灶的连接可采用软管连接，其设计应符合下列要求：

a) 连接软管的长度不应超过 2 m，中间不应有接口；
b) 沼气用软管宜采用耐油橡胶专用燃气软管；
c) 软管与沼气管道、沼气灶等用气设备的连接处应采用压紧螺帽或管卡固定；
d) 软管不得穿墙、窗和门。

5.6 沼气管道防腐

5.6.1 钢质沼气管道必须进行外防腐。其防腐设计应符合 CJJ 95 和 SY 0007 的有关规定。

5.6.2 埋地钢管应根据工程的具体情况，可选用石油沥青、聚乙烯防腐胶带、环氧煤沥青、聚乙烯热塑涂层及氯磺化聚乙烯涂料等。当选用上述涂层时，应符合现行的国家有关标准。

埋地钢管应根据管道所经地段的地质条件和土壤的电阻率按表 6 确定土壤的腐蚀等级和防腐涂料层等级。

表 6 土壤腐蚀等级与防腐涂层等级

土壤腐蚀等级	低	中	较高	高	特高
土壤电阻率，Ω	＞100	100～20	20～10	10～5	＜5
防腐涂层等级	普通级		加强级	特加强级	

5.6.3 暴露在大气中的沼气钢质管道应选用漆膜性能稳定、表面附着力强、耐候性好的防腐涂料，并根据涂料要求对管道表面进行处理。管道外表面应涂以黄色的防腐识别漆。

5.6.4 采用涂层保护埋地敷设的钢质沼气干管宜同时采用阴极保护。

6 沼气利用

6.1 一般规定

6.1.1 用户室内沼气管道的最高压力(表压)不应大于表7的规定。

表7 用户室内沼气管道的最高压力

单位为兆帕

沼 气 用 户	最高压力(表压)
工业用户、商业用户及单独的锅炉房	0.4
公共建筑和居民用户(中压进户)	0.2
公共建筑和居民用户(低压进户)	<0.1

6.1.2 当采用高、中压供气或沼气压力不能满足用气设备压力要求时,应设置加压设备。

6.1.3 设置加压设备,必须符合下列要求:

a) 加压设备必须设浮动式缓冲罐,缓冲罐的容量必须保证加压时不影响地区管网的压力工况;

b) 缓冲罐前应设管网低压保护装置;

c) 缓冲罐应设储量下限位与加压设备联锁的自动切断阀;

d) 加压设备应设旁通阀和出口止回阀。

6.1.4 沼气发电利用时,应符合GB/T 51063、NY/T 1220.1、NY/T 1223和NY/T 1704的规定。

6.2 居民生活用气

6.2.1 居民生活用气应采用低压用气设备。

6.2.2 居民生活用气设备严禁设置在卧室内。

6.2.3 家用沼气灶的设置应符合下列要求:

a) 家用沼气灶应设置在通风良好的厨房内;

b) 设置沼气灶的房间净高不得低于2.2 m;

c) 设置沼气灶与可燃或易燃的墙壁之间应采取有效的防火隔热措施;

d) 沼气灶的灶面边缘距木质家具的净距不应小于0.3 m;

e) 沼气灶与对面墙之间应有不小于1 m的通道。

6.2.4 沼气热水器应设置在通风良好的房间或过道内,并应符合下列要求:

a) 装有热水器的房间在门或墙的下部应设有效面积不小于0.02 m^2 的通气口;

b) 装有热水器的房间净高应大于2.4 m;

c) 在可燃或易燃的墙壁上安装热水器,应采取有效的防火隔热措施;

d) 热水器与对面墙之间应有不小于1 m的通道。

6.2.5 沼气采暖装置的设置应符合下列要求:

a) 采暖装置应有熄火保护装置和排烟设施;

b) 容积式热水采暖炉应设置在通风良好的走廊或其他非居住房间内,与对面墙之间应有不小于1 m的通道;

c) 采暖装置设置在可燃或易燃的地板上时,应采取有效的防火隔热措施。

6.3 商业用气

6.3.1 公共建筑用气设备应设置在通风良好的专用房间内。当安装在地下室、半地下室或没有直接通向室外的门、窗的设备间时,应符合下列要求:

a) 专用房间内宜设沼气泄漏报警器和自动送排风设备;管道上宜设自动切断阀;

b) 沼气管道净高不应小于 2.2 m;

c) 设备间应有固定的照明设备;

d) 沼气管道应采用焊接或法兰连接;

e) 设备间的墙体材料应为非燃烧体的实体墙;

f) 沼气管道的末端应设沼气放散管,沼气放散管的出口位置应保证吹扫放散时的安全和卫生要求。

6.3.2 公共建筑用气设备不得安装在卧室和易燃易爆物品的堆存处。

6.3.3 公共建筑和工业生产用气设备的沼气用量,宜根据热平衡计算确定;也可参照同类用气设备的用气量确定;或由原来加热设备使用其他燃料的消耗量折算确定。

6.3.4 公共建筑和工业生产用气设备的燃烧器选择,应根据加热工艺要求、用气设备类型、沼气供应压力及附属设施的条件等因素,经技术经济比较后确定。

6.3.5 大型沼气燃烧设备的烟气余热应加以利用。

6.3.6 公共建筑和生产用气设备应有排烟设施。

6.3.7 沼气锅灶和生产用气设备的炉膛和烟道处必须设置低压和超压报警切断联锁装置。

6.3.8 沼气用气设备燃烧装置的安全设施,应符合下列要求:

a) 沼气管道上应安装低压和超压报警以及紧急自动切断阀;

b) 烟道和封闭式炉膛均应设置泄爆装置,泄爆装置的泄压口应设在安全处;

c) 鼓风机和空气管道应设静电接地装置,接地电阻不应大于 100 Ω;

d) 用气设备的沼气总阀门与燃烧器阀门之间,应设置沼气放散管。

6.3.9 大型工业用气设备应设置观察孔和点火装置,并宜设置自动点火装置和熄火保护装置。

6.4 沼气用户计量

6.4.1 沼气用户计量装置应根据输送沼气的最大流量和最小流量、工作压力、温度等条件选择。

6.4.2 沼气管道的输出端应设置流量计进行计量;沼气用户计量应按一户一表原则设计。

6.4.3 沼气用户计量装置的设置位置,应符合下列要求:

a) 计量装置宜设置在非燃结构的室内通风良好处;

b) 计量装置严禁安装在卧室、浴室、危险品和易燃品堆放处;

c) 大型用气设备的计量装置,宜设置在单独房间内;

d) 设置计量装置的房间环境温度,应高于 0℃。

6.4.4 沼气用户计量表的安装应满足抄表、检修、保养和安全使用的要求。当沼气用户计量表安装在家用沼气灶上方时,沼气用户计量表与沼气灶的水平净距不得小于 0.3 m。

6.4.5 沼气计量保护装置的设置应符合下列要求:

a) 在大型沼气用气设备计量装置前宜设置过滤器;

b) 采用机械鼓风的用气设备,应在计量装置后设置止回阀或泄压阀。

6.5 烟气的排除

6.5.1 沼气燃具燃烧产生的烟气应排出室外,有条件的宜设置机械排油烟设施。

6.5.2 家用沼气热水器烟气必须直接排向室外。排气系统与浴室必须有防止烟气泄漏的措施。

6.5.3 大型用气设备的排烟设施应符合下列要求:

a) 不得与使用固体燃料的设备共同用一套排烟设施;

b) 每台用气设备宜采用单独烟道;当多台设备合用一个烟道时,应保证排烟时互不影响;

c) 在容易积聚烟气的地方,应设置防爆装置;

d) 应设有防止倒风的装置。

6.5.4 用气设备的烟囱伸出室外,应符合下列要求:

a) 当烟囱离屋脊的水平距离小于 1.5 m 时(水平距离),应高出屋脊 0.6 m;

b) 当烟囱离屋脊的水平距离在 1.5 m～3.0 m 时(水平距离),烟囱可与屋脊等高;

c) 当烟囱离屋脊的水平距离大于 3.0 m 时(水平距离),烟囱应在屋脊水平线下 10°的直线上;

d) 在任何情况下,烟囱应高出屋面 0.6 m;

e) 当烟囱的位置临近高层建筑时,烟囱应高出沿高层建筑 45°的阴影线;

f) 烟囱出口应有防止雨雪进入的保护罩;

g) 沼气锅炉烟囱不应低于 8 m,且应按批复的环境影响评价文件确定。

6.5.5 排烟设施的烟道抽力应符合下列要求:

a) 额定热负荷 30 kW 以下的民用用气设备,烟道的抽力不应小于 3 Pa;

b) 额定热负荷 30 kW 以上的公共建筑用气设备,烟道的抽力不应小于 10 Pa;

c) 大型生产用气设备的烟道抽力应按工艺要求确定。

6.5.6 水平烟道的设置长度应符合下列要求:

a) 30 kW 以下的居民生活用气设备的水平烟道长度不宜超过 3 m;

b) 30 kW 以上的公共建筑用气设备的水平烟道长度不宜超过 6 m;

c) 大型生产用气设备的水平烟道长度,应根据现场情况和烟道抽力确定。

6.5.7 水平烟道应有大于或等于 1%坡向用气设备的坡度。

6.5.8 沼气热水器的安全排气罩上部应有不小于 0.25 m 的垂直上升烟气导管,其直径不得小于热水器排烟口直径。热水器的烟道上不应设置阀板。

6.5.9 居民生活用气设备的烟道距难燃或不燃顶棚或墙的净距不应小于 0.05 m;距燃烧的顶棚或墙的净距不应小于 0.25 m;当有防火保护时,其距离可适当减小。

6.5.10 烟囱出口的排烟温度应高于烟气露点 15℃以上。

6.5.11 烟囱出口应设置风帽等防倒风装置。

附 录 A
(规范性附录)
居民生活用燃具的同时工作系数

居民生活用燃具的同时工作系数见表A.1。

表A.1 居民生活用燃具的同时工作系数

同类型沼气燃具数 目	沼气双眼灶	沼气双眼灶和沼气快速热水器	同类型沼气燃具数 目	沼气双眼灶	沼气双眼灶和沼气快速热水器
1	1.00	0.80	40	0.39	0.18
2	1.00	0.56	50	0.38	0.178
3	0.85	0.44	60	0.37	0.176
4	0.75	0.38	70	0.36	0.174
5	0.68	0.35	80	0.35	0.172
6	0.64	0.31	90	0.345	0.171
7	0.60	0.29	100	0.34	0.17
8	0.58	0.27	200	0.31	0.16
9	0.56	0.26	300	0.30	0.15
10	0.54	0.25	400	0.29	0.14
15	0.48	0.22	500	0.28	0.138
20	0.45	0.21	700	0.26	0.134
25	0.43	0.20	1 000	0.25	0.13
30	0.40	0.19	2 000	0.24	0.12

注1:表中“沼气双眼灶”是指一户居民装设一个双眼灶的同时工作系数;当每一户居民装设两个单眼灶时,也可参照本表计算。

注2:表中“沼气双眼灶和快速热水器”是指一户居民装设一个双眼灶和一台沼气快速热水器的同时工作系数。

ICS 27.010
F 13

中华人民共和国农业行业标准

NY/T 1220.3—2019
代替 NY/T 1220.3—2006

沼气工程技术规范 第3部分：施工及验收

Technical specification for biogas engineering—
Part 3: Construction and acceptance

2019-01-17 发布　　　　2019-09-01 实施

中华人民共和国农业农村部 发布

前　言

NY/T 1220《沼气工程技术规范》分为5个部分：

——第1部分：工程设计；

——第2部分：输配系统设计；

——第3部分：施工及验收；

——第4部分：运行管理；

——第5部分：质量评价。

本部分为NY/T 1220的第3部分。

本部分按照GB/T 1.1—2009给出的规则起草。

本部分代替了NY/T 1220.3—2006《沼气工程技术规范　第3部分：施工及验收》。与NY/T 1220.3—2006相比，除编辑性修改外主要技术变化如下：

——修改了范围；

——修改了规范性引用文件；

——修改了术语和定义；

——增加了关于施工单位的要求；

——修改“基坑施工”为“土石方与地基基础”，并对相关内容进行了修改；

——删除了“水池”相关内容，增加了预处理构筑物、湿式储气柜钢筋混凝土水封池、沼渣沼液储存设施等相关规定；

——增加锅炉房、发电机房、沼气净化设备房的施工及验收要求；

——增加了沼气发酵装置基础沉降与观察的相关规定；

——增加了格栅安装；

——增加了全钢湿式储气柜及钢制钟罩安装的要求；

——增加了膜式气柜安装；

——增加了一体化膜式气柜安装要求；

——增加了安全设施的相关规定。

本部分由农业农村部科技教育司提出。

本部分由全国沼气标准化技术委员会(SAC/TC 515)归口。

本部分起草单位：农业部沼气科学研究所、农业部沼气产品及设备质量监督检验测试中心。

本部分主要起草人员：宋立、施国中、邓良伟、刘刈、蒲小东、王智勇、梅自力、雷云辉、段奇武、孔垂雪。

本部分所代替标准的历次版本发布情况为：

——NY/T 1220.3—2006。

沼气工程技术规范　第3部分:施工及验收

1　范围

为了加强沼气工程施工管理,规范统一施工验收标准和检测方法,保证工程质量、安全生产、节约材料、提高效率,编制本部分。

本部分规定了沼气工程施工及验收的内容、要求和方法。

本部分适用于新建、扩建与改建的沼气工程,不适用于农村户用沼气池。

2　规范性引用文件

下列文件对于本文件的应用是必不可少的。凡是注日期的引用文件,仅注日期的版本适用于本文件。凡是不注日期的引用文件,其最新版本(包括所有的修改单)适用于本文件。

GB 175　通用硅酸盐水泥

GB 1499.1　钢筋混凝土用钢　第1部分:热轧光圆钢筋

GB 1499.2　钢筋混凝土用钢　第2部分:热轧带肋钢筋

GB 5101　烧结普通砖

GB 50128　立式圆筒形钢制焊接储罐施工规范

GB 50141　给水排水构筑物工程施工及验收规范

GB 50169　电气装置安装工程　接地装置施工及验收规范

GB 50184　工业金属管道工程施工质量验收规范

GB 50203　砌体结构工程施工质量验收规范

GB 50204　混凝土结构工程施工质量验收规范

GB 50275　风机、压缩机、泵安装工程施工及验收规范

GB 50300　建筑工程施工质量验收统一标准

GB 50303　建筑电气工程施工质量验收规范

GB 50334　城镇污水处理厂工程质量验收规范

GB 50601　建筑物防雷工程施工与质量验收规范

GB/T 51063　大中型沼气工程技术规范

GB/T 51094　工业企业湿式气柜技术规范

NY/T 1220.1　沼气工程技术规范　第1部分:工程设计

JGJ 52　普通混凝土用砂、石质量及检验方法标准

JGJ 55　普通混凝土配合比设计规程

JGJ 63　混凝土拌合用水标准

3　术语和定义

下列术语和定义适用于本文件。

3.1

搪瓷拼装发酵装置　enamel assembly reactor

采用软性搪瓷与钢板预制而成的型材,以拼装方式组装的发酵装置。

3.2

螺旋双折边咬口发酵装置　reactor with structure of screw,double-hem and occluding

通过专用设备，应用螺旋、双折边、咬合工艺采用一定规格的薄钢板制造的圆形发酵装置。

3.3

附属建筑物　affiliated buildings

为保证沼气工程正常运行而设置的配套房屋等构筑物。

3.4

允许偏差　allowable deviation

设计尺寸所许可偏差的极限范围。

3.5

径向位移　radial displacement

调整轴线相对于基准轴线在径向位置上的偏移量。

3.6

轴向倾斜　tilt axially

调整轴线相对于基准轴线的倾斜程度。

3.7

水平度　horizontal tolerance

某一平面相对于水平面(静止的水平面)的倾斜程度。

3.8

垂直度　plumb tolerance

某一直线相对于铅垂线(垂直水平面的直线)的倾斜程度。

3.9

压力试验　test for pressure

以液体或气体为介质，对装置、设备和管道逐步加压，以检验装置、设备和管道强度及密封性的试验。

3.10

泄漏性试验　test for leakage

以气体为介质，采用发泡剂、显色剂、气体分子感测仪或其他专门手段等检查装置、管道系统中泄漏点的试验。

4　基本规定

4.1　沼气工程构(建)筑物的施工及设备、管道、电气仪表的购置安装应按设计要求和施工图纸进行，变更设计应由原设计单位出具变更通知书。

4.2　施工单位应具有相应的施工资质及安全生产许可证，施工人员应具有相应的资格。施工项目质量控制应有相应的施工技术标准、质量管理体系、质量控制和检验制度。

4.3　沼气工程施工中各专业应协调配合，做好质量检验监督，确保工程质量达到设计要求并符合国家有关标准。

4.4　沼气工程的施工，应遵守国家和地方有关抗震设防、安全保障、防火措施、劳动保护及环境保护等方面的现行规定。

4.5　沼气工程施工和质量验收的其他基本规定应符合 GB 50141 的相关规定，同时应符合国家现行的有关强制性标准及规范的规定。

5　土石方与地基基础

5.1　一般规定

土石方与地基基础施工及质量验收一般规定应符合 GB 50141 的相关规定。

5.2 施工降排水

施工降排水应符合 GB 50141 的相关规定。

5.3 基坑开挖与支护

5.3.1 基底不得受浸泡或受冻；天然地基不得超挖、扰动；验收时应检查地基处理资料及相关施工记录。

5.3.2 验收时，应检查验基(槽)记录、地基处理情况及地基承载力或复合地基承载力检验报告是否符合设计要求。

5.3.3 基坑边坡应稳定，围护结构应安全可靠，无变形、沉降、位移；验收时，应观察基底有无隆起、沉陷、涌水(砂)等现象；检查监测记录、施工记录。

5.3.4 基坑开挖与支护的其他要求应符合 GB 50141 的相关规定。

5.4 地基基础

地基基础施工应符合 GB 50141 的相关规定，地基基础验收应符合 GB 50334 的相关规定。

5.5 基坑回填

5.5.1 回填土中不得含有淤泥、腐殖土、有机物、大颗粒砖石、木块等杂物；观察回填材料是否符合设计要求，并检查施工记录。

5.5.2 回填高度应符合设计要求；沟槽不得带水回填，回填应分层夯实；验收时，应检查施工记录。

5.5.3 回填时，应观察构筑物有无损伤、沉降、位移等现象；应检查沉降观测记录。

5.5.4 基坑回填的其他要求应符合 GB 50141 的相关规定。

6 构(建)筑物

6.1 一般规定

6.1.1 构(建)筑物在施工过程中，应与工艺、设备、管道、电气及仪器仪表专业工种密切配合，编制详细的施工进度计划，明确各自的职责，严格按程序施工。

6.1.2 根据沼气工程的特殊性，施工中应确保构筑物的抗渗性能、沼气发酵装置和储气柜的气密性能。

6.2 建筑材料

6.2.1 沼气工程所使用的主要材料应有符合国家规定的技术质量鉴定文件或合格证书。

6.2.2 砖石砌体结构所用材料应符合下列要求：

a) 普通砖的强度等级采用 MU7.5 或 MU10，其外观应符合 GB 5101 中规定的一等砖的要求；
b) 石料应选用质地坚硬、无裂纹和风化的料石，强度等级应高于 MU20；增加砂应采用中、粗河砂或江砂；
c) 砌筑砂浆应采用水泥砂浆，其强度等级不应低于 M7.5。

6.2.3 配制混凝土所用材料应符合下列要求：

a) 水泥应采用强度等级不低于 42.5 MPa 的普通硅酸盐水泥，其技术指标应符合 GB 175 的规定；严禁使用出厂超过 3 个月和受潮结块的水泥。
b) 砂采用中、粗砂为宜，技术指标应符合 JGJ 52 的规定。
c) 粗骨料的最大颗粒粒径不得超过结构截面最小尺寸的 1/4，不得超过钢筋间距最小净距的3/4，且不宜大于 40 mm，其技术指标应符合 JGJ 52 的规定。
d) 拌制混凝土宜采用对钢筋混凝土的强度耐久性无影响的洁净水，其水质应符合 JGJ 63 的规定。
e) 混凝土施工配合比，应满足结构设计所规定的强度、抗渗、抗冻等级及施工和易性的要求，其技术要求应符合 JGJ 55 的规定，抗渗混凝土、商品混凝土应做级配，经强度、抗渗等试验合格后方可使用。

f) 混凝土的抗渗等级应符合设计要求。

6.2.4 沼气工程所用钢筋应有出厂质量证明书或试验报告单，其技术指标应符合 GB 1499.1 和 GB 1499.2 的规定。

6.3 施工准备

6.3.1 沼气工程施工前应由设计单位进行技术交底，发现错误应及时更正。

6.3.2 施工前，施工单位应充分调查现场情况，获取下列资料：

a) 工程现场地形和现有构（建）筑物情况；

b) 工程地质、水文及气象资料；

c) 施工供水、供电及交通运输条件；

d) 建筑材料、施工机具的供应条件；

e) 结合工程特点和现场情况的其他资料。

6.3.3 施工前，施工单位应编制施工组织设计。主要内容应包括：工程概况、施工部署、施工方法、材料、主要机械设备的供应、质量保证、安全、工期、降低成本和提高效益的技术组织措施；施工计划、施工总平面图及保护周围环境的措施，并为主要的施工方法编制施工设计。

6.3.4 沼气工程构筑物的施工，应按先地下后地上、先深后浅的顺序进行，并防止构筑物之间施工时相互干扰。

6.3.5 对地下式、半地下式构筑物应防止地表水流入基坑，地下水位较高时应采取抗浮措施。

6.3.6 工程地点地下水位较高时，构筑物的主体结构宜在枯水期施工。抗渗混凝土的施工不宜在低温及高温季节进行。

6.3.7 施工测量应进行现场交桩、设置复核临时水准点、管道轴线控制桩、高程桩。施工测定允许偏差应符合表 1 的规定。

表 1 施工测量允许偏差

项目		允许偏差
水准线路测量高程闭合差	平地	$\pm 20\sqrt{L}$ (mm)
	山地	$\pm 6\sqrt{n}$ (mm)
导线测量方位角闭合差		$\pm 24\sqrt{n}$ (″)
导线测量相对闭合差		1/5 000
直接丈量测距两次较差		1/5 000
注 1：L 为水准测量闭合线路的长度(km)。 注 2：n 为水准或导线测量的测站数。		

6.4 预处理构筑物

6.4.1 预处理构筑物包括 NY/T 1220.1 所述的沉砂池、集水池、沉淀池、调节池、混合调配池等。

6.4.2 预处理构筑物宜采用现浇钢筋混凝土结构、装配式混凝土结构或预应力混凝土结构，也可采用砌体结构，其施工和质量验收要求应符合 GB 50141 的相关规定。

6.5 钢筋混凝土沼气发酵装置

6.5.1 钢筋混凝土沼气发酵装置宜采用现浇钢筋混凝土结构、装配式混凝土结构或预应力混凝土结构。

6.5.2 钢筋混凝土沼气发酵装置施工时，应根据进度进行分项工程质量检查，并做好隐蔽工程的记录，经监理人员验收合格后,方可进行下道工序的施工。

6.5.3 混凝土抗渗等级应比设计要求提高 0.2 MPa。

6.5.4 钢筋混凝土沼气发酵装置主体结构施工时,模板的设计、安装、拆除应符合 GB 50204 的有关规定。

6.5.5 钢筋混凝土沼气发酵装置主体结构混凝土,应采用机械搅拌,搅拌时间不得少于 120 s。浇筑混凝土时,机械振捣时间以混凝土开始泛浆和不冒气泡为准;振捣器应避免碰撞钢筋、模板、芯管、吊环、预埋件等,其插入下层混凝土内的深度应大于 50 mm。

6.5.6 施工缝的设置与形式应符合下列要求:

a) 钢筋混凝土沼气发酵装置主体结构中的底板和顶板应连续浇筑,不宜留施工缝;

b) 池墙的水平施工缝不得留在剪力与弯矩最大处或底板与池墙交接处,其位置应在高出底板表面 500 mm 的池墙上;

c) 墙上有人孔及管洞时,施工缝距孔洞边缘的距离宜大于 300 mm;

d) 在施工缝上现浇混凝土前,应将施工缝处的混凝土表面凿毛,清除浮粒和杂物,用水冲洗干净,保持湿润,并铺上一层 20 mm~25 mm 厚配合比较混凝土高一级的水泥砂浆;

e) 施工缝宜采取凹缝、凸缝、阶梯缝或增设止水片的平直缝等形式。

6.5.7 水泥砂浆防水层的水泥宜采用普通硅酸盐水泥、矿渣硅酸盐水泥,其强度等级不得低于 42.5 MPa;砂宜采用质地坚硬、级配良好的中砂;水泥砂浆的配合比,应根据原材料性能和施工方法按表 2 的规定选用。

表 2 水泥砂浆配合比

名 称	配合比(质量比)		水灰比	适用范围
	水泥	砂		
水泥浆	1	—	0.55~0.60	水泥砂浆防水层的第一层
水泥浆	1	—	0.37~0.40	水泥砂浆防水层的第三、第五层
水泥砂浆	1	1.5~2.5	0.45~0.55	

6.5.8 钢筋混凝土沼气发酵装置的施工允许偏差应符合表 3 的规定。

表 3 现浇钢筋混凝土沼气发酵装置施工允许偏差

单位为毫米

项次	项 目	允许偏差
1	轴线位置	10
2	高程	±10
3	半径允许偏差(直径 D≤12.5 m)	±13
4	半径允许偏差(直径 D>12.5 m)	±19
5	截面尺寸	±10
6	表面平整度(弧长 2 m 的弧形尺检查)	10
7	预留孔、洞净空	±10
8	预埋管、件中心位置	5
9	预留孔、洞中心位置	10

6.5.9 掺外加剂水泥砂浆防水层的施工应符合下列规定:

a) 基层表面应平整、清洁、坚硬、粗糙,充分湿润无积水;

b) 水泥砂浆防水层每层宜连续施工,当应留施工缝时,应留成阶梯茬,按层次顺序搭接,搭接长度应大于 40 mm,接茬部位距阴阳角的距离应大于 200 mm;

c) 水泥砂浆的稠度宜控制在 70 mm～80 mm，并随拌随用；

d) 水泥砂浆防水层施工时，基层表面温度应保持在 0℃以上，操作环境温度在 5℃以上；

e) 防水层的阴阳角宜做成圆弧形；

f) 掺外加剂水泥砂浆防水层厚度应符合设计要求，但不宜小于 20 mm。

6.5.10 涂料密封层的施工应符合下列规定：

a) 密封层宜选用耐腐蚀、无毒、刺激性小、密封性能好的涂料，耐高温性能不得低于 80℃；

b) 密封层的基面，应无浮渣，无水珠，清洁干燥；

c) 涂料的配比及施工，应严格按所选涂料的技术要求进行，并应试涂，符合要求后方可进行大面积的涂刷；

d) 涂料的涂刷应均匀，且不得少于 2 遍，后一层的涂料应待前一层涂料结膜后进行，涂刷方向应与前一层相垂直。

6.5.11 沼气发酵装置的试水应符合下列规定：

a) 满水试验应在沼气发酵装置主体结构混凝土已达到设计强度并应安排在保温层施工及回填土前进行；

b) 满水试验的方法应符合 GB 50141 的规定；

c) 检验方法：检查施工记录观察检查。

6.5.12 沼气发酵装置的气密性试验应符合下列规定：

a) 试水合格后，沼气发酵装置应进行气密性试验；气密性试验应在防水层、涂料层施工后，保温层施工前进行；

b) 气密性试验压力应为沼气发酵装置设计工作气压，24 h 的气压降应小于试验压力的 3%；

c) 气密性试验的方法应符合 GB 50141 的规定；

d) 检验方法：检查气密性试验报告。

6.5.13 沼气发酵装置的沉降观察和记录应符合下列规定：

a) 沼气发酵装置基础沉降观测点宜沿罐周长 10 m 内设置 1 点，并沿圆周方向对称均匀设置，观测点设置个数应符合表 4 的规定。

表 4 沉降观测点设置

容积，m^3	沉降观测点数量，个	容积，m^3	沉降观测点数量，个
1 000 及以下	4	10 000	12
2 000	4	20 000	16
3 000	8	30 000	24
5 000	8	50 000	24

b) 沼气发酵装置沉降的地基变形允许值应符合表 5 的规定。

表 5 地基变形允许值

储罐地基变形特征	储罐型式	储罐底圈内直径 D，m	沉降差允许值，mm
平面倾斜(任意直径方向)	浮顶罐与内浮顶罐	$D\leqslant 22$	$0.007D$
	固定顶罐	$D\leqslant 22$	$0.015D$
非平面倾斜(罐周边不均匀沉降)	浮顶罐与内浮顶罐		$\Delta S/I\leqslant 0.0025$
	固定顶罐		$\Delta S/I\leqslant 0.0040$
注 1：ΔS 为罐周边相邻测点的沉降差(mm)。 **注 2**：I 为罐周边相邻测点间距(mm)。			

c) 沉降观测要求：

1） 发酵罐充水前、充水过程中、充满水稳压阶段、放水后等全过程观测；

2） 沉降观测专人定期进行，每天不少于一次并做好记录；

3） 充水过程中如发现罐基础沉降有异常，应立即停止充水，待处理后方可继续充水；

4） 沉降速率不宜大于 10 mm/d～15 mm/d，侧向位移不宜大于 5 mm/d。

d） 沼气发酵装置沉降观测记录应符合 GB 50128 的相关规定。

6.5.14 保温层的施工应符合下列规定：

a） 保温层施工前，应对沼气发酵装置外壁（墙）及锥顶表面进行清洁，并保持干燥；

b） 选用的保温材料除应符合设计要求外，还应有产品合格证和材料性能测试数据，施工时，应平整、均匀、牢固；

c） 池壁（墙）保温材料的安装应与围护结构同步进行，保温层与围护结构之间应有防水措施；在上下两端应作封闭处理，以保证保温效果；

d） 锥顶保温层上的防水层应紧贴在保温层上，且封闭良好；防水层及围护层应由锥顶下端向上端进行铺装，环向搭接缝口朝向下端；防水层表面平面度的允许偏差应控制在 2 mm 以内，锥顶两端的保温层应作封闭防水处理；

e） 保温层的施工严禁在雨天进行。

6.5.15 钢筋混凝土沼气发酵装置施工及质量验收除应符合上述规定外，还应符合 GB 50141 中水处理构筑物的相关规定。

6.6 湿式储气柜钢筋混凝土水封池

湿式储气柜钢筋混凝土水封池施工与质量验收应符合 6.5.15 的相关规定。

6.7 沼渣沼液储存设施

沼渣沼液储存设施宜采用现浇钢筋混凝土结构、装配式混凝土结构或预应力混凝土结构，也可采用砌体结构、塘体结构，其施工和质量验收要求应符合 GB 50141 的相关规定。

6.8 附属建筑物

6.8.1 值班室、化验室和配电控制室的施工及验收应符合 GB 50203 的规定；其允许偏差和质量检验应符合 GB 50300 的规定。

6.8.2 格栅间、泵房的施工及验收除应符合 GB 50203 的规定外，应安装有毒气体报警器和排风系统，其施工允许偏差还应符合表 6 的要求。

表 6 砖砌泵房施工允许偏差

单位为毫米

项次	项目		允许偏差
1	轴线位置	墙基、墙、柱、梁	10
2	高程	墙、柱、梁	±15
		吊装支承面	—
3	平面尺寸		±20
4	洞、槽、沟净空		±20
5	垂直度		8
6	墙、柱、梁表面平整度（用 2 m 直尺检查）		5
7	中心位置	预埋管、预埋件	5
		预留孔、洞	10

6.8.3 锅炉房、发电机房、沼气净化设备房的施工及验收应符合 GB 50203 的规定，其允许偏差和质量检验应符合 GB 50300 的规定外，还应安装有毒气体报警器和排风系统。

7 设备安装

7.1 安装前的准备

7.1.1 安装前应具备下列技术资料：

a) 设备的出厂合格证明书；

b) 重要零部件的质量检验证明和设备出厂的试运转记录；

c) 设备的安装图、易损零件图及使用说明书；

d) 有关的安装规范及安装技术要求等资料。

7.1.2 设备检查应符合下列要求：

a) 核对设备的名称、型号和规格应正确无误；

b) 零件、部件、工具、附件及备件应齐全；

c) 设备表面不得有损坏和锈蚀。

7.1.3 设备基础质量验收及处理应符合下列要求：

a) 外观检查不得有裂纹、蜂窝、空洞、露筋等缺陷；

b) 基础上应明显画出标高基准线及基础的纵、横中心线；

c) 设备基础的尺寸、位置等应按设备的基础图及设备的技术文件进行复测检查，其允许偏差应符合表 7 的规定。

表 7 设备基础尺寸和位置的允许偏差

单位为毫米

项次	项　目	允许偏差
1	基础坐标位置(纵横轴线)	±20
2	基础各不同平面的标高	+0 −20
3	基础上平面外形尺寸 凸台上平面外形尺寸 凹穴尺寸	±20 −20 +20
4	基础上平面的不水平度(包括地坪上需安装设备的部分)： 每米 全长	 5 10
5	竖向偏差： 每米 全高	 5 20
6	预埋地脚螺栓： 标高(顶端) 中心距(右顶部及顶部处测量)	 +20 −0 ±2
7	预留地脚螺栓孔： 中心位置 深度 孔壁的铅垂度	 ±10 +20 −0 10
8	预埋活动地脚螺栓锚板： 标高 中心位置 不水平度(带槽的锚板) 不水平度(带螺栓孔的锚板)	 +20 −0 ±5 5 2

d) 螺栓孔内的碎石、泥土和杂物应除净；

e) 放置垫铁处的基础表面应铲平，水平度允许偏差 2 mm/m；

f) 安装在地坪上的设备，不得跨越地坪伸缩缝、沉降缝；

g) 二次灌浆的基础表面铲成麻面，麻点深度不小于 10 mm，密度每平方米为 3 个～5 个麻点；被油沾污的混凝土应凿除；

h) 应出具测量记录和检验合格证。

7.2 安装的一般规定

7.2.1 地脚螺栓的敷设应符合下列要求：

a) 地脚螺栓置于预留孔内应垂直，下端不得碰底，与孔壁的距离不得小于 15 mm；

b) 拧紧螺母后，螺栓应露出螺母 1.5 个～3 个螺距；

c) 当设备安装在混凝土板或混凝土楼板上时，地脚螺栓弯曲部分应钩在钢筋上；如无钢筋，须加圆钢穿在螺栓的弯钩部位；

d) 预留孔中浇筑的混凝土达到设计强度的 80%以上时，才能拧紧地脚螺栓；

e) 地脚螺栓上光杆部分应无油脂和污垢，螺纹部分要涂上油脂。

7.2.2 垫铁安装应符合下列要求：

a) 垫铁表面应平整、无氧化皮、侧面无毛刺，斜垫铁的斜度应以 1/20 为宜；

b) 垫铁应放在靠近地脚螺栓的两侧，以不影响螺栓孔灌浆为宜；当地脚螺栓间距超过 300 mm 时，中间要适当增加辅助垫铁；

c) 设备底座有筋或凸缘时，垫铁要放在筋或凸缘下面；

d) 承受主要负荷的垫铁组，应使用成对斜垫铁，找平后用电弧焊焊牢；

e) 每一垫铁组应尽量减少垫铁数量，总数不得超过 3 块，厚的放在下面，最薄的放在中间，垫铁组总高度应在 30 mm～100 mm；

f) 垫铁应露出设备底座外缘，平垫铁应露出 10 mm～30 mm，斜垫铁应露出 10 mm～50 mm，垫铁组伸入设备底座底面的长度应超过地脚螺栓孔；

g) 每一组垫铁应放置平整，接触良好，拧紧地脚螺栓后，每组垫铁的压紧度应一致，不允许有松动现象。

7.2.3 设备上作为定位基准的面、线、点对安装基准线的平面位置、标高的允许偏差应符合表 8 的规定。

表 8 设备上定位基准的面、线或点对安装基准线的允许偏差

单位为毫米

项次	项　目	允许偏差	
		平面位置	标高
1	与其他设备无机械联系	±10	+20 −10
2	与其他设备有机械联系	±2	±1

7.2.4 安装基准的水平度允许偏差应符合设备技术文件的规定。若无规定时，应符合下列要求：

a) 横向水平度的允许偏差为 0.1 mm/m；

b) 纵向水平度的允许偏差为 0.05 mm/m；

c) 不得用松紧地脚螺栓的办法来调整找平及找正。

7.2.5 各类联轴器两轴的对中偏差及端面间隙应符合表 9 的要求。

表 9　各类联轴器两轴的对中偏差及端面间隙

单位为毫米

联轴器类型	联轴器外径(*D*)	对中偏差		端面间隙不小于
		径向位移	轴向倾斜	
凸缘联轴器	—	<0.03	0.05/1 000	端面紧密接触
滑块联轴器	<190	<0.05	0.4/1 000	0.5
	>190			1.00
齿式联轴器	170～185	<0.05	<0.3/1 000	2.50
	220～250	<0.08		
	290～430	<0.10	<0.5/1 000	5.00
弹性套柱销联轴器	71～106	<0.04	<0.2/1 000	3.00
	130～190	<0.05	<0.2/1 000	4.00
	224～250	<0.05	<0.2/1 000	5.00
	315～400	<0.08	<0.2/1 000	5.00
弹性柱销联轴器	90～160	<0.05	<0.2/1 000	2.50
	195～220			3.00
	280～320	<0.08	<0.2/1 000	4.00
	360～410			5.00

7.2.6　带传动和链传动的传动轮应符合下列要求：

a)　主动轮和从动轮两轮的对称中心平面应在同一平面上，平皮带传动两平面轴向位移量不得大于 1.5 mm，三角带传动和链传动不大于 1 mm；

b)　主动轮和从动轮两轮轴线平行度的允许偏差为 0.5 mm。

7.2.7　设备基础的灌浆应符合下列要求：

a)　灌浆工作应在找平后的 24 h 内进行；

b)　基础表面应用水冲洗干净并浸湿；

c)　设备底面与灌浆层接触的部位应无油污和油漆；

d)　在捣实地脚螺栓孔内的混凝土时，不得使设备产生位移；

e)　地脚螺栓孔二次灌浆时，宜采用细石混凝土，且标号应提高一级。

7.2.8　压装盘根应符合下列要求：

a)　压装油浸石棉盘根时，第一圈和最后一圈宜压装干石棉盘根；

b)　压装铝箔或铅箔包石棉盘根时，应在盘根内缘涂一层用润滑油脂调和的鳞状石墨粉；

c)　盘根圈的接口宜切成小于 45°的剖口，相邻两圈的接口应错开 90°以上；

d)　盘根不宜压得过紧。

7.2.9　设备清洗时应符合下列要求：

a)　设备安装完毕，灌浆层达到设计强度的 80%以后，应对设备进行全面清洗；

b)　设备内部清洗时，不得拆卸零部件；若应拆卸时，应测量被拆卸件的装配间隙和与有关零部件的相对位置，并做出标记和记录；

c)　设备清洗后，凡无油漆部分均应涂以机油防锈；

d)　清洗时应检查油孔、油管的通畅和清洁，油管接头处不得漏油。

7.3　格栅安装

7.3.1　格栅栅条对称中心线与导轨的对称中心线应符合设备技术文件的要求。

7.3.2　高链格栅主动链条与被动链条的齿轮几何中心线应重合，其偏差不应大于两链轮中心距的 2%。

7.3.3　格栅设备浸水部位两侧及底部与沟渠间隙应封堵密封。

7.3.4　格栅设备安装的质量验收要求应符合 GB 50334 的相关规定。

7.4 泵安装

沼气工程中的离心泵、潜污泵、轴流泵、往复泵、螺杆泵、真空泵等的安装和验收，应按 GB 50275 中有关安装的规定执行。

7.5 螺旋挤压分离机的安装

7.5.1 分离机的直线度、重合度允许偏差应符合表 10 的规定。

表 10 分离机安装直线度、重合度的允许偏差

单位为毫米

项次	项目		允许偏差
1	机壳直线度	每米	1
		全长	3
2	轴承中心线对分离机纵向中心线的重合度		1
3	螺旋与机壳	两侧间隙	2
		底部间隙	±2

7.5.2 分离机机壳与进料口、固体出料口和液体出料斗的连接处应紧密。

7.5.3 分离机的试运转应符合下列规定：

a) 无负荷运转 30 min，有负荷运转不少于 2 h；

b) 滚动轴承的最高温度不得超过 75℃；

c) 运转平稳，螺旋不得碰机壳。

7.6 箱式压滤机的安装

7.6.1 压滤机整机应比地平面高 250 mm 以上，机体四周要有 1 000 mm 以上空间。

7.6.2 整机安装时应以两边横梁为基准校准水平，机架两端允许压紧机构高于固定压板端 5 mm～20 mm。

7.6.3 在压缩板上安装橡胶膜时，应使橡胶膜的四周与滤板四周距离相等，并保证橡胶膜密封面不受损伤。

7.6.4 在安装进料口和出液口时，应使进料口或出液口的缺口对准滤板的扁孔；在拧紧进料或出料口螺纹时，应注意锥面与滤布或橡胶膜的均匀接触。

7.6.5 箱式压滤机的试运转应符合下列要求：

a) 无负荷运转不少于一个周期，有负荷运转不得小于 4 h；

b) 在全自动箱式压滤机的试运转中，压板压紧时，应注意电流的指示值；如电流表无读数或读数超过该机允许值而压滤机不自动停车时，应立即停机检查、维修和调整；

c) 在全自动箱式压滤机的试运行中，应密切观察各控制元器件、信号装置和各操作按钮的灵敏度和可靠性。

7.7 钢板焊接结构沼气发酵装置的安装

7.7.1 基础应符合下列要求：

a) 基础混凝土强度达到设计要求的 80%以上；

b) 基础周围回填夯实平整；

c) 基础的轴线标志和标高基准点应准确、齐全；

d) 基础上预埋件位置的允许偏差应符合设计技术文件的规定；

e) 基础表面与地脚螺栓（锚栓）的允许偏差应符合表 11 的规定。

表 11　支承面与地脚螺栓(锚栓)的允许偏差

单位为毫米

项　　目		允许偏差
支承面	标高	±3.0
	水平度	1/1 000
地脚螺栓 (锚栓)	螺栓中心偏移	5.0
	螺栓露出长度	+20.0 0
	螺纹长度	+20.0 0
预留孔中心偏移		10.0

7.7.2　按材料清单表核对进场的零件、部件、构件及其他材料，查验材料或产品的合格证书。

7.7.3　在进场或运输过程中损伤的构件，须进行矫正。矫正后的钢材表面不得有明显的凹面或损伤，划痕深度不得大于该钢材厚度负偏差值的 1/2。

7.7.4　材料、部件或构件有试验要求时，应符合相应的设计文件规定。

7.7.5　材料、部件或构件在组装前应清除其表面油污、泥沙和灰尘等杂物。

7.7.6　钢板焊接结构沼气发酵装置在进行安装时，应符合下列要求：

a)　对容易变形的钢构件进行强度和稳定性验算，必要时应采取加固措施；

b)　沼气发酵装置的壁板、填料支柱等主要构件安装就位后，应立即进行校正、固定；当天安装的构件应形成稳定的空间体系；

c)　在安装、校正时，应考虑焊接变形等因素的影响，采取相应的调整措施；

d)　设计要求顶紧的节点，接触面积不得小于 70%的紧贴面；

e)　利用安装好的结构吊装其他部件和设备时，应进行验算，采取相应保护措施；

f)　安装在罐体上的上人孔、下人孔、进料管、出料管、排泥管、检测管孔、取样管、导气管应按设计文件执行。

7.7.7　罐体及部件安装的允许偏差应符合下列要求：

a)　罐体的总标高允许误差为±20 mm，垂直度允许偏差为 1/1 000，塔顶外倾的最大偏差不得大于 30 mm；

b)　上、下人孔标高不超过±20 mm；

c)　进料管、出料管、排泥管、检测管、取样管、导气管等的标高允许误差±10 mm，水平位移量不超过 20 mm。

7.7.8　钢板焊接结构沼气发酵装置的焊缝渗漏检查应符合 GB 50128 的相关规定。

7.7.9　其他功能设施的安装应按相关设计文件规定执行。

7.7.10　钢板焊接结构沼气发酵装置在内外安装完毕后，应进行防腐处理及密封性试验。

7.7.11　钢结构防腐处理应符合以下要求：

a)　经过表面处理后的钢材表面粗糙度，不得超过涂层厚度的 1/3，一般宜控制在 40 μm～50 μm；

b)　已处理的表面均应在 4 h 内涂刷底漆；若来不及涂刷底漆或在涂漆前被雨淋，出现新锈，则在涂漆前应重新进行表面处理；

c)　防腐处理应按设计执行；

d)　钢结构表面温度应高于露点温度 3℃，方可进行钢结构防腐施工；

e)　宜选用高压无气喷涂，条件不允许时也可选用涂刷施工；涂刷厚度应均匀、不漏涂和误涂；

f)　防腐处理结束后，自然养护时间不宜小于 7 d。

7.7.12　钢板焊接结构沼气发酵装置的试水应符合 6.5.11 的规定，气密性试验应符合 6.5.12 的规定，基础沉降观察与记录应符合 6.5.13 的规定。质量验收应符合 GB 50334 的相关规定。

7.8 搪瓷拼装发酵装置的安装

7.8.1 安装的一般要求应符合 7.7.1～7.7.5 的相关规定。

7.8.2 安装前的准备应符合下列要求：

a) 安装用的吊装设备应根据反应器总重量经过计算配置，并满足 20%以上的安全系数；

b) 安装工具及辅料按实际需求备齐；

c) 脚手架的搭建应稳固、安全、便于操作；

d) 对损坏或变形的拼装构件应采取更换或加固措施。

7.8.3 安装时应符合下列要求：

a) 应从上到下按顺序安装，安装顶板时应按方向标志安装；

b) 钢板紧固件部位应擦拭干净，两板贴合时，定位要准确、牢固，防止孔位错位；

c) 箍筋的松紧度应以腻子带厚度被压缩 1/3 为度。

7.8.4 吊装时钢丝绳应固定牢固，起吊须平稳，每圈起吊高度 1.4 m。

7.8.5 罐体与底板连接时，每个拼板不少于 3 个连接角铁，并与底板预埋件对位，焊接牢固。

7.8.6 打底处理的宽度为 20 mm，晾干时间不少于 15 min。

7.8.7 密封剂的配制与施工，应符合下列要求：

a) 密封剂取基膏与硫化剂按重量比 10∶1 配制，随配随用，每次配量不宜超过 2 kg；

b) 施工时，要保持环境清洁，室外温度在 5℃～35℃之间，禁止在雨天进行施工；

c) 所有拼板交接处内外部位及螺栓均应满涂密封剂；

d) 注压后的密封剂表面不得有漏涂、缺胶、明显气孔等现象；

e) 自然硫化时间：夏季 3 d～5 d，冬季 5 d～7 d。

7.8.8 搪瓷拼装发酵装置的试水应符合 6.5.11 的规定，气密性试验应符合 6.5.12 的规定，基础沉降观察与记录应符合 6.5.13 的规定。质量验收应符合 GB 50334 关于钢制消化池的规定。

7.9 螺旋双折边咬口结构发酵装置的安装

7.9.1 安装的一般要求应符合 7.7.1～7.7.5 的相关规定。

7.9.2 安装前应符合下列要求：

a) 安装制作螺旋双折边咬口反应器的专用设备应性能完好，支架等辅助设备完整；

b) 罐(或池)体周边钢支架的搭设应稳固、安全；

c) 对钢卷板材料进行强度和稳定性验算，必要时应采取加固措施；

d) 安装工具及辅助材料应按实际需要量配备齐全；

e) 安装在罐(或池)体上的人孔、进料管、出料管、排泥管、检测孔管、取样管、导气管等应在进场前预制完成，在现场定位后采用螺栓固定安装，严禁直接焊接在罐体上；

f) 罐(或池)体现场制作前要求钢筋混凝土底板平整度误差不大于±20 mm，密封用圆形预留沟槽底部的水平度误差不大于±20 mm，预留沟槽内预埋件数量及埋设方法与误差要求应严格按设计文件规定的要求执行；

g) 反应器内其他附属设备的制作与安装应严格按设计文件执行。

7.9.3 罐(或池)体及部件安装的允许偏差应符合下列要求：

a) 罐(或池)体的总标高允许误差为±20 mm，垂直度最大误差不得大于 30 mm；

b) 螺旋双折边咬合筋总厚度 $\delta \leqslant 5\delta_0 + 0.2$ mm；

c) 人孔开孔处的标高误差为罐体上筋间中心上下不超过±20 mm；

d) 进料管、出料管、排泥管、检测孔管、取样管、导气管等工艺管孔只允许破一条咬合筋安装，标高误差不大于±10 mm；

e) 罐(或池)体的现场制作以从上至下机械化制作,上下端面切平时的允许误差为±20 mm;

f) 罐(或池)体落地后应立即将罐体与预留沟槽内的每块预埋件螺栓固定或焊接牢固,且沟槽内固定用的预埋件间距不大于1 000 mm;

g) 罐(或池)体咬合筋处的密封胶应注入均匀,无间断。

7.9.4 密封槽的处理应保证密封材料与基层及罐体的有效贴合。

7.9.5 制作完成在封槽以后,罐(或池)内其他设施安装以前应进行密封性试验,加水后静置24 h以确定反应器的密封性能。

7.9.6 其他功能设施的安装应按相关设计文件规定执行。

7.9.7 制作安装完成后应进行防腐处理(不锈钢材料除外)。

7.9.8 螺旋双折边咬口结构发酵装置的试水应符合6.5.11的规定,气密性试验应符合6.5.12的规定,基础沉降观察与记录应符合6.5.13的规定。质量验收应符合GB 50334关于钢制消化池的规定。

7.10 全钢湿式储气柜及钢制钟罩

7.10.1 安装的一般要求应符合7.7.1~7.7.5的相关规定。

7.10.2 全钢湿式储气柜及钢制钟罩的制作安装应符合GB/T 51094的相关规定。

7.10.3 全钢湿式储气柜及钢制钟罩的验收应符合GB 50334的相关规定。

7.11 膜式气柜的安装

7.11.1 安装的一般要求应符合7.7.1~7.7.5的相关规定。

7.11.2 膜式气柜应符合下列要求:

a) 膜式气柜应由气柜本体、气柜稳压系统、泄露检测系统、气体检测系统、超压放散装置等组成;

b) 外膜宜选用防静电,有良好反光效果、抗紫外线、耐老化、耐低温的高强度阻燃材料,具体性能参数宜满足表12的要求;

表12 外膜材料性能参数

重量,kg/m^2	厚度,mm	抗拉力,N/5 cm	抗UV色牢度	防火等级	使用年限,年
≥1 000	≥0.80	≥4 000/4 000	7	B1	≥15

c) 内膜、底膜应选用防沼气渗透、耐磨、耐褶皱、耐硫化氢腐蚀的高强度阻燃材料,具体性能参数宜满足表13的要求;

表13 内膜材料性能参数

重量 kg/m^2	厚度 mm	抗拉力 N/5 cm	气密性 $cm^3/(m^2 \cdot 24\ h \cdot 100\ kPa)$	抗折断性能 次/折	抗硫化氢浓度 mg/m^3	使用年限 年
≥1 000	≥0.80	≥3 500/3 500	≤400	≥100 000	≥6 969	≥15

d) 膜式气柜的工艺设计应符合GB/T 51063的规定。

7.11.3 独立式膜式气柜的安装应符合GB/T 51063的规定。

7.11.4 一体化膜式气柜的安装应符合GB/T 51063的规定。

7.11.5 膜式气柜的安装宜在气温0℃以上时进行。

7.11.6 膜式气柜的气密性试验应符合6.5.12的规定。

7.12 脱水装置、脱硫罐的安装

7.12.1 根据设备总重量、底座大小和地脚螺栓的位置安放好垫铁,地脚螺栓与螺母应配成套,松紧适度,无乱扣、缺丝和裂纹等缺陷。

7.12.2 设备就位后,应符合下列要求:

a) 中心线位置偏差不得大于±10 mm；

b) 方位允许偏差，沿底座环圆周测量，不得超过 15 mm；

c) 罐体的垂直度允许偏差为 1/1 000；

d) 罐顶外倾的最大偏差不得超过 10 mm。

7.12.3 垂直度应以增减垫铁的厚度来调整。

7.12.4 罐内的构件与填料，应按技术图纸的要求进行安装。当人工装填料有困难时，应设置临时起吊装置。

7.12.5 装置与各管道连接接头、排泥阀、检查口、取样口、排空口、再生口不得漏气。

7.13 试运转

7.13.1 设备试运转应具备下列条件：

a) 有完整的安装记录；

b) 试运行人员已掌握其操作程序和操作方法，并熟悉安全守则；

c) 二次灌浆达到设计强度；

d) 每个润滑部位已涂注润滑油脂；

e) 与运行有关的管道、电气、仪器已具备使用条件。

7.13.2 设备试运转应符合设备技术文件或设计的规定。

7.13.3 运转部位应作盘动检查，确认没有阻碍和无异常现象后才能正式启动。

7.13.4 首次启动时，应先用点动做数次试验，认为正确无误后方可正式试运转。

7.13.5 设备运转中不得有杂音和音响。

7.13.6 滚动轴承的温升不超过 40℃，其最高温度不得超过 75℃，滑动轴承温升不超过 35℃，最高温度不得超过 65℃。

7.13.7 在运转中，应检查各运动机构的状况，并符合下列要求：

a) 轴（包括联轴节）的振动和窜动不得超过设备技术文件的规定，若无规定，离心式设备应按表 14 的规定执行；

表 14 离心式设备轴承处的振动值

转速，r/min	轴承处的双向振幅不大于，mm
≤375	0.18
>375～600	0.15
>600～750	0.12
>750～1 000	0.10
>1 000～1 500	0.08
>1 500～3 000	0.06
>3 000～6 000	0.04
>6 000～1 200	0.03
>12 000	0.02
注：振动值应在轴承体上（轴向、垂直、水平 3 个方向）进行测量。	

b) 往复运动部件，在整个行程上（特别是在改变方向时）不得有异常振动、阻滞和走偏现象；

c) 传动皮带不得打滑，平皮带不得跑偏；

d) 链条和链轮应啮合平稳，无噪声和卡住现象；

e) 齿轮传动不得有异常噪声和不正常的磨损现象。

7.13.8 设备的操纵开关、制动、限位等应灵敏、准确和可靠。

7.13.9 试运转结束后,应即时做好下列工作:

a) 断开电源和其他动力来源;
b) 消除压力和负荷(包括放水、放气等);
c) 检查和复紧各紧固部件;
d) 整理试运转的各项记录。

8 管道安装

8.1 一般规定

8.1.1 管道安装应具备下列条件:

a) 设计及相关文件齐全,安装图纸已技术交底,并经会审批准;
b) 与管道有关的土建已检验合格,满足安装要求;
c) 与管道连接的设备已安装固定完毕;
d) 管道组成件及阀门等已按设计要求核对合格;
e) 管道安装应横平竖直。

8.1.2 管道组成件及阀门检验应符合下列要求:

a) 应具有制造厂的质量合格证明书;
b) 材质、规格和型号应符合设计文件规定;
c) 无裂纹、缩孔、夹渣、折叠、重皮等缺陷;
d) 不得有超过壁厚负偏差 1/2 的锈蚀或凹陷;
e) 螺纹、密封面良好,精度及光洁度应达到设计要求或制造标准。

8.1.3 法兰连接应满足下列要求:

a) 法兰连接时应保持平行,偏差不大于法兰外径的 1.5/1 000;
b) 法兰连接应保持同轴,螺孔中心偏差不得大于孔径的 5%,并保证螺栓自由穿入;
c) 与设备接管连接时,选用配对的法兰类型、标准和等级应与设备法兰相同,连接螺母应放在设备一侧;
d) 紧固螺栓应对称均匀,松紧适度,紧固后的螺栓与螺母宜平齐。

8.1.4 阀门安装应符合下列要求:

a) 检查填料,压盖螺栓应留有调节裕量;
b) 按设计文件核对其型号,并应按介质流向确定其安装方向;
c) 阀门与管道以法兰或螺纹方式连接时,阀门应在关闭状态下安装;
d) 阀杆及传动装置应按设计规定安装;
e) 安全阀应垂直安装,在调校时,开启和回座压力应符合设计文件的规定。

8.1.5 管道组成件的加工与管道焊接的要求,应符合 GB 50184 的规定。

8.1.6 管道组成件及管道支承件在安装过程中应妥善保管,不得混淆、损坏或锈蚀,色标或标记应明显清晰。发现无标记时,应查验钢号,暂不能安装的管道应封闭管口。

8.1.7 封闭管段应按照现场实测后的安装长度加工。

8.1.8 埋地管道在试压合格并采取防腐措施后,应及时回填土。

8.2 钢制管道安装

8.2.1 管子在对口时,应保证其平直度。当管子的公称直径小于 100 mm 时,允许偏差为 1 mm;当管子公称直径大于或等于 100 mm 时,允许偏差为 2 mm,全长偏差不大于 10 mm。

8.2.2 垫片安装时,可分别涂以二硫化钼油脂或石墨机油涂剂。

8.2.3 螺栓、螺母应涂以二硫化钼油脂、石墨机油或石墨粉。

8.2.4 管道在穿墙或过楼板时，应加装导管。穿墙套管长度不小于墙厚，穿楼板套管长度应高出楼面 50 mm。套管内不宜有焊接缝。

8.2.5 有缝管的纵向焊缝应置于易检修的位置。

8.2.6 不得在焊缝处开孔。

8.2.7 埋地钢管的防腐除焊接部位应在试压合格后进行外，均应在安装前做好。运输和安装时损坏的防腐层，在试压合格后修复完整。

8.2.8 管道与设备连接前，应在自由状态下检验法兰的平行度和同轴度，允许偏差应符合表 15 的要求。

表 15 法兰的平行度、同轴度的允许偏差

设备转速，r/min	平行度，mm	同轴度，mm
3 000～6 000	≤0.15	≤0.50
>6 000	≤0.10	≤0.20

8.3 聚乙烯(PE)材质管道的安装

8.3.1 PE 管材的允许偏差应符合表 16 的要求。

表 16 PE 管材的允许偏差

单位为毫米

外 径		壁 厚	
基本尺寸	公差	基本尺寸	公差
40	+0.4	2.0	+0.4
50	+0.4	2.0	+0.4
75	+0.6	2.3	+0.5
110	+0.8	3.2	+0.5
160	+1.2	4.0	+0.8

8.3.2 热弯弯头时，加热温度应控制在 130℃～150℃之间，加热长度应稍大于弯管弧长。

8.3.3 弯管的椭圆度不得超过 6%，凹凸不平度允许偏差不得超过表 17 的要求。

表 17 PE 管弯头允许最大凹凸不平度

单位为毫米

公称直径	<50	50～100	>100
凹凸不平度	2	3	4

8.3.4 管材或板材在进行热加工时，应当一次成型，不宜再次加热。

8.3.5 焊条表面应光滑，横断面的组织均匀紧密，无夹杂物。

8.3.6 焊缝根部的第一根打底焊条，应采用直径为 2 mm 的细焊条。

8.3.7 焊缝中焊条应排列紧密，不得有空隙。各层焊条的接头应错开。焊缝应饱满、平整、均匀，无波纹、断裂、烧焦、吹毛和未焊透等缺陷。

8.3.8 PE 管道安装的允许偏差应符合表 18 的要求。

表 18 PE 管道安装允许偏差

序号	检查项目	允许偏差
1	立管垂直度	每米高度不大于 3 mm 5 m 以下,全高不大于 10 mm 5 m 以上每 5 m 不大于 10 mm,全高不大于 30 mm
2	横管弯曲度	每米长度不大于 2 mm 10 m 以内,全长不大于 8 mm 10 m 以上,每 10 m 不大于 10 mm

8.3.9 管道安装完毕,应按设计要求进行水压或气压试验。在试压过程中,不能敲击管子,开启和关闭阀件要缓慢。

9 电气设备及仪表安装

9.1 电气设备的安装

9.1.1 安装前应核对电气设备的型号规格,并应符合下列要求:

a) 电气设备的技术文件及附件应齐全;

b) 继电器、接触器及开关的触点应紧密可靠,无腐蚀和损坏;

c) 固定和接线用的紧固件、接线端子应完好无损;

d) 电气设备的绝缘、熔断器的容量应符合安装使用说明书的规定。

9.1.2 电气设备不宜安装在高温、潮湿、多尘、有火灾危险、有腐蚀的场所。

9.1.3 电气设备应安装在便于检查、维修、拆卸的位置。

9.1.4 电气设备的安装应牢固、整齐、美观。

9.1.5 电气设备的位号、端子编号、用途标牌和操作标志应完整无缺。

9.1.6 电气设备上已密封的可调装置及密封罩,不得随意启封。

9.1.7 盘上安装的供电设备,其裸露带电体与其他裸露带电体或导电体之间的距离不得小于 4 mm。

9.1.8 金属供电箱接地线连接应牢固可靠。

9.1.9 电气设备的带电部分与金属外壳间的绝缘电阻不得小于 5 MΩ。

9.1.10 电气电缆敷设时应符合下列要求:

a) 电缆规格型号应符合设计要求,并具有产品证明书;

b) 电缆敷设时不宜交叉,应排列整齐,并装设标志牌,直理电缆接头处应加设保护盒;

c) 电缆管的弯曲半径应符合设计要求,每根电缆管不得超过 3 个弯头,出入地沟和建筑物的管口应密封;

d) 导线敷设不得有扭结,转弯处不得有急弯和绝缘层损伤,跨越伸缩缝、沉降缝的导线两端应牢固、并留有余量。

9.1.11 供电系统送电前,系统内所有的开关均应置于“断开”的位置。

9.2 仪表安装

9.2.1 取源部件的安装应符合下列要求:

a) 取源部件的安装,应在设备制造或管道预制、安装的同时进行;

b) 开孔和焊接工作,应在管道或设备的防腐、吹扫和压力试验前进行;

c) 不宜在焊缝及其边缘上开孔及焊接;

d) 在混凝土浇注体上安装的取源部件应在浇注时埋入。

9.2.2 温度取源部件的安装应符合下列要求:

a) 安装位置应选在介质温度变化灵敏和具有代表性的地方;

b) 热电偶取源部件的安装位置,宜远离强磁场区域;

c) 与管道垂直安装时,取源部件轴线应与管道轴线垂直相交;

d) 在管道拐弯处安装时,宜逆着介质流向,取源部件轴线应与管道轴线相重合;

e) 与管道倾斜安装时,宜逆着介质流向,取源部件轴线应与管道轴线相交。

9.2.3 压力取源部件的安装应符合下列要求:

a) 安装位置应选在介质流速稳定的地方;

b) 端部不得超出设备或管道的内壁;

c) 测量气体压力时,取源口应开在管道的上半部;

d) 测量液体压力时,取源口应开在管道的下半部,与管道的水平中心线呈0°~45°夹角。

9.2.4 仪表盘(操作点)内的配线应符合下列要求:

a) 当采取明敷时,电缆、电线束应用由绝缘材料制成的扎带扎牢,扎带间距宜为100 mm;

b) 电线的弯曲半径不得小于其外径的3倍;

c) 盘内的线路不得有中间接头,绝缘护套不得有损伤;

d) 端子板两端的线路应按施工图纸标号;

e) 每一个接线端上最多允许接2根芯线;

f) 剥去外部护套的橡皮绝缘芯/线、接地线及屏蔽线应加设绝缘护套。

9.2.5 仪表盘(操作台)的安装应符合下列要求:

a) 盘(操作台)的外形尺寸和安装孔尺寸,盘上安装的仪表和电气设备的型号及规格应符合设计规定;

b) 安装位置应选在光线充足、通风良好、操作维修方便的地方;

c) 仪表盘(操作台)的安装应垂直、平正、牢固;其垂直度允许偏差为1.5 mm/m;水平方向的倾斜度允许偏差为1.0 mm/m。

9.2.6 仪表设备的安装应符合下列要求:

a) 型号、规格及材质应符合设计规定,仪表外观完整、附件及技术文件齐全;

b) 仪表距地面的安装高度宜为1.2 m~1.5 m,就地安装的仪表应便于操作和观察;

c) 仪表及电气设备上接线盒的引入口应朝下,并采取密封措施;

d) 接线前应校线并标号;

e) 剥离绝缘层时不得损伤线芯;

f) 锡焊时须使用无腐蚀性焊药;

g) 仪表及电气设备易受振动影响时,接线端子上应加止动垫圈。

9.2.7 温度仪表的安装应符合下列要求:

a) 温度计的感温面与被测表面应紧密接触,固定牢固;

b) 热电偶或热电阻应安装在不易受被测介质强烈冲击的地方,以及水平安装时其插入深度超过1 m时,应采取防弯曲措施;

c) 压力式温度计的温包应全部浸入被测介质中。

9.2.8 压力仪表的安装应符合下列条件:

a) 压力表或变送器的安装高度宜与试压点的高度一致;

b) 就地安装的压力表不宜固定在振动较大的设备或管道上;

c) 压力仪表应校验。

10 安全设施

10.1 防雷

沼气工程防雷接地施工及验收应符合 GB 50601 及其他相关规范的规定。

10.2 消防设施及给排水

沼气工程应配备必要的消防设施，其施工和验收应符合 GB/T 51063 的相关规定。

10.3 静电接地

10.3.1 电气设备接地装置的接地电阻值应符合设计文件要求。

10.3.2 变压器室和变、配电室内的接地干线与接地装置引出干线的连接位置和连接方式应符合设计文件的要求。

10.3.3 电气设备接地装置、防雷设施安装应符合设计文件的要求和 GB 50169 的有关规定。

10.3.4 电气设备接地装置的焊接应采用搭接焊，搭接长度应符合 GB 50303 的有关规定。

10.4 安全设施与标识

安全设施与标识的设置应符合设计文件的要求，劳动防护用品、应急救援装备的配备应符合设计文件的要求。

10.5 报警系统

可燃性气体检测报警系统、火灾自动报警系统均应通过相关部门的检验合格，并出具检验报告。

11 工程验收

11.1 一般规定

11.1.1 沼气工程施工完毕，须经竣工验收合格，方可投入运行使用。

11.1.2 工程验收包括中间验收和竣工验收，分项或分部工程先进行中间验收，合格后进行下道工序。

11.1.3 中间验收应由施工单位会同建设、设计、监理、质量监督部门共同进行，根据本规范相关规定进行质量验收，并做好记录。

11.1.4 竣工验收应由建设单位组织施工、设计、监理、质量监督部门及使用单位联合进行。

11.2 中间验收

11.2.1 中间验收应包括：隐蔽工程的验收；沼气发酵装置及水池的满水试验；沼气发酵装置和储气装置的气密性试验；工艺、水、电、气系统各分部工程的外观检查，管道系统强度及严密性试验；设备的单机试运转；电气仪表的单体调校，并做好调试记录。

11.2.2 中间验收时，应按本规范规定的质量标准进行检验，并认真填写中间验收记录。

11.3 竣工验收

11.3.1 沼气工程竣工验收应提供下列文件资料：

a) 设计变更和钢材代用证件；

b) 主要材料和仪表设备的合格证或试验记录；

c) 施工安装测量记录；

d) 混凝土工程施工记录；

e) 混凝土、砂浆、焊接等试验、检验记录；

f) 有关装置和管路的水密性、气密性等试验、检验记录；

g) 中间验收记录；

h) 钢质储气柜防腐及总体试验记录；

i) 设备仪器仪表交接清单；

j) 工程质量检验评定记录；

k) 工程质量事故处理记录；

l) 地基沉降记录；

m） 项目开工报告；

n） 工程预决算文件；

o） 竣工图和其他有关文件及记录。

11.3.2 沼气工程竣工验收时，应核实竣工验收文件资料并应作必要的复验和外观检查，对各分项工程质量作出鉴定结论，填写竣工验收鉴定书。

11.3.3 沼气工程竣工验收后，建设单位应将有关设计、施工、监理、验收的文件技术资料立卷长期存档。

ICS 27.010
F 13

中华人民共和国农业行业标准

NY/T 1220.4—2019
代替 NY/T 1220.4—2006

沼气工程技术规范 第4部分:运行管理

**Technical specification for biogas engineering—
Part 4:Operation and maintenance**

2019-01-17 发布　　2019-09-01 实施

中华人民共和国农业农村部　发布

前　言

NY/T 1220《沼气工程技术规范》分为5个部分：

——第1部分：工程设计；

——第2部分：输配系统设计；

——第3部分：施工及验收；

——第4部分：运行管理；

——第5部分：质量评价。

本部分为NY/T 1220的第4部分。

本部分按照GB/T 1.1—2009给出的规则起草。

本部分代替了NY/T 1220.4—2006《沼气工程技术规范　第4部分：运行管理》。与NY/T 1220.4—2006相比，除编辑性修改外主要技术变化如下：

——修改了范围；

——修改了规范性引用文件；

——修改了术语和定义；

——修改了制定本部分的原因；

——提高了操作人员对工艺流程的认识深度；

——提高了运行管理人员、操作人员、维修人员、安全监督员的职业要求；

——提高了锅炉、压力容器等设备的检修要求；

——增加了严禁随便进入具有有毒、有害气体的对象范围；

——修改了栅渣清除的相关规定；

——修改了泵轴承温升超过环境温度的数值范围；

——增加了厌氧消化装置进料与出料同时进行的规定；

——增加了检修气柜时不得动用明火的规定与例外；

——增加了监测数据信息安全的相关规定；

——修改了与其他标准规定不一致的数据和规定；

——修改了与实际情况不相符合的操作方法；

——增加了沼气输配系统的运行管理内容。

本部分由农业农村部科技教育司提出。

本部分由全国沼气标准化技术委员会(SAC/TC 515)归口。

本部分起草单位：农业部沼气科学研究所、农业部沼气产品及设备质量监督检验测试中心。

本部分主要起草人员：孔垂雪、梅自力、刘刈、邓良伟、宁睿婷、施国中、雷云辉。

本部分所代替标准的历次版本发布情况为：

——NY/T 1220.4—2006。

沼气工程技术规范 第4部分:运行管理

1 范围

本部分规定了沼气工程运行管理、维护保养、安全操作的一般原则以及各个建(构)筑物、仪器设备运行管理、维护保养、安全操作的专门要求。

本部分适用于已建成并通过竣工验收的沼气工程。

2 规范性引用文件

下列文件对于本文件的应用是必不可少的。凡是注日期的引用文件,仅注日期的版本适用于本文件。凡是不注日期的引用文件,其最新版本(包括所有的修改单)适用于本文件。

GB 6920 水质 pH值的测定 玻璃电极法

GB 7488 水质 五日生化需氧量(BOD_5)的测定 稀释与接种法

GB 11893 水质 总磷的测定 钼酸铵分光光度法

GB 11894 水质 总氮的测定 碱性过硫酸钾消解紫外分光光度法

GB 11901 水质 悬浮物的测定 重量法

GB 11914 水质 化学需氧量的测定 重铬酸盐法

GB 12801 生产过程安全卫生要求总则

GB 12997 水质 采样方案设计技术规定

GB 12998 水质 采样技术指导

GB 12999 水质采样 样品的保存和管理技术规定

3 术语和定义

下列术语和定义适用于本文件。

3.1

集水池 collecting tank

用于废水类发酵原料的收集、存放的设施。

3.2

调节池 regulating tank

调节料液浓度、流量、酸碱度以及温度的设施。

3.3

沉淀池 sedimentation tank

用于将固态有机物沉淀分离的设施。

3.4

混合调配池 mixing and equalization tank

用于固态发酵原料与液态发酵原料、水或回流沼液混合的设施。

3.5

沼渣沼液暂存池 digested slurry temporary storage tank

用于固液分离之前沼渣沼液的临时存储的设施。

3.6

厌氧消化装置　anaerobic digestion installation

在无氧状态下，利用微生物分解有机物产生沼气的装置。

3.7

沼气储气柜　biogas holder

用以储存沼气的密闭容器。

3.8

沼渣沼液储存池　storage tank of digestates

储存沼气发酵残余物(沼渣沼液)的设施。

4　总则

为了加强和完善沼气站的管理，提高管理人员和操作人员的技术水平，保证沼气工程安全、稳定、高效运行，使沼气工程的运行管理、维护保养及安全操作能根据规定的要求进行，达到沼气工程处理有机废弃物、获取能源、提供安全有机肥料、保护环境的目的，制定本部分。

5　一般要求

5.1　运行管理

5.1.1　运行管理人员必须熟悉沼气工程的工艺和设施、设备的运行要求与技术指标。

5.1.2　操作人员必须熟悉本岗位设施、设备的运行要求和技术指标，并应熟悉沼气工程工艺流程。

5.1.3　运行管理人员、操作人员、维修人员、安全监督员必须经过技术培训，并经考核合格取得相关的职业技能资格证书方可上岗。

5.1.4　监控室、管理房及设施、设备附近的明显部位，应张贴必要的工作图表、安全注意事项、操作规程和运转说明等。

5.1.5　各岗位的操作人员，应切实执行本岗位操作规程中的各项要求，按时准确地填写运行记录。运行管理人员应定期检查原始记录。

5.1.6　运行管理人员和操作人员应按工艺和管理要求巡视检查构筑物、设备、电器和仪表的运行情况。设备启动前应做好全面检查和准备工作，确认无误后方可开机运行。操作人员除了设施设备正常运行维护工作之外，应按工艺流程和各种设施、设备的管理要求进行巡视，如进出水流是否通畅、残渣清除、沼气产量、厌氧消化装置污泥流失情况，以及各种机电设备的运转部位有无异常噪声、温升、震动、漏电和胶轮脱胶等。同时，还应该观察各种仪表是否工作正常、稳定。

5.1.7　发现运行异常时，应采取相应措施、及时上报并记录后果。

5.1.8　各种设施、设备应保持清洁，避免跑、冒、滴、漏。

5.1.9　沼气站应对各项生产指标、能源和材料消耗指标等准确计量，应达到国家三级计量合格单位。

5.2　维护保养

5.2.1　沼气站应制订全面的维护保养计划，计划应包括下列内容：

a)　部件记录；

b)　设备记录；

c)　故障处理记录；

d)　维修保养时间表；

e)　维修保养预算及开支。

5.2.2　沼气站应建立日常保养、定期维护和大修理三级维护检修制度。

5.2.3 维修人员必须熟悉沼气站机电设备、处理设施的维护保养计划与规定以及检查验收制度。

5.2.4 应对构筑物的结构及各种闸阀、护栏、爬梯、管道、支架和盖板等每半年进行一次检查维护。

5.2.5 构筑物之间的连接管道、明渠等应经常清理,保持畅通。

5.2.6 各种设备、仪器仪表应严格按照其技术文件进行维护保养。

5.2.7 每半年检查、紧固一次设备连接件,并检查控制元件等连锁装置。

5.2.8 锅炉、压力容器等设备的检修应按规定申报,并由安全劳动部门认可的维修单位负责。

5.2.9 各种工艺管线应按要求每年涂饰一次相应的油漆或涂料。

5.2.10 维修机械设备时,不得随意搭接临时动力线。

5.2.11 维修人员应按设备使用要求,定期检查、更换安全和消防等防护设施设备。

5.2.12 建筑物、构筑物的避雷、防爆装置的测试、维修及周期应符合电力和消防部门的规定,并申报有关部门定期测试。

5.2.13 应每半年检查和更换一次救生衣、救生圈、消防设备等防护用品。

5.3 安全操作

5.3.1 沼气站必须对相关人员进行系统的安全教育,并建立经常性的安全教育制度。

5.3.2 运行管理人员和安全监督人员必须熟悉沼气站存在的各种危险、有害因素与不当操作的关系。沼气站应根据本规范和 GB 12801 的要求,结合生产特点制定相应安全防护措施和安全操作规程。

5.3.3 供气站应在明显位置配备防护救生设施及用品,包括:

a) 消防器材;

b) 保护性安全器具。

5.3.4 各岗位操作人员应穿戴齐全劳保用品,做好安全防范工作,并应熟悉使用灭火装置。

5.3.5 沼气站严禁烟火,并在醒目位置设置"严禁烟火"标志;严禁违章明火作业,动火操作必须采取安全防护措施,并经过安全部门审批;禁止石器、铁器过激碰撞。

5.3.6 严禁在无任何防护措施下进入具有有毒、有害气体的集水池、调节池、厌氧消化装置、沼气储气柜、沼渣沼液储存池、沟渠、管道及地下井(室)等构筑物。凡在这类构筑物或容器进行放空清理、维修和拆除时,必须按照下列步骤进行操作:

a) 清理干净产生气体的原料,打开这类装置的盖板或人孔盖板。

b) 向装置内鼓风或向外抽风,待可燃气体与有害气体含量符合规定(甲烷含量控制在 5%以下,有害气体 H_2S、HCN 和 CO 的含量应分别控制在 10 mg/m³、1 mg/m³ 和 20 mg/m³ 以下,同时防止缺氧,含氧量不得低于 18%),并经动物实验证明无危险时,方可操作。

c) 下池操作人员应戴好安全帽,系上安全带,配备安全照明灯具,使用隔离防护面具,池外必须有人监视池内作业并保持密切联系。整个检修期间不得停止鼓风。池内所用照明用具和电动工具必须防爆。如需明火作业,必须符合消防防火要求。同时,应有防火、救护等措施。

d) 放料时操作步骤如下:

1) 关闭沼气输送管道;

2) 打开厌氧消化罐顶部人孔盖板,使厌氧消化罐内部与大气连通;

3) 放料。

5.3.7 具有有毒有害气体、易燃气体、异味、粉尘和环境潮湿的地点,必须通风良好。

5.3.8 沼气站应在明显位置配备各类安全设施,包括安全梯、三脚架、安全绳、安全带、正压式呼吸器具、呼吸面罩、急救设施、防爆照明灯、防爆通信设备、氧气测定仪、有毒气体测定仪、灭火器材、防护围栏等;有关场所应设置安全标志。

5.3.9 应制定火警、易燃及有害气体泄漏、爆炸、自然灾害等意外事件的紧急应变程序和方案。

5.3.10 操作电器开关时，应按电工安全用电操作规程进行。控制信号电源必须采用安全电压 36 V 以下。

5.3.11 启动设备应在做好启动准备工作后进行。电源电压波幅超过额定值 5%时，不宜启动大型电机，电气设备必须安全接地。

5.3.12 各种设备维修时必须断电，并应在开关处悬挂维修标牌后，方可操作。

5.3.13 清理机电设备及周围环境卫生时，严禁开机擦拭设备运转部位，冲洗水不得溅到电缆头和电机带电部位及润滑部位。

5.3.14 严禁非本岗位人员启、闭机电设备。维修机械设备时，不得随意搭接临时动力线。设备旋转部位应加装防护罩，在运转中清理机电设备及周围环境卫生时，严禁擦拭设备运转部位，不得将冲洗水溅到电缆头和电机上。各种设备维修时必须断电，并应在开关处悬挂维修警示牌后，方可操作。

5.3.15 清捞浮渣、杂物及清扫堰口时，应有安全及监护措施；上下爬梯以及在构筑物上、敞开池、井边巡视和操作时，应注意安全、防止滑倒或坠落；雨天或冰雪天气，应特别注意防滑。

6 格栅

6.1 运行管理

6.1.1 格栅拦截的栅渣应及时清除。

6.1.2 采用机械格栅清捞杂物时，应观察机电设备的运转情况。

6.1.3 清除的栅渣应及时妥善处置。

6.2 维护保养

6.2.1 发现格栅部件故障或损坏时，应立即修理或更换。

6.2.2 及时冲洗场地，保持格栅周围清洁。

6.3 安全操作

6.3.1 格栅机开启前，应检查机电设备是否具备开机条件。

6.3.2 检修格栅机或清捞栅渣时，应有安全防护措施和有效的监护。

6.3.3 格栅间应设置有毒气体报警装置和排风设施，其事故排风次数每小时不应小于 12 次。

7 泵

7.1 运行管理

7.1.1 开机前应进行细致检查，做好开机前的准备工作，并按泵操作要求开机。

7.1.2 泵在运行中，应严格执行巡回检查制度，并符合下列规定：

a) 应注意观察各种仪表显示是否正常、稳定；

b) 检查泵流量是否正常；

c) 检查泵填料压板是否发热，滴水是否正常；

d) 注意轴承温升，不得超过环境温度 40℃，总温度不得超过 75℃；

e) 泵机组不得有异常的噪声或振动；

f) 检查取水井水位是否过低，进水口是否堵塞。

7.1.3 应使泵的机电设备保持良好状态。

7.1.4 操作人员应保持泵站的清洁卫生，各种器具应摆放整齐。

7.1.5 应及时清除叶轮、闸阀、管道的堵塞物。

7.2 维护保养

7.2.1 泵的日常保养应符合 7.1.2 中的有关规定。

7.2.2 对于填料密封的泵应至少半年检查、调整、更换泵进出水闸阀填料一次。

7.2.3 备用泵应每月至少进行一次试运转。环境温度低于0℃时,必须放掉泵壳内的存水。

7.2.4 对于输送高悬浮物介质的泵,若需较长时间停用,停机后应及时清洗。

7.3 安全操作

7.3.1 泵启动和运行时,操作人员不得接触转动部位。

7.3.2 当泵房供电或设备发生重大故障时,应打开事故排放口闸阀,将进水口处启闭阀关闭,并及时报告主管部门,不得擅自接通电源或修理设备。

7.3.3 操作人员在泵开启至运行稳定后,方可离开。

7.3.4 严禁频繁启动泵。

7.3.5 泵运行中发现下列情况时,应立即停机:

a) 泵发生断轴故障无法工作;

b) 突然发生异常声响;

c) 轴承温度过高;

d) 压力表、电流表的显示值过低或过高;

e) 管道、闸阀发生大量漏水;

f) 电机发生严重故障。

7.3.6 应对泵实施过流保护、过压保护、轴承超温保护等安全措施。

7.3.7 应保持泵房通风良好。

8 固液分离设备

8.1 运行管理

8.1.1 按照固液分离设备各自的技术文件要求,开机前应做好检查准备工作。

8.1.2 开机后应注意观察声音及各种仪表显示是否正常。

8.1.3 调节流量,保证分离设备的工作负荷。

8.1.4 固液分离设备工作时,应注意观察固液分离设备的运转情况,发现故障应立即停车检修。

8.1.5 筛孔堵塞,应及时清疏;滤布破损,应及时更换。

8.1.6 分离、拦截的固形物质应及时清除,并应妥善处理和处置。

8.2 维护保养

8.2.1 固液分离设备出现故障或部件损坏时,应及时检修或更换。

8.2.2 固液分离设备停机后应及时清洗、维护。

8.3 安全操作

8.3.1 禁止从正在运转的分离(离心)桶内清理筛渣。

8.3.2 严禁硬杂物进入机体,若发现异常声响、机器震动大、电机超载,应立即停机检查处理。

8.3.3 检修固液分离设备高位水箱或高位布水槽时,应注意安全,并有有效的监护。

9 集水池、调节池

9.1 运行管理

9.1.1 水位不得低于泵的最低水位线。

9.1.2 操作人员应及时清捞浮渣。

9.1.3 清捞出的浮渣应集中堆放在指定地点并及时处理。

9.2 维护保养

9.2.1 每半年校正检修一次池内液位计、pH 计等仪表。

9.2.2 池内沉渣积聚较多时，应放空清理。

9.2.3 连接水池的管道、沟渠、格栅应定时清理。

9.3 安全操作

9.3.1 室内池应注意通风。

9.3.2 操作人员在清捞浮渣和除渣时应注意安全。

9.3.3 放空清理或维修时，应按 5.3.6 的规定执行。

10 沉淀池

10.1 运行管理

10.1.1 应根据水量的变化控制池内泵的工作时间，以保证浓稀污水的分离效果。

10.1.2 沉淀池运行管理应符合 9.1 的规定。

10.2 维护保养

10.2.1 应每半年对池内泵进行一次检修。

10.2.2 沉淀池维护保养应符合 9.2 的规定。

10.3 安全操作

沉淀池安全操作应符合 9.3 的规定。

11 沉砂池

11.1 运行管理

11.1.1 操作人员应根据水量变化调节沉砂池进水闸阀或泵流量，以保证沉砂池污水设计流速和停留时间。

11.1.2 沉砂池应定时排砂和清捞浮渣。

11.1.3 沉砂池排除的沉砂应及时外运，不得存放超过 24 h。

11.1.4 清捞出的浮渣应集中堆放在指定地点，并及时处理。

11.1.5 每年宜对沉砂颗粒进行化验分析一次，并对沉砂量进行统计。

11.2 维护保养

11.2.1 排砂管应经常清通，保持通畅。

11.2.2 应保持沉砂池及储砂场所的环境卫生。

11.2.3 沉砂池每 2 年应清池检修一次。

11.3 安全操作

11.3.1 操作人员在清捞浮渣和下池除砂时应注意安全。

11.3.2 建在室内的沉砂池应注意通风。

12 混合调配池

12.1 运行管理

12.1.1 根据固态原料量和最终确定的浓度，确定液态原料或清水的量和回流沼液的量。

12.1.2 在投入固态和液态原料的同时，应开启搅拌机。

12.1.3 长草等杂物不可进入混合调配池。

12.1.4 混合调配池运行管理应符合 9.1 的规定。

12.1.5 采取料液预增温的，应每半年检查一次换热器的运行效果。

12.2 维护保养

12.2.1 应每半年对池内搅拌机和泵进行一次检修。

12.2.2 应每月对缠绕在搅拌机上的长纤维进行一次清理。

12.2.3 混合调配池维护保养应符合 9.2 的规定。

12.3 安全操作

12.3.1 搅拌机启动或运行时，操作人员不得接触电机、搅拌轴及搅拌桨。

12.3.2 如发现搅拌机电机过热，应迅速切断电源。

12.3.3 混合调配池安全操作应符合 9.3 的规定。

13 厌氧消化装置

13.1 启动调试

13.1.1 厌氧消化装置在启动之前应做好以下准备工作：

a) 厌氧消化装置及有关设施的底部沉砂应完全清除；

b) 厌氧消化装置、管道、阀门及有关设备应试水试压合格；

c) 对各种泵、电机、加热装置、搅拌装置、气体收集系统以及其他附属设备等应进行单机调试和联动试运行；

d) 对与厌氧消化装置运行有关的各种仪表应分别进行校正；

e) 应使泵、阀门及相关设备处于正常状态，水路、气路畅通；

f) 水封加水至设计高度；北方冬季运行时，水封应加防冻液。

13.1.2 厌氧消化装置启动时，可采用其他厌氧消化装置的污泥进行接种。对于以畜禽粪便为原料的厌氧消化装置，可利用原料本身进行污泥培养。上流式厌氧污泥床反应器，宜采用颗粒污泥接种。

13.1.3 固态厌氧接种污泥在进入厌氧消化装置前应加水溶化，经滤网滤去大块杂质后，方可用泵抽入厌氧消化装置。

13.1.4 宜一次投加足够量的接种污泥，污泥接种量宜为厌氧消化装置容积的 30%。

13.1.5 厌氧消化装置的启动方式可采用分批培养法，也可采用连续培养法。

13.1.6 应逐步升温，以每日升温 2℃为宜，使厌氧消化装置达到设计的运行温度。

13.1.7 启动初期，容积负荷不宜过高，以 0.5 kg COD/(m^3 · d)～1.5 kg COD/(m^3 · d)为宜。对于浓度较高或有毒的废水应进行适当稀释。

13.1.8 当料液中可降解的化学需氧量去除率达到约 80%时，方可逐步提高容积负荷。

13.1.9 对于上流式厌氧污泥床反应器，为了促进污泥颗粒化，上升流速宜控制为 0.25 m/h～1.0 m/h。

13.1.10 厌氧消化装置启动时，应采取措施将厌氧消化装置、输气管路及沼气储气柜中的空气置换出去。

13.2 运行管理

13.2.1 厌氧消化装置进料应按相对稳定的量和周期进行，并不断总结，获得最佳的进料量和进料周期。不应一次性将当日原料全部进入厌氧消化装置。

13.2.2 高浓度发酵原料，进料总固体含量宜为 6%～12%。

13.2.3 厌氧消化装置宜维持相对稳定的发酵温度。

13.2.4 厌氧消化装置的搅拌宜间隙进行，在出料前 30 min，应停止搅拌。采用沼气搅拌的，在产气量不足时，应辅以机械搅拌或水力搅拌等其他方式搅拌。

13.2.5 厌氧消化装置的搅拌不得与排泥同时进行。

13.2.6 宜对温度、产气量、化学需氧量、pH、挥发酸、总碱度和沼气成分等指标进行监测，掌握厌氧消化装置的运行工况，并根据监测数据及时调整或采取相应措施。厌氧消化装置正常运行指标应符合下列要求：

a) pH 5.0～8.0；

b) 挥发酸(乙酸计)小于 1 000 mg/L；

c) 总碱度(重碳酸盐计)大于 2 000 mg/L；

d) 沼气 CH_4 含量不小于 50%。

13.2.7 厌氧消化装置内的污泥层宜维持在溢流出水口下 0.5 m～1.5 m。污泥过多时，应进行排泥；污泥过少时，可以从沉淀池进行回流。

13.2.8 厌氧消化装置溢流管必须保持畅通，并应保持溢流管水封和池顶保护水封的液位高度。

13.2.9 应每半年对生物膜法厌氧消化装置进行一次反冲洗。

13.2.10 应保持上流式厌氧污泥床反应器进水与出水均匀。

13.3 维护保养

13.3.1 厌氧消化装置宜 3 年～5 年清理检修一次，各种管道及闸阀应每年进行一次检查和维修。

13.3.2 搅拌系统应每半年检查维护一次。

13.3.3 应每半年校正检修一次厌氧消化装置的测温仪、pH 计、沼气流量计等仪表。

13.3.4 寒冷地区冬季应做好设备和管道的保温、防冻，溢流管、保护装置的水封应防止结冰。

13.3.5 厌氧消化装置停运期间，应保持池内温度 4℃～20℃。

13.3.6 厌氧消化装置停用较长时间时，应每 2 周搅拌一次。

13.4 安全操作

13.4.1 应每半年检查一次沼气管路系统和设备是否漏气。如发现漏气，应立即停气检修。

13.4.2 厌氧消化装置运行过程中，不得超过设计压力，并严禁形成负压。进料与出料应同时进行。

13.4.3 厌氧消化装置放空清理、维修和拆除时，必须严格按照 5.3.6 的规定执行。

13.4.4 维护保养搅拌设备时，应采取安全防护措施。

14 沼渣沼液暂存池

14.1 运行管理

14.1.1 应根据沼渣沼液流量，控制池内泵及固液分离机的使用时间。

14.1.2 应防止沼渣沼液溢出沼渣沼液暂存池。

14.1.3 沼渣沼液暂存池运行管理应符合 9.1 的规定。

14.2 维护保养

14.2.1 应采取措施及时清除沼渣沼液暂存池内壁及管道内生成的结晶体。

14.2.2 沼渣沼液暂存维护保养应符合 9.2 的规定。

14.3 安全操作

沼渣沼液暂存安全操作应符合 9.3 的规定。

15 沼渣沼液储存池

15.1 运行管理

15.1.1 保持沼渣沼液储存池的适当水位，不能溢出池外，也不能低于泵的最低水位。

15.1.2 沼渣沼液储存池的浮渣及浮游植物应适时清理。

15.1.3 应采取措施控制气味扩散和蚊虫滋生。

15.2 维护保养

15.2.1 应做好池墙、堤岸以及池底的维护工作，发现渗漏，及时处置。

15.2.2 池底积存的污泥应每半年清理一次。

15.3 安全操作

15.3.1 应每半年检查和维护一次沼渣沼液储存池周围的防护栏和安全标志牌。

15.3.2 深而窄小的沼渣沼液储存池放空清理或维修时，应按 5.3.6 的规定执行。

16 沼气净化与储存

16.1 运行管理

16.1.1 气水分离器、凝水器中以及沼气管道的冷凝水应每月排放一次。排水时，应防止沼气泄漏。

16.1.2 脱硫装置应每月排污一次。

16.1.3 脱硫装置中的脱硫剂应每季度再生或更换一次，冬季气温低于 10℃时应采取保温措施。

16.1.4 定时观测沼气储气柜的储气量和压力，并做好记录。

16.1.5 沼气应充分利用，多余沼气不得随意排放，确需排放的沼气应用火炬燃烧。

16.1.6 湿式沼气储气柜的水封应保持设计水封液位高度。夏季应及时补充清水，冬季气温低于 0℃时应采取防冻措施。

16.1.7 每半年测定沼气储气柜水封池内水的 pH。当 pH 小于 6 时，应换水。

16.1.8 检修沼气净化装置或更换脱硫剂时，应依靠旁通维持沼气输配系统正常运行。

16.2 维护保养

16.2.1 应每半年检查一次沼气储气柜、输气管道是否漏气。

16.2.2 沼气储气柜外表面的油漆或涂料应每年重新涂饰一次。

16.2.3 沼气储气柜的升降装置应经常检查，添加润滑油。

16.2.4 寒冷地区每年冬季前应检修沼气储气柜水封的防冻设施。

16.2.5 沼气储气柜运行 5 年～10 年应清理、检修一次。

16.3 安全操作

16.3.1 操作人员上下沼气储气柜巡视或操作维修时，必须穿防静电的工作服，不得穿带铁钉的鞋子。

16.3.2 沼气储气柜放空清理、维修、拆除时，必须采取安全措施，严格遵守 5.3.6 的规定。

16.3.3 严禁在沼气储气柜钟罩处于低水位时排水。

16.3.4 操作人员上沼气储气柜检修或操作时，严禁在柜顶板上走动。

16.3.5 检修气柜时不得动用明火，如需电焊、氧焊必须按照有关安全规定和要求操作。

17 沼气输配

17.1 运行管理

沼气应充分利用，多余沼气严禁排空，应采用锅炉或火炬燃烧。

17.2 维护保养

17.2.1 沼气站应每半年对供气管道、调压箱(器)等供气设施进行一次检查和维护保养，软管应每半年进行一次更换。

17.2.2 沼气站应每半年检查一次用户燃具是否漏气，发现漏气应及时处理。

17.2.3 沼气站应对燃气用户设施每半年进行一次检查，对居民用户设施每 2 年至少检查一次。入户检

查应包括下列内容,并做好检查记录:

a) 确认用户设施完好;
b) 管道不应被擅自改动或作为其他电器设备的接地线使用,应无锈蚀、重物搭挂,连接软管应安装牢固且不应超长及老化,阀门应完好有效;
c) 用气设备应符合安装、使用规定;
d) 不得出现燃气泄漏;
e) 用气设备前燃气压力应正常;
f) 计量仪表应完好。

17.3 安全操作

17.3.1 入户输气管道及燃气炉具等配套设施必须由专业人员按相关规范要求进行安装。

17.3.2 应定期对用户进行安全用气宣传。

18 控制室

18.1 运行管理

18.1.1 操作人员应注意观察控制信号是否正常,并做好运行日志。信号显示设备或系统出现故障或系统处于危险状态时,应立即通知检修人员或运行管理人员。

18.1.2 操作人员应定时对电气设备、仪表巡视检查,发现异常情况应及时处理。

18.1.3 各类检测仪表的传感器、变送器和转换器均应按技术文件要求清理污垢。

18.1.4 非站内运行的计算机软件,严禁在沼气站控制中心计算机上运行。

18.1.5 设备、装置在运行过程中,发生保护装置跳闸或熔断时,在未查明原因前不得合闸运行。

18.2 维护保养

18.2.1 建立完整的仪表档案。

18.2.2 控制设备各部件应完整、清洁、无锈蚀;表盘标尺刻度清晰;铭牌、标记、铅封完好;仪表井应清洁,无积水;控制室应保持整洁;每年检查更换防潮剂一次;计算机应保持正常。

18.2.3 室外检测仪表应设防水、防晒装置。

18.2.4 严禁使用对部件有损害的清洗剂清洗。

18.2.5 长期不用的传感器、变送器应妥善管理和保存。

18.2.6 应每半年检修一次仪表中各种元器件、探头、转换器、计算器和二次仪表等。

18.2.7 仪器、仪表的维修工作应由专业技术人员负责。贵重仪器的维修工作应与专业维修部门或生产厂家联系处理,不得随意拆卸。

18.2.8 列入国家强检范围的仪器、仪表,应按周期送技术监督部门检定修理。非强制检定的仪表、仪器,应根据使用情况进行周期检定。

18.3 安全操作

18.3.1 检修现场的检测仪表,应采取防护措施。

18.3.2 在阴雨天到现场巡视检查仪表时,操作人员应注意防触电。

19 监测室

19.1 运行管理

19.1.1 监测人员应经培训合格后,持证上岗,并应每年进行考核和抽验一次。

19.1.2 沼气站运行控制的监测项目、监测周期和监测方法宜按表1的规定执行。水质采样及样品保存和管理应按GB 12997、GB 12998、GB 12999的规定进行。

表 1 沼气工程监测项目、监测周期和监测方法

序号	监测项目	监测周期	监测方法
1	进料量	每天一次	废水流量计法
2	水温	每天一次	温度计法
3	pH	酸性原料:每天一次 其他原料:每周一次	GB 6920
4	挥发性有机酸	酸性原料:每天一次	电位滴定法
5	总碱度	酸性原料:每天一次	滴定法
6	总氮	原料和沼液:半年一次	GB 11894
7	总磷	原料和沼液:半年一次	GB 11893
8	化学需氧量	原料和沼液:每月一次	GB 11914
9	生化需氧量	原料和沼液:半年一次	GB 7488
10	悬浮物	原料和沼液:每月一次	GB 11901
11	沼气产量	每天一次	沼气流量计法
12	沼气中甲烷含量	每月一次	沼气成分分析仪法
13	沼气中硫化氢含量	每季一次	沼气成分分析仪法
14	用水量	每月一次	水表计量法
15	用电量	每月一次	电表计量法

19.1.3 监测室的各种仪器、器具、化学试剂及样品应按各自要求放置在固定地点,并摆放整齐。精密仪器应专人专管,计量器具必须带有“CMC”标志。所有药品和样品应有明显的标志。

19.1.4 监测分析人员应严格按照仪器使用说明书进行操作,并掌握常用仪器、设备的调试及一般维修保养方法。发现仪器、设备出现故障时,应立即检修或上报。

19.1.5 监测分析人员应按规定的时间和方法进行采样,及时完成样品的化验监测。应当时填写原始记录,整理上报,原始记录应存档。

19.1.6 监测数据的分析、汇总存档等工作宜采用计算机处理和管理。应有程序来保护和备份以电子形式存储的数据和文件,并防止未经授权的侵入或修改。

19.2 维护保养

19.2.1 各种分析仪器、设备应按该仪器的维护要求进行维护保养。

19.2.2 计量器具应按规定进行检定或校准,并贴检定或校准合格标签。

19.2.3 仪器的附属设备应妥善保管。

19.2.4 应保存重要仪器设备及其软件的记录。该记录至少应包括:

a) 设备及其软件的识别;
b) 制造商名称、型式标识、系列号或其他唯一性标识;
c) 对设备是否符合规范的核查;
d) 当前的位置(如果适用);
e) 制造商的说明书(如果有),或指明其地点;
f) 所有检定或校准报告和证书的日期、结果及复印件;
g) 设备维护计划,以及已进行的维护(适当时);
h) 设备的任何损坏、故障、改装或修理。

19.3 安全操作

19.3.1 监测室的通风橱、电炉、易燃易爆物、剧毒物及有害样品等应特别注意安全防护与安全操作。

19.3.2 凡是会释放有害气体或带刺激气味的实验操作必须在通风橱内进行。

19.3.3 监测室内应保持良好通风。

19.3.4 易燃物易爆物、剧毒物及贵重器具必须由专人或专门的部门负责保管,领用时应有严格的手续。

19.3.5 严禁赤手处置危险化学药品及含有病原体的样品(应防止有毒有害物质直接接触)。

19.3.6 监测分析完毕,应对仪器开关、水、电、气源等进行关闭检查。

19.3.7 在监测室适当地点应放置专门灭火器材。

ICS 27.010
F 13

中华人民共和国农业行业标准

NY/T 1220.5—2019
代替 NY/T 1220.5—2006

沼气工程技术规范
第5部分：质量评价

**Technical specification for biogas engineering—
Part 5:Evaluation of quality**

2019-01-17 发布　　2019-09-01 实施

中华人民共和国农业农村部　发布

前　　言

NY/T 1220《沼气工程技术规范》分为5个部分：

——第1部分：工程设计；

——第2部分：输配系统设计；

——第3部分：施工及验收；

——第4部分：运行管理；

——第5部分：质量评价。

本部分为NY/T 1220的第5部分。

本部分按照GB/T 1.1—2009给出的规则起草。

本部分代替了NY/T 1220.5—2006《沼气工程技术规范　第5部分：质量评价》。与NY/T 1220.5—2006相比，除编辑性修改外主要技术变化如下：

——修改了术语和定义；

——修改了沼气工程质量评价基本原则；

——修改了质量结构的论述形式；

——修改了质量评价体系与方法的论述形式；

——修改了沼气工程质量评价方式的相关规定；

——增加了对沼气工程监理单位的资质要求；

——修改了沼气工程质量评价对于工程连续运转时间的规定；

——修改了评议专家组成员的人数要求；

——修改了组织评议专家组实施质量评价的程序要求；

——修改了附录的有关规定。

本部分由农业农村部科技教育司提出。

本部分由全国沼气标准化技术委员会(SCA/TC 515)归口。

本部分起草单位：农业部沼气科学研究所、农业部沼气产品及设备质量监督检验测试中心。

本部分主要起草人员：雷云辉、孔垂雪、罗涛、梅自力、邱永红、胡国全、李江、张国治、陈子爱。

本部分所代替标准的历次版本发布情况为：

——NY/T 1220.5—2006。

沼气工程技术规范 第5部分:质量评价

1 范围

本部分规定了沼气工程质量的划分,制定了沼气工程质量的基本评价指标和评分要求,并给出了沼气工程质量评价的方法。

本部分适用于新建、改建和扩建的沼气工程,不适用于评价农村户用沼气池。

2 规范性引用文件

下列文件对于本文件的应用是必不可少的。凡是注日期的引用文件,仅注日期的版本适用于本文件。凡是不注日期的引用文件,其最新版本(包括所有的修改单)适用于本文件。

GBZ 1 工业企业设计卫生标准

GB 3096 声环境质量标准

GB 4284 农用污泥中污染物控制标准

GB/T 12801 生产过程安全卫生要求总则

GB 25246 畜禽粪便还田技术规范

GB/T 26622 畜禽粪便农田利用环境影响评价总则

GB/T 51063 大中型沼气工程技术规范

NY/T 1220.1—2019 沼气工程技术规范 第1部分:工程设计

NY/T 1220.2 沼气工程技术规范 第2部分:输配系统设计

NY/T 1220.3 沼气工程技术规范 第3部分:施工及验收

NY/T 1220.4 沼气工程技术规范 第4部分:运行管理

NY/T 2142 秸秆沼气工程工艺设计规范

3 术语和定义

下列术语和定义适用于本文件。

3.1

沼气工程质量 quality of biogas station

沼气工程的设计与施工质量、功能质量、运行质量、安全性能的综合能力特性的总和。

3.2

沼气工程设计与施工质量 design and construction quality of biogas station

沼气工程规划设计及参数的合理性和先进性,施工建设满足设计要求及相关规范的特性。

3.3

沼气工程功能质量 performance quality of biogas station

沼气工程按设计要求处理有机废弃物制取沼气及生产副产品的特性。

3.4

沼气工程运行质量 operation quality of biogas station

沼气工程稳定运行,沼气及副产品有效利用的能力。

3.5

沼气工程安全性能 safety quality of biogas station

沼气工程满足防雷、防爆及消防等其他安全规范要求的综合特性。

4 沼气工程质量评价基本原则

4.1 沼气工程质量评价，应符合设计文件以及 GB/T 51063、NY/T 1220.1～NY/T 1220.4 的规定。

4.2 沼气工程质量评价应在工程竣工验收并连续运转 6 个月以后进行。

4.3 沼气工程的质量评价对象应包括沼气工程设计、施工安装方案包含的所有设施与设备。

5 沼气工程质量结构及评价体系与方法

5.1 质量结构

沼气工程质量由设计与施工质量、功能质量、运行质量和安全性能 4 个分类质量构成，4 个分类质量分别设置若干基本评价指标。

5.2 质量评价体系与方法

5.2.1 各层次质量关系

沼气工程质量是 4 个分类质量的综合；分类质量是其对应的各基本评价指标所反映质量的综合。

5.2.2 质量评价体系

沼气工程的质量评价体系，由基本评价指标评分、分类质量评分和沼气工程质量评价总分由下而上依次构成。

5.2.3 质量评价方法

5.2.3.1 对各分类质量对应的基本评价指标进行评价，给出具体分值，进行加权处理后得到各分类质量评价得分，以百分制计。

5.2.3.2 对 4 个分类指标评价得分进行加权处理，得到沼气工程质量评价总分，以百分制计。

5.2.3.3 沼气工程质量评价根据总分，分为优良工程（总分≥80 分）、合格工程（总分≥60 分）和不合格工程（总分＜60 分）。

5.2.3.4 质量评价评分表见附录 A。

6 沼气工程质量评价基本评价指标

6.1 设计与施工质量评价基本评价指标

6.1.1 沼气工程设计单位、施工单位、监理单位应具有相应的设计、施工、监理资质。

6.1.2 沼气工程应按照 GB/T 51063、NY/T 1220.1—2019、NY/T 2142 等进行工程设计，选择先进可靠工艺设备，满足处理工艺和产气率要求。不同原料不同类型厌氧反应器的容积产气率参数可参照 NY/T 1220.1—2019 中第 7 章的数据。采用 CSTR 厌氧反应器时，以下数据可作为参考基本指标：常温发酵容积产气率≥0.3 $m^3/(m^3 \cdot d)$，中温发酵容积产气率≥0.8 $m^3/(m^3 \cdot d)$，高温发酵容积产气率≥1.5 $m^3/(m^3 \cdot d)$。

6.1.3 沼气工程设计应具有完整的沼气、沼渣沼液利用方案。设计方案中沼气利用率≥90%，并应配置应急安全燃烧系统。沼渣沼液综合利用或达标排放应满足 GB 25246、GB 4284、GB/T 26622 的规定。

6.1.4 沼气工程设计应具有完整的发酵原料质量、数量、温度保证设施和设备。

6.1.5 沼气工程设计应严格遵守易燃易爆场所防雷、防爆、消防安全设计规范。

6.1.6 沼气工程设计应依次完成可行性研究报告和初步设计评审。

6.1.7 沼气工程施工单位应通过招标方式产生。

6.1.8 施工过程应按照 NY/T 1220.1—2019、NY/T 1220.3 的要求进行，严格执行工程监理制度。

6.1.9 施工单位应具有由建设单位、施工单位、监理单位三方签字盖章的完整有效的隐蔽工程检验记录、装置与管道试漏试压记录及监理报告。

6.1.10 沼气工程竣工验收报告应完整有效，验收意见及改进措施应落实到位，规章制度完善并上墙公示。

6.1.11 沼气工程的施工过程中应采取有效防护措施保护人员安全与健康，加强职业卫生安全管理，严格执行 GBZ 1 和 GB/T 12801 等的规定。

6.2 沼气工程功能质量评价基本评价指标

6.2.1 沼气工程功能质量参数：沼气成分、热值、产气率等指标，应由具备专业检测资质、具有法定检验机构地位的第三方检测机构进行测定，并出具完整有效报告。

6.2.2 沼气成分中甲烷含量应≥55%，沼气工程容积产气率应不低于设计指标的 85%，容积负荷率应不低于设计负荷率的 90%；发酵原料处理量应不低于设计指标的 80%。

6.2.3 沼气利用率(沼气发电量、供气量、热能供应量、制天然气量等)应不低于设计指标的 90%。

6.2.4 沼气工程发酵温度等工艺参数满足设计要求比率应不低于 80%。

6.3 沼气工程运行质量评价基本评价指标

6.3.1 沼气工程单个连续稳定运行周期应≥90 d。在稳定运行周期内，沼气发酵原料使用量与设计指标偏差率≤20%，实际产气量不低于设计指标的 80%，沼气成分中甲烷含量≥55%或热值≥18 MJ/m^3，H_2S 含量≤20 mg/m^3。

6.3.2 管网系统设计、施工安装规范，管道畅通性好，阀门密封性能好；设备运行稳定，仪器仪表运行稳定；水电供应能保证生产。

6.3.3 稳定运行周期内沼气利用率≥80%，沼气发电、供气、热能供应、制天然气等利用方式稳定可靠。

6.3.4 沼气工程运行管理应符合 NY/T 1220.4 的要求，有完整的运行管理、安全操作规程制度。操作人员、维修人员、监督管理人员应经职业技能培训，考核合格后上岗。

6.3.5 沼气工程站内环境整洁，绿化良好，通道顺畅，装置、设备等表面清洁。

6.4 安全性能质量评价基本评价指标

6.4.1 沼气工程应建立健全完整的安全生产责任制、职业安全健康管理体系或安全生产标准化体系、岗位安全操作规程、事故应急预案。配置专业齐全的应急救援装备。

6.4.2 沼气工程严格按照设计要求配置防雷、防爆及消防安全措施，测试、维修及其周期应符合电业和消防部门的规定。

6.4.3 沼气工程构筑物防护栏杆、登高梯台齐全，且符合规范要求；作业现场安全标志及职业危害警示标志等安全措施完整。

6.4.4 工程区环境噪声符合 GB 3096 的规定。

7 质量评价工作的组织和评价程序

7.1 被评沼气工程的设计、施工、监理单位应具备相应资质。

7.2 沼气工程质量评价应在工程竣工验收合格后，连续运转 6 个月以上且至少保持这一运转状态至评价结束的情况下进行。

7.3 在完整的竣工验收资料基础上，由项目主管部门和沼气工程质量监测部门组织评议专家组实施质量评价。

7.4 评议专家组成员不宜少于 5 人，特大型沼气工程的评议专家组成员不宜少于 7 人。

7.5 在专家组充分评议的基础上，专家组成员独立对各基本评价指标进行评价打分。去掉最高、最低分后的平均分作为各基本评价指标的最终得分。

7.6 通过加权处理依次进行各分项质量评定、各分组质量评定、各分类质量评定以及沼气工程质量评价总分，确定工程质量评级。

附 录 A
（规范性附录）
设计与施工质量评价评分表

A.1 设计与施工质量评分表

见表 A.1。

表 A.1 设计与施工质量评分表

基本评价指标			评分标准	分项评分	评价总分
名称		满分			
设计质量评价	设计单位资质	3	设计单位应具有大中型沼气工程或固废处理工程设计资质 具备评 3 分，不具备评 0 分		
		5	设计单位有 3 个以上沼气工程设计业绩或在行业主管部门备案 具备评 5 分，不具备评 0 分		
	设计评审过程	5	设计评审资料完整、意见整改落实评 5 分 资料欠缺或无整改措施评 3 分 没有资料评 0 分		
	设计容积产气率	10	评 8 分～10 分：常温发酵容积产气率≥0.4 $m^3/(m^3 \cdot d)$，中温发酵容积产气率≥1.0 $m^3/(m^3 \cdot d)$，高温发酵容积产气率≥1.6 $m^3/(m^3 \cdot d)$ 评 4 分～7 分：常温发酵容积产气率≥0.3 $m^3/(m^3 \cdot d)$，中温发酵容积产气率≥0.8 $m^3/(m^3 \cdot d)$，高温发酵容积产气率≥1.4 $m^3/(m^3 \cdot d)$ 评 1 分～3 分：常温发酵容积产气率＜0.3 $m^3/(m^3 \cdot d)$，中温发酵容积产气率＜0.8 $m^3/(m^3 \cdot d)$，高温发酵容积产气率＜1.4 $m^3/(m^3 \cdot d)$		
	沼气利用率	20	评 15 分～20 分：设计综合利用率（沼气发电、集中供气、热能供应、制天然气等）≥90% 评 5 分～14 分：设计综合利用率（沼气发电、集中供气、热能供应、制天然气等）≥70% 评 1 分～4 分：设计综合利用率（沼气发电、集中供气、热能供应、制天然气等）＜70%		
	沼渣沼液综合利用	10	沼渣沼液综合利用率或达标处理合格率 100%，且方案论证合理评 5 分～10 分 沼渣沼液综合利用率或达标处理合格率＜100%或方案论证不合理评 0 分～4 分		
		5	输送及施用设施设计完整评 5 分，不完整或没有评 0 分		
	发酵温度保证措施	10	增温设施设计合理，计算完整评 5 分～10 分 设计方案不完整，计算不完整评 1 分～4 分 方案缺失或无计算评 0 分		
		10	保温设计合理，计算完整评 5 分～10 分 设计方案不完整，计算不完整评 1 分～4 分 方案缺失或无计算评 0 分		

表 A.1（续）

基本评价指标			评分标准	分项评分	评价总分
名称		满分			
设计质量评价	安全设计	7	消防、防火防爆设计完整评4分～7分 设计不完整或缺失评0分～3分		
		10	安全水封、正负压保护器、凝水设备、应急燃烧器等安全装置设计完整评10分 缺少1项扣除2.5分		
	总体规划设计	2	设备自动控制率≥80%评2分 <80%得0分～1分		
		3	工程构建物布局符合NY/T 1220.1—2019的要求得3分，不满足得1分		
	设计质量评分	设计质量评分=∑评价总分			
施工质量评价	施工单位资质及备案	3	施工单位具有农林行业专业乙级或环保三级及以上资质 具备评5分，不具备评0分		
		3	有3个以上大中型沼气工程施工业绩或在项目主管部门备案 具备评5分，不具备评0分		
	监理单位	3	监理过程及监理报告完整有效，资料齐备 具备评5分，不具备评0分		
	施工验收	45	按NY/T 1220.3进行验收 记录完整有效，资料齐备评15分；过程记录不完整或资料不齐评5分～10分；没有记录或资料，评0分		
		8	试漏试压记录完整有效 具备评20分，不具备评0分		
		8	发酵装置保温性能测试记录完整评8分～15分 记录不完整评3分～7分 没有记录评0分		
	竣工验收报告	20	竣工验收资料完整有效，整改落实到位评15分～25分 资料不完整或无整改评5分～14分 没有竣工验收报告评0分		
	施工安全	10	施工过程无安全事故、环境污染事故 具备评10分，不具备评0分		
	施工质量评分	施工质量评分=∑评价总分			
设计与施工质量评价评分		评分=设计质量评分×40%+施工质量评分×60%			

A.2 功能质量评分表

见表A.2。

表 A.2 功能质量评分表

基本评价指标			评分标准	分项评分	评价总分
名称		满分			
功能质量评价	检测机构资质	10	具备专业检测资质的第三方检测机构进行测定 具备评10分，不具备评0分		
		5	完整有效的检测报告 具备评5分，不具备评0分		
	功能参数	8	评8分：沼气成分中甲烷含量≥55% 评4分：沼气成分中甲烷含量≥50% 评0分：沼气成分中甲烷含量<50%		

表 A.2（续）

基本评价指标		满分	评分标准	分项评分	评价总分
	名称	满分			
功能质量评价	功能参数	7	评 7 分：净化处理后沼气成分中 H_2S 含量≤20 mg/m³ 评 3 分：净化处理后沼气成分中 H_2S 含量≤200 mg/m³ 评 0 分：净化处理后沼气成分中 H_2S 含量＞200 mg/m³		
		20	评 12 分～20 分：沼气工程实际容积产气率≥设计指标的 85% 评 5 分～11 分：沼气工程实际容积产气率≥设计指标的 60% 评 0 分～4 分：沼气工程实际容积产气率＜设计指标的 60%		
		5	评 5 分：发酵原料处理量≥设计指标的 80% 评 0 分～4 分：发酵原料处理量＜设计指标的 80%		
		20	评 12 分～20 分：沼气实际利用率（沼气发电量、供气量、热能供应、制天然气等）≥设计指标的 85% 评 5 分～11 分：沼气实际利用率（沼气发电量、供气量、热能供应量、制天然气等）≥设计指标的 70% 评 0 分～4 分：沼气实际利用率（沼气发电量、供气量、热能供应量、制天然气等）＜设计指标的 70%		
		15	10 分～15 分：稳定发酵温度与设计温度下限差别≤1℃ 5 分～9 分：稳定发酵温度与设计温度下限差别≤3℃ 0 分～4 分：稳定发酵温度与设计温度下限差别＞3℃		
		10	6 分～10 分：工艺参数与设计要求满足率≥85% 1 分～5 分：工艺参数与设计要求满足率≥70% 0 分：工艺参数与设计要求满足率＜70%		
功能质量评价评分			评分＝检测机构资质评价总分×30%＋功能参数评分×70%		

A.3 运行质量评分表

见表 A.3。

表 A.3 运行质量评分表

基本评价指标		满分	评分标准	分项评分	评价总分
	名称	满分			
运行质量评价	管理制度	10	7 分～10 分：完整的运行管理、维护保养、安全操作规程，操作人员、维修人员、安全监督员经技术培训并考核合格后上岗 3 分～6 分：基本的运行管理、维护保养、安全操作规程，操作人员经技术培训合格后上岗 0 分～2 分：欠缺运行管理、维护保养、安全操作规程，操作人员未经技术培训合格后上岗		
		3	运行管理遵守 NY/T 1220.4 的要求 具备评 3 分，不具备评 0 分		
		2	2 分：环境整洁，绿化良好，通道顺畅，装置、设备等表面清洁 0 分～2 分：部分满足		
	工程稳定运行	7	5 分～7 分：连续稳定运行周期≥180 d 2 分～4 分：连续稳定运行周期≥90 d 0 分：连续稳定运行周期＜90 d		

表 A.3（续）

基本评价指标			评分标准	分项评分	评价总分
	名称	满分			
运行质量评价	工程稳定运行	30	20 分～30 分：稳定运行周期内，发酵原料使用量≥设计指标的 80%，实际产气量≥设计指标的 85%，沼气成分中甲烷含量≥55% 10 分～19 分：稳定运行周期内，发酵原料使用量≥设计指标的 80%，实际产气量≥设计指标的 70%，沼气成分中甲烷含量≥50% 0 分～9 分：稳定运行周期内，发酵原料使用量≥设计指标的 60%，实际产气量<设计指标的 60%		
		5	管网系统畅通性好，阀门密封性能好		
		5	设备运行稳定，仪器仪表运行稳定		
		30	20 分～30 分：稳定运行期间沼气综合利用率（沼气发电、供气、热能供应、制天然气等）≥85% 10 分～19 分：稳定运行期间沼气综合利用率（沼气发电、供气、热能供应、制天然气等）≥70% 0 分～9 分：稳定运行期间沼气综合利用率（沼气发电、供气、热能供应、制天然气等）<70%		
		8	沼渣沼液综合利用率 100% 具备评 8 分，不具备评 0 分		
运行质量评价评分			评分＝管理制度总分×30%＋工程稳定运行评分×70%		

A.4 安全性能质量评分表

见表 A.4。

表 A.4 安全性能质量评分表

基本评价指标			评分标准	分项评分	评价总分
	名称	满分			
安全性能质量评价	安全管理制度	10	完整的安全管理制度和安全应急预案		
		10	专业的沼气工程操作工安全与技能培训		
		10	明显位置配备消防器材、防护救生设施及用品		
	安全装置	15	10 分～15 分：按照设计要求配置防雷、防爆及消防安全措施，测试、维修及其周期符合电业和消防部门的规定，完整的验证合格报告 4 分～9 分：按照设计要求配置防雷、防爆及消防安全措施 0 分～4 分：没有完全按照设计要求配置防雷、防爆及消防安全措施		
		8	构筑物防护栏杆、防滑梯、警示标志等安全措施完整 具备 8 分，1 项不具备扣除 2 分		
		5	甲烷气体浓度检测装置 具备 5 分，不具备 0 分		
		5	沼气管道阻火器、凝水器等安全附件		
		10	发酵装置安全水封、正负压保护器等安全附件		
		10	湿式储气柜自动、手动放空管等安全附件		
		5	沼气锅炉安全装置齐备 具备评 5 分，不具备 0 分		
		5	密闭沼气利用工作间排风装置		
		7	消防通道≥4 m、储气柜与用气设备最小安全间距≥15 m 具备评 7 分，1 项不合格扣除 3.5 分		
安全性能质量评价评分			评分＝安全管理制度总分×30%＋安全装置评分×70%		

A.5 沼气工程质量评分总表

见表 A.5。

表 A.5 沼气工程质量评分总表

名称	评价评分	权重因子	加权得分
设计与施工质量评价评分		30%	
功能质量评价评分		25%	
运行质量评价评分		25%	
安全性能质量评价评分		20%	
沼气工程质量评价评分	评分=∑加权得分		
沼气工程质量评级			
沼气工程质量评级根据评价评分,分为优良工程(总分≥80 分)、合格工程(总分≥60 分)和不合格工程(总分<60 分)。			

ICS 27.010
F 13

中华人民共和国农业行业标准

NY/T 3437—2019

沼气工程安全管理规范

Safety management code for biogas engineering

2019-01-17 发布　　　　2019-09-01 实施

中华人民共和国农业农村部　发布

前　　言

本标准按照 GB/T 1.1—2009 给出的规则起草。

本标准由农业农村部科技教育司提出。

本标准由全国沼气标准化技术委员会(SAC/TC 515)归口。

本标准起草单位:农业部沼气科学研究所、重庆梅安森科技股份有限公司。

本标准主要起草人员:孔垂雪、梅自力、李江、罗涛、宁睿婷、刘刈、魏珞宇、段奇武、韩智勇、杜毓辉、全太锋、肖琥、秦仔龙。

沼气工程安全管理规范

1 范围

本标准规定了沼气工程安全管理的基本要求，引导沼气工程安全管理相关主体在沼气工程项目全生命周期内明确安全管理责任、履行安全管理义务。

本标准适用于新建、扩建、改建和已建的沼气工程。

2 规范性引用文件

下列文件对于本文件的应用是必不可少的。凡是注日期的引用文件，仅注日期的版本适用于本文件。凡是不注日期的引用文件，其最新版本（包括所有的修改单）适用于本文件。

GBZ 2.1—2007 工作场所有害因素职业接触限值 第1部分：化学有害因素

GBZ 2.2 工作场所有害因素职业接触限值 第2部分：物理因素

GB 2893 安全色

GB 2894 安全标志及其使用导则

GB 7231 工业管道的基本识别色、识别符号和安全标识

GB 8958 缺氧危险作业安全规程

GB 11651 个体防护装备选用规范

GB 12358 作业场所环境气体检测报警仪

GB/T 29481 电气安全标志

GB 50016 建筑设计防火规范

GB 50057 建筑物防雷设计规范

GB 50058 爆炸危险环境电力装置设计规范

NY/T 667 沼气工程规模分类

NY/T 1220.1 沼气工程技术规范 第1部分：工程设计

NY/T 1220.4 沼气工程技术规范 第4部分：运行管理

3 术语和定义

下列术语和定义适用于本文件。

3.1

安全管理 safety management

为实现安全目标而进行的有关决策、计划、组织和控制等方面的活动。

3.2

项目全生命周期 life-cycle of project

项目从立项、设计、施工验收和投产运营，直到终止拆除的全过程。

3.3

报警监控系统 alarm and control system

由气体探测器、不完全燃烧探测器、报警监控器、紧急切断装置、排气装置等组成的安全系统，分为集中式和独立式2种。

4 总则

沼气工程安全管理相关主体必须坚持安全第一、预防为主、综合治理的方针。

5 立项阶段

5.1 建设单位应设置专门的项目安全管理岗位或部门，并应任用具备沼气工程安全知识和管理经验的人员从事项目安全管理工作。

5.2 建设单位应委托具有沼气工程咨询业绩的单位制订安全管理建议方案；在制订安全管理建议方案之前应进行项目的安全预评价，安全管理建议方案的内容应与安全预评价报告协调一致。

5.3 安全管理建议方案应以独立章节体现在项目建议书或项目可行性研究报告等同类文件中；其内容应包括安全生产、消防避雷、安全防护、报警监控等主要技术方面的基本内容，并应对上述方面做出基本规定。

5.4 建设单位应组织评审安全管理建议方案，并就其内容与设计单位、施工单位和运营单位协调一致。

6 设计阶段

6.1 管理规则

6.1.1 建设单位应在设计任务书或设计合同等同类文件中体现出对设计阶段安全管理的要求。

6.1.2 建设单位应委托具有农林行业(农业综合开发生态工程)专业乙级或环境工程(水污染防治工程或固体废物处理处置工程)专项乙级及以上资质的设计单位制订安全设计方案。

6.1.3 安全设计方案应体现在初步设计和施工图设计等同类文件中。

6.1.4 设计阶段应严格执行安全管理建议方案，安全设计方案不得与安全管理建议方案相矛盾。

6.1.5 初步设计阶段的安全设计方案主要表现为安全专篇，应包括安全设施、安全措施等内容。

6.1.6 施工图设计阶段的安全设计方案应包括安全生产、消防避雷、安全防护、报警监控等主要技术方面的详细设计内容，并应对上述方面做出明确规定和具体设计。安全生产、安全防护、报警监控部分应对设计依据、工艺设计或设备参数、操作方案、应急预案等技术内容做出明确规定，进行施工图设计时应考虑可行性；消防避雷部分应对设计依据、防火设计、避雷设计、预期效果等技术内容做出明确规定，施工图设计应包含独立完整的消防避雷图纸系统。

6.1.7 设计单位应就安全设计方案的内容与建设单位、供货单位和运营单位协调一致；设计单位在设计时所选用的相关设施应与安全设计方案的要求一致。

6.2 技术要求

6.2.1 沼气工程中沼气生产装置、沼气储存装置，以及安装有沼气净化、沼气加压、调压等设备的封闭式设施的防火防爆应符合下列要求：

- a) 建筑耐火等级应符合 GB 50016 的规定；
- b) 建筑物门窗应向外开，建筑物顶部应设置换气天窗或自动换气风扇；
- c) 沼气生产装置和封闭式建筑物，在其顶部或侧面应设置金属防爆减压板；
- d) 沼气生产、净化、储存、利用区域应严禁明火，地面应采用不会产生火花的材料，建(构)筑物表面应涂写防火标志；
- e) 操作人员在作业或巡查时，应穿戴工作服(防静电)，鞋子不得带铁钉，严防产生静电或火花引起火灾甚至爆炸；
- f) 操作人员应定期对沼气站内各类设施进行检查。

6.2.2 沼气工程中地下或半地下建筑物以及其他具有爆炸危险的封闭建筑物应采取良好的通风措施：

- a) 当采用强制通风时，其装置应做防爆设计，其通风能力按工作期间每小时换气 10 次、非工作期间每小时换气 3 次计算；
- b) 当采用自然通风时，通风口面积不应小于 300 cm^2/m^2 地面。通风口数量不应少于 2 个，并应靠近地面设置。

6.2.3 在有可能散发沼气的建筑物内，严禁设立休息室。

6.2.4 公共建筑和生产用气设备应有防爆设施；生物质原料机械粉碎工序必须符合 GB 15577 的规定，防止粉尘爆炸事故发生。

6.2.5 沼气储气装置输出管道上应设置安全水封或阻火器，大型用气设备应设置沼气放散管，但严禁在建筑物内放散沼气。

6.2.6 沼气站应设置消防车道。当沼气站面积大于 3 000 m^2 时，宜设置环形消防车道；消防车道的设计应符合 GB 50016 的规定。

6.2.7 沼气站在同一时间内的火灾次数应按一次考虑，消防用水量按沼气站一次消防用水量确定，其设计应符合 GB 50016 的规定。

6.2.8 沼气站内具有火灾和爆炸危险的设施应设置小型干粉灭火器或其他简易消防器材。

6.2.9 沼气站应定期检查、检测沼气站内消防设施。

6.2.10 防直击雷的防雷接闪器，应使被保护的建筑物、构筑物、通风风帽、放空管等突出屋面的物体均处于保护范围内。

6.2.11 室外装置区所有罐体壁厚不应小于 4 mm，采取直接接地方式防直击雷，接地点不应少于 2 处，相邻两接地点间距不宜大于 30 m，冲击接地电阻不应大于 10 Ω。若厂区无法满足直接接地条件，则需要单独架设避雷针。

6.2.12 工作接地、防雷接地、防静电接地可共用一个接地系统，但独立避雷针应设单独的接地装置。

6.2.13 所有沼气站均应安装防雷接地子系统。

6.2.14 沼气站内沼气生产装置和沼气储存装置的防雷应符合 GB 50057 的规定。

6.2.15 沼气站内电力装置应符合 GB 50058 的规定。

6.2.16 沼气工程的生产、净化、储存宜集中在一个相对封闭的沼气站内布置，沼气站址应设置在远离居民居住区、村镇、工业企业、高压电线和重要公共设施的地区。

6.2.17 沼气站内沼气生产装置和其他生产构筑物之间以及沼气生产装置之间的防火间距应能满足检修和操作的要求，但地上式构筑物之间距离不宜小于 4 m。

6.2.18 沼气站内沼气生产装置与相邻建筑物的距离不应小于 10 m。当相邻建筑外墙为防火墙时，其防火间距可适当减少，但不应小于 4 m。

6.2.19 沼气储存装置与相邻设施的防火间距应符合 GB 50016 和 NY/T 1220.1 的规定。

6.2.20 沼气储存装置之间的防火间距应符合下列要求：

a) 湿式储气柜之间的防火间距，不应小于相邻较大柜体的半径；

b) 干式或卧式储气柜之间的防火间距，不应小于相邻较大柜体直径的 2/3，球形柜体之间的防火间距不应小于相邻较大柜体的直径；

c) 湿式储气柜与干式储气柜之间的防火间距，应按其较大值确定。

6.2.21 沼气站与其他生产厂区宜采用非燃烧墙体分隔。

6.2.22 除建筑面积小于 100 m^2 的单层建筑物外，沼气站内建筑物与围墙的间距不宜小于 5 m。

6.2.23 报警监控系统中采用的相关设备应符合国家现行标准的规定，并应经国家有关产品质量监督检测单位检验合格，且取得国家相应许可。

6.2.24 报警监控系统应根据沼气站规模及设备设施所处的环境条件选择不同的报警子系统，并应符合下列规定：

a) 火灾报警监控子系统：在可能发生燃烧的生物质原料室内堆场或大型室外堆场内安装感温和感烟传感器时，应安装在生物质原料堆上方，吸顶安装，每 20 m^2 安装感温和感烟传感器各 1 个；在可能发生燃烧的生物质原料粉碎堆放场所内安装感温和感烟传感器时，应安装在生物质原料碎料堆上方，吸顶安装，每 20 m^2 安装感温和感烟传感器各 1 个；所有感温和感烟传感器，应加设防尘罩。不同规模沼气站火灾监控子系统的安装原则应符合附录 A 中表 A.1 的要求。

b) 粉尘监测子系统：在相对封闭的生物质原料粉碎堆放场所内的粉尘浓度传感器，应在生物质原料碎料堆上方吊顶安装；生物质原料粉碎机电源开关应设置断电器控制粉碎机的启停；生物质原料搅拌车间内设置的粉尘浓度传感器，应在调节池上方吊顶安装。不同规模沼气站粉尘监控子系统的安装原则应符合表 A.2 的要求。

c) 沼气泄漏监控子系统：沼气锅炉房内设置的沼气浓度传感器，应设置在沼气锅炉上方，吊顶安装；当沼气锅炉房内空气中甲烷或硫化氢的浓度超过危险限定值时，应发出声光报警提醒操作人员切断锅炉的供气，并检修沼气锅炉房的供气管路；沼气站内有维护的净化间、发电机房、调压控制间等应设置沼气浓度传感器。不同规模沼气站沼气泄漏监控子系统的安装原则应符合表 A.3 的要求。

d) 电力供电监控子系统：配电控制柜设置的电力参数变送器，应能够采集配电控制柜中的电流电压数据、监测配电控制柜用电状态，并计算设备能耗；电力参数变送器宜采用卡轨式安装。不同规模沼气站电力供电监控子系统的安装原则应符合表 A.4 的要求。

e) 浓度、温度、压力监测子系统：沼气生产装置中设置的沼气浓度传感器、温度传感器和压力传感器，应采用插入式安装；沼气储存装置中设置的沼气浓度传感器、温度传感器和压力传感器，应采用插入式安装。不同规模沼气站浓度、温度、压力监控子系统的安装原则应符合表 A.5 的要求。

6.2.25 报警监控系统中相关设备的使用年限应符合附录 B 的要求。

6.2.26 在存在爆炸危险的场所，各种传感器、探测器、紧急切断装置及配套设备应选用防爆型产品。

6.2.27 设置集中报警监控系统的场所，其报警监控器应设置在有专人值守的消防控制室或值班室。

7 施工验收阶段

7.1 管理规则

7.1.1 沼气工程的施工应符合《中华人民共和国安全生产法》和《建设工程安全生产管理条例》的要求，不得违反国家和地方其他相关法律法规、标准规范的规定。

7.1.2 建设单位应在施工承包合同等同类文件中体现出对施工阶段安全管理的要求，并应明确划分各相关主体在施工阶段的责任和义务。

7.1.3 建设单位应对施工单位在施工阶段的安全教育情况进行监管。

7.1.4 建设单位应委托具有环保工程专业承包三级及以上资质、并具备安全生产许可证、特种作业人员操作证、安全培训证等相关资格的施工单位制订安全施工方案，并严格按其进行施工。

7.1.5 施工单位应建立健全与安全施工有关的相关资格和设备设施的管理体系。

7.1.6 施工单位不得将安全施工方案的制订及设备设施的施工安装分包给其他单位。

7.1.7 安全施工方案应以独立章节和图纸形式体现在施工组织方案等同类文件中，并在施工组织方案的其他相关内容中体现安全管理的要求。

7.1.8 安全施工方案不得与安全设计方案相矛盾。

7.1.9 安全施工方案应包括安全生产、消防避雷、安全防护、报警监控等主要技术方面的详细施工内容，并应对上述方面做出明确操作规程和具体实施计划。安全生产部分应对安全生产管理制度、危险源识别与风险控制、安全隐患处理等技术内容做出明确规定，安全防护部分应对生产安全事故应急预案、职业健康安全事故处理方案等技术文件内容做出明确规定，报警监控部分应对产品选用、设备安装、运行维护等技术文件内容做出明确规定，进行施工组织设计时必须考虑可操作性；消防避雷部分应对施工方法、施工进度、施工质量等技术内容做出明确规定，竣工图和竣工验收文件内容应包含独立完整的消防避雷图纸和验收记录或检查记录。

7.1.10 施工单位应就安全施工方案的内容与建设单位、设计单位、供货单位和运营单位协调一致。

7.1.11 项目的安全设施未完工或完工未调试合格时，不得申请验收。

7.1.12 安全设施必须与项目其他建设内容一并调试合格后，方可提出验收申请；待验收合格后，方可交付运营单位进行使用。

7.2 技术要求

7.2.1 沼气工程应在存在危险因素、有害因素、有害物质的地方，按照 GB 2894 的要求设置安全标志。

7.2.2 在不同设施上按 GB 2893 的要求涂安全色。

7.2.3 在不同设备和管线，应按有关标准规定涂识别色、识别符号和安全标识。

7.2.4 设备、材料进场检验应符合下列规定：

a） 进入施工安装现场的设备、材料及配件应有清单、使用说明书、出厂合格证明文件、检验报告等文件，并应核实其有效性；其技术指标应符合设计要求；

b） 进口设备应具备国家规定的市场准入资质，产品质量应符合我国相关产品标准的规定且不得低于合同规定的要求。

7.2.5 报警监控系统的安装，应按已审定的设计文件实施；当需要修改设计文件或材料代用时，应经原设计单位同意。

7.2.6 报警监控系统的施工单位应结合工程特点制订施工方案，并应具备必要的施工技术标准、健全的安装质量管理体系和工程质量检验制度。

7.2.7 报警控制系统的安装应具备下列条件：

a） 设计单位应向施工单位、监理单位明确相应技术要求；

b） 系统设备、材料及配件应齐全，应能满足正常安装要求；

c） 安装现场使用的水、电、气及设备材料的堆放场所应能满足正常安装要求。

7.2.8 在报警监控系统安装过程中，施工单位应做好安装、检验、调试、设计变更等相关记录。

7.2.9 报警监控系统安装过程的质量控制应符合下列规定：

a） 各工序应按施工技术标准进行质量控制，每道工序完成后应进行检查，合格后方可进入下道工序；

b） 相关各专业工种之间交接时应进行检验，交接双方应共同检查确认工程质量并经监理工程师签字认可后方可进入下道工序；

c） 系统安装完成后，安装单位应按相关专业规定进行调试；

d） 系统调试完成后，安装单位应向建设单位提交质量控制资料和各类安装过程质量检查记录；

e） 安装过程质量检查应由安装单位组织有关人员完成；

f） 安装过程质量检查记录应有相应记录表。

7.2.10 报警监控系统质量控制资料应按相应技术文档进行编写。

7.2.11 报警监控系统安装结束后应按规定程序进行验收，合格后方可交付使用。

7.2.12 沼气站应定期检查、检测沼气站内报警监控系统。

8 投产运营阶段

8.1 管理规则

8.1.1 建设单位应委托具有沼气工程管理运营业绩的单位制订安全管理运营方案。

8.1.2 安全管理运营方案应以文字或图形的形式体现在沼气站内进行视觉传达的主要位置，并应符合 GB 2893、GB 2894、GB 7231 和 GB/T 29481 的规定。

8.1.3 安全管理运营方案不得与安全施工方案相矛盾。

8.1.4 安全管理运营方案应包括工艺流程、安全生产、消防避雷、安全防护、报警监控等主要技术方面的详细管理运营内容，并应对上述方面做出关于制度、人员、生产使用过程、有害因素、安全措施、安全标志、安全操作等方面明确具体的规定。

8.1.5 运营单位或自行运营的建设单位应就安全管理运营方案的内容与设计单位、施工单位和供货单位协调一致。

8.1.6 运营单位或自行运营的建设单位应设置专门的部门负责沼气站的安全管理，并应任用具备沼气工程安全知识和管理经验的人员从事安全操作与管理工作，主要负责人和安全工程技术人员必须经过安全培训持证上岗。

8.1.7 运营单位或自行运营的建设单位应建立健全安全管理机构，并应建立健全安全生产责任制、危险作业审批制、职业安全健康管理体系和安全生产标准化体系；沼气工程的运营应全面实施制度化管理，并应建立健全安全生产管理制度、岗位安全操作规程、事故应急预案，并定期进行事故应急演练。

8.1.8 运营单位或自行运营的建设单位应持续改进安全教育培训及现场安全管理，建立健全经常性的安全教育制度，不断完善风险分级管控及隐患排查治理。

8.1.9 运营单位或自行运营的建设单位应建立健全台账制度，凡是与安全相关的活动必须留有记录。

8.1.10 运营单位或自行运营的建设单位应加强个体防护装备的佩戴演练，并应确保在紧急事态出现时可正常发挥作用。

8.1.11 运营单位或自行运营的建设单位应加强有限空间作业的安全管理和对有害因素的检测，并应确保有害物质浓度符合 GBZ 2.1 和 GBZ 2.2 的要求。

8.1.12 运营单位或自行运营的建设单位应加强救援装备的管理；救援装备应包含救生衣(圈)、安全梯、三脚架、安全绳、安全带、正压式呼吸器具、呼吸面罩、防爆照明灯、防爆通信设备、氧气测定仪、有毒气体测定仪、灭火器材、防护围栏等。

8.1.13 施工单位和供货单位应对沼气站中与其相关的安全设施负有维修责任，保修期外应负责有偿维修；保修期应以合同约定为准，但其时间长度不得低于国家和地方相关法律法规、标准规范等的规定；设备设施应具备完整的检查维修记录。

8.1.14 沼气站内超过设计使用年限的安全设施必须进行更换；运营单位或自行运营的建设单位应委托具有环保工程专业承包三级及以上资质、并具备安全生产许可证、特种作业人员操作证、安全培训证等相关资格的施工单位进行安全设施的更换。

8.2 技术要求

8.2.1 运行管理人员和安全监督人员必须熟悉沼气站存在的各种危险、有害因素与不当操作的关系。

8.2.2 各岗位操作人员应穿戴齐全劳动保护用品，做好安全防范工作，并应熟悉使用灭火装置。

8.2.3 沼气站严禁烟火，并在醒目位置设置“严禁烟火”标志；严禁违章明火作业，动火操作必须采取安全防护措施，并经过建设单位同意；禁止石器、铁器过激碰撞。

8.2.4 严禁随便进入具有有毒、有害气体的沼气生产装置、沟渠、管道及地下井(室)；凡在这类构筑物或容器进行放空清理、维修和拆除时，必须制订详细的安全保障方案保证易燃气体和有毒、有害气体含量控制在安全规定值以下，同时防止缺氧。

8.2.5 具有有毒有害气体、易燃气体、异味、粉尘和环境潮湿的地点，必须通风良好。

8.2.6 沼气站应在明显位置配备防护救生设施及用品，其中应包括消防器材、保护性安全器具、呼吸设备、急救设施等。

8.2.7 沼气站应制订火警、易燃及有害气体泄漏、爆炸、自然灾害等意外事件的紧急预案。

8.2.8 启动设备应在做好启动准备工作后进行。

8.2.9 电源电压波幅大于额定电压 5%时，不宜启动电机。

8.2.10 各种设备维修时必须断电，并应在开关处悬挂维修标牌后，方可操作。

8.2.11 清理机电设备及周围环境卫生时，严禁开机擦拭设备运转部位，冲洗水不得溅到电缆头和电机带电部位及润滑部位。

8.2.12 严禁非岗位人员启闭本岗位的机电设备。

8.2.13 清捞浮渣、杂物及清扫堰口时，应有安全及监护措施(下池需监护)；上下爬梯，在构筑物上和敞开池、井边巡视和操作时，应注意安全、防止滑倒或坠落，雨天或冰雪天气应特别注意防滑。

8.2.14 沼气站内各单元的安全操作应符合 NY/T 1220.4 的规定。

8.2.15 沼气站应定期检查、检测沼气站内避雷设施；每 6 个月应测试冲击接地电阻值，确保其不大于 10 Ω，并应记录检测结果，必要时维修或更换新的接地模块。

8.2.16 沼气站应按照 GB 11651 及国家颁发的相关劳动保护用品配备规定，为从业人员配备劳动保护用品。

8.2.17 沼气站为从业人员提供的劳动保护用品，应符合国家标准或行业标准的要求，不得超期使用。

8.2.18 沼气站应督促、教育从业人员正确佩戴和使用劳动保护用品；未按规定佩戴和使用劳动保护用品的，不得上岗作业。

8.2.19 生物质原料粉碎间应通风良好，并应采取必要的除尘措施；操作人员进行生物质原料粉碎时，应佩戴防护用具。

8.2.20 进入沼气生产装置或其他通风不良的容器内检查维修，必须严格按照 GB 8958 的安全规定步骤进行，并经 GB 12358 检测确认安全后方可进入。

8.2.21 对产生噪声的设施设置防护罩，操作人员应缩短接触噪声的时间。

8.2.22 电气伤害防护应执行下列措施：

a) 定期检查各种电气设备是否存在安全隐患，防护设施是否完好；
b) 开启各种电气开关前，应检查是否具备开机条件，否则不能开机；
c) 严密注意各种电气的运行状况，发现异常情况应立即停机检查；
d) 作业后应及时断电，及时清洁擦拭，做好养护工作；
e) 禁止非操作人员接近运行中的设备。

8.2.23 防异常气候作业意外；在异常气候作业时，操作人员应提高安全意识，防止意外发生。

8.2.24 操作人员在作业时要注意安全，防止滑倒或从构筑物上坠落。

8.2.25 实行工程资料上墙，将系统工艺图、操作流程图、工作图标、安全责任书成文上墙，列示于显眼位置，使工程管理人员及操作人员熟悉各环节及其关系。

8.2.26 定期进行火警、易燃及有害物质泄漏、爆炸、建筑物坍塌、人员中毒以及自然灾害等意外突发事件应急预案的演练。

8.2.27 沼气报警监控系统的管理操作和维护应由经过专门培训的人员负责，不得私自改装、停用、损坏沼气报警监控系统。

8.2.28 沼气报警监控系统正式启用后，应具有下列文件资料：

a) 系统竣工图及设备的技术资料；
b) 系统的操作规程及维护保养管理制度；
c) 系统操作员名册及相应的工作职责；
d) 值班记录和使用图表。

8.2.29 各系统中所配置的各类传感器及紧急联动控制器不得超期使用。

8.2.30 沼气报警监控系统设备的功能应定期进行检查，检查周期应符合附录 B 的要求，并应按相关规定填写检查登记表。

8.2.31 沼气报警监控系统中与粉尘浓度传感器、沼气浓度传感器有紧急联动功能的控制器每6个月应就地开闭一次，并远程闭合一次。

8.2.32 沼气泄漏子系统与沼气罐沼气浓度、温度、压力监测子系统所涉及的沼气浓度传感器、温度传感器、压力传感器等应定期进行标校，标校周期应符合附录B的要求，以确保监测数据的精确性，同时系统中与粉尘浓度传感器、沼气浓度传感器有紧急联动功能的控制器也应进行开关测试，并应记录检测结果，更换不合格产品。

8.2.33 沼气报警监控系统应按相关规定的试验方法进行检查，检查周期应符合附录B的要求，其检查结果应符合相关要求。报警监控器应能收到报警信号，并正确显示。联动设备动作应正常，应记录检测结果，维修或更换不合格产品。

8.2.34 各类仪器设备每次检查或标校结束，应粘贴标识并注明检查日期或标校日期。

9 终止拆除阶段

9.1 沼气站内超过设计使用年限的工艺设施必须终止运行并进行拆除；运营单位或自行运营的建设单位应委托具有环保工程专业承包三级及以上资质、并具备安全生产许可证、特种作业人员操作证、安全培训证等相关资格的施工单位进行工艺设施的拆除。

9.2 沼气站严禁运营单位或自行运营的建设单位自行拆除。

附　录　A
（规范性附录）
不同规模沼气站报警监控系统各子系统的安装原则

沼气站规模按照NY/T 667的要求划分，不同规模沼气站火灾监控子系统，粉尘监控子系统，沼气泄漏监控子系统，电力供电监控子系统，浓度、温度、压力监控子系统的安装原则分别见表A.1、表A.2、表A.3、表A.4和表A.5。

表A.1　不同规模沼气站火灾监控子系统的安装原则

工程规模	监测位置	设置要求	监测位置	设置要求
特大型沼气站	室外堆场	必须	粉碎堆放场所	必须
	室内堆场	必须		
大型沼气站	室外堆场	必须	粉碎堆放场所	必须
	室内堆场	必须		
中型沼气站	室外堆场	应	粉碎堆放场所	应
	室内堆场	应		
小型沼气站	室外堆场	宜	粉碎堆放场所	宜
	室内堆场	宜		

表A.2　不同规模沼气站粉尘监控子系统的安装原则

工程规模	监测位置	设置要求	监测位置	设置要求
特大型沼气站	粉碎堆放场所	必须	搅拌车间	必须
大型沼气站	粉碎堆放场所	必须	搅拌车间	必须
中型沼气站	粉碎堆放场所	应	搅拌车间	应
小型沼气站	粉碎堆放场所	应	搅拌车间	应

表A.3　不同规模沼气站沼气泄漏监控子系统的安装原则

工程规模	监测位置	设置要求	监测位置	设置要求
特大型沼气站	沼气锅炉房	必须	净化间、发电机房、调压控制间等	必须
大型沼气站	沼气锅炉房	必须	净化间、发电机房、调压控制间等	必须
中型沼气站	沼气锅炉房	应	净化间、发电机房、调压控制间等	应
小型沼气站	沼气锅炉房	应	净化间、发电机房、调压控制间等	应

表A.4　不同规模沼气站电力供电监控子系统的安装原则

工程规模	监测位置	设置要求
特大型沼气站	配电控制柜	必须
大型沼气站	配电控制柜	必须
中型沼气站	配电控制柜	应
小型沼气站	配电控制柜	应

表 A.5 不同规模沼气站浓度、温度、压力监控子系统的安装原则

工程规模	监测位置	设置要求	监测位置	设置要求
特大型沼气站	沼气生产装置	必须	沼气储存装置	必须
大型沼气站	沼气生产装置	必须	沼气储存装置	必须
中型沼气站	沼气生产装置	应	沼气储存装置	应
小型沼气站	沼气生产装置	应	沼气储存装置	应

附　录　B
（规范性附录）
报警监控系统中各类仪器设备的检查周期、标校周期和使用年限

报警监控系统中各类仪器设备的检查周期、标校周期和使用年限见表 B.1。

表 B.1　报警监控系统中各类仪器设备的检查周期、标校周期和使用年限

仪器设备	检查周期	标校周期	使用年限
感温传感器	6 个月	6 个月	3 年
感烟传感器	6 个月	6 个月	3 年
粉尘浓度传感器	6 个月	6 个月	3 年
沼气浓度传感器	6 个月	6 个月	3 年
电力参数变送器	6 个月	6 个月	3 年
温度传感器	6 个月	6 个月	3 年
压力传感器	6 个月	6 个月	3 年
不完全燃烧探测器	6 个月	6 个月	3 年
复合探测器	6 个月	6 个月	3 年
紧急联动控制器	6 个月	6 个月	10 年
紧急切断装置	6 个月	6 个月	10 年
其他相关设备	6 个月	6 个月	3 年

ICS 27.010
F 13

中华人民共和国农业行业标准

NY/T 3438.1—2019

村级沼气集中供气站技术规范
第1部分：设计

Technical specification for village-level centralized biogas supply—Part 1: Design

2019-01-17 发布　　2019-09-01 实施

中华人民共和国农业农村部　发布

前　　言

NY/T 3438《村级沼气集中供气站技术规范》拟分为3个部分：

——第1部分：设计；

——第2部分：施工与验收；

——第3部分：运行管理。

本部分为NY/T 3438的第1部分。

本部分按照GB/T 1.1—2009给出的规则起草。

本部分由农业农村部科技教育司提出。

本部分由全国沼气标准化技术委员会(SAC/TC 515)归口。

本部分起草单位：农业部沼气科学研究所、农业部沼气产品及设备质量监督检验测试中心、湖北天禹环保科技有限公司。

本部分主要起草人：王智勇、张国治、徐清霞、雷云辉、邓良伟。

村级沼气集中供气站技术规范　第1部分:设计

1　范围

本部分规定了村级沼气集中供气站的设计原则、设计内容及主要设计参数等。

本部分适用于采用沼气发酵工艺处理农业有机废弃物,以单个行政村为单元,为村民提供日常家庭生活用沼气的新建、改建或扩建的村级沼气集中供气站。

2　规范性引用文件

下列文件对于本文件的应用是必不可少的。凡是注日期的引用文件,仅注日期的版本适用于本文件。凡是不注日期的引用文件,其最新版本(包括所有的修改单)适用于本文件。

GB/T 3091　低压流体输送用焊接钢管

GB 4284　农用污泥中污染物控制标准

GB 6222　工业企业煤气安全规程

GB/T 7306.2　55°密封管螺纹　第2部分:圆锥内螺纹与圆锥外螺纹

GB/T 8163　输送流体用无缝钢管

GB/T 10546　在2.5 MPa及以下压力输送液态或气态液化石油气(LPG)和天然气的橡胶软管及软管组合件规范

GB/T 14525　波纹金属软管通用技术条件

GB　15558.1　燃气用埋地聚乙烯(PE)管道系统　第1部分:管材

GB　15558.2　燃气用埋地聚乙烯(PE)管道系统　第2部分:管件

GB　16914　燃气燃烧器具安全技术条件

GB/T 18997.1　铝塑复合压力管　第1部分:铝管搭接焊式铝塑管

GB/T 18997.2　铝塑复合压力管　第2部分:铝管对接焊式铝塑管

GB 50016—2018　建筑设计防火规范

GB 50028—2016　城镇燃气设计规范

GB 50052　供配电系统设计规范

GB 50057　建筑物防雷设计规范

GB 50058　爆炸危险环境电力装置设计规范

GB 50251—2015　输气管道工程设计规范

GB 50726　工业设备及管道防腐蚀工程施工规范

CJJ 12—2013　家用燃气燃烧器具安装及验收规程

CJJ 63　聚乙烯燃气管道工程技术规程

CJ/T 110　承插式管接头

CJ/T 111　铝塑复合管卡套式铜制管接头

CJ/T 125　燃气用钢骨架聚乙烯塑料复合管

CJ/T 190　铝塑复合管用卡压式管件

CJ/T 197　燃气具连接用不锈钢波纹软管

HG 2486　家用煤气软管

HG/T 20675　化工企业静电接地设计规程

3 术语和定义

下列术语和定义适用于本文件。

3.1

村级沼气集中供气站　village-level centralized biogas supply station

采用沼气发酵工艺制取沼气，通过管道输配沼气供应村民家庭生活用气的设施，包括站区内的沼气制取、净化、储存等设施设备和站区外沼气输配的管道系统。以下简称“沼气站”。

3.2

村民家庭生活用气　living gas for rural residents

村民住宅内用于炊事和洗浴使用的沼气。

3.3

农业有机废弃物　agricultural organic waste

在农业生产过程中产生的农作物秸秆和养殖业生产过程中产生的畜禽粪便等有机类物质。

3.4

集水沉淀池　collecting and sedimentation tank

用于废水类发酵原料的收集、存放的设施。

3.5

混合调节池　mixed and regulating tank

用于料液的搅拌混匀并调节料液浓度、流量、酸碱度以及温度的设施。

3.6

沼气发酵装置　biogas digester

利用厌氧微生物分解有机物生产沼气的设施。

4 一般规定

4.1 设计原则

4.1.1 工程设计应根据沼气站规划年限、工程规模和建设目标，选择投资省、占地少、工期短、运行稳定、操作简便的工艺路线，做到安全适用、技术成熟、经济合理。

4.1.2 应符合综合利用、环境保护和职业卫生的要求。

4.2 设计依据

4.2.1 沼气站应主要按供气规模进行设计，也可以获得的原料量或立项批文、相关投资部门的要求、委托单位提供的技术基础资料作为设计依据。

4.2.2 工程设计应搜集相关的基础资料，包括：

a) 原料的种类、数量、收集方式以及原料供应的稳定性、可持续性；
b) 工程所在地的极端气温、风力、风向、降水量、日照及水文资料等；
c) 工程所在地的地质情况、地基承载力、地震烈度、冻土层厚度等；
d) 可供工程建设使用的土地面积、地下管线情况，工程建设用地周边住户、厂矿企业、交通、电力、可供沼液消纳土地面积等情况。

4.3 设计内容

设计内容应包括原料收集与预处理单元、沼气发酵单元、沼气净化与储存单元、沼渣沼液处理单元、站外沼气输配管网单元、电气与安全单元、消防与给排水单元。

5 总体设计

5.1 沼气站规模及供气质量

5.1.1 沼气站的规模应根据所服务村的居民户数、人口数量以及公共用气设施用气量等因素确定，村民家庭生活用气量宜按每户每天使用沼气 0.8 m^3～1.5 m^3 确定。

5.1.2 进入村民家庭用气设施前的沼气应符合：热值≥18 MJ/Nm^3，H_2S 含量≤20 mg/m^3。

5.2 工程选址

5.2.1 应满足安全生产和卫生防疫的要求，位于相邻村庄全年最小频率风向的上风侧，不应位于窝风地段。

5.2.2 应具有满足生产所必需的水源、电源和交通条件。

5.2.3 应具有满足建设工程需要的工程地质条件和水文地质条件。

5.2.4 宜尽量靠近原料所在地，并与村民居住区相衔接。

5.3 沼气发酵工艺

沼气发酵工艺应根据可获得的发酵原料的特性确定，几种常用沼气发酵原料的发酵工艺参见附录 A。

5.4 总平面布置

5.4.1 沼气站站区应按生产区和生产辅助区划分。生产区布置原料预处理设施、沼气发酵装置、沼气净化和储存设施等；生产辅助区布置监控室、配电室、维修间、管理房等。

5.4.2 应充分利用地形、地势，合理布置建筑物、构筑物和配套设施，达到排水畅通、降低能耗、土方平衡的要求。

5.4.3 生产区应布置在生产辅助区全年最小频率风向的上风侧。

5.4.4 生产区和生产辅助区宜分别设置出入口。

5.4.5 沼气储存区域与周边建筑物的防火间距应符合 GB 50016—2018 中表 4.3.1、表 4.3.6 和 GB 50028—2016 中表 6.5.3 的要求；秸秆堆场与周边建筑物的防火间距应符合 GB 50016—2018 中表 4.5.1 的要求。

5.4.6 沼气净化和储存设施应符合 GB 50016—2018 中 3.6 的防爆规定和要求。

6 原料收集与预处理

6.1 原料收集与储存

6.1.1 畜禽粪污类原料的收集宜采用排污管道或封闭式地沟，通过自流或泵送的方式进入预处理设施。预处理设施的容积应能容纳畜禽粪污的一日的收集量。

6.1.2 风干秸秆类原料的收集宜在田间打捆后运输到秸秆堆场储存，粉碎后使用；鲜秸秆类原料宜粉碎后采用青贮或黄贮的方式储存。秸秆堆场单个面积不宜超过 300 m^2，秸秆堆场与其余建筑物、构筑物的防火间距应符合 GB 50016—2018 中 4.5 的规定。

6.2 预处理

6.2.1 格栅

集水沉淀池或混合调节池前应设置格栅，格栅栅条间空隙宽度可按以下原则确定：

a) 粗格栅：机械格栅栅条间空隙宽度宜为 16 mm～25 mm；人工格栅栅条间空隙宽度宜为 25 mm～40 mm；

b) 细格栅：栅条间空隙宽度宜为 8 mm～15 mm。

6.2.2 集水沉淀池

a) 形状宜为圆形，池底部为锥斗状；

b) 集水沉淀池的容积可按式(1)计算。

$$v = qt/24 \qquad (1)$$

式中：

v ——集水池沉淀池的有效容积，单位为立方米(m^3)；

q ——进料流量，单位为立方米每天(m^3/d)；

t ——原料滞留时间，单位为小时(h)，以沼气发酵原料量变化一个周期的时间为宜。

6.2.3 混合调节池

a) 形状宜为圆形，池底部为坡底。

b) 混合调节池的容积可按式(1)计算。

7 沼气发酵

7.1 沼气发酵装置的数量不宜少于2个。

7.2 沼气发酵装置的结构形式宜采用地上式钢制或钢筋混凝土结构。

7.3 沼气发酵装置的容积可按式(2)计算。

$$V=\frac{WY_p}{r_p} \qquad (2)$$

式中：

V ——沼气发酵装置的有效容积，单位为立方米(m^3)；

W ——沼气发酵总固体物质(TS)或化学需氧量(COD)的数量，单位为千克每天(kg/d)；

Y_p ——原料产气率，单位为立方米每千克总固体物质或化学需氧量(m^3/kg TS或m^3/kg COD)，见附录B；

r_p ——容积产气率，单位为立方米每立方米每天$m^3/(m^3 \cdot d)$。常温沼气发酵取0.3 $m^3/(m^3 \cdot d)$，中温沼气发酵取0.8 $m^3/(m^3 \cdot d)$～1.0 $m^3/(m^3 \cdot d)$，高温沼气发酵取1.0 $m^3/(m^3 \cdot d)$～1.2 $m^3/(m^3 \cdot d)$。

7.4 沼气发酵装置应有保温措施，宜采用装置外保温，保温材料应满足阻燃要求。

7.5 沼气发酵装置应有增温措施，增温热源可采用工业余热、地热能、太阳能或沼气燃烧热能(锅炉)等，也可将几种热源组合利用。升温介质宜采用热水。

7.6 沼气发酵装置应设置混合搅拌设备，可采用机械搅拌、水力回流搅拌或沼气回流搅拌。

7.7 沼气发酵装置应设置防止产生超正(负)压的安全设施以及有效的防腐措施，进料管距离沼气发酵装置底部不宜小于500 mm，沼气输出管口距离沼气发酵装置内部液面不宜小于1 000 mm，底部排泥管管径不宜小于DN150。

8 沼气净化及储存

8.1 沼气净化

8.1.1 沼气中水汽宜采用重力法(气水分离器)脱水。对于沼气产量大于1 000 m^3/d的沼气站，也可采用冷分离法、固体吸附法等脱水工艺处理。

重力法沼气气水分离器可按以下参数设计：

a) 进入气水分离器的沼气量应按小时沼气流量计算；

b) 气水分离器内的沼气压力应大于2 kPa；

c) 气水分离器的压力损失应小于100 Pa；

d) 沼气在气水分离器内的空塔流速宜为0.21 m/s～0.23 m/s；

e) 气水分离器内宜装入填料，填料可选用不锈钢丝网、聚乙烯丝网、陶瓷拉西环等。

8.1.2 脱水前的沼气管道最低点应设置凝水器。

8.1.3 沼气中硫化氢的去除宜采用干法脱硫或生物脱硫。脱硫装置应设置2个，并联使用。

8.1.4 脱硫装置应设置在储气柜前端，干法脱硫应设置在脱水装置后端，生物脱硫应设置在脱水装置前端。

8.1.5 干法脱硫应符合下列规定：

a) 脱硫剂可选择成型氧化铁脱硫剂，也可选用藻铁矿、铸铁屑或与铸铁屑等具有同样性能的铁屑；藻铁矿中活性氧化铁含量宜大于15%，采用铸铁屑或铁屑时，应经过氧化处理。

b) 配置脱硫剂的疏松剂宜采用木屑。

c) 沼气通过粉状脱硫剂线速度宜控制在7 mm/s～11 mm/s；沼气通过颗粒状脱硫剂线速度宜控制在20 mm/s～25 mm/s。

d) 沼气与脱硫剂接触时间宜取130 s～200 s。

e) 氧化铁脱硫剂用量可按式(3)计算。

$$V_s = \frac{1673\sqrt{C_s}}{f \cdot \rho} \tag{3}$$

式中：

V_s ——每小时1 000 m^3 沼气所需脱硫剂的容积，单位为立方米(m^3)；

C_s ——沼气中硫化氢含量(体积百分数)，单位为百分率(%)；

f ——脱硫剂中活性氧化铁含量，15%～18%；

ρ ——脱硫剂密度，单位为吨每立方米(t/m^3)。

f) 颗粒状脱硫剂填装高度以1 m～1.4 m为宜，超过该范围时应分层填装，每层填装高度以1 m为宜；粉状脱硫剂分层填装时，填装厚度以300 mm～500 mm为宜。

g) 脱硫剂的反应温度应控制在生产厂家提供的温度范围内。当环境温度低于10℃时，脱硫装置应有保温防冻措施；当环境温度高于35℃时，应有对脱硫装置进行降温的措施。

h) 脱硫剂宜在空气中再生，再生温度应控制在70℃以下，可利用碱液或氨水调节pH至8～9。

8.1.6 生物脱硫应符合下列规定：

a) 宜将空气鼓入循环水箱内喷淋液中，再通过循环泵将喷淋液喷洒入生物脱硫塔中；

b) 如将空气直接鼓入生物脱硫塔中时，脱硫后的沼气管路应设置氧含量在线监测系统，并应与鼓风机联动，沼气中氧含量应小于1%。

8.2 沼气储存

8.2.1 可采用低压湿式储气柜或低压干式储气柜，对于供气距离超过2 km或供气户数超过100户的，根据需要可设置沼气增压装置。

8.2.2 储气柜容积应按日产气量50%～60%设计。

8.2.3 在寒冷季节不结冰的地区，宜采用低压湿式储气柜供气；在寒冷季节结冰的地区，宜采用低压干式储气柜配套增压系统供气。

8.2.4 储气柜应设有防止过量充气和抽气的安全装置。放散管应设阻火器，阻火器宜设在管口处。放散管应有防雨雪侵入和杂物堵塞的措施。

8.2.5 储气柜的进出气管路应安装凝水器，管道坡向凝水器，坡度不小于0.3%。

9 沼渣沼液储存与利用

9.1 沼渣沼液储存

9.1.1 沼渣沼液储存池的容积应根据沼渣沼液的数量、储存时间、利用方式、利用周期、当地降水量与蒸发量确定。

9.1.2 站内沼渣沼液储存池容积应大于等于最大沼气发酵罐容积，站外沼渣沼液的储存期不得低于当地农作物生产用肥最大间隔期和冬季封冻期或雨季最长降雨期。

9.2 沼渣沼液分离

9.2.1 沼液用于滴灌、用作叶面喷施肥、需要进一步处理或需要单独将沼渣作固态有机肥时，应对沼渣沼液进行固液分离。

9.2.2 沼渣沼液分离设备的选择，应根据被分离的原料性质、浓度、要求分离的程度和综合利用的要求等因素确定。沼渣沼液总固体含量≥5%时，可选螺旋挤压式固液分离机；沼渣沼液总固体含量＜5%时，可选水力筛式固液分离机。

9.2.3 分离设备的处理能力应与被处理的沼渣沼液量相匹配。

9.2.4 分离出的沼渣应储存在固定储存场所，储存场所应有防止液体渗漏、溢流措施。沼液的储存与9.1相同。

9.3 沼液利用

9.3.1 沼液应优先还田综合利用，不能利用的沼液应进一步处理达标排放，不得产生二次污染。

9.3.2 以作物秸秆为主要沼气发酵原料的沼气站，沼渣沼液经固液分离后，沼液可回流至原料预处理单元的混合调节池，用于原料浓度调配。

9.3.3 沼液可用作浸种、根际追肥或叶面喷施肥。

9.3.4 浓度高的沼液应适当稀释后再施用。

9.4 沼渣利用

9.4.1 沼渣可用作农作物的基肥、有机复合肥的原料、作物的营养钵(土)、食用菌以及养殖蚯蚓的基料等。有害物质允许含量应符合GB 4284的规定，必要时应进行无害化处理。

9.4.2 沼渣制作有机肥时，可采用条垛堆肥、静态堆肥或反应器堆肥。

10 沼气利用

10.1 一般规定

10.1.1 沼气供气系统压力不应大于0.4 MPa(表压)。

10.1.2 沼气供气系统应包含沼气管网、储气设施、调压设施、管理设施、监控系统等。

10.1.3 应综合气源、用气量及分布、地形地貌、管材设备供应条件、施工和运行等因素选择供气系统的压力级制，并布置储气设施、调压设施和沼气干管。

10.1.4 供气干管的布置应根据用户用量及其分布，全面规划，宜逐步形成环状供气管网。

10.1.5 各种压力级制的沼气管道之间应通过调压装置相连。应设置防止管道超压的安全保护设备。

10.1.6 供气管道可按沼气设计压力(P)分为3级，见表1。

表1 沼气设计压力(表压)分级

名称		压力(P)，MPa
中压沼气管道	A型	$0.2<P\leqslant0.4$
	B型	$0.01\leqslant P\leqslant0.2$
低压沼气管道		$P<0.01$

10.1.7 从储气柜或调压器到最远燃具沼气管道允许阻力损失可按式(4)计算。

$$\Delta P_d = 0.75P_n + 150 \qquad (4)$$

式中：

ΔP_d ——从储气柜或调压器到最远燃具的管道允许阻力损失，单位为帕斯卡(Pa)；

P_n ——低压燃具的额定压力，单位为帕斯卡(Pa)；

150 ——沼气流量计阻力损失，单位为帕斯卡(Pa)。

10.1.8 沼气供气系统总压降可按表2分配。

表2 沼气供气系统压力降分配表

单位为帕斯卡

燃具额定压力 P_n	储气柜或调压器出口压力	允许总压降 ΔP	压力降分配			
			主管	支管	室内管	流量计
800	1 550	750	300	200	100	150
1 600	2 950	1 350	850	250	100	150
注:压力降分配可根据实际情况经计算加以调整。						

10.1.9 沼气管道宜采用聚乙烯管、钢管或钢骨架聚乙烯塑料复合管,并符合下列要求:

a) 聚乙烯沼气管应符合GB 15558.1和GB 15558.2的规定;

b) 钢管采用焊接钢管或镀锌钢管或无缝钢管时,应分别符合GB/T 3091、GB/T 8163的规定;

c) 钢骨架聚乙烯塑料复合管应符合CJ/T 125的规定。

10.2 气压调节

10.2.1 一般规定

a) 当采用中压供气时,入户前应设置调压装置进行压力调节;

b) 自然条件和周围环境许可时,调压装置宜设置在露天,但应设置围墙、护栏或车挡;

c) 当受到地上条件限制时,可设置在地下单独的建筑物内或地下单独的箱内,并应分别符合GB 50251—2015中6.6.14和6.6.5的要求;

d) 无采暖调压装置的环境温度应能保证调压装置的活动部件正常工作,无防冻措施的调压装置的环境温度应大于0℃。

10.2.2 调压箱

a) 调压箱的箱底距地坪的高度宜为1.0 m~1.2 m,可安装在用气建筑物的外墙壁上或悬挂于专用的支架上;当安装在用气建筑物的外墙上时,调压箱进出口管径不宜大于DN50;

b) 调压箱到建筑物的门、窗或其他通向室内的孔槽的水平净距不应小于1.5 m;调压箱不宜安装在建筑物的窗下和阳台下的墙上;不宜安装在室内通风机进风口墙上;

c) 安装调压箱的墙体应为永久性的实体墙,其建筑物耐火等级不应低于二级;

d) 调压箱上应有自然通风孔,在调压器沼气入口处应安装过滤器;

e) 安装调压箱的位置应使调压箱不被碰撞,并在开箱作业时不影响交通;

f) 调压箱的沼气进、出口管道之间应设旁通管,用户调压箱(悬挂式)可不设旁通管。

10.2.3 调压器

a) 调压器应能满足进口沼气的最高、最低压力要求;

b) 调压器的压力差,应根据调压器前沼气管道的最低压力与调压器后沼气管道的设计压力之差值确定;

c) 调压器的计算流量,应按该调压器所承担的管网小时最大输送量的1.2倍确定;

d) 在调压器沼气入口(或出口)处,应设防止沼气出口压力过高的安全保护装置(当调压器本身带有安全保护装置时可不设);

e) 调压器的安全保护装置宜选用人工复位型;安全保护(放散或切断)装置应设定启动压力值,并具有足够的能力。

10.3 室外沼气管道

10.3.1 地下沼气管道不得从建筑物和大型构筑物(不包括架空的建筑物和大型构筑物)的下面穿越。地下沼气管道与建筑物、构筑物或相邻管道之间的水平和垂直净距不应小于表3和表4的规定,且符合下列要求：

表3 地下沼气管道与建筑物、构筑物或相邻管道之间的水平净距

单位为米

项目		地下沼气管道压力		
		低压<0.01 MPa	中压	
			B型≤0.2 MPa	A型≤0.4 MPa
建筑物	基础	0.7	1.0	1.5
	外墙面(出地面处)	—	—	—
给水管		0.5	0.5	0.5
污水、雨水排水管		1.0	1.2	1.2
电力电缆(含电车电缆)	直埋	0.5	0.5	0.5
通信电缆	直埋	0.5	0.5	0.5
	在导管内	1.0	1.0	1.0
其他燃气管道	DN≤300 mm	0.4	0.4	0.4
	DN>300 mm	0.5	0.5	0.5
热力管	直埋	1.0	1.0	1.0
	在管沟内(至外壁)	1.0	1.5	1.5
电杆(塔)的基础	≤35 kV	1.0	1.0	1.0
	>35 kV	2.0	2.0	2.0
通信照明电杆(至电杆中心)		1.0	1.0	1.0
铁路路堤坡脚		5.0	5.0	5.0
有轨电车钢轨		2.0	2.0	2.0
街树(至树中心)		0.75	0.75	0.75

表4 地下沼气管道与构筑物或相邻管道之间垂直净距

单位为米

项目		地下沼气管道(当有套管时，以套管计)
给水管、排水管或其他沼气管道		0.15
热力管的管沟底(或顶)		0.15
电缆	直埋	0.50
	在导管内	0.15
铁路轨底		1.20
有轨电车(轨底)		1.00

同时，地下沼气管道还应符合下列要求：

a) 低压管道不应影响建(构)筑物和相邻管道基础的稳固性，中压管道距建筑物基础不应小于0.5 m且距建筑物外墙面不应小于1 m；

b) 聚乙烯沼气管道与热力管道的净距应按CJJ 63的规定执行；

c) 地下沼气管道与电杆(塔)基础之间的水平净距，还应符合地下沼气管道与交流电力线接地体的净距规定。

10.3.2 地下沼气管道埋设的最小覆土厚度(路面至管顶)应符合下列要求：

a) 埋设在车行道下时，不得小于0.9 m；

b) 埋设在非机动车车道(含人行道)下时，不得小于0.6 m；

c) 埋设在机动车不可能到达的地方时，不得小于0.3 m；

d) 埋设在水田下时，不得小于0.8 m。

注：当不能满足上述规定时，应采取行之有效的安全防护措施。

10.3.3 输送湿沼气的沼气管道应埋设在土壤冰冻线以下。沼气管道坡向凝水器的坡度不宜小于

0.3%。

10.3.4 地下沼气管道的地基宜为原土层。凡可能引起管道不均匀沉降的地段，其基础应进行处理。

10.3.5 地下沼气管道不得在堆积易燃、易爆材料和具有腐蚀性液体的场地下面穿越，并且不宜与其他管道或电缆同沟敷设。当需要同沟敷设时，应采取防护措施。

10.3.6 地下沼气管道穿过排水管(沟)、热力管沟、联合地沟、隧道及其他各种用途沟槽时，应将沼气管道敷设于套管内。套管两端应采用柔性的防腐、防水材料密封。

10.3.7 沼气管道穿越铁路、高速公路和村镇主要干道时，应符合下列要求：

a) 穿越铁路和高速公路的沼气管道应加套管；当沼气管道采用定向钻穿越并取得铁路或高速公路部门同意时，可不加套管。

b) 穿越铁路的沼气管道的套管应符合：

1) 铁路轨底至套管顶不应小于 1.20 m，并应符合铁路管理部门的要求；

2) 套管宜采用钢管或钢筋混凝土管，套管内径比沼气管道外径大 100 mm 以上；

3) 套管两端与沼气管的间隙应采用柔性的防腐、防水材料密封，其一端应装设检漏管；

4) 套管端部距路堤坡脚外距离不应小于 2.0 m。

c) 沼气管道穿越村镇主要干道时宜敷设在套管或地沟内；穿越高速公路沼气管道的套管和村镇主要干道沼气管道的套管或地沟应符合：

1) 套管内径比沼气管道外径大 100 mm 以上；

2) 套管或地沟两端应密封；

3) 在重要地段的套管或地沟端部宜安装检漏管。

d) 沼气管道宜垂直穿越铁路、高速公路、电车轨道和村镇主要干道。

10.3.8 沼气管道通过河流时，可采用管桥跨越的形式或利用道路桥梁跨越河流，并应符合下列要求：

a) 当沼气管道随桥梁敷设或采用管桥跨越河流时，应采取安全防护措施。

b) 敷设于桥梁上的沼气管道应采用加厚的无缝钢管或焊接钢管，减少焊缝，对焊缝进行 100%无损探伤；跨越通航河流的沼气管道底标高应符合通航净空的要求，管架外侧应设置护桩；在确定管道位置时，与随桥敷设的其他管道的间距应符合 GB 6222 支架敷管的有关规定；管道应设置必要的补偿和减震措施；对管道应做较高等级的防腐保护。

10.3.9 穿越或跨越重要河流的沼气管道，在河流两岸均应设置阀门。

10.3.10 在中压沼气干管上，应设置分段阀门，并应在阀门两侧设置放散管。在沼气支管的起点处，应设置阀门。放散管应能迅速放空两截断阀管段内的气体。放空阀直径应与放空管直径相等，放空气体应经放空竖管排入大气，并应符合环境保护和安全防火的要求。

10.3.11 输气干管放散竖管应设置在不致发生火灾和危害居民健康的地方。其高度应比附近建(构)筑物高出 2 m 以上，且总高度不应小于 10 m。

10.3.12 放散竖管的设置应符合下列规定：

a) 放散竖管直径应满足最大的放空量要求；

b) 严禁在放散竖管顶端装设弯管；

c) 放散竖管底部弯管和相连接的水平放空引出管应埋地；弯管前的水平埋设直管段应进行锚固；

d) 放散竖管应有稳管加固措施。

10.3.13 室外架空的沼气管道，可沿建筑物外墙或支柱敷设。并应符合下列要求：

a) 中压和低压沼气管道，可沿建筑耐火等级不低于二级的住宅或公共建筑的外墙敷设；

b) 沿建筑物外墙敷设的沼气管道距住宅或公共建筑物门、窗洞口的净距：中压管道不应小于 0.5 m，低压管道不小于 0.3 m；

c) 架空沼气管道与铁路、道路、其他管线交叉时的垂直净距不应小于表 5 的规定。

表 5 架空沼气管道与铁路、道路、其他管线交叉时的垂直净距

单位为米

建筑物和管线名称		最小垂直净距	
		沼气管道下	沼气管道上
铁路轨顶		6.0	—
城市道路路面		5.5	—
厂区道路路面		5.0	—
人行道路路面		2.2	—
架空电力线，电压	3 kV 以下	—	1.5
	3 kV～10 kV	—	3.0
	35 kV～66 kV	—	4.0
其他管道，管径	≤300 mm	同管道直径，但不小于 0.10	
	>300 mm	0.30	
注 1：电气机车铁路除外。 注 2：架空电力线与沼气管道的交叉垂直净距还需考虑导线的最大垂度。			

10.3.14 钢质沼气管道应进行外防腐。其防腐设计应符合 GB 50726 的规定。

10.3.15 地下沼气管道外防腐涂层的种类可根据工程的具体情况，选用石油沥青、聚乙烯防腐胶带、环氧煤沥青、聚乙烯防腐层、氯磺化聚乙烯、环氧粉末喷涂等。当选用上述涂层时，应符合国家有关标准的规定。

10.3.16 采用涂层保护埋地敷设的钢质沼气干管宜同时采用阴极保护。

10.3.17 地下沼气管道与交流电力线接地体的净距不应小于表 6 的规定。

表 6 地下沼气管道与交流电力线接地体的净距

单位为米

电压等级，kV	10	35	110	220
铁塔或电杆接地体	1	3	5	10
电站或变电所接地体	5	10	15	30

10.4 室内沼气管道

10.4.1 用户室内沼气管道的最高压力不应大于表 7 的规定。

表 7 用户室内沼气管道的最高压力（表压）

单位为兆帕

沼气用户	最高压力
居民用户（中压进户）	0.1
居民用户（低压进户）	0.01
注：管道井内的沼气管道的最高压力不应大于 0.2 MPa。	

10.4.2 室内沼气管道宜选用钢管，也可选用铝塑复合管和连接用软管，并应分别符合 10.4.3～10.4.5 的规定。

10.4.3 室内沼气管道选用钢管时，应符合下列规定：

a) 低压沼气管道应选用热镀锌钢管（热浸镀锌），其质量应符合 GB/T 3091 的规定；中压沼气管道宜选用无缝钢管，其质量应符合 GB/T 8163 的规定。

b) 选用符合 GB/T 3091 的焊接钢管时，低压宜采用普通管，中压应采用加厚管。选用无缝钢管时，其壁厚不得小于 3 mm，用于引入管时不得小于 3.5 mm。在避雷保护范围以外的屋面上的沼气管道和高层建筑沿外墙架设的沼气管道，采用焊接钢管或无缝钢管时其管壁厚均不得小于 4 mm。

c) 室内低压沼气管道（地下室、半地下室等部位除外）、室外压力小于或等于 0.2 MPa 的沼气管道，

可采用螺纹连接。管道公称直径大于 DN100 时不宜选用螺纹连接；管道公称压力 PN≤0.2 MPa 时，应采用 GB/T 7306.2 规定的螺纹连接；密封宜采用聚四氟乙烯生料带、尼龙密封绳等性能良好的填料。

d) 管件选择应符合下列要求：管道公称压力 PN≤0.01 MPa 时，可选用可锻铸铁螺纹管件；管道公称压力 PN≤0.2MPa 时，应选用钢或铜合金螺纹管件。

e) 钢管焊接或法兰连接可用于中低压沼气管道（阀门、仪表处除外），并应符合有关标准的规定。

10.4.4 室内沼气管道选用铝塑复合管时，应符合下列规定：

a) 铝塑复合管的质量应符合 GB/T 18997.1 或 GB/T 18997.2 的规定。

b) 铝塑复合管应采用卡套式管件或承插式管件机械连接。承插式管件应符合 CJ/T 110 的规定；卡套式管件应符合 CJ/T 111 和 CJ/T 190 的规定。

c) 铝塑复合管安装时应对铝塑复合管材进行防机械损伤、防紫外（UV）伤害及防热保护，并应符合下列规定：

1） 环境温度不应高于 60℃；

2） 工作压力应小于 10 kPa；

3） 应在户内的计量装置（沼气表）后安装。

10.4.5 室内沼气管道采用软管时，应符合下列规定：

a) 沼气用具连接部位或移动式用具等处可采用软管连接；

b) 中压沼气管道上应采用符合 GB/T 14525、GB/T 10546 或同等性能以上的软管；

c) 低压沼气管道上可采用符合 HG 2486 或 CJ/T 197 规定的软管；

d) 软管最高允许工作压力不应小于设计压力的 4 倍；

e) 软管与家用燃具连接时，其长度不应超过 2 m，且不得有接口；

f) 软管与管道、燃具的连接处应采用压紧螺帽（锁母）或管卡（喉箍）固定，在软管的上游与硬管的连接处应设阀门；

g) 软管不得穿墙、天花板、地面、窗和门。

10.4.6 沼气引入管敷设位置应符合下列规定：

a) 沼气引入管不得敷设在卧室、卫生间、易燃或易爆品的仓库、有腐蚀性介质的房间、配电间、变电室、发电机和空调机（不以沼气为燃料）房、通风机房、计算机房、电缆沟、暖气沟、烟道和进风道、垃圾道等地方；

b) 住宅沼气引入管宜设在厨房、走廊、与厨房相连的封闭阳台内（寒冷地区输送湿沼气时阳台应封闭）等便于检修的非居住房间内，确有困难可从楼梯间引入，但应采用金属管道且引入管阀门宜设在室外；

c) 沼气引入管宜沿外墙地面上穿墙引入。室外露明管段的上端弯曲处应加不小于 DN20 清扫用三通和丝堵，并做防腐处理。寒冷地区输送湿沼气时应保温。引入管可埋地穿过建筑物外墙或基础引入室内，当引入管穿过墙或基础进入建筑物后应在短距离内出室内地面，不得在室内地面下水平敷设。

10.4.7 沼气引入管穿墙与其他管道的平行净距应满足安装和维修的需要。当与地下管沟或下水道距离较近时，应采取有效的防护措施。

10.4.8 沼气引入管穿过建筑物基础、墙或管沟时，均应设置在套管中，并应考虑沉降的影响，必要时应采取补偿措施。套管与基础、墙或管沟等之间的间隙应填实，其厚度应为被穿过结构的整个厚度。套管与沼气引入管之间的间隙应采用柔性防腐、防水材料密封。

10.4.9 建筑物设计沉降量大于 50 mm 时，可对沼气引入管采取如下补偿措施：

a) 加大引入管穿墙处的预留洞尺寸；

b) 引入管穿墙前水平或垂直弯曲 2 次以上；

c) 引入管穿墙前设置金属柔性管或波纹补偿器。

10.4.10 输送湿沼气的引入管，埋设深度应在土壤冰冻线以下，并宜有不小于 1% 坡向室外管道的坡度；沼气引入管的最小公称直径不应小于 25 mm，引入管阀门宜设在建筑物内。

10.4.11 沼气水平干管和立管不得穿过易燃易爆品仓库、配电间、变电室、电缆沟、烟道、进风道和电梯井等。

10.4.12 沼气水平干管宜明设。当建筑设计有特殊美观要求时，可敷设在能安全操作、通风良好和检修方便的吊顶内；当吊顶内设有可能产生明火的电气设备或空调回风管时，沼气干管宜设在与吊顶底平的独立密封∩型管槽内，管槽底宜采用可卸式活动百叶或带孔板。沼气水平干管不宜穿过建筑物的沉降缝。

10.4.13 沼气立管不得敷设在卧室或卫生间内。立管穿过通风不良的吊顶时应设在套管内。

10.4.14 沼气立管宜明设，当设在便于安装和检修的管道竖井内时，应符合下列要求：

a) 沼气立管可与空气、惰性气体、上下水、热力管道等设在一个公用竖井内，但不得与电线、电气设备或氧气管、进风管、回风管、排气管、排烟管、垃圾道等共用一个竖井；

b) 竖井内的沼气管道应尽量不设或少设阀门等附件；竖井内的沼气管道的最高压力不得大于 0.2 MPa；沼气管道应涂黄色防腐识别漆。

10.4.15 沼气水平干管应考虑工作环境温度下的极限变形。当自然补偿不能满足要求时，应设置补偿器；补偿器宜采用Ⅱ型或波纹管型，不得采用填料型。补偿量计算温差可按下列条件选取：

a) 有空气调节的建筑物内可取 20℃；

b) 无空气调节的建筑物内可取 40℃；

c) 沿外墙和屋面敷设时可取 70℃。

10.4.16 沼气支管宜明设。沼气支管不宜穿过起居室(厅)。敷设在起居室(厅)、走道内的沼气管道不宜有接头。当穿过卫生间、阁楼或壁柜时，沼气管道应采用焊接连接(金属软管不得有接头)，并应设在钢套管内。

10.4.17 住宅内暗埋的沼气支管应符合下列要求：

a) 暗埋部分不宜有接头，且不应有机械接头；暗埋部分宜有涂层或覆塑等防腐蚀措施；

b) 暗埋的管道应与其他金属管道或部件绝缘，暗埋的柔性管道宜采用钢盖板保护；

c) 暗埋管道应在气密性试验合格后覆盖；

d) 覆盖层厚度不应小于 10 mm；

e) 覆盖层面上应有明显标志，标明管道位置，或采取其他安全保护措施。

10.4.18 住宅内暗封的沼气支管应符合下列要求：

a) 暗封管道应设在不受外力冲击和暖气烘烤的部位；

b) 暗封部位应可拆卸，检修方便，并应通风良好。

10.4.19 室内沼气管道与电气设备、相邻管道之间的净距不应小于表 8 的规定。

表 8 室内沼气管道与电气设备、相邻管道之间的净距

单位为厘米

管道和设备		与沼气管道的净距	
		平行敷设	交叉敷设
电气设备	明装的绝缘电线或电缆	25	10[a]
	暗装或管内绝缘电线	5(从所做的槽或管子的边缘算起)	1
	电压小于 1 000 V 的裸露电线	100	100
	配电盘或配电箱、电表	30	不允许
	电插座、电源开关	15	不允许
相邻管道		保证沼气管道和相邻管道的安装与维修	2

[a] 当明装电线加绝缘套管且套管的两端各伸出沼气管道 10 cm 时，套管与沼气管道的交叉净距可降至 1 cm；当布置确有困难，在采取有效措施后可适当减小净距。

10.4.20 沿墙、柱、楼板和加热设备构件上明设的沼气管道应采用管支架、管卡或吊卡固定。管支架、管卡、吊卡等固定件的安装不应妨碍管道的自由膨胀和收缩。

10.4.21 室内沼气管道穿过承重墙、地板或楼板时应加钢套管，套管内管道不得有接头，套管与承重墙、地板或楼板之间的间隙应填实，套管与沼气管道之间的间隙应采用柔性防腐、防水材料密封。

10.4.22 室内沼气管道的下列部位应设置阀门：

a) 沼气引入管；

b) 调压器前和沼气表前；

c) 沼气用具前；

d) 测压计前；

e) 放散管起点。

10.4.23 室内沼气管道阀门宜采用球阀。

10.5 安全装置

10.5.1 在下列场所宜设置沼气紧急自动切断阀：

a) 地下室、半地下室和地上密闭的用气房间；

b) 沼气用量大、人员密集、流动人口多的商业建筑；

c) 有沼气管道的管道层。

10.5.2 沼气紧急自动切断阀的设置应符合下列要求：

a) 紧急自动切断阀应设在用气场所的沼气入口管、干管或总管上；

b) 紧急自动切断阀宜设在室外；

c) 紧急自动切断阀前应设手动切断阀；

d) 紧急自动切断阀宜采用自动关闭、现场人工开启型，当浓度达到设定值时报警并关闭。

10.5.3 沼气管道及设备的防雷、防静电设计应符合下列要求：

a) 防雷接地设施的设计应符合 GB 50057 的规定；

b) 防静电接地设施的设计应符合 HG/T 20675 的规定。

10.6 沼气计量

10.6.1 沼气用户应单独设置沼气表。沼气表应根据沼气的工作压力、温度、流量和允许的压力降(阻力损失)等条件选择。

10.6.2 用户沼气表宜安装在不燃或难燃结构的室内通风良好和便于查表、检修的地方。不得安装在下列场所：

a) 卧室、卫生间及更衣室内；

b) 有电源、电器开关及其他电器设备的管道井内，或有可能滞留泄漏沼气的隐蔽场所；

c) 环境温度高于 45℃的地方；

d) 经常潮湿的地方；

e) 堆放易燃易爆、易腐蚀或有放射性物质等危险的地方；

f) 有变、配电等电器设备的地方；

g) 有明显振动影响的地方；

h) 高层建筑中的避难层及安全疏散楼梯间内。

10.6.3 使用沼气时，沼气表的环境温度应高于 0℃。

10.6.4 住宅内沼气表可安装在厨房内，当有条件时也可设置在户门外。住宅内高位安装沼气表时，表底距地面不宜小于 1.4 m；当沼气表装在沼气灶具上方时，沼气表与沼气灶的水平净距不得小于 30 cm；低位安装时，表底距地面不得小于 10 cm。

10.7 家庭生活用气

10.7.1 村民家庭生活用气设备应采用低压沼气，用气设备前的沼气压力应在(0.75～1.5)P_n 的范围内(P_n 为燃具的额定压力)。

10.7.2 生活用气设备不得设置在卧室内。

10.7.3 家用沼气灶的设置应符合下列要求：

a) 沼气灶应安装在有自然通风和自然采光的厨房内；利用卧室的套间(厅)或利用与卧室连接的走廊作厨房时，厨房应设门并与卧室隔开；

b) 安装沼气灶的房间净高不宜低于 2.2 m；

c) 沼气灶与墙面的净距不得小于 10 cm；当墙面为可燃或难燃材料时，应加防火隔热板；沼气灶的灶面边缘和烤箱的侧壁距木质家具的净距不得小于 20 cm，当达不到时应加防火隔热板；

d) 放置沼气灶的灶台应采用不燃烧材料，当采用难燃材料时应加防火隔热板；

e) 厨房为地上暗厨房(无直通室外的门和窗)时，应选用带有自动熄火保护装置的沼气灶，并应设置沼气浓度检测报警器、自动切断阀和机械通风设施，沼气浓度检测报警器应与自动切断阀和机械通风设施连锁。

10.7.4 家用沼气热水器的设置应符合下列要求：

a) 沼气热水器应安装在通风良好的非居住房间、过道或阳台内；

b) 有外墙的卫生间内，可安装密闭式热水器，但不得安装其他类型热水器；

c) 装有半密闭式热水器的房间，房间门或墙的下部应设有效截面积不小于 0.02 m^2 的格栅，或在门与地面之间留有不小于 30 mm 的间隙；

d) 可燃或难燃烧的墙壁和地板上安装热水器时，应采取有效的防火隔热措施；

e) 热水器的给排气筒宜采用金属管道连接。

10.7.5 居民生活用燃具在选用时，应符合 GB 16914 的规定。

10.7.6 沼气燃烧所产生的烟气应排出室外。设有直排式燃具的室内容积热负荷指标超过 207 W/m^3 时，应设置有效的排气装置将烟气排至室外。有直通洞口(哑口)的毗邻房间的容积一并作为室内容积计算。

10.7.7 家用燃具排气装置的选择应符合下列要求：

a) 灶具和热水器(或采暖炉)应分别采用竖向烟道进行排气；

b) 住宅采用自然换气时，排气装置应按 CJJ 12—2013 中 A.0.1 的规定选择；

c) 住宅采用机械换气时，排气装置应按 CJJ 12—2013 中 A.0.3 的规定选择。

10.7.8 浴室用沼气热水器的给排气口应直接通向室外，其排气系统与浴室应有防止烟气泄漏的措施。

10.7.9 沼气用气设备的排烟设施应符合下列要求：

a) 不得与使用固体燃料的设备共用一套排烟设施；

b) 每台用气设备宜采用单独烟道；当多台设备合用一个总烟道时，应保证排烟时互不影响；

c) 有防倒风排烟罩的用气设备不得设置烟道闸板；无防倒风排烟罩的用气设备，在至总烟道的每个支管上应设置闸板，闸板上应有直径大于 15 mm 的孔；

d) 安装在低于 0℃房间的金属烟道应做保温。

10.7.10 水平烟道的设置应符合下列要求：

a) 水平烟道不得通过卧室；

b) 居民用气设备的水平烟道长度不宜超过 5 m，弯头不宜超过 4 个(强制排烟式除外)；

c) 水平烟道应有大于或等于 1%坡向用气设备的坡度；

d) 用气设备的烟道距难燃或不燃顶棚或墙的净距不应小于 5 cm；距燃烧材料的顶棚或墙的净距不应小于 25 cm；当有防火保护时，其距离可适当减小。

10.7.11 用气设备的电气系统应符合下列规定：

a) 用气设备和建筑物电线、包括地线之间的电气连接应符合有关规定；

b) 电点火、燃烧器控制器和电气通风装置的设计，在电源中断情况下或电源重新恢复时，不应使沼气应用设备出现不安全工作状况；

c) 自动操作的主燃气控制阀、自动点火器、极限控制器或其他电气装置使用的电路应符合随设备供给的接线图的规定。

11 电气与安全

11.1 沼气站的供电系统按 GB 50052 中“二级负荷”的规定设计。

11.2 沼气站电气设计应符合 GB 50058 的要求。

11.3 沼气站宜采用集中控制，关键设备附近可设置独立的控制箱，且具有“手动/自动”的运行控制切换功能。

11.4 应根据处理工艺和运行管理要求设置料液计量、沼气计量、沼气成分、沼气压力、温度、液位、pH 等监控仪器仪表。

11.5 沼气站应安装能够进行成本核算的水、电、气和药品的计量仪器仪表。

11.6 现场检测仪表应具有防腐、防爆、抗渗漏等功能。

11.7 沼气站应按第二类防雷建筑设防，防雷设计应符合 GB 50057 的相关规定。

11.8 沼气站应设置围墙，各类敞口池应设置围栏；在显著位置应设置安全警示标识；现场应有救护器具等；宜设置安全监视及报警装置。

12 消防与给排水

12.1 消防

12.1.1 消防水源应符合下列规定：

a) 市政给水、消防水池、天然水源等可作为消防水源，宜采用市政给水管网供水；

b) 雨水清水池、中水清水池、水景和游泳池宜作为备用消防水源。雨水清水池、中水清水池、水景和游泳池做消防水源时，应有保证在任何情况下均能满足消防给水系统所需的水量和水质的技术措施。

12.1.2 易燃材料堆场、储气柜区室外消火栓设计流量应符合表 9 的规定。

表 9 易燃材料堆场、储气柜区室外消火栓设计流量

名　称	总储量或总容量	室外消火栓设计流量，L/s
稻草、麦秸、芦苇等易燃材料(W)，t	$50<W\leqslant500$	20
	$500<W\leqslant5\,000$	35
	$5\,000<W\leqslant10\,000$	50
	$W>10\,000$	60
储气柜(V)，m^3	$V\leqslant10\,000$	15

12.1.3 符合下列条件之一的，应设消防水池：

a) 当生产、生活用水量达到最大时，市政给水管网不能满足消防用水量时；

b) 市政给水消防设计流量小于消防给水设计流量时。

12.1.4 易燃材料堆场火灾延续时间按不小于 6 h 计算，储气柜区火灾延续时间按不小于 3 h 计算。

12.1.5 单台消防水泵最小额定流量不应小于 10 L/s，最大额定流量不宜大于 320 L/s。同一泵组的消防水泵型号宜一致，且工作泵不宜超过 3 台。消防水泵控制柜平时应是消防水泵处于自动启动状态，且不应设置自动停泵的控制功能。

12.1.6 室外消火栓数量应根据消火栓设计流量和保护半径确定。消火栓流量宜按 10 L/s～15 L/s 计算,保护半径不应大于 150 m。

12.1.7 沼气站易燃材料堆场、储气柜区应设置消防车道。消防车道的边缘距离取水点不宜大于 2 m。

12.1.8 消防车道应符合下列要求:

a) 车道的净宽度和净空高度均不应小于 4 m;

b) 转弯半径应满足消防车转弯要求;

c) 消防车道与建筑物之间不应设置妨碍消防车操作的数目、架空管线等障碍物;

d) 消防车道靠建筑外墙一侧的边缘距离建筑外墙不宜小于 5 m;

e) 消防车道坡度不宜大于 8%。

12.2 给排水

12.2.1 沼气站排水系统应实行雨污分流,雨水排入当地排水系统,生活污水排入沼气预处理系统。

12.2.2 沼气站用水量应按生产用水量、生活用水量和绿化用水量之和计算。

附 录 A
(资料性附录)
推 荐 工 艺

A.1 畜禽粪便污水类沼气发酵原料推荐工艺

见图 A.1。

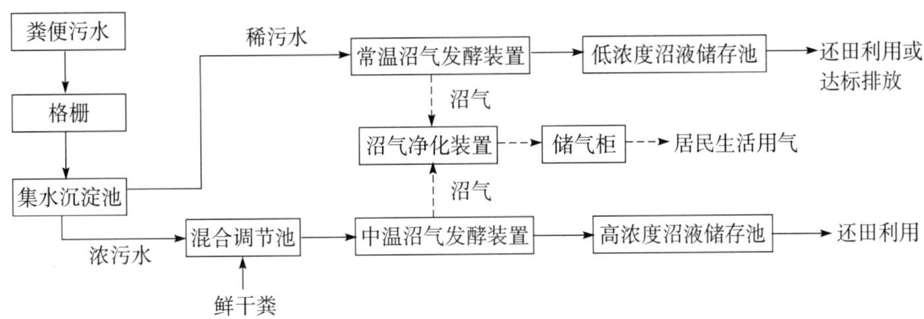

图 A.1

A.2 秸秆类沼气发酵原料推荐工艺

见图 A.2。

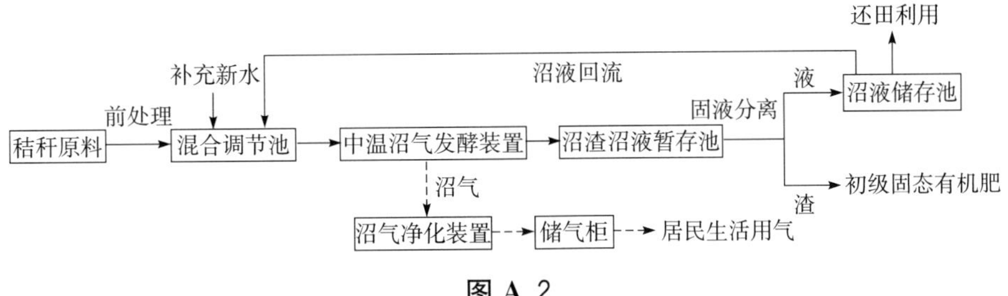

图 A.2

A.3 混合原料沼气工程推荐工艺

见图 A.3。

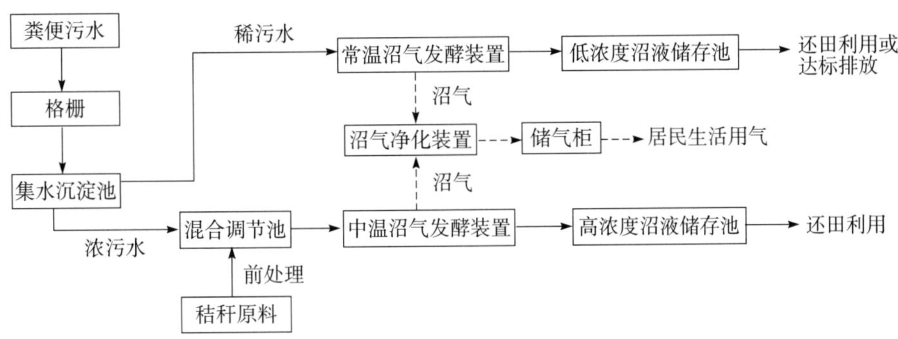

图 A.3

附　录　B
(规范性附录)
几种主要原料的特性

几种主要原料的特性见表 B.1。

表 B.1　几种主要原料的特性

原料种类	TS,%	C∶N	原料沼气产率,m^3/kgTS
鲜猪粪	18	13	0.252
鲜牛粪	16～25	26	0.180
鲜羊粪	30	29	0.273
鸭粪	16		0.441
兔粪	37		0.210
玉米青贮	28～35		0.170～0.230
玉米黄贮	70～90	53	0.300
小麦黄贮	82	87	0.270
水稻黄贮	83	67	0.240

ICS 27.010
F 13

中华人民共和国农业行业标准

NY/T 3438.2—2019

村级沼气集中供气站技术规范 第2部分：施工与验收

Technical specification for village-level centralized biogas supply—Part 2:Construction, acceptance

2019-01-17 发布

2019-09-01 实施

中华人民共和国农业农村部 发布

前　　言

NY/T 3438《村级沼气集中供气站技术规范》拟分为3个部分：

——第1部分：设计；

——第2部分：施工与验收；

——第3部分：运行管理。

本部分为NY/T 3438的第2部分。

本部分按照GB/T 1.1—2009给出的规则起草。

本部分由农业农村部科技教育司提出。

本部分由全国沼气标准化技术委员会(SAC/TC 515)归口。

本部分起草单位：农业部沼气科学研究所、农业部沼气产品及设备质量监督检验测试中心。

本部分主要起草人：雷云辉、张国治、邓良伟、王智勇、梅自力。

村级沼气集中供气站技术规范　第2部分:施工与验收

1　范围

本部分规定了村级沼气集中供气站工程施工及验收的内容、要求和方法等。

本部分适用于新建、改建或扩建的村级沼气集中供气站。

2　规范性引用文件

下列文件对于本文件的应用是必不可少的。凡是注日期的引用文件,仅注日期的版本适用于本文件。凡是不注日期的引用文件,其最新版本(包括所有的修改单)适用于本文件。

GB 4272—2008　设备及管道绝热技术通则

GB 8174　设备及管道保温效果测试与评价方法

GB 15558.1　燃气用埋地聚乙烯管材

GB 15558.2　燃气用埋地聚乙烯管件

GB 15599　石油与石油设施雷电安全规范

GB 50028　城镇燃气设计规范

GB 50236　现场设备、工业管道焊接工程施工及验收规范

CJJ 63　聚乙烯燃气管道工程技术规程

CJJ 95　城镇燃气埋地钢制管道腐蚀控制技术规程

DG/TJ 08　燃气管道设施标识应用规则

HG 20517　钢制低压湿式气柜

NY/T 1220.3　沼气工程技术规范　第3部分:施工及验收

NY/T 3438.1—2019　村级沼气集中供气站技术规范　第1部分　设计

3　术语和定义

下列术语和定义适用于本文件。

3.1

非标设备　non-standard equipment

设计单位按照沼气站工艺需求自行开发设计制造的设备,有专属的制造、安装和验收要求。

3.2

通用设备　general equipment

沼气站内选用的,按统一的行业标准和规格制造的设备。

3.3

压力试验　pressure test

以液体、气体为介质,对装置、设备和管道逐步加压,以检验强度和密封性的试验。

3.4

气密性试验　test for leakage

以气体为介质,采用显色剂、气体检测仪或其他专用手段检查系统泄漏点的试验。

4　总则

4.1　为加强村级集中供气沼气站的施工管理,规范施工技术,统一施工质量检验、验收要求和方法,保证

工程质量和安全，制定本部分。

4.2 村级沼气集中供气站的施工和验收，应符合本部分的规定。本部分未做明确规定的，应符合设计文件要求，并满足 NY/T 1220.3 以及国家现行的有关标准和规范的规定。

4.3 村级沼气集中供气站的设计、施工和监理单位应具备相应资质，人员应具备相应资格，严格执行监理制度。施工单位应建立健全施工技术、质量、安全生产等管理体系，制定各项施工管理规定，并贯彻执行。

4.4 施工单位必须取得安全生产许可证，并应遵守有关施工安全、劳动保护、防火防毒的法律法规，建立健全安全管理体系和安全生产责任制，确保施工安全。

4.5 施工单位应严格按设计图纸要求进行施工，不得擅自修改；发现实际图纸和文件有差错或疑问时，应及时提出意见和建议，且应按原设计单位修改变更后的设计施工。

4.6 施工单位必须遵守国家和地方政府有关环境保护的法律法规，采取有效措施控制施工现场的各种粉尘、废弃物以及噪声、振动等对环境造成的污染和危害。

5 建筑工程

5.1 村级沼气集中供气站建筑工程，包括原料收集及预处理、沼气发酵、沼气净化与储存、沼渣沼液处理等各工艺单元中钢筋砼结构、池类、附属建筑物等建筑施工，应严格遵守设计文件要求，并参照 NY/T 1220.3 中各项要求进行。

5.2 建设单位应向施工单位提供施工影响范围内地下管线(构筑物)及其他公共设施资料，施工单位应采取措施进行保护。

5.3 建筑工程施工时，应根据进度进行分项工程质量检查，并做好隐蔽工程的记录，经监理人员验收合格后，方可进行下道工序施工。

5.4 湿式气柜钢筋砼水封池及其他砼结构水池，应按设计要求完成水压及防渗试验，合格后方可进行防腐、粉刷及设备安装工作。

5.5 沼气发酵装置和气柜基础有沉降要求时，应设置沉降观测点，且应有沉降观测记录，合格后方可进行下道工序。

5.6 沼气锅炉房等存在沼气泄漏风险的封闭式建筑物应按设计文件要求，具备良好的通风及安全预警系统。锅炉房内沼气管道末端应按设计要求设置放散管，放散管管口应高出房顶 2 m，且应采取防止雨水流入的措施。

5.7 需安装设备的水池类构筑物，应设置固定吊装装置或预留与移动吊装装置的连接件。

6 通用设备安装

6.1 村级沼气集中供气站通用设备，包括泵、风机、固液分离机等通用机电设备的安装，应严格按照产品安装说明，并参照 GB 50231—2009 及 NY/T 1220.3 的各项要求，进行设备质量检验、基础复测、安装找正及试运转等各项工作。

6.2 通用设备安装应按设计文件要求做好安全接地；管道增压装置、现场电控装置及其他室外安装的设备应设置防潮、防雨装置；室外安装的电气设备的防护等级不应低于 IP44。

6.3 潜水设备安装应牢固可靠，并宜设置吊装装置。

6.4 所有设备应保留产品出厂合格证等资料，并认真填写设备试运转记录。

7 非标设备安装

7.1 一般规定

村级沼气集中供气站非标设备，包括沼气发酵装置、沼气净化与储存装置等专用设备安装，应符合设计文件要求，并参照 NY/T 1220.3 的各项要求进行。

7.2 沼气发酵装置

7.2.1 沼气发酵装置应在基础沉降试验合格后方可进行附属设备和管道安装。

7.2.2 采取机械式顶搅拌或侧搅拌系统的沼气发酵装置，应按设计要求保证传动轴、联轴器与搅拌轴同轴度；搅拌正常运转时，在地面 1.5 m 高，距沼气发酵装置 1 m 处测得最大噪声值应不大于 70 dB(A)，搅拌驱动电机实测电流值满足电机技术要求。

7.2.3 采用潜水搅拌机的沼气发酵装置，应检查搅拌提升及方位调节装置功能正常。

7.2.4 采用钢筋混凝土结构的沼气发酵装置，在完成主体施工达到设计强度要求后，须先进行试水试压、防渗和沉降试验，合格后才能进行回填、保温、防腐等。

7.2.5 采用钢焊接结构的沼气发酵装置，在完成主体焊接、管道焊接及设备安装后，应严格按设计文件要求进行水压试验、气密性试验、正负压保护试验及搅拌运行的动密封试验并填写记录，合格后方可进行防腐保温等工作；如需对主体重新切割及焊接，应做好记录并重新进行水压和气密性试验。

7.2.6 沼气发酵装置有内置式换热装置的，应在沼气发酵装置整体试压前单独进行水压试验。

7.2.7 沼气发酵装置应严格按照设计要求进行保温，并参照 GB 4272—2008 中第 6 章进行施工验收；保温工程投入使用后，应按 GB 8174 进行测定与评价，并及时进行单项验收。

7.3 沼气净化与储存装置

7.3.1 沼气净化与储存装置类型和技术参数应符合设计文件要求，并进行验证。

7.3.2 湿式储气柜水封池采用钢筋混凝土结构时，应先进行水压及防渗试验，合格后方可进行防腐及表面粉刷。

7.3.3 湿式储气柜的制作安装、防腐与验收，应符合 HG 20517 的要求。

7.3.4 湿式储气柜在钟罩吊装前，应按设计文件校核配重总量，保证储气压力值。

7.3.5 低压干式气柜用膜材料、玻璃钢等新材料时，应满足强度、气密性、防腐、防紫外线、抗老化等要求，设计寿命不低于 15 年。

7.3.6 膜材料适用温度为－40℃～70℃，防火级别达到 B1 级；粘接或焊接材料性能应不低于主材。

7.3.7 膜气柜应由生产厂商现场安装，对气密性、性能参数及安全控制系统等进行测试检验，记录数据并会签确认。

7.3.8 储气柜应在试压过程中检查手动泄压和自动泄压等安全保护装置动作情况。

7.3.9 储气装置应有良好的防雷、防静电接地装置，接地电阻应不大于 10Ω。

8 输气管道

8.1 一般规定

8.1.1 本部分适用于 NY/T 3438.1—2019 中规定的村级沼气集中供气管道工程。

8.1.2 沼气供气管道施工及验收，应符合国家现行有关标准、规范的要求。

8.1.3 供气管道吹扫清通和压力试验合格后，应及时进行验收。

8.1.4 埋地管道施工应满足设计文件要求，并遵守以下规定：

a） 安装前应核对管道与构筑物、管道、铁路、道路的位置关系，其间的水平或垂直净距应符合 GB 50028 和 CJJ 63 的规定，无法满足时，应与设计单位协商处理；
b） 管道两侧 1 m 线路带内禁止种植深根植物，禁止取土、采石、构建其他建筑物等；
c） 新建管道与现有其他管道交叉时，应对现有管道采取保护措施，并征求有关单位的意见；
d） 管道铺设完毕并经试压检验合格后，应及时回填沟槽，并采取措施防止管道发生位移或损伤；
e） 管道埋设的管顶覆土最小厚度应符合设计要求，且满足当地冻土层厚度要求；当无法达到设计要求时，应同设计单位研究处理；

f) 严格遵照 NY/T 3438.1—2019 中第 11 章的要求。

8.2 管道安装

8.2.1 基本要求

a) 管道施工单位应具有相应级别的管道安装资质，焊工应持有相应资格证书；
b) 管道应采用符合设计要求标准的钢管和燃气用埋地聚乙烯管等，提供质量合格证；
c) 供气管路上应严格遵守设计文件要求设置满足高度的紧急放空管；
d) 管道安装深度、管道坡度、凝水器位置等应符合设计文件规定；
e) 管子、管件和阀门应严格遵照设计要求，应有清晰产品标志，内容包含制造厂家或商标、材料、规格和生产编号等；在运输、堆积、吊装时应采取措施避免损伤；
f) 通过法兰连接的两段管，连接前应分别吹扫，清除管内焊渣、切屑等杂物；
g) 法兰连接用垫片使用前应逐个检查，无老化和分层现象，不得有割裂、划痕、气泡、折皱等缺陷。

8.2.2 钢管

a) 钢管焊接工艺应符合设计文件要求；施工单位应编制焊接工艺指导书，进行焊接工艺评定，编制焊接作业文件；焊工应严格依照焊接作业文件焊接；
b) 管道内壁错口量不大于 0.1 倍壁厚，且不大于 1.0 mm；
c) 管节对接接口间隙应符合设计文件和焊接作业文件要求，不得在间隙夹焊条或强行组对缩小间隙焊接；
d) 管节组对前，应将坡口及其内外侧表面不小于 10 mm 内的油漆、锈、毛刺等清除干净，且不应有裂纹、夹层等缺陷；
e) 对接接口任何位置不得有十字形焊缝，两管口螺旋焊缝或直焊缝间距错开应不小于 100 mm；
f) 接口焊缝的外观质量不得低于 GB 50236 规定的Ⅲ级质量要求。

8.2.3 燃气用埋地聚乙烯(PE)管

a) 燃气用埋地聚乙烯管、管件质量应满足 GB 15558.1 和 GB 15558.2 的规定，其规格尺寸、性能、技术要求应按设计要求选用；
b) 管道接口采用熔焊连接时，接口端面应平整光滑，无凹坑、划痕等缺陷；端面应与管轴线垂直，两端面平行，不得强行施加外力；焊缝焊接力学性能应不低于母材；施工单位应先进行焊接工艺评定，编制焊接作业文件；
c) 管道接口采用热熔对接应间隙均匀，不宜大于 0.5 mm；电熔连接的连接部位表面氧化层应清理干净，并保证规定的插入深度；
d) 当管件与管子的牌号、材质和生产厂家不一致时，其连接质量应经过试验确定，合格后方可使用，并应进行记录。

8.2.4 管道防腐与保温

a) 埋地钢管防腐应满足设计文件或 CJJ 95 的规定；
b) 钢管防腐层涂覆前应清除钢管表面的油污、灰渣、铁锈和其他杂物，并在 8 h 内完成底漆涂刷；
c) 管道保温应符合设计文件要求，并按照 GB 4272—2008 中第 6 章进行施工。

8.2.5 穿(跨)越敷设管道

a) 管道穿(跨)越施工前，施工单位应根据施工区域的工程地质、水文、交通航运要求、施工安全等制订施工方案，并应征询工程涉及的河道、铁路、公路及其他管线管理部门的意见；
b) 管道穿越河流、铁路、公路的埋设深度，以及穿越管道与相邻建筑物、构筑物基础或其他管道之间的水平、垂直净距，应符合设计文件和 GB 50028 的规定，并满足相关管理部门的要求；
c) 跨越管道施工前，建设单位应组织设计、施工和监理单位，对管桥的地基基础、桩基础、立柱及支承台等结构工程进行交接验收，并做好记录；

d) 穿(跨)越管道应按照 DG/TJ 08 的规定设置设施标识；

e) 穿(跨)越工程完成后，应及时进行竣工测量和验收，并按规定提供竣工资料；

f) 具体施工方法严格遵照 NY/T 3438.1—2019 中第 11 章的要求。

8.2.6 管道附件及设备安装

a) 管道附件及设备包括阀门、法兰、制(吊)架、凝水器、阻火器、调压箱(柜)等；

b) 所有管道附件及设备的品种、规格、性能应满足设计要求，有相应产品合格证和产品安装说明书；

c) 阻火器的规格、材质和技术参数等应符合设计文件的规定，并应逐件进行外观检查，阻火器内部不应有锈蚀、脏污及异常损伤；按照 DG/TJ 08 的规定设置设施标识；

d) 调压箱(柜)的规格型号、进出口压力差、流量等应符合设计文件要求；调压箱(柜)严格按照设计文件要求进行安装检验；按照 DG/TJ 08 的规定设置设施标识；

e) 按设计文件要求设置凝水器，应便于操作和维护；

f) 管道附件及设备安装调试完成后，应及时进行竣工测量和验收，并按规定提供竣工资料。

8.3 管道吹扫和压力试验

8.3.1 基本要求

a) 管道安装完成应进行管道吹扫和压力试验；

b) 管道吹扫及压力试验应符合设计文件要求；

c) 管道吹扫、压力试验及干燥作业前，应做好相关设备、仪器仪表等设备检验；作业时统一指挥，加强供气系统安全监护和信息通信工作；

d) 管道试压时，应隔离沼气发酵装置和储气装置，避免超压对设备造成损害；

e) 试压中如有泄露，应做好记录，卸压后进行修补，不得带压处理；修补合格后应重新试压直至合格；

f) 管道吹扫及压力试验合格后，应填写记录，并经监理单位或建设单位检查签字确认。

8.3.2 管道吹扫与清通

a) 管道吹扫与清通应包括供气管道及入户管道；

b) 宜用压缩空气进行吹扫，气体流速不宜小于 20 m/s；

c) 气体吹扫以管道内无撞击响声、流水声，放空口无铁锈、焊渣、泥土等杂物吹出为合格；

d) 气体吹扫时宜分段进行，并安装压力监控及安全阀，避免因局部堵塞引起超压事故；吹扫入户管道应做好协调组织与监护工作。

8.3.3 压力试验

a) 试压管道至供气户入户沼气流量计处止，不含户内设施及管道；

b) 试验压力为设计压力的 1.15 倍；

c) 供气管道压力试验的试验压力、稳压时间、试验介质等应符合设计文件要求；

d) 气压试验过程中，应均匀地将最高压力值分为 3 个压力停止点；在升压和降压过程中都应缓慢地进行每阶段的升降压操作，并在 3 个压力停止点上停止操作，对管路进行检查，并确认在规定稳压时间内管道无泄漏、压力无下降后再进行下一阶段操作；

e) 管道在试验压力下应无破裂、泄漏现象，稳压时间内压力表应无下降；

f) 当试压时间内环境温度变化较大时，应采用式(1)修正压力降，当修正压力降小于 100 Pa 为合格。

$$\Delta P = H_1 + B_1 - \frac{(H_2 + B_2) \times T_1}{T_2} \qquad (1)$$

式中：

ΔP ——修正后的压力降，单位为帕斯卡(Pa)；

H_1、H_2 ——试验开始和结束时的压力表读数，单位为帕斯卡(Pa)；

B_1、B_2 ——试验开始和结束时的气压计读数，单位为帕斯卡(Pa)；

T_1、T_2 ——试验开始和结束时的管内绝对温度，单位为开尔文(K)。

8.4 沼气管道安全附属设施

8.4.1 沼气管道管井应设置井盖及安全标记；在管井及管道低位处应设置凝水器和排水阀。

8.4.2 管路宜安装压力和温度传感器，在传感器附近安装仪表箱，就近显示监测信息；经过经济技术验证，建立集中数据监控系统，与增压设备、电动阀联动，进行管路系统压力监控与调节。

8.4.3 压力和温度传感器网应与报警系统连接，管道非用户段压力异常变动时应及时报警。

9 电气、避雷与仪表安装

9.1 电气安装

9.1.1 电气安装应符合设计文件要求，并参照 NY/T 1220.3—2006 中 9.1 的各项要求进行。

9.1.2 村级沼气集中供气站内动力设备，宜采取现场操作与控制室远程操作结合的控制方式，鼓励采取 PLC 可编程控制器、DCS 集散控制系统等先进技术。

9.1.3 站内应设置独立的应急供电系统，确保消防和应急照明的电源正常工作。

9.2 避雷系统安装

9.2.1 避雷装置应严格按照设计文件施工验收，并应符合 GB 15599 的要求。

9.2.2 供气站内设备设施接地系统接地电阻应不大于 4 Ω。

9.2.3 供气管路上的紧急放散管应安装阻火器。

9.3 监控仪表安装

村级沼气集中供气站监控仪表安装应符合设计文件要求，并参照 NY/T 1220.3 中各项要求进行。

10 系统试压

10.1 一般规定

10.1.1 主体工程及管道完工后必须按设计文件要求对沼气发酵系统进行试压工作，并做好记录，合格后方可投料试运行。

10.1.2 沼气发酵系统包括从沼气发酵装置、储气装置、沼气净化装置到沼气增压装置之间的所有设备、管路。

10.1.3 设备及各构筑物的试压方法参照相对应设计文件试压要求进行。

10.1.4 供气管道试压及入户管道吹扫合格，并经运行管理单位、建设单位验收确认后方可进行沼气集中供气。

10.2 沼气发酵系统试压要求

10.2.1 试压使用的压力表经检定正常；压力表宜安装在沼气发酵装置顶部、脱硫器顶部和储气装置气体出口管等处，不宜少于 3 块。

10.2.2 利用空气压缩机或经减压的氮气钢瓶，通过管路接口进行系统升压，试验压力取储气装置的设计压力。如为湿式气柜，以钟罩升起为准；如为其他形式气柜，以气柜处压力表显示为准。

10.2.3 系统保持试验压力 8 h，压力表应无下降。

11 工程验收

11.1 一般规定

11.1.1 工程施工和系统调试完成后，须通过竣工验收合格后方可投入连续使用。

11.1.2 竣工验收应由建设单位组织设计、施工、监理、质量监督部门及使用单位等联合进行，并做好会签、记录和资料整理工作。

11.2 施工质量验收

11.2.1 施工质量验收包括中间验收和施工验收。分项或分部工程应先进行中间验收,才可进行下道工序。

11.2.2 中间验收应包括:隐蔽性工程验收,沼气发酵装置及水池类构筑物的满水试验,沼气发酵系统试压及气密性试验,管道的试压及气密性试验,工艺、水、电等分系统外观检查,通用设备的单机试运行等。应按各分项规定的质量标准进行,并认真填写验收记录。

11.2.3 施工验收应由建设单位组织设计、施工、监理、质量监督部门及使用单位等联合进行,并做好会签、记录和资料整理工作。

11.2.4 施工验收的各项记录、结论、整改意见及落实情况等,均应各方会签。

11.3 沼气质量评定

11.3.1 沼气质量评定包括沼气产量计量、净化处理后沼气成分检测等。

11.3.2 进入村民家庭用气设施前的沼气应符合:热值≥18 MJ/m^3,H_2S 含量≤20 mg/m^3。

11.3.3 沼气工程单位时间产气量不应低于设计指标的 80%。

11.4 安全验收

11.4.1 应具有完备的建设批复文件和有关安全、卫生、消防审批手续。

11.4.2 建立健全完整的安全生产责任制、职业安全健康管理体系或安全生产标准化体系、岗位安全操作规程、事故应急预案。配置专业齐全的应急救援装备。

11.4.3 严格按照设计要求设置防火、防爆、防毒、防窒息、防触电、防淹溺、防高处坠落、防机械伤害、防灼烫伤害等措施,测试、维修及其周期应符合有关部门的规定。

11.4.4 沼气发酵装置中安全水封、正负压保护器、凝水设备、应急燃烧器等安全装置配置完整。

11.4.5 沼气工程构筑物防护栏杆、登高梯台齐全,且符合规范要求。作业现场安全标志及职业危害警示标志等安全措施完整。

11.5 竣工验收

11.5.1 竣工验收资料齐备,验收人员会签记录完整,验收整改意见落实到位。

11.5.2 沼气站应连续稳定运行周期≥90 d。稳定运行周期内,满足沼气质量评定要求。

11.5.3 管网系统畅通性好,阀门密封性能好。设备运行稳定,仪器仪表运行稳定,水电供应能保证生产。

11.5.4 集中供气设施完整可靠,沼气利用率≥80%。

11.5.5 沼气工程有完整的运行管理、维护保养、安全操作规程,操作人员、维修人员、安全监督员经技术培训,并考核合格后上岗。

11.5.6 沼气工程站内环境整洁,绿化良好,通道顺畅,装置、设备等表面清洁。

11.5.7 沼气工程竣工验收记录应按照附录 A 的规定执行。

附　录　A
(规范性附录)
村级沼气集中供气站工程验收记录表

村级沼气集中供气站工程验收记录表见表 A.1。

表 A.1　村级沼气集中供气站工程验收记录表

<table>
<tr><td colspan="2">工程名称</td><td></td><td>工程地址</td><td></td></tr>
<tr><td colspan="2">工程规模</td><td colspan="3"></td></tr>
<tr><td colspan="2">建设单位</td><td></td><td>施工单位</td><td></td></tr>
<tr><td colspan="2">设计单位</td><td></td><td>监理单位</td><td></td></tr>
<tr><td colspan="2">开工日期</td><td></td><td>完工日期</td><td></td></tr>
<tr><td colspan="5">工程验收内容</td></tr>
<tr><td>编号</td><td colspan="3">内容</td><td>完成情况</td></tr>
<tr><td rowspan="2">1</td><td rowspan="2" colspan="2">完成工程设计和合同约定的各项内容</td><td>土建工程</td><td></td></tr>
<tr><td>设备与管道安装工程</td><td></td></tr>
<tr><td>2</td><td colspan="3">施工单位工程验收申请表</td><td></td></tr>
<tr><td>3</td><td colspan="3">监理单位工程质量评估报告</td><td></td></tr>
<tr><td>4</td><td colspan="3">工程勘察文件</td><td></td></tr>
<tr><td>5</td><td colspan="3">工程设计文件</td><td></td></tr>
<tr><td>6</td><td colspan="3">设计变更文件</td><td></td></tr>
<tr><td>7</td><td colspan="3">主要材料及设备合格证</td><td></td></tr>
<tr><td>8</td><td rowspan="11" colspan="2">施工质量验收记录</td><td>开工报告</td><td></td></tr>
<tr><td>9</td><td>混凝土、砂浆、焊接等试验和检验记录</td><td></td></tr>
<tr><td>10</td><td>混凝土工程施工记录</td><td></td></tr>
<tr><td>11</td><td>设备安装施工记录</td><td></td></tr>
<tr><td>12</td><td>隐蔽性工程验收</td><td></td></tr>
<tr><td>13</td><td>基础沉降记录</td><td></td></tr>
<tr><td>14</td><td>沼气发酵装置及水池类构筑物的满水试验</td><td></td></tr>
<tr><td>15</td><td>沼气发酵系统试水试压及气密性试验</td><td></td></tr>
<tr><td>16</td><td>管道的试压及气密性试验</td><td></td></tr>
<tr><td>17</td><td>设备防腐和保温施工报告</td><td></td></tr>
<tr><td>18</td><td>水、电、设备试运行记录</td><td></td></tr>
<tr><td>19</td><td colspan="2">沼气质量评定</td><td>沼气成分测试</td><td></td></tr>
<tr><td>20</td><td rowspan="7" colspan="2">安全验收</td><td>安全管理制度和安全应急预案</td><td></td></tr>
<tr><td>21</td><td>安全与操作技能培训</td><td></td></tr>
<tr><td>22</td><td>防护救生设施及用品</td><td></td></tr>
<tr><td>23</td><td>防雷、防爆及消防设施</td><td></td></tr>
<tr><td>24</td><td>沼气发酵装置安全水封、正负压保护器等安全附件</td><td></td></tr>
<tr><td>25</td><td>湿式储气柜自动、手动放空装置</td><td></td></tr>
<tr><td>26</td><td>阻火器等安全附件</td><td></td></tr>
<tr><td>27</td><td rowspan="5" colspan="2">竣工验收</td><td>连续稳定运行</td><td></td></tr>
<tr><td>28</td><td>沼气集中供气</td><td></td></tr>
<tr><td>29</td><td>验收整改意见落实</td><td></td></tr>
<tr><td>30</td><td>工程预决算文件</td><td></td></tr>
<tr><td>31</td><td>竣工图</td><td></td></tr>
</table>

表 A.1（续）

<table>
<tr><td colspan="4">验收组织情况：
建设单位组织勘察、设计、施工、监理等单位和相关专家组成验收组。</td></tr>
<tr><td>组长</td><td colspan="3"></td></tr>
<tr><td>验收组成员</td><td colspan="3"></td></tr>
<tr><td colspan="4">工程验收意见：</td></tr>
<tr><td>施工单位</td><td>设计单位</td><td>建设单位</td><td>项目主管单位</td></tr>
<tr><td>（盖章）

项目负责人：</td><td>（盖章）

项目负责人：</td><td>（盖章）

项目负责人：</td><td>（盖章）

负责人：
（现场代表）</td></tr>
</table>

ICS 27.010
F 13

中华人民共和国农业行业标准

NY/T 3438.3—2019

村级沼气集中供气站技术规范 第3部分:运行管理

Technical specification for village-level centralized biogas supply—Part 3:Operational management

2019-01-17 发布　　2019-09-01 实施

中华人民共和国农业农村部　发布

前　言

NY/T 3438《村级沼气集中供气站技术规范》拟分为3个部分：

——第1部分：设计；

——第2部分：施工与验收；

——第3部分：运行管理。

本部分为NY/T 3438的第3部分。

本部分按照GB/T 1.1—2009给出的规则起草。

本部分由农业农村部科技教育司提出。

本部分由全国沼气标准化技术委员会(SAC/TC 515)归口。

本部分起草单位：农业部沼气科学研究所、农业部沼气产品及设备质量监督检验测试中心、湖北天禹环保科技有限公司。

本部分主要起草人：张国治、邵禹森、雷云辉、黄骄龙、梅自力。

村级沼气集中供气站技术规范　第3部分：运行管理

1　范围

本部分规定了村级沼气集中供气站运行管理、维护保养、安全操作的一般原则和专门要求。

本部分适用于新建、改建或扩建的村级沼气集中供气站。

2　规范性引用文件

下列文件对于本文件的应用是必不可少的。凡是注日期的引用文件，仅注日期的版本适用于本文件。凡是不注日期的引用文件，其最新版本(包括所有的修改单)适用于本文件。

GBZ/T 205　密闭空间作业职业危害防护规范

GB 6920　水质　pH值的测定　玻璃电极法

GB 8959　缺氧作业安全规程

GB 11893　水质　总磷的测定　钼酸铵分光光度法

GB 11894　水质　总氮的测定　碱性过硫酸钾消解紫外分光光度法

GB 11914　水质　化学需氧量的测定　重铬酸盐法

GB/T 12801　生产过程安全卫生要求总则

GB/T 12997　水质采样方案设计规定

GB/T 12998　水质采样技术指导

GB/T 12999　水质采样样品的保存和管理技术规定

GB/T 29481　电气安全标志

GB/T 29510　个人防护装备配备基本要求

NY/T 3438.1　村级沼气集中供气站技术规范　第1部分：设计

3　术语和定义

下列术语和定义适用于本文件。

3.1

数据监测　data monitoring

采用常规的化学试剂、仪器及器具等对沼气站运行过程中的各项参数和指标进行检测和监控。

3.2

数据采集　data acquisition

采用计算机、互联网、远程控制等设备和技术将沼气站各工艺环节上安装的各类传感器测量的数据，经过信号调理、采样、量化、编码、传输等步骤传递到网络平台，实现沼气集中计量数据的采集、处理、统计和分析等功能的过程。

4　总则

村级沼气集中供气站的运行管理、维护保养及安全操作除应按本标准执行外，尚应符合国家现行的有关标准的规定。

5　一般要求

5.1　运行管理

5.1.1 运行管理人员必须熟悉、掌握本沼气站处理工艺和设施、设备的运行要求与技术指标。

5.1.2 操作人员应掌握沼气站工艺流程，并熟悉本岗位设施、设备的运行要求和技术指标。

5.1.3 操作人员、维修人员应经过技术培训，并经考核合格后方可上岗。

5.1.4 管理房及设施、设备附近的明显部位，应张贴必要的工艺流程图表、安全注意事项和操作规程等。

5.1.5 各岗位的操作人员，应按相关操作规程的要求，按时准确地填写运行记录。运行管理人员应定期检查原始记录。

5.1.6 沼气站应对各项生产指标、能源和材料消耗指标等准确计量，应达到国家三级计量合格单位。

5.1.7 沼气站应建立健全安全管理机构，建立健全安全生产责任制、岗位安全操作规程、事故应急预案，并定期进行演练；应加强安全教育和培训以及现场安全管理，并应做好风险分级管控及隐患排查治理。

5.2 维护保养

5.2.1 沼气站应建立日常保养、定期维护和三级维护检修制度。

5.2.2 沼气站应制订全面的维护保养计划，计划应包括下列内容：

a) 设备记录。设备记录应包括设备名称、编号以及在维护保养时需要的各项资料。应为每台设备填写“设备记录卡”或进入计算机资料系统，将该设备维修保养过的工作记录在卡上或资料系统中。

b) 部件记录。部件记录应记录所有设备部件，包括维修工具。每件部件都应有“部件清单”，详细列明部件的细节。印有部件名称的标签应贴在货架的显眼位置，以便维修人员取用。

c) 备品备件的管理。沼气站重要的设备应一备一用，所有的备品备件应建立清册和账卡，各种备品备件应有标签，注明备品备件名称、规格数量、必要的图号、入库日期和验收人员等。

d) 维修保养时间表。维修时间表可根据设备设施的维修保养要求和实际操作经验制定或修订。

5.2.3 维修人员应熟悉沼气站机电设备、处理设施的维护保养计划以及检查验收制度。

5.2.4 应对构筑物的结构及各种闸阀、护栏、爬梯、管道、支架和盖板等定期进行检查维护。

5.2.5 构筑物之间的连接管道、明渠等应经常清理，保持畅通。

5.2.6 各种设备、仪器仪表应按照其技术文件进行维护保养。

5.2.7 应定期检查、紧固设备连接件，定期检查控制元件等连锁装置。

5.2.8 应按要求定期涂饰各种工艺管线的油漆或涂料。

5.2.9 维修人员应按设备使用要求定期检查和更换安全和消防等防护设施、设备。

5.2.10 建筑物、构筑物的避雷、防爆装置的测试、维修及周期应符合电力和消防部门的规定，并申报有关部门定期测试。

5.3 安全操作

5.3.1 沼气站应对相关人员进行系统的安全教育，并建立经常性的安全教育制度。

5.3.2 沼气站应建立动火、动土、吊装、断路、高处作业、设备检修、有限空间作业、敷设临时用电线路等危险作业审批制度。应制定火警、易燃及有害气体泄漏、爆炸、自然灾害等意外事件的紧急应变程序和方案。

5.3.3 沼气站应在明显位置配备安全梯、三脚架、安全绳、安全带、呼吸面罩、灭火器等消防器材、保护性安全器具、防护救生设施及用品。

5.3.4 沼气站严禁烟火，并应在醒目位置设置“严禁烟火”标志；严禁违章明火作业，动火操作必须采取安全防护措施；禁止石器、铁器过激碰撞。

5.3.5 运行管理人员必须熟悉沼气站存在的各种危险、有害因素和由于操作不当所带来的危害。沼气站应根据本标准和 GB/T 12801 的规定，结合生产特点制定相应安全防护措施和安全操作规程。

5.3.6 启动设备应在做好启动准备工作后进行。电源电压波幅超过额定电压 5%时，不宜启动大型电机。

5.3.7 严禁非本岗位人员启、闭机电设备。维修机械设备时，不得随意搭接临时动力线。设备旋转部位应加装防护罩，在运转中清理机电设备及周围环境卫生时，严禁擦拭设备运转部位，不得将冲洗水溅到电缆头和电机上。各种设备维修时必须断电，并应在开关处悬挂维修警示牌后，方可操作。

5.3.8 操作电器开关时，应按电工安全用电操作规程进行。控制信号电源必须采用安全电压 36 V 以下。

5.3.9 清捞浮渣、杂物及清扫堰口时，应有安全及监护措施；上下爬梯以及在构筑物上、敞开池、井边巡视和操作时，应注意安全，防止滑倒或坠落；雨天或冰雪天气应特别注意防滑。

5.3.10 严禁在无任何防护措施下进入具有有毒、有害气体的有限工作区域，如沼气发酵装置、沟渠、管道及地下井(室)等。凡在这类构筑物或容器进行放空清理、维修和拆除时，应按照 GB 8959 和 GBZ/T 205 的规定执行，并按照下列步骤进行操作：

a) 采用机械清理干净，打开这类装置的盖板或人孔盖板。
b) 向装置内鼓风或向外抽风，待可燃气体与有害气体含量符合规定时(甲烷含量控制在 5%以下，有害气体 H_2S 含量、HCN 含量和 CO 的含量应分别控制在 10 mg/m^3、1 mg/m^3 和 20 mg/m^3 以下，同时防止缺氧，含氧量不得低于 19.5%)，并经仪器检测证明无危险时，方可操作。
c) 下池操作人员的装备应按照 GB/T 29510 的规定执行。操作时，池外必须有人监视池内作业，并保持密切联系。整个检修期间不得停止鼓风。池内所用照明用具和电动工具必须防爆。如需明火作业，必须符合消防防火要求。同时，应有防火、救护等措施。
d) 沼气发酵装置放料时，操作步骤如下：
    1) 关闭沼气输送管道；
    2) 打开沼气发酵装置顶部人孔盖板，使沼气发酵装置内部与大气连通；
    3) 放料。

6 进料泵

6.1 运行管理

6.1.1 开机前应进行细致检查，做好开机前的准备工作，确认其配套设备安装正确；试车启动前，应确认泵的转向与铭牌上一致，并按各类泵的操作要求开机。

6.1.2 进料泵在运行中，必须严格执行巡回检查制度，并符合下列规定：

a) 应注意观察各种仪表显示是否正常、稳定；
b) 检查泵流量是否正常；
c) 检查泵是否发热，滴水是否正常；
d) 进料泵机组不得有异常的噪声或振动；
e) 检查取料口水位是否过低，进料口是否堵塞。

6.1.3 泵房的机电设备应保持良好状态。

6.1.4 应及时清除叶轮、闸阀、管道的堵塞物。

6.2 维护保养

6.2.1 定期检查进料泵、阀门等密封情况，并根据需要维修或更换密封。

6.2.2 定期检查存储池液位控制器。

6.2.3 备用泵应每月至少进行一次试运转。环境温度低于 0℃时，必须放掉泵壳内的存水。

6.2.4 短期存放(期限不超过 6 个月)，宜将泵盖住，避免受潮，保证泵体内干燥，保护电机；每隔 2 周～3

周，用手动使泵转几圈，避免定子与转子粘在一起；泵启动前，应确保润滑到位。存放期限超过6个月，宜将定子拆下，在所有未上漆的铸铁件及机器的碳钢表面涂上防锈漆。

6.2.5 电缆应每年至少检查一次，若破损应予更换。

6.2.6 每年应检查一次机油。

6.2.7 当拆卸泵时需要更换机械密封，应避免破坏密封面。密封面易破碎，应避免接触并保持清洁。

6.2.8 当气温降至0℃以下时，若进料泵不能正常运转，则应吊起置于通风干燥处，并注意防冻。

6.2.9 进料泵运行发生故障后，应按给出的故障排除方法排除。

6.3 安全操作

6.3.1 进料泵启动和运行时，操作人员不得接触转动部位。

6.3.2 当进料泵供电或设备发生重大故障时，应首先切断电源，然后打开事故排放口闸阀，将进料口处启闭阀关闭，并及时上报，未排除故障前不得擅自接通电源。

6.3.3 操作人员在进料泵开启至运行稳定后，方可离开。

6.3.4 严禁频繁启动进料泵，每两次启动间隔时间不少于10 min。

6.3.5 进料泵运行中发现下列情况时，应立即停机：

a) 进料泵发生断轴故障；
b) 突然发生异常声响；
c) 轴承温度过高；
d) 电压表、电流表的显示值过低或过高(超过或低于额定值的5%)；
e) 管道、闸阀发生大量漏水；
f) 电机发生故障。

6.3.6 泵不得长时间空转运行。

6.3.7 设备吊起时不得直接起吊电缆或用电缆起吊其他重物。

6.3.8 电缆端部禁止浸入液体中。

6.3.9 所有设备的外壳应有可靠接地，以防发生触电事故。

7 集水沉淀池

7.1 运行管理

7.1.1 操作人员应每班巡回检查、捞出浮渣，捞出的浮渣应集中堆放并及时处理。

7.1.2 正常运行后根据具体情况定期排泥。

7.2 维护保养

7.2.1 连接集水沉淀池的管道、沟渠、格栅应定期清理。

7.2.2 集水沉淀池每年至少应放空清理一次。

7.3 安全操作

7.3.1 清捞浮渣、清扫堰口时，应注意防滑。

7.3.2 应防止污水溢流。

8 混合调节池

8.1 运行管理

8.1.1 应根据沼气发酵装置进料干物质(TS)浓度以及温度情况，调节进料量。

8.1.2 水位不得低于泵的最低水位线。

8.1.3 操作人员应及时清捞浮渣,清捞出的浮渣应集中堆放并及时处理。

8.2 维护保养

8.2.1 应定期校正检修池内液位刻度。

8.2.2 池内沉渣积聚较多时,应及时排空清理。

8.3 安全操作

8.3.1 下池放空清理或维修时,应按5.3.10的规定执行。

8.3.2 清捞浮渣时应注意防滑。

9 沼气发酵装置

9.1 运行管理

9.1.1 沼气发酵装置进料应按NY/T 3438.1的规定进行,并不断总结,获得最佳的进料量和进料周期。

9.1.2 沼气发酵装置宜间歇进料,根据实际情况确定进料次数。

9.1.3 宜对温度、产气量、pH和沼气成分等指标进行监测,掌握沼气发酵装置运行状况,并根据监测数据及时调整或采取相应措施。沼气发酵装置正常运行应符合下列规定:

a) pH 6.5~7.8;

b) 沼气中CH_4含量高于50%;当pH低于6.5,沼气中CH_4含量低于50%时,应停止进料,查明原因,采取相应措施直至系统恢复正常(pH大于6.5,沼气中CH_4含量高于50%)。

9.1.4 沼气发酵装置内的污泥层应维持在溢流出水口下1.5 m~2.5 m为宜,污泥过多时,应进行排泥。

9.1.5 沼气发酵装置的溢流管必须保持畅通,并应保持安全保护装置的液位高度。

9.2 维护保养

9.2.1 沼气发酵装置每5年宜彻底清理、检修一次,各种管道及闸阀应每年进行一次检查和维修。

9.2.2 搅拌系统应定期检查维护。

9.2.3 沼气发酵装置停运期间,应保持池内温度4℃~20℃,并定期搅拌。或者将沼气发酵装置放空,放料步骤按5.3.10的规定执行。

9.3 安全操作

9.3.1 应定期检查沼气管路系统和设备是否漏气,如发现漏气,应立即停气检修。

9.3.2 沼气发酵装置运行过程中,不得超过设计压力或形成负压。

9.3.3 沼气发酵装置放空清理、维修和拆除时,必须严格按照5.3.10的规定执行。

9.3.4 在沼气发酵装置顶部及罐壁操作维护时,应采取安全防护措施。

10 沼气净化

10.1 运行管理

10.1.1 气水分离器、凝水器以及沼气管道中的冷凝水应定期排放,排水时应防止沼气泄漏。

10.1.2 脱硫装置应定期排污。

10.1.3 脱硫装置中的脱硫剂应定期再生或更换。

10.2 维护保养

10.2.1 应定期检查各净化装置及输气管道是否漏气,发现漏气应及时处理。

10.2.2 气水分离器、凝水器和脱硫装置外表面的油漆或涂料应定期重新涂饰。

10.3 安全操作

检修沼气净化装置或更换脱硫剂时,应依靠旁通维持沼气输配系统正常运行。

11 沼气储存

11.1 运行管理

定时观测储气柜的储气量和压力,并做好记录。

11.2 维护保养

11.2.1 应定期检查储气柜是否漏气,发现漏气应及时处理。

11.2.2 储气柜外表面的油漆或涂料应定期重新涂饰。

11.2.3 储气柜每3年彻底清理、检修一次。

11.3 安全操作

11.3.1 当气体泄漏时必须立即关闭储气柜的进气阀门,进行维修。

11.3.2 工作人员上、下储气柜巡视、操作或维修时,必须配备防静电的工作服,并不得穿带有铁钉的鞋或高跟鞋。

11.3.3 储气柜的避雷装置应定期进行检测、保养。

12 沼气输配及利用

12.1 运行管理

沼气应充分利用,多余沼气严禁排空,应采用锅炉或火炬燃烧。

12.2 维护保养

12.2.1 应定期对输气管道、调压箱(器)、阀门、计量仪表等输配系统设施进行检查和维护保养,软管应定期进行更换。

12.2.2 应定期检查用户燃具是否漏气,发现漏气应及时处理。

12.2.3 应对燃气用户设施定期进行检查,对居民用户设施每2年至少检查一次,入户检查应包括下列内容,并做好检查记录:

a) 确认用户设施完好;
b) 输配管道不应被擅自改动或作为其他电器设备的接地线使用,应无锈蚀、重物搭挂,连接软管应安装牢固且不应超长及老化,阀门应完好有效;
c) 用气设备应符合安装、使用规定;
d) 不得有燃气泄漏;
e) 用气设备前燃气压力应正常;
f) 计量仪表应完好。

12.3 安全操作

12.3.1 入户输气管道及燃气炉具等配套设施必须由专业人员按相关规范要求进行维修。

12.3.2 应定期对用户进行安全用气宣传。

13 沼肥储用设施

13.1 运行管理

13.1.1 应保持沼肥储存池的适当水位,不得溢出池外,也不得低于泵的最低水位。

13.1.2 沼肥储存池的浮渣及浮游植物应适时清理。

13.1.3 应采取措施控制气味扩散和蚊虫滋生。

13.2 维护保养

13.2.1 应做好池墙、堤岸以及池底的维护工作,发现渗漏,及时处置。

13.2.2 池底积存的污泥应定期清理。

13.3 安全操作

沼肥储存池周围应树立安全警示牌，并定期检查和维护。

14 电气与仪表

14.1 运行管理

14.1.1 操作人员应注意观察控制信号是否正常，并做好运行日志。信号显示设备或系统出现故障或系统处于危险状态时，应立即通知检修人员或运行管理人员。

14.1.2 操作人员应定时对电气设备、仪表巡视检查，发现异常情况及时处理。

14.1.3 各类检测仪表的传感器、变送器和转换器均应按技术文件要求清理污垢。

14.1.4 设备、装置在运行过程中，发生保护装置跳闸或熔断时，在未查明原因前不得合闸运行。

14.1.5 高压配电装置运行前应做相应的检修，并对电气开断元件及机械传动、机械连锁等部位进行定期或不定期的检修。检修应按照规定的程序进行操作，待所有检验没有异常现象后，才能投入运行。高压配电装置检修方式如下：

a) 检查柜内是否清洁，所装电气元件的型号和规格是否与图相符；
b) 检查一、二次配线是否符合图纸要求，接线有无脱落，二次接线端头有无编号，所有紧固螺钉和销钉有无松动；
c) 检查各电气元件的整定值有无变动，并进行相应的调整；
d) 检查所有电气元件安装是否牢靠，操作机构是否正确、可靠，各程序性动作是否准确无误；
e) 对断路器、隔离开关等主要电器及操作机构，按其操作方式试验5次；
f) 检查各继电器、指示仪表等二次元件的动作是否正确；
g) 检查保护接地系统是否符合技术要求，检验绝缘电阻是否符合要求。

14.2 维护保养

14.2.1 建立完整的仪表档案。

14.2.2 控制设备各部件应完整、清洁、无锈蚀；表盘标尺刻度清晰；铭牌、标记应符合GB/T 29481的规定；铅封应完好；仪表井应清洁，无积水。

14.2.3 严禁使用对部件有损害的清洗剂清洗。

14.2.4 长期不用的传感器、变送器应妥善管理和保存。

14.2.5 应定期检修仪表中各种元器件、探头、转换器、计算器和二次仪表等。

14.2.6 仪器、仪表的维修工作应由专业技术人员负责。

14.2.7 列入国家强检范围的仪器、仪表，应按周期送技术监督部门检定修理。非强制检定的仪表、仪器，应根据使用情况进行周期检定。

14.3 安全操作

14.3.1 检修现场的检测仪表，应采取防护措施。

14.3.2 到现场巡视检查仪表时，操作人员应注意防触电。

15 消防

15.1 运行管理

15.1.1 沼气站配备的消防器材应由专人管理，不得随意挪动，并能掌握各种消防器材的性能、用途和使用方法。

15.1.2 应定期检查消防器材的外观、压力、有效期、配置数量和位置是否符合要求。

15.1.3 不得堆放任何杂物堵塞消防通道。

15.2 维护保养

15.2.1 沼气站配备的消防设施器材均应单项登记造册，建立设施器材台账。台账内容应包括规格型号、生产厂家、购进日期、安装配置部位、维修保养时间等内容。新采购或更换的设施器材，应于 5 d 内更新台账。

15.2.2 应保持沼气站内消防器材设施的清洁，使消防器材设施随时处于完整好用状态。

15.3 安全操作

沼气站内的消防水池应加装防护围栏。

16 数据监测

16.1 运行管理

16.1.1 监测人员应经培训后，持证上岗，并应定期进行考核和抽验。

16.1.2 供气站运行控制的监测项目、监测周期和监测方法宜按附录 A 中表 A.1 的规定执行。水质采样及样品保存和管理应按 GB/T 12997、GB/T 12998、GB/T 12999 的规定执行。

16.1.3 监测室的各种仪器、器具、化学试剂及样品应按各自要求放置在固定地点，并摆放整齐。精密仪器应专人专管，计量器具必须带有"CMC"标志，所有药品和样品应有明显的标志。

16.1.4 监测分析人员应严格按照仪器使用说明书进行操作，并掌握常用仪器、设备的调试及一般维修保养方法，发现仪器、设备出现故障时，应立即检修或上报。

16.1.5 监测分析人员应按规定的时间采样和完成样品的化验监测，并应及时填写原始记录，整理上报。

16.1.6 监测数据的分析、汇总存档等工作宜采用计算机处理和管理。

16.2 维护保养

16.2.1 各种分析仪器、设备应按该仪器的维护要求进行维护保养。

16.2.2 计量器具应按规定送技术监督部门检定，并挂合格证。

16.2.3 仪器的附属设备应妥善保管。

16.3 安全操作

16.3.1 监测室的通风橱、电炉、易燃易爆物、剧毒物及有害样品等应特别注意安全防护与安全操作。

16.3.2 凡是会释放有害气体或带刺激气味的实验操作应在通风橱内进行。

16.3.3 监测室内应保持良好通风。

16.3.4 易燃、易爆物、剧毒物及贵重器具应由专人或专门的部门负责保管，领用时应有严格的手续。

16.3.5 严禁赤手处置危险化学药品及含有病原体的样品。

16.3.6 监测分析完毕，应对仪器开关、水、电、气源等进行关闭检查。

16.3.7 应在监测室适当地点放置专门灭火器材。

17 数据采集

17.1 运行管理

17.1.1 数据管理人员应经培训后上岗，并应定期进行培训。

17.1.2 供气站数据采集项目、采集周期和通信方法宜按附录 B 中表 B.1 的规定执行。

17.1.3 应定期检查数据库是否完整。

17.1.4 应定期导出数据存档，备份。

17.1.5 应定期检查采集数据是否与统计数据一致，并对数据进行分析和反馈。

17.2 维护保养

17.2.1 应定期检查数据采集传输终端运行是否正常。

17.2.2 应定期检查数据采集传输终端信号强度。

17.2.3 做好站点通信费用缴存记录。

17.3 安全操作

数据采集终端控制系统应由专人或专门的部门负责管理。

附 录 A
(规范性附录)
村级沼气集中供气站监测项目、监测周期和监测方法

村级沼气集中供气站监测项目、监测周期和监测方法见表 A.1。

表 A.1 村级沼气集中供气站监测项目、监测周期和监测方法

序号	监测项目	监测周期	监测方法
1	进料量	每天一次	废水流量计法
2	水温	每天一次	温度计法
3	pH	酸性原料:每天一次 其他原料:每周一次	按 GB 6920
4	原料总氮	半年一次	按 GB/T 11893
5	原料总磷	半年一次	按 GB/T 11894
6	原料化学需氧量	每月一次	按 GB 11914
7	沼气产量	每天一次	沼气流量计法
8	沼气中甲烷含量	每月一次	沼气成分分析仪法
9	沼气中硫化氢含量	每季一次	沼气成分分析仪法
10	用水量	每月一次	水表计量法
11	用电量	每月一次	电表计量法

附　录　B
（规范性附录）
村级沼气集中供气站数据采集项目、采集周期和通信方法

村级沼气集中供气站数据采集项目、采集周期和通信方法见表 B.1。

表 B.1　村级沼气集中供气站数据采集项目、采集周期和通信方法

序号	数据采集项目	采集周期	通信方法
1	甲烷浓度	5 min 一次	Modbus 通信协议，GPRS 无线数据采集与传输
2	二氧化碳浓度	5 min 一次	Modbus 通信协议，GPRS 无线数据采集与传输
3	瞬时流量	5 min 一次	Modbus 通信协议，GPRS 无线数据采集与传输
4	累计流量	5 min 一次	Modbus 通信协议，GPRS 无线数据采集与传输
5	沼气压力	5 min 一次	Modbus 通信协议，GPRS 无线数据采集与传输
6	沼气温度	5 min 一次	Modbus 通信协议，GPRS 无线数据采集与传输
7	沼气热值	5 min 一次	Modbus 通信协议，GPRS 无线数据采集与传输
8	CO_2 减排量	5 min 一次	Modbus 通信协议，GPRS 无线数据采集与传输

ICS 27.010
F 13

中华人民共和国农业行业标准

NY/T 3439—2019

沼气工程钢制焊接发酵罐技术条件

Technical specification for welded steel digester of biogas engineering

2019-01-17 发布　　2019-09-01 实施

中华人民共和国农业农村部 发布

前　　言

本标准按照 GB/T 1.1—2009 给出的规则起草。

本标准由农业农村部科技教育司提出。

本标准由全国沼气标准化技术委员会(SAC/TC 515)归口。

本标准起草单位:农业部沼气科学研究所。

本标准主要起草人:孔垂雪、何捍东、梅自力、雷云辉、宁睿婷、杜毓辉、李江。

沼气工程钢制焊接发酵罐技术条件

1 范围

本标准规定了沼气工程钢制焊接发酵罐(下称发酵罐)的设计、制造与检验标准等方面的通用技术要求。

本标准适用于沼气工程的沼气发酵罐。

2 规范性引用文件

下列文件对于本文件的应用是必不可少的。凡是注日期的引用文件,仅注日期的版本适用于本文件。凡是不注日期的引用文件,其最新版本(包括所有的修改单)适用于本文件。

GB 912 碳素结构钢和低合金结构钢 热轧薄钢板和钢带

GB/T 985.1 气焊、手工电弧焊及气体保护焊焊缝坡口的基本形式与尺寸

GB/T 1591 低合金高强度结构钢

GB/T 3098.1 紧固件机械性能 螺栓、螺钉和螺柱

GB/T 3098.2 紧固件机械性能 螺母

GB/T 3274 碳素结构钢和低合金结构钢热轧钢板和钢带

GB 4053.1 固定式钢梯及平台安全要求 第1部分:钢直梯

GB 4053.2 固定式钢梯及平台安全要求 第2部分:钢斜梯

GB 4053.3 固定式钢梯及平台安全要求 第3部分:工业防护栏杆及钢平台

GB/T 4237 不锈钢热轧钢板和钢带

GB 6654 压力容器用钢板

GB/T 8163 输送流体用无缝钢管

GB/T 8923.1 涂覆涂料前钢材表面处理 表面清洁度的目视评定 第1部分:未涂覆过的钢材表面和全面清除原有涂层后的钢材表面的锈蚀等级和处理等级

GB 50128 立式圆筒形钢制焊接油罐施工及验收规范

GB 50341 立式圆筒形钢制焊接油罐设计规范

HG/T 20583 钢制化工容器结构设计规定

JB/T 4711 压力容器涂敷与运输包装

NB/T 47003.1 钢制焊接常压容器

SH/T 3527 石油化工不锈钢复合钢焊接规程

3 术语和定义

下列术语和定义适用于本文件。

3.1

钢制焊接发酵罐 welded steel digester

采用钢材焊接加工制成的沼气发酵罐。

4 总则

4.1 发酵罐应按 GB 50128、GB 50341、NB/T 47003.1、发酵罐设计图和本标准的要求进行制造和验收。

4.2　不锈钢复合材料发酵罐的制造和验收除应遵照 4.1 的规定外，还应符合 SH/T 3527 的要求。

5　材料

5.1　一般规定

5.1.1　发酵罐用钢应符合 GB 912 和 GB/T 3274 的规定；如果材料证明书不全或制造部门认为有必要时，应对钢材进行复验。

5.1.2　发酵罐罐体用钢的设计温度，应采用发酵料液的最低温度或建设发酵罐所在地区冬季空气调节室外计算温度增加 10℃的两者中较低值。

5.1.3　发酵罐外部结构型钢的设计温度，应采用建设发酵罐所在地区冬季空气调节室外计算温度值。

5.2　材料选用

5.2.1　发酵罐罐体用钢应根据建设发酵罐所在地区冬季空气调节室外计算温度，按附录 A 中表 A.1 的规定分别选用对应的钢材型号。

5.2.2　发酵罐的外部受力构件应根据建设发酵罐所在地区冬季空气调节室外计算温度，按表 A.2、表 A.3 的规定分别选用对应的钢材型号。

5.2.3　发酵罐的内部构件和外部非主要受力构件材料应为 Q235 - A.F。

5.2.4　发酵罐连接件等级应符合表 A.4 的要求，且不应发生电化学反应；发酵罐制作焊条应符合表 A.5 的要求。

6　制作

6.1　沼气工程钢制焊接发酵罐宜在该发酵罐建设现场制作完成。

6.2　受压元件的焊接应采用电弧焊或氩弧焊。

6.3　非受压元件的对接焊接接头应采用 GB/T 985.1、NB/T 47003.1 中双面焊的全焊透结构形式。

6.4　除另有注明外，所有搭接焊缝均应为连续焊，其焊缝高度等于较薄件厚度。

6.5　发酵罐的钢平台钢梯及护栏按照 HG/T 20583、GB 4053.1、GB 4053.2 和 GB 4053.3 中的规定制作。

7　涂敷

7.1　发酵罐制造完毕并检测合格后应进行表面处理和防腐蚀涂装。

7.2　发酵罐钢表面经处理后表面清洁度应符合下列要求：

a)　采用磨料喷射处理后的钢表面除锈等级应达到 GB/T 8923.1 中 Sa2.5 级或 Sa3 级；

b)　采用手工或动力工具处理的局部钢表面应达到 St3 级；

c)　表面可溶性氯化物残留量不得高于 5 $\mu g/cm^2$，其中罐内液体浸润的区域不得高于 3 $\mu g/cm^2$。

7.3　涂料供方应提供符合国家现行标准的涂料施工使用指南，施工使用指南应包括：防腐蚀涂装的基底处理要求、防腐蚀涂料的施工安全措施和涂装的施工工艺、防腐蚀涂料和涂层的检测手段、防腐蚀涂层的维护预案。

7.4　无保温的发酵罐涂底漆和面漆各 2 道；有保温的发酵罐涂底漆 2 道。每道油漆干膜厚度不得小于 0.05 mm，面漆颜色应符合相关要求。

7.5　选用油漆应确保在设计温度下正常使用。底漆和面漆宜选用同一生产厂的产品。

7.6　发酵罐可在工厂进行材料的预处理和分段分片的加工，加工中应避开不同厚度交界处、异种钢交界处和罐壁与罐顶交界处。如果在各交界处进行拼装操作，则需要在各交界处划好拼装线，打上定位眼，加工好坡口，分段处距焊口 100 mm 内涂可焊性防锈涂料。

7.7 在工厂加工的零部件应符合 JB/T 4711 的规定。

8 检测

8.1 外观与尺寸

8.1.1 发酵罐罐体内外表面应光滑平整。

8.1.2 发酵罐罐体焊接接头和热影响区不得有咬边、裂纹、气孔、弧坑和夹渣等缺陷。焊接接头上的焊渣飞溅物应打磨干净,表面应光滑平整。

8.1.3 发酵罐的外形尺寸偏差应符合表 1 的规定。

表 1 发酵罐的外形尺寸偏差

序号	项目名称	允许偏差
1	基础底板水平偏差　直径<5 000 mm	6 mm
2	基础底板水平偏差　直径 5 000 mm~10 000 mm	10 mm
3	基础底板水平偏差　直径>10 000 mm	15 mm
4	壁板内表面任意点半径允许偏差　直径≤12 500 mm	13 mm
5	壁板内表面任意点半径允许偏差　直径>12 500 mm	19 mm
6	垂直度	≤发酵罐罐体高度的 0.1%
7	弯曲度	任意 5 000 mm 罐壁偏差≤6 mm,总高最大 20 mm
8	接管开口方位偏差	6 mm
9	人孔开口方位偏差	10 mm
10	法兰装配偏转偏差	≤1.5 mm

8.2 充水试验

8.2.1 发酵罐必须进行充水试验。

8.2.2 发酵罐充水试验应符合设计文件要求,并应符合下列规定:

a) 充水试验前,所有附件及其他与罐体焊接的构件应全部完工,并检验合格。

b) 充水试验前,所有与严密性试验有关的焊缝均不得涂刷油漆。

c) 充水试验宜采用洁净淡水,试验水温不应低于 5℃;特殊情况下,采用其他液体为充水试验介质时,应经有关部门批准。对于不锈钢罐,试验用水中氯离子含量不得超过 25 mg/L。

d) 充水试验过程中应进行基础沉降观测。在充水试验中,当沉降观测值在圆周任何 10 m 范围内不均匀沉降超过 13 mm 或整体均匀沉降超过 50 mm 时,应立即停止充水进行评估,在采取有效处理措施后方可继续进行试验。

e) 充水和放水过程中,应打开透光孔,且不得使基础浸水。

8.2.3 罐底的严密性应以罐底无渗漏为合格。若发现渗漏,应将水放净,对罐底进行试漏,找出渗漏部位后,应按 GB 50128 的规定补焊。

8.2.4 罐壁的强度及严密性试验,充水到设计最高液位并保持至少 48 h,以罐壁无渗漏、无异常变形为合格。发现渗漏后应放水,使液面比渗漏处低 300 mm 左右后按 GB 50128 的规定进行焊接修补。

8.2.5 罐顶的强度及严密性试验,应在罐内水位设计最高液位下 1 m 时进行缓慢充水升压;当升至试验压力时,应以罐顶无异常变形、焊缝无渗漏可判为合格。试验后,应立即使发酵罐内部与大气相通,恢复到常压。温度剧烈变化的天气,不应做固定顶的强度及严密性试验。非密闭储罐的固定顶,应对焊缝外观进行目视检查,设计文件无要求时,可不做强度及严密性试验。

8.2.6 罐顶的稳定性试验,应充水到设计最高液位用放水方法进行。试验时应缓慢降压,达到试验负压时,以罐顶无异常变形为合格。试验后,应立即使发酵罐内部与大气相通,恢复到常压,温度剧烈变化的天气,不应做固定顶的稳定性试验。非密闭发酵罐的固定顶,设计文件无要求时,可不做稳定性试验。

8.2.7 基础的沉降观测应符合下列规定：

a) 在罐壁下部圆周每隔 10 m 左右设一个观测点，点数宜为 4 的整数倍，且不得少于 4 点；

b) 充水试验时，应按设计文件的要求对基础进行沉降观测；无规定时，可按 GB 50128 的规定进行。

8.2.8 充水试验后的放水速度应符合设计要求，当设计无要求时，放水速度不宜大于 3 m/d。

附 录 A
(规范性附录)
材 料 品 种

发酵罐所采用的钢板、钢管、型钢、螺栓螺母和焊条分别见表 A. 1、表 A. 2、表 A. 3、表 A. 4 和表 A. 5。

表 A. 1 钢板

序号	钢材型号	钢材标准	许用最低温度,℃
1	Q235 - A. F	GB 912 GB/T 3274	>−20
2	Q235 - A	GB 912 GB/T 3274	>−20
3	Q235B	GB 912 GB/T 3274	>0
4	06Cr19Ni10	GB/T 4237	−40
5	16Mn	GB/T 1591	−20
6	16MnR	GB 6654	−40

表 A. 2 钢管

序号	钢材型号	钢材标准	许用最低温度,℃
1	10	GB/T 8163	−40
2	20	GB/T 8163	−20

表 A. 3 型钢

序号	钢材型号	钢材标准	许用最低温度,℃	说 明
1	Q235 - A. F	GB 912 GB/T 3274	>−20	对非主要构件或焊接结构可用于>−20℃
2	Q235 - A	GB 912 GB/T 3274	>−20	对非主要构件或焊接结构可用于>−20℃
3	Q235B	GB 912 GB/T 3274	>0	对非主要构件或焊接结构可用于>0℃
4	06Cr19Ni10	GB/T 4237	−40	
5	16Mn	GB/T 1591	−30	

表 A. 4 螺栓螺母

序号	螺栓性能等级	螺栓标准	螺母性能等级	螺母标准	说 明
1	4. 6	GB/T 3098. 1	4	GB/T 3098. 2	
2	4. 6	GB/T 3098. 1	5	GB/T 3098. 2	
3	5. 6	GB/T 3098. 1	5	GB/T 3098. 2	用于主要受力构件

表 A. 5 焊条

序号	钢材型号	焊条型号	焊条牌号
1	Q235 - A. F 之间	E4303	J422
2	Q235 - A 之间	E4303 E4315	J422 J427

表 A.5（续）

序号	钢材型号	焊条型号	焊条牌号
3	Q235B 之间	E4303	J422
4	Q235B 与 06Cr19Ni10 之间	E309 - 16	A302
5	06Cr19Ni10 之间	E308 - 16	A102
6	16Mn 之间	E5015 E5016	J507 J506

ICS 27.010
F 13

中华人民共和国农业行业标准

NY/T 3440—2019

生活污水净化沼气池质量验收规范

Acceptance specification of biogas septic tanks
for domestic sewage treatment

2019-01-17 发布 2019-09-01 实施

中华人民共和国农业农村部 发布

前　　言

本标准按照 GB/T 1.1—2009 给出的规则起草。

本标准由农业农村部科技教育司提出。

本标准由全国沼气标准化技术委员会(SAC/TC 515)归口。

本标准起草单位:农业部沼气科学研究所。

本标准主要起草人:申禄坤、施国中、熊霞、罗涛、潘科、张敏。

生活污水净化沼气池质量验收规范

1 范围

本标准规定了分散处理居民住宅、旅游景点、乡村学校、企业及其他公共设施生活污水净化沼气池工程质量验收的内容和要求。

本标准适用于新建、改建与扩建的生活污水净化沼气池工程，不适用于农村户用沼气池。

2 规范性引用文件

下列文件对于本文件的应用是必不可少的。凡是注日期的引用文件，仅注日期的版本适用于本文件。凡是不注日期的引用文件，其最新版本（包括所有的修改单）适用于本文件。

GB 50141 给水排水构筑物工程施工及验收规范

GB 50202 建筑地基基础工程施工质量验收规范

GB 50203 砌体工程施工质量验收规范

GB 50204 混凝土结构工程施工质量验收规范

GB 50208—2015 地下防水工程质量验收规范

GB 50268 给水排水管道工程施工及验收规范

GB 50300 建筑工程施工质量验收统一标准

CJ/T 43 水处理用滤料

HJ/T 245 环境保护产品技术要求 悬挂式填料

HJ/T 246 环境保护产品技术要求 悬浮填料

NY/T 1702 生活污水净化沼气池技术规范

NY/T 2597 生活污水净化沼气池标准图集

NY/T 2601 生活污水净化沼气池施工规程

NY/T 2602 生活污水净化沼气池运行管理规程

建设项目（工程）竣工验收办法

建设项目竣工环境保护验收管理办法

3 基本规定

3.1 生活污水净化沼气池工程的施工质量验收应符合下列总要求：

a） 工程质量验收应在施工单位自行初验合格的基础上进行。施工单位自行初验合格后，向建设单位、工程项目主管部门或项目业主提出验收申请，由建设单位、工程项目主管部门或项目业主组织工程设计（勘察）、施工、监理、环保等部门的技术负责人等对工程质量进行验收。

b） 参加工程施工质量验收的技术人员应具备中级以上技术职称或从业资格。

c） 工程施工应与工程勘察和设计文件的要求相符。

d） 隐蔽工程的验收，应有监理工程师签字的隐蔽工程验收资料。

e） 工程的外观质量应由验收组成员通过现场检查共同确认。

f） 施工质量验收应符合 NY/T 1702、NY/T 2601 和 NY/T 2602 的要求。

3.2 工程主要材料及设备应有符合国家规定的技术质量鉴定文件或合格证书。

3.3 施工记录和质量检查记录应真实、完整、详细。

3.4 混凝土强度、混凝土抗渗、地基基础处理、位置及高程、回填压实度等的检验和抽样检测结果应符合

GB 50202 和 GB 50204 的规定。

3.5 涉及构筑物水池位置与高程、满水试验、气密性试验、沉降试验等有关结构安全及使用功能的试验检测和抽查结果应符合 GB 50141 的规定。

3.6 管道工程的质量验收应符合 GB 50268 的规定。

3.7 涉及重要部位的地基基础、主体结构、主要设备等，应组织有关单位相关人员参加验收。

3.8 当参加验收各方对工程质量验收意见不一致时，可请当地建设行政主管部门或工程质量监督机构协调处理。

3.9 工程质量验收不合格时，应按下列规定处理：

a） 经有相应资质的检测机构鉴定能够达到设计要求的工程，应予以验收；
b） 对有检测资质的检测单位检测数据，没有达到设计要求，但经原设计单位核算，能够满足结构安全和使用功能要求的工程，可予以验收；
c） 经返工返修或更换材料、构件、设备等已符合设计要求的工程，应由各方协商后重新进行验收；
d） 经返工返修或加固处理仍不能满足结构安全和使用功能要求的工程，严禁通过验收，禁止投入使用。

3.10 工程质量验收合格后，建设单位应在规定时间内将工程竣工验收报告和有关文件报送建设行政主管部门备案。其中，对建设主管部门组织的工程验收项目，报送工程项目所在地建设行政主管部门备案，对项目业主组织的工程验收项目，300 m^3 以上规模（含）工程项目报建设行政主管部门备案，300 m^3 以下规模工程项目可不报备。

3.11 工程质量验收合格后，建设单位应按行业主管部门档案管理的有关规定将设计（勘察）、施工、监理、验收等文件、技术资料立卷存档备查。

4 平面布置

4.1 生活污水净化沼气池宜布置在处理区域主导风向的下风侧和地势标高较低处，验收时检查选址意见书等选址资料。

4.2 生活污水净化沼气池外墙距离其他地下取水构筑物不应小于 30 m，距离建筑物不应小于生活污水净化沼气池的深度，距离有人居住或长时间有人工作的构筑物不应小于 30 m。

4.3 生活污水净化沼气池平面布置按照 NY/T 2597 的规定执行。

4.4 生活污水净化沼气池外墙离架空电力线路（中心线）在地面投影的距离不小于杆塔高度的 1.5 倍，离建（构）筑物、堆场以及产生明火或者散发火花的地点之间的距离按表 1 的要求进行检验：

表 1 生活污水净化沼气池防火间距

名 称	生活污水净化沼气池容积，m^3			
	20～1 000	1 001～10 000	10 001～50 000	＞50 000
建（构）筑物、堆场以及产生明火或散发火花的地点	25 m	30 m	35 m	40 m

4.5 在满足工艺要求的前提下，平面布置应因地制宜，前处理区和后处理区可以调整布置。

5 基坑与地基基础

5.1 基坑验收

5.1.1 基坑开挖前应具备下述资料：

a） 岩土工程勘察资料；
b） 临近建（构）筑物和地下设施类型、分布及结构质量情况的资料；

c） 工程设计图纸；

d） 基坑开挖施工方案。

5.1.2 基坑施工质量验收应检查地基处理资料及相关施工记录。验收时，应检查验基（槽）记录、地基处理或承载力检测报告、复合地基承载力检测报告，检测报告应符合设计要求。

5.1.3 基坑回填验收应符合下列规定。

a） 基坑回填的施工参数：如每层填筑厚度、压实遍数及压实系数等应符合设计要求。

验收方法：检查施工记录。

b） 回填材料应符合要求，不应含有淤泥、腐殖土、有机物、木块、大粒径砖（石）等杂物。

验收方法：检查施工记录。

c） 回填高度符合设计要求；沟槽不得带水回填，回填应分层夯实。

验收方法：检查施工记录。

d） 观察回填时构筑物有无损伤、沉降、位移等现象。

验收方法：检查沉降观测记录。

5.2 地基基础工程验收

验收前，应提供下列文件和记录：

a） 地质勘探、水文地质资料；

b） 工程设计图纸及其他设计文件；

c） 地基基础施工记录与监理检验记录；

d） 地基基础使用各种材料材质检验报告（包括预制构件）；

e） 施工质量技术措施文件等；

f） 地基处理检测报告。

5.3 建（构）筑物的地基处理、复合地基的质量验收

应符合 GB 50202 的相关规定。

6 池体

6.1 池体工程验收前，应提供下列文件和记录：

a） 工程设计图纸及其他设计文件；

b） 测量放线资料和沉降观测记录；

c） 隐蔽工程验收记录；

d） 施工记录与监理检验记录；

e） 水密性试验报告（记录）和气密性试验报告（记录）；

f） 深基坑专项方案资料。

6.2 池体结构类型、结构尺寸以及预埋管件、预留孔洞、止水带等规格、尺寸应符合设计要求，验收时检查施工记录、测量记录、隐蔽验收记录。

6.3 现浇混凝土所用的水泥、细骨料、粗骨料、外加剂等原材料的产品质量保证资料应齐全，检查每批的产品出厂质量合格证明、性能检验报告及有关的复验报告符合国家有关规定和设计要求。

6.4 混凝土配合比满足设计要求，检查试配混凝土的强度、抗渗、抗冻等试验检测报告，对于商品混凝土还应检查出厂质量合格证明等。

6.5 混凝土结构强度、抗渗、抗冻性能应符合设计要求，检查相同养护条件下的混凝土试块抗压、抗渗、抗冻试验检测报告。池体表面应光顺、线形流畅，外观无严重质量缺陷，外壁不得渗水，无明显湿渍现象。

6.6 钢筋的质量验收应检验出厂合格证及实验检查资料。

6.7 池体变形缝的止水带、柔性密封材料等的产品质量保证资料应齐全，每批出厂质量合格证明书及各项性能检测报告应符合设计要求，验收时检查施工缝处理方案以及技术处理资料。

6.8 检查砖、石以及砌筑、抹面用的水泥、沙等材料的产品质量合格证、出厂检验报告单和有关进场复验报告，各项性能检验报告应符合设计要求。

6.9 砂浆配合比施工时计量应准确，其强度等级应符合设计要求，水泥砂浆试块强度试验检测报告应真实、准确。

验收方法：检查施工记录和砂浆试块的试验报告。

6.10 砌筑、抹面用砂浆应有配合比单及记录并满足施工和设计要求，对于商品砌筑砂浆还应检查出厂质量合格证明等资料。

6.11 检查砌体结构各部位的施工记录和测量放样记录，其构造形式以及预埋管件、预留孔洞、变形缝位置、构造等应符合设计要求。

6.12 混凝土池体的质量验收应符合 GB 50204 的规定。

6.13 给水排水构筑物的质量验收应符合 GB 50141 的规定。

6.14 池体的允许偏差和质量检验应符合 GB 50300 的规定。

7 防水工程

7.1 生活污水净化沼气池防水应符合下列要求：

a) 防水等级应符合 GB 50208—2015 表 3.0.1 的规定；

b) 防水设防的选用应按 GB 50208—2015 表 3.0.2-1 的规定执行；

c) 防水材料的品种、规格、性能等必须符合现行国家或行业产品标准和设计要求。

7.2 防水工程作为生活污水净化沼气池的子分部工程，其检验批次和抽样检验数量应符合下列规定：

a) 主体结构防水应按结构层、变形缝或后浇带等施工段划分检验批；

b) 各检验批的抽检数量：主体构造应为全数检查，其他均应符合 GB 50208—2015 的规定；

7.3 生活污水净化沼气池渗漏水检测应按 GB 50208—2015 附录 C 的规定执行。

8 填料及滤料安装

8.1 填料应满足下列要求：

a) 填料应选用比表面积大、孔隙度较高、经久耐用的合成材料或天然材料。

验收方法：观测检查和检查填料技术资料。

b) 填料使用量宜为净化池填料填充部分有效容积的 15%～30%。

验收方法：观测检查和检查施工记录。

c) 悬浮式填料应符合 HJ/T 246 的规定，安装使用前应有相应的验收或检测报告等资料。

d) 悬挂式填料应符合 HJ/T 245 的规定。

e) 填料安装应符合安装图、安装说明书及有关安装技术规范的要求。

f) 填料安装的平面位置、标高、间距、尺寸等应符合设计要求，且不溢出，不堵塞出口。

8.2 滤料应满足下列要求：

a) 滤料的技术性能及技术参数应符合 CJ/T 43 相关规定及设计要求。

验收方法：观测检查和检查滤料技术资料。

b) 形状规则，粒径宜为 2 mm～10 mm，其中小于最小粒径、大于最大粒径的质量不应超过总质量的 5%。

验收方法：观测检查和检查滤料技术资料。

c) 使用的滤料不得使处理后的水含有有毒有害成分。

9 附属工程

9.1 值班室等附属建筑物的验收应符合 GB 50203 和 GB 50300 的规定。

9.2 生活污水净化沼气池区域的安全防护结构应完善，安全标识应醒目，应满足设计要求及现行国家标准。

验收方法：观测检查和检查设计资料。

9.3 沼气净化、输送装置应正常运行，沼气应充分利用，不污染环境。

10 工程及环境保护验收

10.1 工程验收

10.1.1 工程验收应按照《建设项目（工程）竣工验收办法》的要求进行；

10.1.2 工程验收资料应包括下列文件：

a） 竣工验收申请报告；

b） 初验报告；

c） 性能试验报告；

d） 专家验收评估意见。

10.1.3 辅助设备应按相关标准的最高要求验收。

10.1.4 工程验收有关表格参见附录 A～附录 F 制定。

10.2 竣工环境保护验收

10.2.1 生活污水净化沼气池竣工环境保护验收应按《建设项目竣工环境保护验收管理办法》的规定进行。

10.2.2 生活污水净化沼气池运行前应进行试运行，填写试运行记录，试运行报告作为竣工环境保护验收的重要依据。

附 录 A
(资料性附录)
生活污水净化沼气池工程质量验收表

生活污水净化沼气池工程质量验收表见表 A.1。

表 A.1 生活污水净化沼气池工程质量验收表

<table>
<tr><td rowspan="5">工程概况</td><td>工程名称</td><td></td><td>工程地址</td><td colspan="4"></td></tr>
<tr><td>建设单位</td><td></td><td>工程投资</td><td colspan="4"></td></tr>
<tr><td>开工日期</td><td></td><td>竣工日期</td><td colspan="4"></td></tr>
<tr><td>设计单位</td><td></td><td>施工单位</td><td colspan="4"></td></tr>
<tr><td>监理单位</td><td></td><td>行业主管部门</td><td colspan="4"></td></tr>
<tr><td>建设内容</td><td colspan="7"></td></tr>
<tr><td>竣工验收资料</td><td colspan="7">1. 开工报告□ 2. 设计变更图和竣工图纸□
3. 施工合同及施工企业资质材料□ 4. 招投标记录□
5. 隐蔽工程验收记录□ 6. 试水试压记录□
7. 主要建筑材料合格证□ 8. 工程设备联动试运行记录□</td></tr>
<tr><td rowspan="5">验收单位意见</td><td>设计单位</td><td colspan="2">项目负责人：</td><td>(公章)</td><td>年</td><td>月</td><td>日</td></tr>
<tr><td>施工单位</td><td colspan="2">项目负责人：</td><td>(公章)</td><td>年</td><td>月</td><td>日</td></tr>
<tr><td>监理单位</td><td colspan="2">项目负责人：</td><td>(公章)</td><td>年</td><td>月</td><td>日</td></tr>
<tr><td>建设单位</td><td colspan="2">项目负责人：</td><td>(公章)</td><td>年</td><td>月</td><td>日</td></tr>
<tr><td>行业主管部门</td><td colspan="2">项目负责人：</td><td>(公章)</td><td>年</td><td>月</td><td>日</td></tr>
<tr><td>工程验收意见</td><td colspan="7">

验收组长：</td></tr>
</table>

附 录 B
（资料性附录）
生活污水净化沼气池工程建设内容完成情况表

生活污水净化沼气池工程建设内容完成情况表见表 B.1。

表 B.1 生活污水净化沼气池工程建设内容完成情况表

批复建设地址：	
实际建设地址：	
批复建设期限：	年 月— 年 月
实际建设期限：	年 月— 年 月
批复建设内容及规模：	
完成建设内容及规模：	
未完成建设内容及规模：	
有无重大变更：	
有无其他变更：	
基本建设程序履行情况：	
验收组意见： 专家签字：	年 月 日

附 录 C
(资料性附录)
生活污水净化沼气池工程文件管理情况表

生活污水净化沼气池工程文件管理情况表见表C.1。

表C.1 生活污水净化沼气池工程文件管理情况表

<table>
<tr><th colspan="2">文件类型</th><th>管理情况</th><th colspan="2">文件类型</th><th>管理情况</th></tr>
<tr><td rowspan="11">项目前期产生的资料</td><td>项目立项申请报告</td><td></td><td rowspan="7">执行阶段产生的资料</td><td>隐蔽工程验收记录</td><td></td></tr>
<tr><td>项目建议书或可研报告</td><td></td><td>建材、实验记录</td><td></td></tr>
<tr><td>项目立项批准文件</td><td></td><td>填料安装记录</td><td></td></tr>
<tr><td>有关会议、决议记录</td><td></td><td>质量事故处理报告记录</td><td></td></tr>
<tr><td>征用土地、拆迁、补偿文件</td><td></td><td>主要工程及单位工程质量评定记录</td><td></td></tr>
<tr><td rowspan="2">工程地质(水文、气象)勘察报告</td><td rowspan="2"></td><td>试运行记录</td><td></td></tr>
<tr><td>其他(施工日志)</td><td></td></tr>
<tr><td>初步设计、施工图设计图纸、概预算及批复文件</td><td></td><td rowspan="7">竣工阶段产生的资料</td><td>竣工图</td><td></td></tr>
<tr><td>报建的批准文件</td><td></td><td>施工单位报送甲方的竣工验收申请报告</td><td></td></tr>
<tr><td>土建发包合同、协议、招投标文件</td><td></td><td>初验报告</td><td></td></tr>
<tr><td>规划、环保、劳动等部门审核文件</td><td></td><td>初验会议纪要</td><td></td></tr>
<tr><td rowspan="6">执行阶段产生的资料</td><td>开工报告(大型项目)</td><td></td><td>竣工决算</td><td></td></tr>
<tr><td>工程测量记录</td><td></td><td>竣工决算审计报告</td><td></td></tr>
<tr><td>图纸会审、技术交底</td><td></td><td>工程建设总结报告</td><td></td></tr>
<tr><td>施工组织设计等</td><td></td><td rowspan="3">其他</td><td></td><td></td></tr>
<tr><td>基础处理施工记录</td><td></td><td></td><td></td></tr>
<tr><td>试运行记录</td><td></td><td></td><td></td></tr>
<tr><td colspan="6">验收组对资料归档情况的意见:

专家签字:
年 月 日</td></tr>
</table>

附 录 D
（资料性附录）
生活污水净化沼气池工程试运行记录表

生活污水净化沼气池工程试运行记录表见表 D.1。

表 D.1 生活污水净化沼气池工程试运行记录表

<table>
<tr><td colspan="4">工程名称：</td></tr>
<tr><td>建设单位</td><td></td><td>记录地点</td><td></td></tr>
<tr><td>试运行时间</td><td></td><td>值班人员</td><td></td></tr>
<tr><td>试运行项目</td><td colspan="3"></td></tr>
<tr><td>试运行内容</td><td>试运行结果</td><td colspan="2">备注</td></tr>
<tr><td></td><td></td><td colspan="2"></td></tr>
<tr><td></td><td></td><td colspan="2"></td></tr>
<tr><td></td><td></td><td colspan="2"></td></tr>
<tr><td></td><td></td><td colspan="2"></td></tr>
<tr><td></td><td></td><td colspan="2"></td></tr>
<tr><td></td><td></td><td colspan="2"></td></tr>
<tr><td></td><td></td><td colspan="2"></td></tr>
<tr><td></td><td></td><td colspan="2"></td></tr>
<tr><td></td><td></td><td colspan="2"></td></tr>
<tr><td colspan="2">试运行问题</td><td colspan="2">试运行结论</td></tr>
<tr><td colspan="2">建设单位：

日期：　　　年　　月　　日</td><td colspan="2">施工单位：

日期：　　　年　　月　　日</td></tr>
<tr><td colspan="4">备注：试运行情况栏内，试运行正常的打钩，每日填写一次，不正常的在备注栏内及时说明情况，并记录于试运行问题栏内（注明整改日期）。</td></tr>
</table>

附　录　E
（资料性附录）
生活污水净化沼气池工程验收意见

生活污水净化沼气池工程验收意见见表 E.1。

表 E.1　生活污水净化沼气池工程验收意见

项目验收结论及整改意见： 验收组成员签字：　　　　　　　　验收组长签字： 年　月　日	
建设单位意见： （盖章）年　月　日	竣工验收组织单位意见： （盖章）年　月　日

附　录　F
（资料性附录）
生活污水净化沼气池工程竣工（运行）验收人员名单

生活污水净化沼气池工程竣工（运行）验收人员名单见表 F.1。

表 F.1　生活污水净化沼气池工程竣工（运行）验收人员名单

姓　名	单　位	职务/职称	电　话	签　名

ICS 65.020.01
B 04

中华人民共和国农业行业标准

NY/T 3492—2019

农业生物质原料　样品制备

Agricultural Biomass Raw Material—Sample Preparation

2019-08-01 发布　　　　2019-11-01 实施

中华人民共和国农业农村部　发布

前　　言

本标准按照 GB/T 1.1—2009 给出的规则起草。

本标准由农业农村部科技教育司提出并归口。

本标准起草单位：中国农业大学。

本标准主要起草人：韩鲁佳、刘贤、肖卫华、黄光群、杨增玲、姚玉梅。

农业生物质原料　样品制备

1　范围

本标准规定了农业生物质原料样品制备的仪器设备、原料采集、样品制备步骤、储存和标识。

本标准适用于农作物秸秆和畜禽粪便原料的化学分析、工业分析、热重分析、元素分析、热值分析等试验时的样品制备。

2　规范性引用文件

下列文件对于本文件的应用是必不可少的。凡是注日期的引用文件，仅注日期的版本适用于本文件。凡是不注日期的引用文件，其最新版本(包括所有的修改单)适用于本文件。

GB/T 6003.1　试验筛　技术要求和检验　第1部分：金属丝编织网试验筛

3　仪器设备

3.1　称量盘

应适于盛放切短后的农作物秸秆原料或畜禽粪便原料。

3.2　电热鼓风干燥箱

温度可控制在(45±3)℃和(70±5)℃。

3.3　分析天平

感量0.1 g。

3.4　切割式粉碎设备

用于将烘干样品粉碎至小于850 μm。为避免交叉污染，设备应容易清洁且切割表面不含有待测元素。

3.5　研磨仪或研钵

用于将烘干样品研磨至小于500 μm。

3.6　试验筛

筛孔尺寸为500 μm和850 μm。试验筛应符合GB/T 6003.1的规定。

3.7　密封容器

用于存放制备的样品。

4　原料采集

4.1　农作物秸秆原料采集

采集具有代表性的农作物秸秆原料。

4.2　畜禽粪便原料采集

采集具有代表性的畜禽粪便原料。

5　样品制备步骤

5.1　农作物秸秆样品制备步骤

5.1.1　切短

将农作物秸秆原料简单切短，以便于后续烘干和粉碎。

5.1.2　烘干

将洁净的称量盘置于(45±3)℃电热鼓风干燥箱中，烘干3 h后取出，室温环境冷却(20℃～30℃，相对湿度小于50%)。将切短的农作物秸秆置于烘干后的称量盘中,置于(45±3)℃电热鼓风干燥箱中烘干36 h,取出冷却至室温。然后置于电热鼓风干燥箱中烘干4 h,取出冷却至室温,称量其质量(精确至0.1 g),再次置于电热鼓风干燥箱中烘干1 h,取出冷却至室温,称量其质量(精确至0.1 g),重复此操作,直至2次连续称量的质量差不超过样品质量的1%。为便于烘干,样品铺放厚度以不超过10 mm为宜。

5.1.3 粉碎与筛分

烘干样品采用切割式粉碎设备进行粉碎,采用850 μm试验筛进行筛分。若存在筛上物,则重复粉碎和筛分步骤,直至全部通过850 μm试验筛。合并所有筛下物,充分混合均匀。粉碎过程中应避免样品过热。粉碎设备应尽可能低速运转以减少粉尘损失。

注:鉴于农作物秸秆原料的多样性,宜分粗粉碎和细粉碎2个步骤进行。

5.1.4 缩分

将粉碎筛分后的样品采用堆锥四分法进行缩分,重复缩分过程直至获得分析所需的样品量(不少于50 g)。

5.2 畜禽粪便样品制备步骤

5.2.1 烘干

将洁净的称量盘置于(70±5)℃电热鼓风干燥箱中,烘干3 h后取出,室温环境冷却(20℃~30℃,相对湿度小于50%)。将畜禽粪便原料置于烘干后的称量盘中,置于(70±5)℃电热鼓风干燥箱中烘干36 h,取出冷却至室温。然后置于电热鼓风干燥箱中烘干4 h,取出冷却至室温,称量其质量(精确至0.1 g),再次置于电热鼓风干燥箱中烘干1 h,取出冷却至室温,称量其质量(精确至0.1 g),重复此操作,直至2次连续称量的质量差不超过样品质量的0.1%。为便于烘干,样品铺放厚度以不超过10 mm为宜。

5.2.2 研磨与筛分

烘干样品采用研磨仪或研钵进行研磨,采用500 μm试验筛进行筛分。若存在筛上物,则重复研磨和筛分步骤,直至全部通过500 μm试验筛。合并所有筛下物,充分混合均匀。研磨过程中应避免样品过热。研磨仪应尽可能低速运转以减少粉尘损失。

5.2.3 缩分

将研磨筛分后的样品采用堆锥四分法进行缩分,重复缩分过程直至获得分析所需的样品量(不少于50 g)。

6 储存和标识

制备样品应保存在密封容器中,并应贴有带唯一性标识和样品种类等信息的标签。

ICS 65.020
B 04

中华人民共和国农业行业标准

NY/T 3493—2019

农业生物质原料　粗蛋白测定

Agricultural biomass raw materials—Determination of crude protein

2019-08-01 发布　　　　2019-11-01 实施

中华人民共和国农业农村部　发布

前　　言

本标准按照 GB/T 1.1—2009 给出的规则起草。

本标准由农业农村部科技教育司提出并归口。

本标准起草单位:中国农业大学。

本标准主要起草人:韩鲁佳、肖卫华、刘贤、杨增玲、黄光群、陈雪礼。

农业生物质原料　粗蛋白测定

1　范围

本标准规定了农业生物质原料中粗蛋白质含量的凯氏定氮方法。

本标准适用于农业生物质原料(农作物秸秆和畜禽粪便)粗蛋白的测定。

2　规范性引用文件

下列文件对于本文件的应用是必不可少的。凡是注日期的引用文件,仅注日期的版本适用于本文件。凡是不注日期的引用文件,其最新版本(包括所有的修改单)适用于本文件。

GB/T 6682　分析实验室用水规格和试验方法

NY/T 3492　农业生物质原料　样品制备

3　试剂和材料

除非另有说明,在分析中应使用分析纯试剂,水为 GB/T 6682 规定的三级水。

3.1　试剂

3.1.1　硫酸铜($CuSO_4 \cdot 5H_2O$)。

3.1.2　硫酸钾(K_2SO_4)。

3.1.3　硫酸(H_2SO_4)。

3.1.4　硼酸(H_3BO_3)。

3.1.5　甲基红指示剂($C_{15}H_{15}N_3O_2$)。

3.1.6　溴甲酚绿指示剂($C_{21}H_{14}Br_4O_5S$)。

3.1.7　亚甲基蓝指示剂($C_{16}H_{18}C_lN_3S \cdot 3H_2O$)。

3.1.8　氢氧化钠(NaOH)。

3.1.9　95%乙醇(C_2H_5OH)。

3.2　试剂配制

3.2.1　混合催化剂:7.00 g 硫酸钾(K_2SO_4)和 0.80 g 硫酸铜($CuSO_4 \cdot 5H_2O$),磨碎混匀。

3.2.2　硼酸溶液(10 g/L):称取 100 g 硼酸,加水溶解后并稀释至 10 L。

3.2.3　氢氧化钠溶液(400 g/L):称取 40 g 氢氧化钠加水溶解后放冷,并稀释至 100 mL。

3.2.4　盐酸标准滴定溶液[c(HCl)] 0.100 mol/L。

3.2.5　甲基红乙醇溶液(1 g/L):称取 100 mg 甲基红,溶于 95%乙醇,用 95%乙醇稀释至 100 mL。

3.2.6　溴甲酚绿乙醇溶液(1 g/L):称取 100 mg 亚甲基蓝,溶于 95%乙醇,用 95%乙醇稀释至 100 mL。

3.2.7　硼酸吸收液:在 10 L 硼酸溶液中加入 100 mL 溴甲酚绿乙醇溶液和 70 mL 甲基红乙醇溶液。

4　仪器和设备

4.1　分析天平:感量 1.0 mg。

4.2　消化炉:带冷凝回流罩。

4.3　凯氏消化管:250 mL。

4.4　凯氏定氮仪。

5　分析步骤

5.1　试样制备

按照 NY/T 3492 的规定执行。

5.2 消化

称取约 1.000 g 试样,精确至 1.0 mg,移入凯氏消化管内,注意不要将样品沾在消化管内壁上。加入 7.80 g 混合催化剂及 12 mL～15 mL 硫酸,轻轻摇动消化管,以确保试样完全浸润。将消化管放在预热至 200℃的消化炉上,加盖冷凝回流罩。消化炉升温至 420℃消解 1 h～2 h,得到澄清透明的消解液,待管内液体冷却后取出消化管。整个消化过程须在通风橱中进行。

5.3 蒸馏和滴定

消化管中加入 60 mL～80 mL 水,将蒸馏装置的冷凝管末端浸入装有 30 mL 硼酸吸收液的接收瓶内,然后向凯氏消化管中加入 60 mL 氢氧化钠溶液,开始蒸馏。在接收瓶内利用标定好的盐酸标准滴定溶液进行滴定,溶液由粉红色变成蓝灰色为终点,记录消耗盐酸的体积。

5.4 氮回收率的检验

在测定试样前,先进行空白试样测试,定期进行硫酸铵回收率的测试。精确称取 0.12 g 硫酸铵和 0.67 g 蔗糖代替试样,按 5.2～5.3 步骤进行操作,测得硫酸铵氮回收率须≥99%,否则应检查消化、蒸馏和滴定各步骤是否正确。

6 结果计算

6.1 总氮含量

试样中的总氮含量 N,以质量百分数(%)表示,按式(1)计算。

$$N = \frac{(V_S - V_B) \times c \times 14.01}{m \times 10} \quad \cdots\cdots (1)$$

式中:

N ——试样中的总氮含量,单位为质量百分数(%);

V_S——试样溶液滴定消耗盐酸标准溶液的体积,单位为毫升(mL);

V_B——空白溶液滴定消耗盐酸标准滴定溶液的体积,单位为毫升(mL);

c ——盐酸标准滴定溶液的浓度,单位为摩尔每升(mol/L);

m ——试样的质量,单位为克(g)。

6.2 蛋白含量的计算

试样中的粗蛋白含量 P,以质量百分数(%)表示,按式(2)计算。

$$P = N \times f \quad \cdots\cdots (2)$$

N ——试样中的总氮含量,单位为质量百分数(%);

f ——蛋白换算系数,农作物秸秆的蛋白换算系数 f 参考值为 5.0,畜类(肉牛、奶牛、生猪)粪便蛋白换算系数 f 参考值为 4.7,禽类(蛋鸡和肉鸡)粪便的蛋白换算系数 f 参考值为 4.0。

测定结果用平行测定的算术平均值表示,结果保留 2 位有效数字。

7 精密度

在重复性条件下获得的 2 次独立测定结果的绝对差值不得超过算术平均值的 10%。

ICS 65.020
B 04

中华人民共和国农业行业标准

NY/T 3494—2019

农业生物质原料　纤维素、半纤维素、木质素测定

Agricultural biomass raw materials—Determination of cellulose, hemicellulose, and lignin

2019-08-01 发布　　　　2019-11-01 实施

中华人民共和国农业农村部　发布

前　　言

本标准按照 GB/T 1.1—2009 给出的规则起草。

本标准由农业农村部科技教育司提出并归口。

本标准起草单位:中国农业大学。

本标准主要起草人:韩鲁佳、肖卫华、刘贤、杨增玲、黄光群。

农业生物质原料　纤维素、半纤维素、木质素测定

1　范围

本标准规定了农业生物质原料中纤维素和半纤维素含量测定的高效液相色谱方法，以及木质素含量测定的紫外分光光度方法和重量方法。

本标准适用于农作物秸秆纤维素、半纤维素及木质素的测定。

2　规范性引用文件

下列文件对于本文件的应用是必不可少的。凡是注日期的引用文件，仅注日期的版本适用于本文件。凡是不注日期的引用文件，其最新版本(包括所有的修改单)适用于本文件。

GB/T 6682　分析实验室用水规格和试验方法

NY/T 3492　农业生物质原料　样品制备

3　试剂和材料

除非另有说明，所有试剂均为分析纯的试剂，色谱用水为 GB/T 6682 规定的一级水，其他使用三级水。

3.1　乙醇：95%。

3.2　72%硫酸溶液：量取 665 mL 硫酸(98%)，缓缓注入 300 mL 水中，冷却，摇匀。

3.3　碳酸钙。

3.4　D-纤维二糖、D(+)葡萄糖、D(+)木糖、D(+)半乳糖、L(+)阿拉伯糖、D(+)甘露糖标准品：纯度≥95%。

4　仪器和设备

4.1　分析天平：感量 0.1 mg。

4.2　索氏抽提器：250 mL。

4.3　电热鼓风干燥箱：温度可控制在(45±3)℃和(105±3)℃。

4.4　恒温水浴锅：温度可控制在(30±3)℃。

4.5　高压蒸汽灭菌器：温度可控制在(121±3)℃。

4.6　马弗炉：可程序升温，温度可控制在(575±25)℃。

4.7　耐压试管：螺纹具塞，耐压≥60 psi。

4.8　真空过滤器：配玻璃砂芯坩埚(G4)。

4.9　高效液相色谱仪：配示差折光检测器。

4.10　紫外-可见分光光度计：可在 320 nm 处测定吸光值。

4.11　微孔过滤器：带 0.22 μm 水相微孔滤膜。

5　分析步骤

5.1　试样制备

按照 NY/T 3492 的规定执行。

5.2　抽提

5.2.1　水抽提

称取 2 g～10 g 试样(精确至 0.1 mg)于已称重的滤纸筒中，将滤纸筒放入索氏抽提器的抽提筒内，连接已干燥至恒重的接收瓶，由抽提器冷凝管上端加入 190 mL 水，于电热套上加热，使水不断回流抽提(4 次/h～5 次/h)，一般抽提 6 h～8 h。抽提完成后，关闭加热套，将索氏抽提器冷却至室温。

5.2.2 乙醇抽提

将 5.2.1 水抽提后的抽提筒连接已干燥至恒重的接收瓶，由抽提器冷凝管上端加入 190 mL 乙醇，于电热套上加热，使乙醇不断回流抽提(6 次/h～10 次/h)，一般抽提 16 h～24 h。抽提完成后，关闭加热套，将索氏抽提器冷却至室温。经两步抽提后的生物质试样(即不含抽提物试样)在(45±3)℃干燥箱中干燥至恒重，称量试样质量精确至 0.1 mg。

5.3 两步法酸水解

5.3.1 坩埚恒重

将玻璃砂芯坩埚(G4)置于马弗炉中，在(575±25)℃下灼烧至恒重。将坩埚从马弗炉中取出后放入干燥器冷却，称量坩埚质量精确至 0.1 mg。

5.3.2 浓酸水解

称取 300.0 mg(精确至 0.1 mg)不含抽提物试样至耐压试管，每个试样做 2 次以上平行实验。向耐压试管中加入 3.00 mL 72%硫酸溶液后立即混合均匀，将耐压试管放入(30±3)℃水浴中，5 min～10 min 搅拌一次。恒温 60 min 后取出，向耐压试管中加入 84.00 mL 水，拧紧盖子混合均匀。

5.3.3 糖的回收率

用于计算回收率的糖标准溶液称为糖回收标准溶液，包括 D(+)葡萄糖、D(+)木糖、D(+)半乳糖、L(+)阿拉伯糖、D(+)甘露糖。糖回收标准溶液的糖浓度应该与检测试样的糖浓度接近。称量每种糖的质量精确至 0.1 mg，放入耐压试管中，加入 10.0 mL 水，再加入 348 μL 72%硫酸溶液，拧紧盖子混匀。用微孔过滤器过滤，分装于样品瓶中，冷冻储藏，使用时取出解冻并摇匀。

5.3.4 稀酸水解

将装有试样和糖回收标准溶液的耐压试管放入高压蒸汽灭菌器中，121℃水解 1 h，待水解产物冷却至室温后，通过玻璃砂芯坩埚(G4)过滤，用锥形瓶收集滤液约 50 mL，转移至具塞容器 0℃～4℃储藏，于 24 h 内进行纤维素和半纤维素测定，6 h 内进行酸溶木质素的测定。

5.4 测定

5.4.1 酸溶木质素

使用 5.3.4 酸水解溶液，用紫外-可见分光光度计在 320 nm 处测量液体试样的吸光值。用水作紫外-可见分光光度计空白，用水稀释试样至吸光值为 0.7～1.0，记录稀释倍数，记录吸光值精确到 0.001。

5.4.2 酸不溶木质素

5.4.2.1 用大于 50 mL 的热水冲洗 100 mL 具塞耐压试管中残留的酸不溶残渣，使残渣全部保留在玻璃砂芯坩埚(G4)中，并用真空过滤器抽干。在(105±3)℃烘干玻璃砂芯坩埚(G4)和酸不溶残渣至恒重，记录玻璃砂芯坩埚(G4)和酸不溶残渣质量，精确到 0.1 mg。

5.4.2.2 将玻璃砂芯坩埚(G4)及酸不溶残渣置于马弗炉中(575±25)℃灼烧至少 3 h，直至所有有机物被灰化。升温速率控制在 10℃/min，以防止试样燃烧以及强气流引起的试样机械损失。灰化结束后降温至 105℃，取出放入干燥器中冷却。称量坩埚和灰分质量精确到 0.1 mg。

5.4.3 碳水化合物

5.4.3.1 色谱条件

色谱柱：聚苯乙烯二乙烯苯树脂铅型糖分析柱，配备相应除灰保护柱。

流动相：水。

流速：0.6 mL/min。

柱温：80℃～85℃。

进样量：20 μL。

检测器：示差折光检测器，检测器温度尽可能接近柱温箱温度。

5.4.3.2 标准曲线的绘制

参照表1中建议的浓度范围准备D-纤维二糖、D(+)葡萄糖、D(+)木糖、D(+)半乳糖、L(+)阿拉伯糖、D(+)甘露糖的混合标准溶液，使用四点校正法。分别吸取20 μL标准溶液注入高效液相色谱仪，在5.4.3.1色谱条件下测定标准溶液的响应值(峰面积)，以浓度为横坐标、峰面积为纵坐标，绘制标准曲线。

表1 糖标准溶液的建议质量浓度范围

组　　分	建议质量浓度范围，mg/mL
D-纤维二糖	0.1～4.0
D(+)葡萄糖	0.1～4.0
D(+)木糖	0.1～4.0
D(+)半乳糖	0.1～4.0
L(+)阿拉伯糖	0.1～4.0
D(+)甘露糖	0.1～4.0

5.4.3.3 试样溶液测定

取20 mL 5.3.4酸水解液体到50 mL锥形瓶中，缓慢加入碳酸钙将水解液中和至pH 5～6。待试样沉淀后轻轻倒出上清液。将上清液用微孔过滤后进行高效液相色谱分析。由标准曲线回归方程计算试样中的D(+)葡萄糖、D(+)木糖、D(+)半乳糖、L(+)阿拉伯糖和D(+)甘露糖含量。

注：检测试样中纤维二糖的含量高于3 mg/mL说明水解作用不完全。在纤维二糖之前有峰存在，表明试样中糖发生了过度水解。

6 结果计算

6.1 酸溶木质素含量

试样中的酸溶木质素含量ASL，以质量百分数(%)表示，按式(1)计算。

$$ASL = \frac{A \times V \times N \times w_1 \times L}{w_{ef} \times w_0 \times \varepsilon} \qquad (1)$$

式中：

ASL ——试样中的酸溶木质素含量，单位为质量百分数(%)；

A ——滤液在320 nm处的紫外-可见吸光值平均值(5.4.1)；

V ——滤液(5.3.4)体积，取值为87 mL；

N ——滤液稀释倍数；

L ——比色皿厚度，单位为厘米(cm)；

ε ——酸溶木质素在320 nm处吸收率，玉米秸秆取30 L/(g·cm)，其他原料取25 L/(g·cm)；

w_0 ——5.2.1抽提前试样的质量，单位为克(g)；

w_1 ——5.2.2抽提后试样的质量，单位为克(g)；

w_{ef} ——5.3.2称取的不含抽提物试样质量，单位为克(g)。

6.2 酸不溶木质素含量

试样中的酸不溶木质素含量AIL，以质量百分数(%)表示，按式(2)计算。

$$AIL = \frac{[(m_2 - m_1) - (m_3 - m_1)] \times w_1}{w_{ef} \times w_0} \times 100 \qquad (2)$$

式中：

AIL ——试样中酸不溶木质素含量，单位为质量百分数(%)；

m_1 ——玻璃砂芯坩埚(G4)质量(5.3.1)，单位为克(g)；

m_2 ——玻璃砂芯坩埚(G4)和酸不溶残渣(5.4.2.1)的质量，单位为克(g)；

m_3 ——玻璃砂芯坩埚(G4)和灰分(5.4.2.2)的质量，单位为克(g)。

6.3 木质素含量

试样中的总木质素含量 Lig，以质量百分数(%)表示，按式(3)计算。

$$Lig = ASL + AIL \tag{3}$$

式中：

Lig ——试样中总木质素含量，单位为质量百分数(%)；

ASL——试样的酸溶木质素含量，单位为质量百分数(%)；

AIL——试样的酸不溶木质素含量，单位为质量百分数(%)。

6.4 纤维素和半纤维素含量

6.4.1 糖回收率

D-纤维二糖、D(+)葡萄糖、D(+)木糖、D(+)半乳糖、L(+)阿拉伯糖、D(+)甘露糖的回收率 R_i，以质量百分数(%)表示，按式(4)计算。

$$R_i = \frac{c_{i1}}{c_{i0}} \times 100 \tag{4}$$

式中：

c_{i1}——酸水解后(5.3.3)测得第 i 种单糖的质量浓度，单位为毫克每毫升(mg/mL)；

c_{i0}——酸水解前(5.3.3)第 i 种单糖的质量浓度，单位为毫克每毫升(mg/mL)。

6.4.2 纤维素和半纤维素含量计算

6.4.2.1 试样中的葡聚糖、木聚糖、半乳聚糖、阿拉伯聚糖、甘露聚糖的含量 Z_i，以质量百分数(%)表示，按式(5)计算。

$$Z_i = \frac{c_i \times V \times F \times w_1}{R_i \times w_{ef} \times w_0} \times 100 \tag{5}$$

式中：

c_i——高效液相色谱法测定试样中的第 i 种单糖[D(+)葡萄糖、D(+)木糖、D(+)半乳糖、L(+)阿拉伯糖、D(+)甘露糖]的质量浓度，单位为毫克每毫升(mg/mL)；

F——脱水校正因子，对木聚糖和阿拉伯聚糖用 0.88 的脱水校正，对葡聚糖、半乳聚糖和甘露聚糖用 0.9 校正。

6.4.2.2 试样中纤维素含量 Cel，以质量百分数(%)表示，按式(6)计算。

$$Cel = Z_1 \tag{6}$$

式中：

Cel ——试样中纤维素含量，单位为质量百分数(%)；

Z_1 ——试样中葡萄聚糖的含量，单位为质量百分数(%)。

6.4.2.3 试样中半纤维素含量 Hem，以质量百分数(%)表示，按式(7)计算。

$$Hem = Z_2 + Z_3 + Z_4 + Z_5 \tag{7}$$

式中：

Hem ——试样中半纤维素含量，单位为质量百分数(%)；

Z_2 ——试样中木聚糖的含量，单位为质量百分数(%)；

Z_3 ——试样中半乳聚糖的含量，单位为质量百分数(%)；

Z_4 ——试样中阿拉伯聚糖的含量，单位为质量百分数(%)；

Z_5 ——试样中甘露聚糖的含量，单位为质量百分数(%)。

注：考虑农作物秸秆中组成半纤维素的阿拉伯糖、甘露糖和半乳糖含量较低，秸秆中半纤维素含量也可以木聚糖含量表示。

测定结果用平行测定的算术平均值表示，结果保留 2 位有效数字。

7 精密度

在重复性条件下获得的 2 次独立测定结果的绝对差值不得超过算术平均值的 10%。

附　录　A
（资料性附录）
糖标准溶液色谱图

糖标准溶液色谱图见图 A.1。

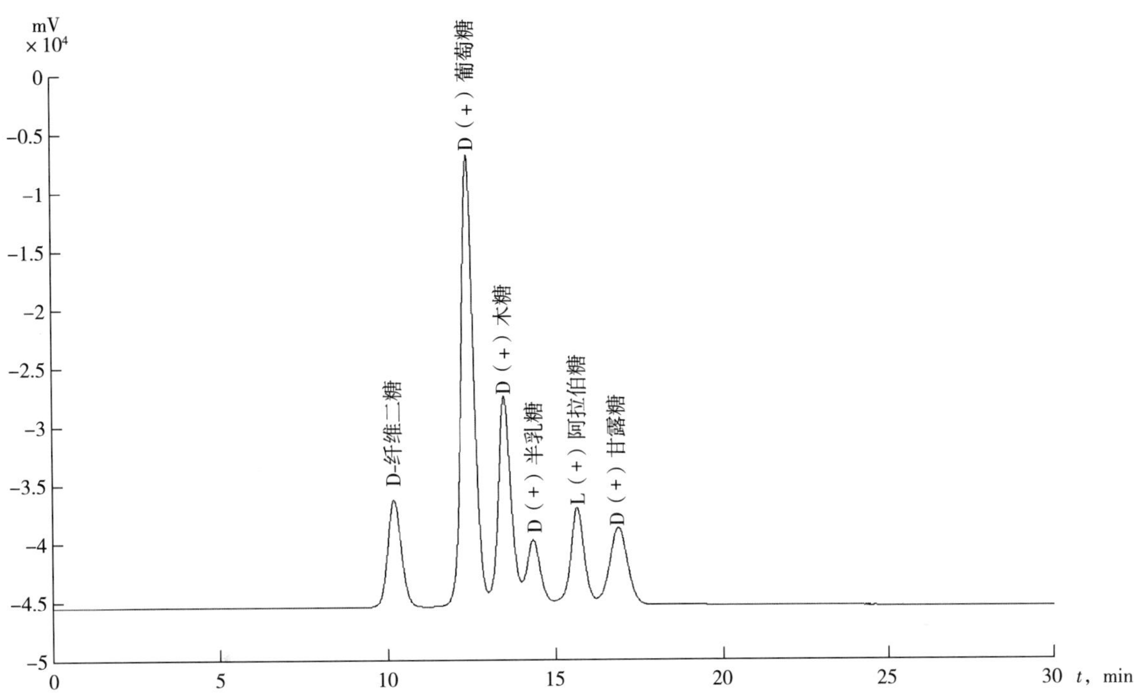

注：D-纤维二糖 1 mg/mL、D(+)葡萄糖 2 mg/mL、D(+)木糖 1 mg/mL、D(+)半乳糖 0.25 mg/mL、L(+)阿拉伯糖 1 mg/mL、D(+)甘露糖 1 mg/mL。

图 A.1　糖标准溶液色谱图

ICS 65.020
B 04

中华人民共和国农业行业标准

NY/T 3495—2019

农业生物质原料热重分析法 通则

Agricultural biomass raw materials by thermogravimetry—general principles

2019-08-01 发布

2019-11-01 实施

中华人民共和国农业农村部 发布

前　言

本标准按照 GB/T 1.1—2009 给出的规则起草。

本标准由农业农村部科技教育司提出并归口。

本标准起草单位：中国农业大学。

本标准主要起草人：韩鲁佳、杨增玲、黄光群、刘贤、肖卫华、周思邈、薛俊杰。

农业生物质原料热重分析法 通　　则

1　范围

本标准规定了使用热重分析技术分析农作物秸秆、畜禽粪便等农业生物质原料的一般条件。

本标准适用于对农作物秸秆、畜禽粪便等农业生物质原料进行动态质量变化测量（温度扫描型）或等温质量变化测量（等温型），也可用于其他需要进行热重分析的农业生物质及产品。

2　规范性引用文件

下列文件对于本文件的应用是必不可少的。凡是注日期的引用文件，仅注日期的版本适用于本文件。凡是不注日期的引用文件，其最新版本（包括所有的修改单）适用于本文件。

GB/T 6425　热分析术语

3　术语和定义

GB/T 6425 界定的以及下列术语和定义适用于本文件。

3.1

热重分析法　thermogravimetry（TG）

在程序控温和一定气氛下，测量试样的质量与温度或时间关系的技术。

3.2

动态质量变化测量（温度扫描型）　dynamic mass-change determination（temperature-scanning mode）

在程序升、降温和一定气氛下，测量试样质量随温度 T 变化的技术。

3.3

等温质量变化测量（等温型）　isothermal mass-change determination（isothermal mode）

在恒温 T 和一定气氛下，测量试样质量随时间 t 变化的技术。

3.4

热重曲线（TG 曲线）　thermogravimetric curve（TG curve）

由热天平测得的数据以质量（或质量分数）随温度或时间变化的形式表示的曲线。曲线的纵坐标为质量 m（或质量分数），向上表示质量（或质量分数）增加，向下表示质量（或质量分数）减小；横坐标为温度 T 或时间 t，自左向右表示温度升高或时间增长。

3.5

微商热重曲线　derivative thermogravimetric curve（DTG curve）

由热天平测得的数据计算得到，以质量变化速率随温度或时间变化的形式表示的曲线。

3.6

热天平　thermobalance

在程序控温和一定气氛下，连续称量试样质量的仪器。

4　原理

4.1　使用程序控温以设定的恒定升温速率加热试样，测量试样的质量与温度的关系。或者，保持试样温度不变，测量给定时间段内试样的质量与时间的关系。

4.2　在测量期间，可选择保持试样处于受控惰性气氛条件或保持试样处于氧化性气氛条件。

4.3　试样质量变化通常由分解反应、氧化反应或组分挥发等造成，质量变化记录为热重（TG）曲线。

4.4 质量变化是温度的函数，变化程度反映了农业生物质原料的热稳定性。因此，相同测量条件下的热重数据，可用于评价原料的相对热稳定性。

注：热重数据可用于工艺控制、工艺开发以及原料评价等。单独的热重数据不能说明原料的长期热稳定性。

5 热重分析条件

热重分析至少需要以下设备和条件：

5.1 热天平

应满足下列要求：

a) 可提供适于既定检测的恒定加热及冷却速率；

b) 可维持测试温度恒定（测量期间温度波动不大于±0.3℃），加热温度不低于600℃；

c) 可维持恒定气体流速，在一定范围内（如10 mL/min～150 mL/min）气体流速波动误差在±5 mL/min之内；

d) 温度与质量的范围符合实验要求；

e) 记录设备，可自动记录质量与温度/时间关系的测量曲线；

f) 温度信号测量的准确度应优于±2℃；

g) 时间测量的准确度应优于±1 s；

h) 质量测量的准确度应优于±0.02 mg。

5.2 气氛

含水率应低于质量分数0.001%。空气、氧气或富氧气氛（用于氧化气氛条件），或者含氧量不高于体积分数0.001%的适宜的惰性气体（用于惰性气氛条件）。

6 试样制备

6.1 试样宜呈粉末状或颗粒状；应保证测量试样选取的代表性，应保证试样充分混合均匀；如果仅分析样品的特定部分或部位，应采用刮磨等机械方式获取。

注1：试样的表面积会影响最终结果。例如，将表面积较大的试样与质量相同但表面积较小的试样进行比较，表面积较小的试样具有更慢的质量变化速率。

注2：采用低温样品磨制备试样，有助于提高试样粒径分布的均匀性，减少易挥发成分的损失。为防止湿气凝结，操作时应待低温样品磨完全恢复至室温后打开，或将低温样品磨置于充有干燥气体的手套箱中进行。

6.2 除6.1提到的机械处理方法以外，试样按收到基进行分析。如果试样在分析前经过干燥等热处理，测试报告中应注明该热处理及所导致的质量损失。

6.3 试样用量宜选择5 mg～10 mg，最大用量不应超过50 mg。由于试样用量较小，应确保试样的代表性。

7 步骤

7.1 仪器校准

试验前应对设备进行温度校准和质量校准。

7.2 总则

7.2.1 应基于测量要求选择适宜的热重分析装置参数设置。可采用两种模式，即：动态质量变化测量（温度扫描型）（见7.3）和等温质量变化测量（等温型）（见7.4）。

注1：操作气流时，浮力和对流的变化会引起热天平波动，从而引起测量质量的表观变化，导致测量准确度降低。建议采用与实际测量相同的升温速率和气体流速进行无试样预运行，观察质量表观变化。质量测量的精密度不优于预运行测试所得的精密度。

注2：在测量操作过程中，如更换气体，不应改变气体流速。此外，为减小浮力影响，以更换密度相近的气体为宜。如果无法更换密度相近的气体，则应进行浮力校正。

注3：当使用多种气体时，应尽量缩短气源至热天平的距离，减少时滞。

7.2.2 选定气流速率。

7.2.3 使用与试样测量相同的气体及流速调整热天平的零点，包括试样容器。

7.2.4 将载有试样的试样容器置于热天平中，通入气流并记录初始质量。但以下情况除外：

针对严格惰性气氛下进行的测量，应先使用真空泵抽空热天平中的气体然后充入惰性气体并记录初始质量，或者在记录初始质量前以与实际测量相同的气体流速通入惰性气体至少 10 min。

7.3 动态质量变化测量(温度扫描型)

7.3.1 设定测量程序，包括设定起始温度与最终温度及等温保持时间，设定温度间的升温速率，设定各程序段所使用的气氛条件。

7.3.2 启动测量程序，记录热重曲线，直至试样质量保持稳定或温度超出测量的有效范围。

7.4 等温质量变化测量(等温型)

以最大升温速率启动热重分析装置，直至运行到设定温度。在设定温度保持运行设定时间，并记录热重曲线。

8 结果表述

8.1 图示

以质量或质量分数为纵坐标、温度或时间为横坐标表示热重曲线。计算热重曲线的一阶导数获得微商热重曲线方便确定热重曲线特征拐点。农业生物质原料典型的热重曲线和微商热重曲线见图 1 和图 2。按 8.2 确定热重曲线特征拐点，进而得到特征温度及质量数据。

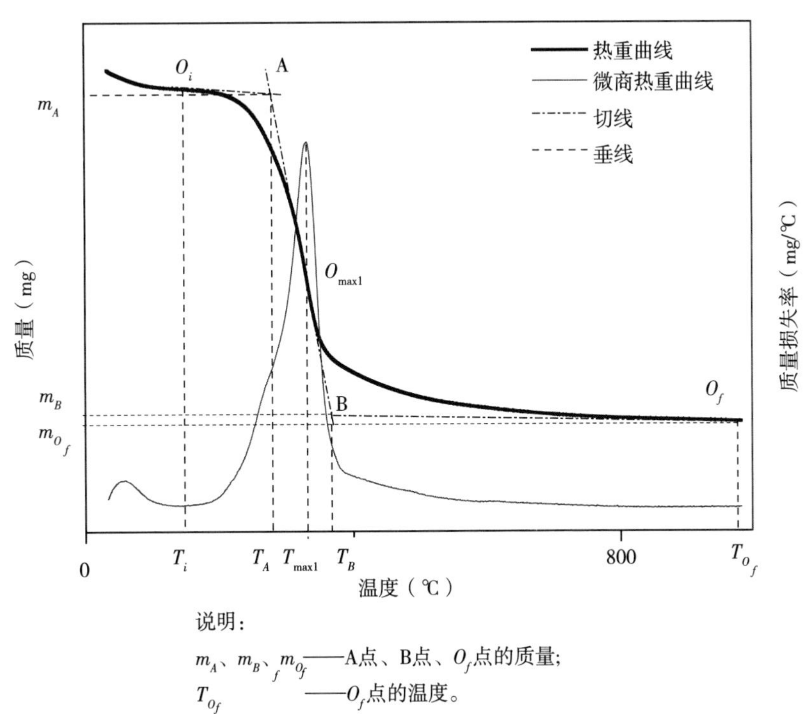

说明：

m_A、m_B、m_{O_f}——A点、B点、O_f点的质量；

T_{O_f}——O_f点的温度。

图 1 具有单一最大失重峰的热重曲线和微商热重曲线

8.2 特征温度与质量损失量及残留量的确定

8.2.1 热重曲线特征拐点的确定

从 TG 曲线上确定 O_i、O_{max1}、O_{max2} 和 O_f。

O_i——微商热重曲线上失去自由水后的第一个极小值处对应 TG 曲线上的点(参见图 1 和图 2)。

O_{max1}、O_{max2}——微商热重曲线上失去自由水后的极大值对应 TG 曲线上的点(参见图 1 和图 2)。

O_f——TG 曲线上质量开始稳定的点；如果质量持续微小变化，则为加热终止温度点(参见图 1 和图 2)。

外推始点 A——TG 曲线上过 O_i 点的切线和过 O_{max1} 点的切线的交点(参见图 1 和图 2)。

外推终点 B ——TG 曲线上过 O_{max1} 点的切线和过 O_f 点的切线的交点(参见图 1)。或者 TG 曲线上过 O_{max2} 点的切线和过 O_f 点的切线的交点(参见图 2)。

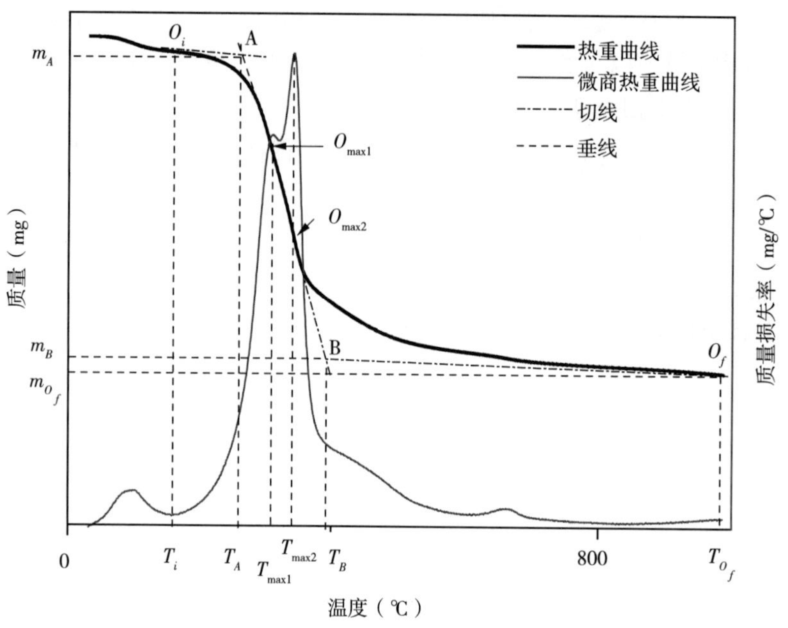

图 2　存在肩峰的热重曲线和微商热重曲线

8.2.2　热重曲线特征温度的确定

特征温度与热重或微商热重曲线特征拐点相对应,即:

初始点温度 T_i ——TG 曲线上 O_i 点对应的温度。

外推始点温度 T_A ——外推始点 A 对应的温度。

外推终点温度 T_B ——外推终点 B 对应的温度。

失重速率峰值对应温度 T_{max1} 和/或 T_{max2}——O_{max1} 和/或 O_{max2} 对应的温度。

8.2.3　质量损失量及残留量的确定

8.2.3.1　质量损失量按式(1)计算。

$$m_l = \frac{m_A - m_B}{m_A} \times 100 \quad \cdots\cdots (1)$$

式中:

m_l ——质量损失量,单位为质量分数(%);

m_A ——外推始点 A 对应的质量,单位为毫克(mg);

m_B ——外推终点 B 对应的质量,单位为毫克(mg)。

8.2.3.2　质量残留量按式(2)计算。

$$R = \frac{m_{O_f}}{m_A} \times 100 \quad \cdots\cdots (2)$$

式中:

R ——质量残留量,单位为质量分数(%);

m_{O_f} ——点 O_f 对应的质量,单位为毫克(mg)。

ICS 65.020
B 04

中华人民共和国农业行业标准

NY/T 3496—2019

农业生物质原料热重分析法 热裂解动力学参数

Agricultural biomass raw materials by thermogravimetry—Kinetic paramaters of pyrolytic reactions

2019-08-01 发布　　2019-11-01 实施

中华人民共和国农业农村部　发布

前　言

本标准按照 GB/T 1.1—2009 给出的规则起草。

本标准由农业农村部科技教育司提出并归口。

本标准起草单位:中国农业大学。

本标准主要起草人:韩鲁佳、杨增玲、黄光群、刘贤、肖卫华、薛俊杰、周思邈。

农业生物质原料热重分析法 热裂解动力学参数

1 范围

本标准规定了基于试样热分解服从一级动力学的假设，采用 Ozawa/Flynn/Wall 等转化率方法计算确定阿仑尼乌斯(Arrhenius)方程的活化能和指前因子等动力学参数的热重分析方法。

本标准适用于农作物秸秆、畜禽粪便等农业生物质原料。

2 规范性引用文件

下列文件对于本文件的应用是必不可少的。凡是注日期的引用文件，仅注日期的版本适用于本文件。凡是不注日期的引用文件，其最新版本(包括所有的修改单)适用于本文件。

GB/T 6425　热分析术语

NY/T 3495　农业生物质原料热重分析法　通则

3 术语和定义

NY/T 3495 界定的以及下列术语和定义适用于本文件。

3.1

阿仑尼乌斯方程　Arrhenius formula

反应速率常数和温度之间的数学关系式，表示为：$k = A\,e^{\frac{-E}{RT}}$。其中，k 是反应速率常数，A 是指前因子，E 是活化能，R 是通用气体常数，T 是绝对温度。

3.2

活化能(E)　activation energy

将 1 mol 稳定态的分子激发成为 1 mol 活化分子所需的能量。

3.3

指前因子(A)　pre-exponential factor

阿仑尼乌斯方程指数前的因子。

3.4

反应分数(α)　fraction reacted

就论及的过程，已反应(或转变)部分与该过程可反应的总量之比。具体以初始点温度 T_i 处对应的失重百分比确立失重零点。

4 原理

4.1 该方法基于反应速率方程，表示为：

$$d\alpha/dT = A(1-\alpha)\exp[-E/RT]/\beta \quad (1)$$

式中：

α ——反应分数，无量纲；

A ——指前因子，单位为每分钟(min^{-1})；

β ——升温速率，单位为开尔文每分钟(K/min)；

E ——阿仑尼乌斯活化能，单位为焦耳每摩尔(J/mol)；

R ——气体常数，取值为 8.314，单位为焦耳每摩尔每开尔文[J/(mol·K)]；

T ——绝对温度，单位为开尔文(K)；

exp ——以自然常数 e 为底的指数函数；

$d\alpha/dT$——α 随 T 的变化速率。

4.2 用 Ozawa/Flynn/Wall 方法求解式(1)得活化能计算式，表示为：

$$E=-(R/b)\Delta(\log\beta)/\Delta(1/T) \quad \cdots\cdots (2)$$

式中：

b ——数值积分常数，自附录 A 的表 A.2 选取，单位为每开尔文(K^{-1})。

4.3 获得不同升温速率的热重曲线，设定反应分数，求得对应不同升温速率的绝对温度。以升温速率的对数($\log\beta$)为纵坐标、绝对温度倒数 ($1/T$) 为横坐标作图，通过线性回归求得 $\Delta(\log\beta)/\Delta(1/T)$ 。

4.4 数值积分常数 b 的初始值设定为 0.457。通过式(2)得到 E 的近似值(E')。

4.5 根据 4.4 得到的活化能(E')，通过表 A.2 查得新的 b 值(b')。

4.6 重复上述的迭代过程，直到活化能数值稳定，即为活化能确定值(E)。

4.7 假设服从一级反应($n=1$)，通过式(3)计算指前因子(A)。

$$A=-(\beta R/E)[\ln(1-\alpha)]\,10^{a} \quad \cdots\cdots (3)$$

式中：

a ——数值积分常数，自表 A.2 选取，无量纲。

5 热重分析条件

见 NY/T 3495。

6 试样制备

见 NY/T 3495。

7 试验步骤

7.1 以至少 4 个升温速率进行试样测量(见 NY/T 3495)。每次测量应确保试样源于同一样品，且质量误差不超过±1%。升温速率宜不大于 20 K/min 且最大升温速率宜为最小升温速率 5 倍以上。

注 1：升温速率过高，易导致试样挥发性成分扩散，从而影响热解速率。升温速率大于 20 K/min 会影响温度测量的精密度和热解的动力学特性。

注 2：每次改变升温速率，应采用与试样测量相同的升温速率、气氛、气体流速进行温度校准。

7.2 为提高测量的准确度，可通过对照测量进行数据校正。采用与试样测试相同的气氛、气体流速和升温速率测量空白试样的热重曲线。用试样的热重数据减去空白试样的热重数据得到校正后的试样热重曲线。用校正后的热重数据计算动力学参数。

8 数据处理

8.1 依分析目的确定反应分数 α 。

8.2 从 7.1 和 7.2 得到的不同升温速率热重曲线求得设定反应分数 α 对应的绝对温度(见图 A.1)。

注 1：如果纵坐标记录的是质量分数，可简化计算过程。

注 2：初始点温度 T_i 对应的质量为初始质量，O_f 点对应的质量为终止质量。

8.3 在该反应分数 α 下，以升温速率的对数为纵坐标、绝对温度的倒数为横坐标作图，采用最小二乘法对上述数据进行拟合(见图 A.2)。若符合线性规律，则计算直线的斜率 $\Delta(\log\beta)/\Delta(1/T)$ 。若呈非线性，则终止计算。

注：异常的非线性结果也可能是测量错误导致。建议对所有异常非线性点对应的试验进行重复试验。

8.4 将斜率 $\Delta(\log\beta)/\Delta(1/T)$ 和数值积分常数 b 的初始值 0.457 代入式(2)，计算活化能近似值(E')。

8.5 利用 8.4 得到的活化能近似值(E')，计算 $E/(R\,T_c)$ ，其中 T_c 为选定反应分数 α 所对应的最接近中间点升温速率(β')所得热重曲线上的绝对温度。

8.6 利用 8.5 所得 $E/(RT_c)$，从表 A.1 中查取 b 值，并代入式(2)。

8.7 重复 8.5 与 8.6，直至最后 2 次计算所得活化能值间的误差在±1%内。此时得到的活化能 E 即为活化能确定值。

8.8 用 8.7 得到的活化能确定值，计算 $E/(RT_c)$，从表 A.1 查取积分常数 a 值，并代入式(3)，计算确定指前因子 A。

活化能和指前因子的计算示例参见附录 A。

附　录　A
（资料性附录）
活化能及指前因子计算示例

A.1　活化能计算示例

A.1.1　得到校准后不同升温速率下的热重曲线图 A.1，由热重曲线得到选定反应分数 α 下的绝对温度，如表 A.1 所示。

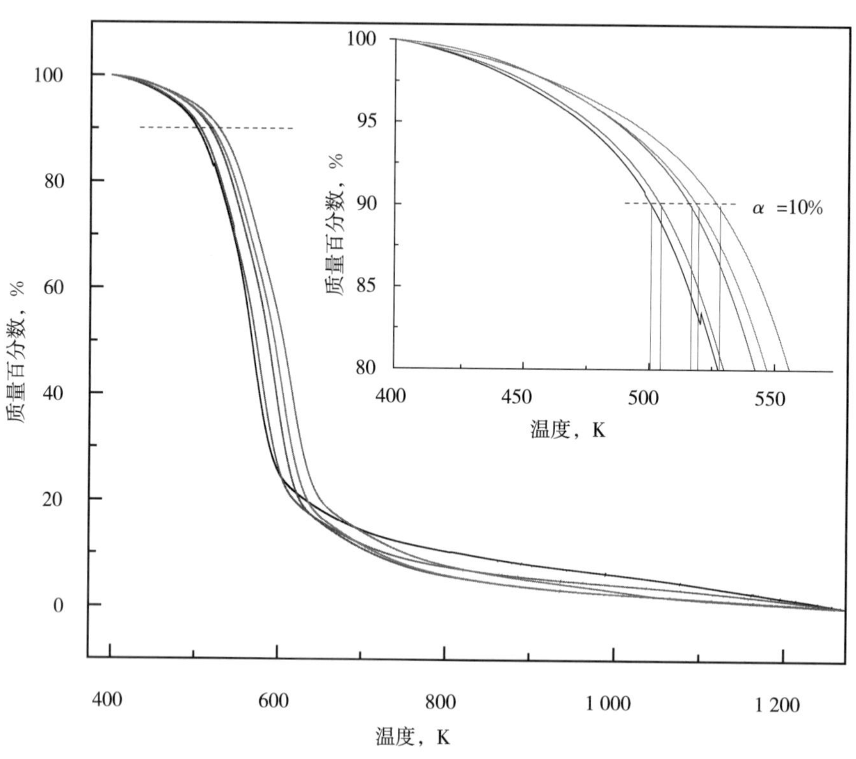

图 A.1　校准后不同升温速率下的热重曲线示例

表 A.1　升温速率和反应分数 α 对应温度的对照表

升温速率 β,K/min	反应分数 α 对应的绝对温度 T,K	温度倒数 $1/T$,1 000/K
1	500.584 8	1.997 7
2	504.332 6	1.982 8
5	516.111 9	1.937 6
10	518.909 1	1.927 1
20	527.203 8	1.896 8

A.1.2　以升温速率的对数为纵坐标、绝对温度的倒数为横坐标作图 A.2，并计算直线的斜率 $\Delta(\log\beta)/\Delta(1/T)$ 为－12 507 K。

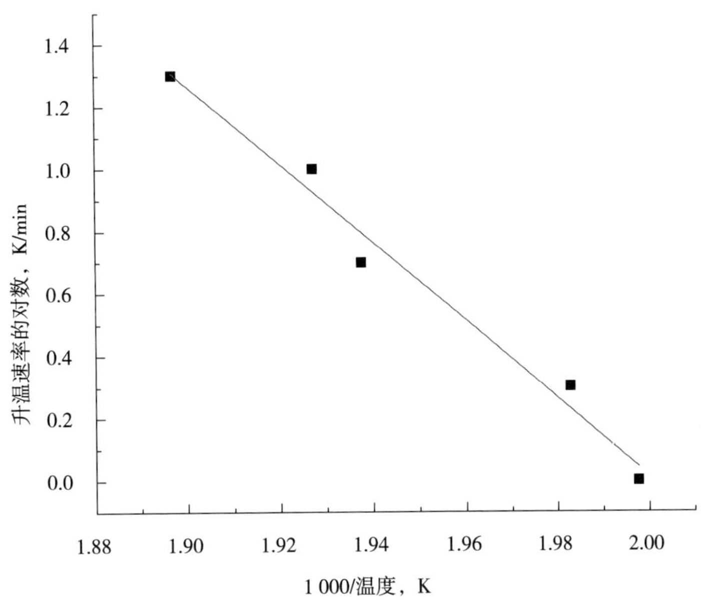

图 A.2　计算斜率的示意图

A.1.3　代入式(2),计算活化能 E 的近似值。

$$E' \approx -(8.314/0.457)\times\Delta(\log\beta)/\Delta(1/T)$$
$$=-(8.314/0.457)\times(-12\ 507)$$
$$=227\ 534.4\ (\mathrm{J/mol})$$

A.1.4　计算 $E'/(R\,T_c)=227\ 534.4/(8.314\times518.909\ 1)=52.74$,查表 A.2,$b$ 取 0.450 6 (K^{-1})。

表 A.2　数值积分常数

E/RT	数值积分常数 a	数值积分常数 b
8	5.369 9	0.539 8
9	5.898 0	0.528 1
10	6.416 7	0.518 7
11	6.928 0	0.511 0
12	7.433 0	0.505 0
13	7.933 0	0.500 0
14	8.427 0	0.494 0
15	8.918 0	0.491 0
16	9.406 0	0.488 0
17	9.890 0	0.484 0
18	10.372 0	0.482 0
19	10.851 0	0.479 0
20	11.327 7	0.477 0
21	11.803 0	0.475 0
22	12.276 0	0.473 0
23	12.747 0	0.471 0
24	13.217 0	0.470 0
25	13.686 0	0.469 0
26	14.153 0	0.467 0
27	14.619 0	0.466 0
28	15.084 0	0.465 0
29	15.547 0	0.463 0
30	16.010 4	0.462 9

表 A.2（续）

E/RT	数值积分常数 a	数值积分常数 b
31	16.472 0	0.462 0
32	16.933 0	0.461 0
33	17.394 0	0.461 0
34	17.853 0	0.459 0
35	18.312 0	0.459 0
36	18.770 0	0.458 0
37	19.228 0	0.458 0
38	19.684 0	0.456 0
39	20.141 0	0.456 0
40	20.596 7	0.455 8
41	21.052 0	0.455 0
42	21.507 0	0.455 0
43	21.961 0	0.454 0
44	22.415 0	0.454 0
45	22.868 0	0.453 0
46	23.321 0	0.453 0
47	23.774 0	0.453 0
48	24.226 0	0.452 0
49	24.678 0	0.452 0
50	25.129 5	0.451 5
51	25.580 6	0.451 1
52	26.031 4	0.450 8
53	26.482 0	0.450 6
54	26.932 3	0.450 3
55	27.382 3	0.450 0
56	27.831 9	0.449 8
57	28.281 4	0.449 5
58	28.730 5	0.449 1
59	29.179 4	0.448 9
60	29.628 1	0.448 7

A.1.5 重复 A.1.3 和 A.1.4，见表 A.3，最终计算出的活化能 E 为 230 817.3 (J/mol)。

表 A.3 活化能的计算

重复计算次数	b，K^{-1}	E，J/mol	E/RT_c
0	0.457	227 534.4	52.740 7
1	0.450 6	230 766.1	53.489 8
2	0.450 5	230 817.3	53.501 6
3	0.450 5	230 817.3	53.501 6

A.2 指前因子计算示例

计算 $E/(RT_c)$ 为 53.501 6，根据表 A.2 插值计算 a 的值为 26.707 9，β 取接近试验所用升温速率中间点的升温速率，计算指前因子：

$$A = -10 \times 8.314 \times (\ln[1-0.1]) \times 10^{26.7079} / 230\ 817.3$$
$$= -10 \times 8.314 \times (-0.105\ 4) \times 10^{26.7079}$$
$$= 1.937\ 0E+22$$

参 考 文 献

[1]ISO 11358-2:2014 Plastics—Thermogravimetry (TG) of polymers—Part 2: Determination of activation energy,2014.

[2]ASTM E1641-15 Standard test method for decomposition kinetics by thermogravimetry using the Ozawa/Flynn/Wall method,2015.

[3]Flynn J H,Wall L A. A Quick,Direct Method for the Determination of Activation Energy from Thermogravimetric Data,Polymer Letters,1966(4):323-328.

[4]Ozawa T. A New Method of Analyzing Thermogravimetric Data,Bulletin of the Chemical Society of Japan,1965(88):1881-1886.

ICS 65.020
B 04

中华人民共和国农业行业标准

NY/T 3497—2019

农业生物质原料热重分析法 工业分析

Agricultural biomass raw materials by thermogravimetry—Proximate Analysis

2019-08-01 发布　　2019-11-01 实施

中华人民共和国农业农村部 发布

前　言

本标准按照 GB/T 1.1—2009 给出的规则起草。

本标准由农业农村部科技教育司提出并归口。

本标准起草单位:中国农业大学。

本标准主要起草人:韩鲁佳、黄光群、杨增玲、刘贤、肖卫华、周思邈、薛俊杰。

农业生物质原料热重分析法 工业分析

1 范围

本标准规定了一种利用热重分析法检测农业生物质原料中水分、挥发分、固定碳和灰分含量的经验性方法。对于仲裁检验应以经典方法为准。

本标准适用于农作物秸秆和畜禽粪便等农业生物质原料。

本方法可对单一成分含量在1%以上的成分进行检测。

2 规范性引用文件

下列文件对于本文件的应用是必不可少的。凡是注日期的引用文件,仅注日期的版本适用于本文件。凡是不注日期的引用文件,其最新版本(包括所有的修改单)适用于本文件。

NY/T 3495 农业生物质原料热重分析法 通则

3 原理

3.1 热重分析装置中的待测试样,在固定的升温速率、适合的气氛(惰性及氧化性气体)条件下,其质量随时间或者温度呈函数变化,即热重曲线。依热重曲线计算设定温度区间和气氛条件的质量损失即为试样相应成分含量。

3.2 本分析方法是在一定热稳定范围内进行的,待测成分热稳定范围界定不清或与其他成分热稳定范围交叉重合,均会影响测定结果。

4 热重分析条件

热重分析至少需要以下设备和条件:

4.1 热天平,其中包括:

a) 加热炉,在室温至1 000℃温度范围内进行均匀控温、控升温速率加热,可保持样品恒温和保持恒定的升温速率;

b) 温度传感器,数字显示,偏差在±1℃内;

c) 电子天平,可连续记录质量变化,最小量程为30 mg,且灵敏度为±1 μg;

d) 气体吹扫系统,可维持恒定气体流速,气体流速在10 mL/min~150 mL/min范围内可调,误差在±5 mL/min之内。

4.2 温度控制器:含温控程序,升温速率在10℃/min~100℃/min,误差在±1%以内,最小控制时长为100 min。

4.3 数据采集与输出器:采集的数据应包括质量和/或质量分数、温度和时间,数据输出形式为热重曲线和/或微商热重曲线。

注:数据输出显示微商热重曲线有利于分析热稳定性范围不易确定的成分。

4.4 气流控制器:具有气体切换功能,维持稳定气体流速,气体流速在150 mL/min范围内可调,误差在±5 mL/min之内。

4.5 坩埚:1 000℃范围内热稳定,并对试样呈惰性。

5 试剂和材料

5.1 惰性气体(如氮气或氩气)及氧化性气体(如空气或氧气)。

5.2 气体的纯度。

5.2.1 杂质总量≤0.01%。

5.2.2 水分杂质含量≤0.000 1%。

5.2.3 碳氢化合物杂质含量≤0.000 1%。

5.2.4 惰性气体中氧气含量≤0.001%。

6 试样制备

见 NY/T 3495。

7 试验步骤

7.1 试验前应对设备进行温度校准和质量校准。

7.2 设定气体流速，气体流速推荐值见表 1。

表 1 参数推荐表

原料	质量 mg	气流速率 mL/min	温度保持时间 min	温度 ℃				升温速率 ℃/min	切换气体温度 ℃
				起始温度	X	Y	Z		
畜禽粪便	20	100	20	室温	105	950	950	≤20	950
农作物秸秆	10	100	20	室温	105	950	950	≤20	950

注 1：X 温度是质量损失第一次达到稳定时的温度，即失去自由水后微商热重曲线为零的点对应的温度；如果不存在，可选择一个公认的温度。

注 2：Y 温度是用来切换气体时的温度，是试样在 600℃～950℃范围试样质量达到稳定时的温度；如果没有明显的质量稳定期，应选择微商热重曲线为零的点对应的温度；或者一个公认的温度。

注 3：Z 温度是测定灰分时的温度。灰分中的一些物质可能会慢慢氧化，产生质量变化，对具有这种情况的样品需要选择一个发生这种转变之前的温度。

7.3 将气体设置为惰性气体(氮气)。

7.4 打开分析装置，将坩埚置于试样支持器，关闭分析装置，将质量信号示值清零。

7.5 打开分析装置，取出坩埚，小心加样于坩埚，加样量推荐值见表 1。将装有试样的坩埚置于试样支持器。

7.6 检查温度传感器，放置在与温度校准时相同的位置。

7.7 关闭分析装置。

7.8 自动记录初始质量数据。若选择记录质量分数，则需将该初始质量设置为 100%。

7.9 依表 1 推荐值依次设定温度范围、升温速率和温度保持时间。启动加热程序，连续自动记录试样质量和/或质量分数随时间和温度的变化。

7.9.1 设定升温速率不大于 20℃/min、启动加热至温度 X，保持 20 min。

7.9.2 继续加热至温度 Y，质量和/或质量分数变化趋缓，保持 20 min。进行气体切换，将惰性气体(氮气)切换为氧化性气体(空气或氧气)。

7.9.3 在氧化性气体条件下，在温度 Y 到温度 Z 保持 20 min，试样质量或质量分数达到稳定。

7.9.4 切换为惰性气体，结束。得到热重曲线(见图 1)。

注：温度 X、Y、Z 的定义及推荐值见表 1。

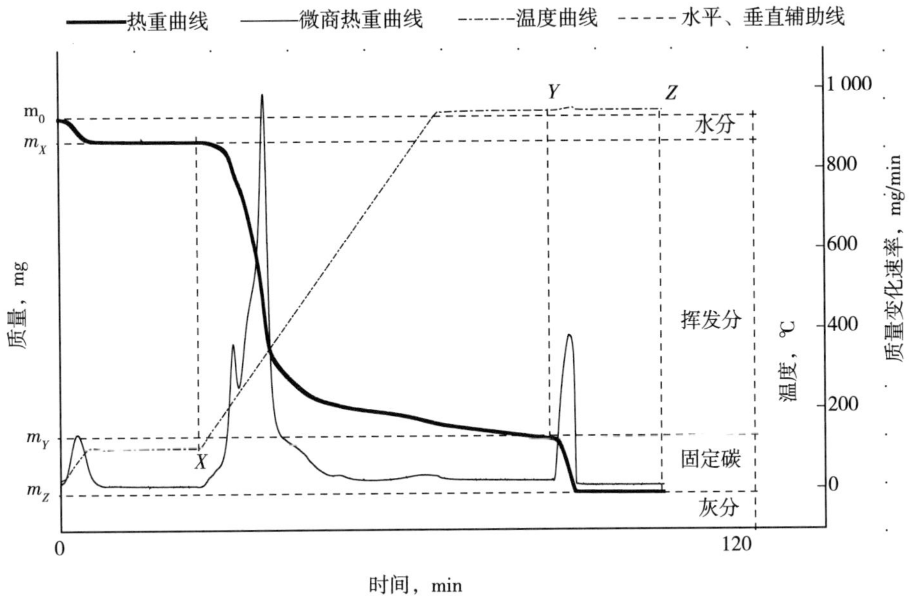

图 1 热重曲线和微商热重曲线

8 结果计算

工业分析结果根据热重曲线(见图 1)计算获得。

8.1 水分含量是试样在起始温度到温度 X 阶段的质量损失,按式(1)计算。

$$w_{MC}=\frac{m_0-m_X}{m_0}\times 100 \quad\cdots\cdots(1)$$

式中:

w_{MC} ——水分含量,收到基,单位为质量分数(%);

m_0 ——试样初始质量,单位为毫克(mg);

m_X ——温度 X 时的质量,单位为毫克(mg)。

8.2 挥发分含量是试样在温度 X 到温度 Y 阶段的质量损失,按式(2)计算。

$$w_{VC}=\frac{m_X-m_Y}{m_0}\times 100 \quad\cdots\cdots(2)$$

式中:

w_{VC} ——挥发分含量,收到基,单位为质量分数(%);

m_X ——温度 X 时的质量,单位为毫克(mg);

m_Y ——温度 Y 时的质量,单位为毫克(mg);

m_0 ——试样初始质量,单位为毫克(mg)。

8.3 固定碳含量是试样在温度 Y 到温度 Z 阶段的质量损失,按式(3)计算。

$$w_{FCC}=\frac{m_Y-m_Z}{m_0}\times 100 \quad\cdots\cdots(3)$$

式中:

w_{FCC} ——固定碳含量,收到基,单位为质量分数(%);

m_Y ——温度 Y 时的质量,单位为毫克(mg);

m_Z ——温度 Z 时的质量,单位为毫克(mg);

m_0 ——试样初始质量,单位为毫克(mg)。

8.4 灰分含量是测完固定碳后剩余的质量,按式(4)计算。

$$w_{AC}=\frac{m_Z}{m_0}\times 100 \quad\cdots\cdots(4)$$

试中：

w_{AC} ——灰分含量，收到基，单位为质量分数(%)；

m_Z ——温度 Z 时的质量，单位为毫克(mg)；

m_0 ——试样初始质量，单位为毫克(mg)。

注：宜保留所有小数位进行计算，最终计算数据取适当有效数字。

9 方法精密度

水分、挥发分、固定碳和灰分测定的重复性限和再现性限如表 2 规定。

表 2 方法精密度

指 标	重复性限，%	再现性限，%
水分		
畜禽粪便	0.80	1.89
农作物秸秆	0.46	2.47
挥发分		
畜禽粪便	2.22	3.91
农作物秸秆	2.51	3.02
固定碳		
畜禽粪便	1.56	1.64
农作物秸秆	1.92	2.11
灰分		
畜禽粪便	1.84	3.37
农作物秸秆	1.94	2.09

注 1：实验室内的变异性用重复性来描述。重复性限由重复性标准差乘以 2.8 计算得到，表示在重复性条件下，2 个测试结果的绝对差小于或等于此数的概率为 95%。

注 2：实验室间的变异性用再现性来描述。再现性限由再现性标准差乘以 2.8 计算得到，表示在再现性条件下，2 个测试结果的绝对差小于或等于此数的概率为 95%。

注 3：表 2 给出的精密度值是基于 2 个特定样品的测试结果。这些精密度值会因样品的变化而变化。

参 考 文 献

[1]ASTM E1131-08(Reapproced 2014) Standard test method for compositional analysis by thermogravimetry, 2014.

ICS 65.020
B 04

中华人民共和国农业行业标准

NY/T 3498—2019

农业生物质原料成分测定 元素分析仪法

Component determination of agricultural biomass raw materials—Elemental analyzer method

2019-08-01 发布

2019-11-01 实施

中华人民共和国农业农村部 发布

前　言

本标准按照 GB/T 1.1—2009 给出的规则起草。

本标准由农业农村部科技教育司提出并归口。

本标准起草单位：中国农业大学、农业农村部农业生态与资源保护总站。

本标准主要起草人：韩鲁佳、黄光群、杨增玲、肖卫华、刘贤、董保成、孙丽英、马秋林、马双双。

农业生物质原料成分测定 元素分析仪法

1 范围

本标准规定了采用元素分析仪测定农业生物质原料中元素含量的方法。

本标准适用于农作物秸秆、畜禽粪便等农业生物质原料。

2 规范性引用文件

下列文件对于本文件的应用是必不可少的。凡是注日期的引用文件,仅注日期的版本适用于本文件。凡是不注日期的引用文件,其最新版本(包括所有的修改单)适用于本文件。

NY/T 3492 农业生物质原料 样品制备

3 术语和定义

下列术语和定义适用于本文件。

3.1

元素分析 ultimate analysis

碳、氢、氮、硫、氧5个元素分析项目的总称。

注:本定义包括农业生物质原料中矿物质结晶水中的氢和氧,以及矿物质碳酸盐中的碳和氧。

3.2

差减氧 oxygen difference

用100减去空气干燥基碳、氢、氮、硫、灰分及水分含量得出,各数值以质量分数表示。

4 试剂和材料

4.1 标准物质:磺胺嘧啶($C_{10}H_{10}N_4O_2S$)。

4.2 试剂:选用仪器说明书指定的试剂,所有检测中所用到的化学品均需达到分析纯。在不降低测试准确性的前提下,允许使用有足够高纯度的其他等级试剂。

4.3 载气:选用仪器说明书指定的氦气或其他适合的气体。

4.4 氧气:纯度不低于99.995%,水分含量不大于10^{-6}μg/L。

5 仪器设备

5.1 元素分析仪:组成如图1所示,主要组成及其附件应满足的条件如下。

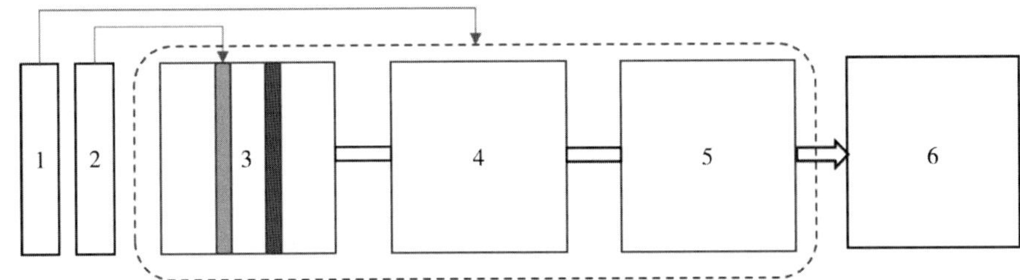

说明:

1——载气;

2——氧气;

3——燃烧系统;

4——处理系统;

5——检测系统;

6——控制系统。

图1 仪器组成示意图

a) 燃烧系统:燃烧温度及燃烧时间可调,以保证样品能充分燃烧。
b) 处理系统:应能滤除各种对测定有影响因素,并可将氮氧化物还原为氮气。必要时,应有特定的程序将各元素的燃烧产物分离以便分别检测或过滤。
c) 检测系统:用于检测二氧化碳、水、氮气、二氧化硫、一氧化碳等的量,如热导池检测器、非色散红外检测器等。
d) 控制系统:主要包括分析条件选择设置、分析过程的监控的报警中断、分析数据的采集、计算、校准处理等程序。

5.2 分析天平:感量 0.01 mg。

6 试样

试样制备按 NY/T 3492—2019 的规定执行。试样粒度应不大于 850 μm,使用时应充分混合均匀,确保其代表性。

7 仪器准备

按仪器操作规程开机。检查电子天平性能和整机操作条件(包括气密性检查),并进行空白试验(如果试验过程中更换了试剂和材料,应重新进行空白试验)。气密性检查依仪器说明书指定的方法进行。

8 标定

8.1 标准曲线标定方法

选用与被测样品中碳、氢、氮、硫、氧含量相近的标准物质磺胺嘧啶进行标定。

8.2 标定程序

8.2.1 依仪器说明,按预先设置的程序测定标准物质磺胺嘧啶。重复测定 4 次,如果 4 次重复测定结果极差在重复性限范围内,以 4 次测定结果的平均值作为标准物质的测定值。

8.2.2 将标准物质碳、氢、氮、硫、氧的测定值以及标准值输入仪器(或仪器自动读取),生成校准因子 k 值。

注:对于需要人工计算校准因子 k 的仪器,计算后需将其输入仪器。

8.3 标定有效性核验

用已完成标定程序的仪器测定标准物质磺胺嘧啶的碳、氢、氮、硫、氧含量,若测定值与标准值之差在标准值的不确定度范围内,说明标定有效,否则应查明原因,重新标定。

8.4 标定检查

标定检查是在试样测定期间使用已知碳、氢、氮、硫、氧含量的标准物质磺胺嘧啶进行测定。当测定值不在已知标准值的不确定范围内,应查找原因,解决问题,必要时按 8.2 和 8.3 的规定重新标定仪器,并且对检查前完成的试验结果重新测定。

9 试样测定

9.1 选用仪器推荐的试样量,将试样置于仪器中,依仪器预先设定的程序进行测定。自动记录数据。

9.2 每完成 10 次试样测定,应进行标定检查。

9.3 测定完成,应先将炉温降至 100℃ 以下后,关闭载气和氧气,并关闭仪器。

10 结果计算

碳元素含量通过式(1)计算得出。

$$C_{ad}=\frac{0.2729m_1}{m}\times 100 \quad \cdots\cdots (1)$$

式中:

C_{ad} ——空气干燥基碳的含量,单位为质量分数(%);

m_1 ——二氧化碳质量，单位为毫克(mg)；
m ——试样质量，单位为毫克(mg)；
0.272 9 ——将二氧化碳折算成碳的因数。

氢元素含量通过式(2)计算得出。

$$H_{ad}=\frac{0.1119\,m_2}{m}\times 100 \quad\cdots\cdots (2)$$

式中：
H_{ad} ——空气干燥基氢的含量，单位为质量分数(%)；
m_2 ——水蒸气质量，单位为毫克(mg)；
0.111 9 ——将水折算成氢的因数。

注：氢和氧元素质量分数受试样中自由水和结合水的影响。

氮元素含量通过式(3)计算得出。

$$N_{ad}=\frac{m_3}{m}\times 100 \quad\cdots\cdots (3)$$

式中：
N_{ad} ——空气干燥基氮的含量，单位为质量分数(%)；
m_3 ——氮气质量，单位为毫克(mg)。

硫元素含量通过式(4)计算得出。

$$S_{ad}=\frac{0.5\,m_4}{m}\times 100 \quad\cdots\cdots (4)$$

式中：
S_{ad} ——空气干燥基硫的含量，单位为质量分数(%)；
m_4 ——二氧化硫质量，单位为毫克(mg)；
0.5——将二氧化硫折算成硫的因数。

氧元素含量通过式(5)差减计算得出。

$$O_{ad}=100\%-M_{ad}-A_{ad}-C_{ad}-H_{ad}-N_{ad}-S_{ad} \quad\cdots\cdots (5)$$

式中：
O_{ad} ——空气干燥基氧的含量，单位为质量分数(%)；
M_{ad} ——空气干燥基水分的含量，单位为质量分数(%)；
A_{ad} ——空气干燥基灰分的含量，单位为质量分数(%)。

氧元素含量也可由元素分析仪直接测定并通过式(6)计算得出。

$$O_{ad}=\frac{0.5714\,m_5}{m}\times 100 \quad\cdots\cdots (6)$$

式中：
m_5 ——一氧化碳质量，单位为毫克(mg)；
0.571 4 ——将一氧化碳折算成氧的因数。

碳、氢、氮、硫、氧元素含量计算值以 2 次重复测定结果的平均值计。

11 精密度

元素分析仪法测定农业生物质原料中碳、氢、氮、硫和氧元素含量允许的最大相对标准偏差分别为2%、2.5%、6.5%、25%和10%。

12 测试报告

测试报告应至少包含以下信息：

a) 试样的基本信息；

b） 仪器描述，包括制造商和型号；
c） 试验结果；
d） 试验中出现的异常现象；
e） 试验日期。

ICS 65.020.01
B 04

中华人民共和国农业行业标准

NY/T 3525—2019

农业环境类长期定位监测站通用技术要求

General technical requirements of long-term monitoring stations of agricultural environment

2019-12-27 发布 2020-04-01 实施

中华人民共和国农业农村部 发布

前　言

本标准按照 GB/T 1.1—2009 给出的规则起草。

本标准由农业农村部计划财务司提出并归口。

本标准起草单位:农业农村部环境保护科研监测所、农业农村部农业环境质量监督检验测试中心(天津)。

本标准主要起草人:张铁亮、李军幸、王敬、彭祎、刘潇威、冯伟。

农业环境类长期定位监测站通用技术要求

1 范围

本标准规定了农业环境类长期定位监测站通用技术要求的术语和定义、基本规定、监测能力与建设规模、工作程序、总体布局与建设内容、设施设备，以及节能节水、安全与环境保护和投资估算。

本标准适用于农业环境类长期定位监测站的新建、改建、扩建和改扩建。

本标准可作为编制、评估和审批农业环境类长期定位监测站建设项目可行性研究报告和初步设计的依据。

2 规范性引用文件

下列文件对于本文件的应用是必不可少的。凡是注日期的引用文件，仅注日期的版本适用于本文件。凡是不注日期的引用文件，其最新版本(包括所有的修改单)适用于本文件。

GB 31221 气象探测环境保护规范 地面气象观测站
GB/T 32146.1 检验检测实验室设计与建设技术要求 第1部分:通用要求
GB 50011 建筑抗震设计规范
GB 50015 建筑给排水设计规范
GB 50016 建筑设计防火规范
GB 50053 20 kV 及以下变电所设计规范
GB 50054 低压配电设计规范
GB 50180 城市居住区规划设计规范
GB 50189 公共建筑节能设计标准
GB 50265 泵站设计规范
GB 50288 灌溉与排水工程设计规范
GB 50346 生物安全实验室建筑技术规范
GB/T 50625 机井技术规范
GB 50974 消防给水及消火栓系统技术规范
JGJ 91 科学实验建筑设计规范
NY/T 395 农田土壤环境质量监测技术规范
NY/T 396 农用水源环境质量监测技术规范
NY/T 397 农区环境空气质量监测技术规范
NY/T 398 农、畜、水产品污染监测技术规范
QX/T 45 地面气象观测规范 第1部分:总则
QX/T 61 地面气象观测规范 第17部分:自动气象站观测
SL 4 农田排水工程技术规范

3 术语和定义

下列术语和定义适用于本文件。

3.1

农业环境 agricultural environment

影响农业生物生存和发展的各种天然的和经过人工改造的自然因素的总体，包括农业用地、水、大气和生物等，是人类赖以生存的自然环境的重要组成部分。

3.2

长期定位监测 long-term in situ monitoring

在一个特定区域、固定地点，对农业环境连续系统地实施持续时间30年以上的科学调查、观测、检测和记录活动。

3.3

观测试验区 observation and test area

根据监测工作要求和科学研究需要，用于集中开展农业生产、样品采集、调查观测、试验示范等活动的区域，包括基本观测区、试验区、示范区等。

3.4

科研管理区 scientific research management area

在观测试验区外，用于集中开展样品处理保存、检测分析、数据存储、设备存放、办公生活等活动的区域。

3.5

基本观测区 basic observation area

与监测站所在区域农业生产方式基本一致、用于开展农业环境长期定位监测的区域。

3.6

试验区 test area

在基本观测区外，根据农业环境科学研究需要开展相关试验研究的区域。

3.7

示范区 demonstration area

在基本观测区外，对研究形成的农业环境相关技术、模式、制度等进行应用示范的区域。

3.8

地面气象观测场 surface meteorological observation site

安置地面气象观测仪器和设施开展气象要素观测的专用场地。

4 基本规定

4.1 定位

具有明确的功能定位、研究内容和中长期工作目标，学科方向符合农业基础性、长期性科技工作部署，以及农业环境保护、农业可持续发展等要求，对农业环境要素及其动态变化进行长期定位监测，为保护农业环境、指导农业生产提供长期性、原始性、连续性的基础数据和资料支撑。

4.2 选址

4.2.1 具有农业生产、农业环境等区域代表性，能够代表所在区域主要农业环境状况，监测内容反映区域农业用地、水、大气、生物等变化情况。

4.2.2 符合所在区域当前和未来30年及以上的土地利用规划、城乡建设规划和环境保护要求等，所处的农业生产区面积不小于400 hm^2。

4.2.3 选择在人为干扰小和交通、水电、通信、排灌等条件便利，以及工程地质结构稳定的区域。至少距离城区15 km、快速交通设施2 km，站区内不应有1万V以上高压电线电缆、移动信号发射设施等。

4.2.4 与所在区域其他相关监测站（点、小区）协调建设，资源共享，避免重复。

4.2.5 具有明显的位置标识，设置围栏、护栏或隔离带等。围栏等须保持通透，不使用密闭围墙，不阻碍监测站与外界环境间必要的物质交换、能量流动。

4.3 其他

4.3.1 占用的土地必须具有土地使用权证。

4.3.2 取得规划、环保、能源等审批。

4.3.3 建设前应调查收集有关基本资料和历史资料，如地质、地貌、土壤、水文、植被、气候等自然条件与土地利用及历史变迁，以及农业结构、农业生产、农业投入品、农业环境质量、人口与社会经济等状况。

5 监测能力与建设规模

5.1 监测能力

5.1.1 以农业环境状况调查、观测和常规指标检测分析为主。

5.1.2 年检测样品量、调查观测数据量满足所在区域农业环境状况规律分析、管理与保护的基本需要。监测数据质量符合国家相关技术要求和管理规定。

5.1.3 具备临时存储待检样品和长期保存备份样品的能力。

5.2 建设规模

根据监测任务要求、科研需要等确定建设规模,占地面积不少于 4 hm^2。其中,观测试验用地不少于 3 hm^2。建设用地根据实际需要确定,但应符合相关规定,节约、合理用地。

6 工作程序

6.1 工作流程

按照图 1 开展监测工作。

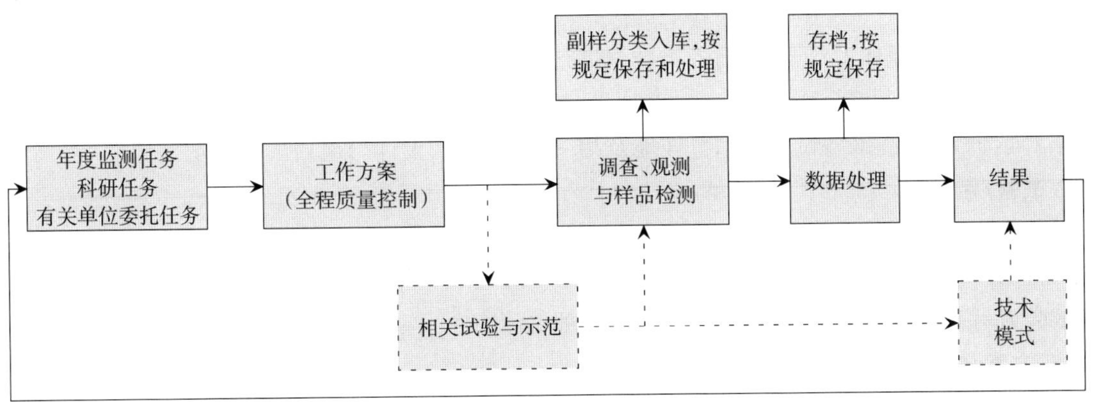

图 1 工作流程

6.2 技术工艺

6.2.1 技术路线

按照图 2 开展监测业务。

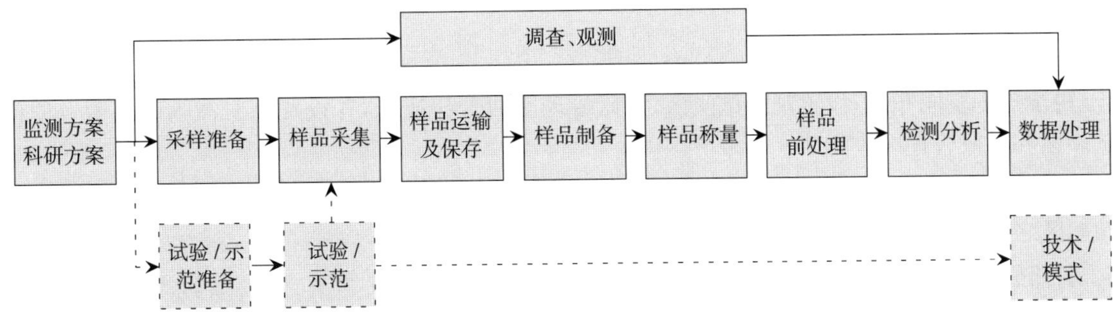

图 2 技术路线

6.2.2 监测与科研方案

监测站根据监测任务、科研需要等制定详细的工作安排,并实施全过程工作质量控制。

6.2.3 调查、观测

按照相关技术规定,开展区域农业资源环境、农业生产方式、农业经济发展等情况调查,以及气象、水文等状况观测。

6.2.4 采样准备

科学布设采样点和采样时间，准备采样工具、材料等。

6.2.5 样品采集

按照相关技术规范开展样品采集，并做好记录。

6.2.6 样品运输及保存

对采集的样品(含标签、记录等)认真核对后，分类装箱，由专人运输至实验室。按照各样品保存要求，进行分类保存。

6.2.7 样品制备

对不同类别的样品，按照相应技术规定和要求进行制备。

6.2.8 样品称量

对不同类别的样品，按照相应检测分析要求，定量称取。

6.2.9 样品前处理

对不同类别的样品，按照相应检测分析要求进行前处理，达到测定标准后，准备上机测定。

6.2.10 检测分析

根据任务要求和相应技术规范，选取符合规定的仪器设备和分析方法，对样品进行分析测定。

6.2.11 数据处理

按照数据统计原理和工作要求，对各类数据进行收集、整理、分析、利用、保存等。

6.2.12 试验/示范准备

根据科学研究需要，准备试验或示范样地及相关试验材料、设计与规划试验或示范等。

6.2.13 试验/示范

按照科研方案与试验设计，开展试验或示范，并加强过程管理。

6.2.14 技术/模式

对试验或示范形成的技术或模式进行分析、处理、优化。

6.3 监测方案与试验设计

6.3.1 根据监测任务要求、功能定位、区域农业环境特征和农业生产实际等制订监测方案，按照研究内容、科研需要等制订试验/示范方案。

6.3.2 农业用地、水、大气、生物以及农畜水产品等的监测，按照 NY/T 395、NY/T 396、NY/T 397、NY/T 398 和其他相关标准的规定执行。

7 总体布局与建设内容

7.1 总体布局

7.1.1 科学规划空间布局，设置观测试验区、科研管理区两个功能区，并设置相对清晰的界限。原则上，观测试验区和科研管理区应相邻。

7.1.2 观测试验区应按照监测任务要求设置基本观测区，还可根据科学研究需要设置试验区、示范区等，各个功能区之间设置明显的边界和标识。

7.1.3 科研管理区布局应满足工作程序要求和实际需要，建筑物布局紧凑、衔接流畅、联系方便、互不干扰，要适用、安全、经济，一般包括实验用房、辅助用房等。

7.2 建设内容

7.2.1 观测试验区

7.2.1.1 建设内容主要包括田间工程建设、地面气象观测场设置与设施安装、配套基础设施建设等，具体详见表 1。

7.2.1.2 设置基本观测区，土地面积应不少于 3 hm^2，且农业生产方式与监测站所在区域基本一致，如实反映监测站所在区域农业环境的实际状况和变化趋势。建设内容主要包括土地平整、给排水设施建设、道路修建等。

表 1　建设内容及要求参考

类别	序号	项目名称	单位	规模	主要技术参数或要求	备注
观测试验区	1	地面气象观测场	m^2	≥70	一般为长度 25 m,宽度 25 m;详见 7.2.1.3	
	2	土地平整	hm^2	按需确定	符合要求	
	3	道路	m	按需确定	宽度 2.5 m～3 m,路面高于田面 0.3 m 以上,宜采用碎石、沙石等材质,不宜过度硬化	
	4	畜禽舍	m^3	按需确定	符合要求	适用于畜禽养殖业
	5	水池(网箱)	m^3	按需确定	符合要求	适用于水产养殖业
	6	给排水设施				
	6.1	机井(抽水站)	眼/座	≥1	含水泵、压力罐、电气设施等	
	6.2	给水设施	m	按需确定	包括水渠、水管等	
	6.3	排水设施	m	按需确定	包括水渠、水管等	
	7	塑料大棚	m^2	按需确定	配套给排水设施	
	8	网室	m^2	按需确定	配套给排水设施	
	9	日光温室	m^2	按需确定	配套给排水设施和温湿度自动调节系统	
	10	围墙(围栏)	m	按需确定	通透,总体高度 2 m,实体高度不高于 0.25 m	
	11	光纤线路	m	按需确定		
	12	安防通信线路	m	按需确定		
科研管理区	13	实验用房	m^2	≥500	抗震设防类别为丙类,建筑防火类别为戊类,建筑耐火等级不低于二级,结构设计使用年限 50 年	相互独立,通风
	13.1	样品储藏室	m^2	≥50	符合有关要求	
	14	管理用房				

表 1(续)

类别	序号	项目名称	单位	规模	主要技术参数或要求	备注
科研管理区	14.1	业务人员管理室	m^2	按需确定	抗震设防类别为丙类，建筑防火类别为戊类，建筑耐火等级不低于二级，结构设计使用年限 50 年	
	14.2	数据信息资料室	m^2	≥25	抗震设防类别为丙类，建筑防火类别为戊类，建筑耐火等级不低于二级，结构设计使用年限 50 年	防潮、防火、防盗
	15	样品长期保存库	m^2	≥200	抗震设防类别为丙类，建筑防火类别为戊类，建筑耐火等级不低于二级，结构设计使用年限 50 年	通风、干燥、防火、无污染、避免阳光直射，及时清洁等
	16	晾晒场	m^2	≥200	混凝土或水泥地面	通风
	17	农机具存放场所	m^2	≥80	长≥10 m、宽≥8 m、高≥5 m	通风、干燥、防火
	18	宿舍	m^2	≥120	抗震设防类别为丙类	
	19	食堂	m^2	≥30	抗震设防类别为丙类	
	20	门卫室	m^2	≤20		
	21	配电室	m^2	≥15	含变压器、发电机、电线等	
	22	水井房(办公生活用)	眼	≥1	含机井、水泵、压力罐、电气设施等	
	23	消防水池	m^3	≥50	混凝土垫层	抗渗、防冻
	24	污水处理站	座	≥1	地下钢筋混凝土结构	抗渗
	25	道路	m	按需确定	双向车道，混凝土或沥青路面	
	26	围墙	m	按需确定		
	27	绿化	m^2	符合要求	包括草坪、绿植等	
	28	场区监控系统	套	≥1	包括服务器、存储设备、中控软件、监控摄像机等	
	29	光纤线路	m	按需确定		
	30	安防通信线路	m	按需确定		

7.2.1.3　设置地面气象观测场，土地面积一般为 25 m×25 m，不应少于 10 m×7 m。建设内容主要包括土地平整、自动气象观测站安装等，具体要求按照 GB 31221、QX/T 45、QX/T 61 等有关规定执行。

7.2.1.4　可设置试验区、示范区等功能区，根据科学研究需要确定建设规模，建设内容主要包括土地平整、给排水设施建设、道路修建等。试验/示范区应科学规范管理，承担的科研活动不能影响其后续科研或监测工作的正常开展，且对监测站及周边环境造成的影响可控。

7.2.1.5　可设置大棚、网室、日光温室等，根据监测内容和科学研究需要确定建设规模，建设内容主要包括土地平整、工程主体和配套基础设施建设等。

7.2.1.6　水源应满足农业生产用水、科学研究等需要，具体灌溉与排水工程建设按照 GB 50288、GB/T 50625、SL 4 等有关规定执行。

7.2.1.7　道路应满足人工操作及机械化作业的要求。

7.2.2　科研管理区

7.2.2.1　建设内容主要包括实验用房及辅助用房建设、设施设备购置及安装、场区配套工程等，具体详见表 1。

7.2.2.2　设置实验用房，建筑面积不低于 500 m^2，包括样品制备室、样品称量室、样品前处理室、样品分析室、样品储藏室，以及试剂存放室等。实验用房室内高度按照通风、空调、净化等设施设备的需要确定，特殊实验室根据需要集中设置技术夹层。做好水电气供应、通风、防腐蚀、消防、废弃物处理等，符合相关规定要求。建筑设计及装修工程满足 GB/T 32146.1、JGJ 91 的一般规范要求，生物类实验用房满足 GB 50346 的规定要求。

7.2.2.3　设置管理用房，包括业务人员管理室、数据信息资料室、小型会议室等。其中，数据信息资料室面积不低于 25 m^2，须防潮、防火、防盗。

7.2.2.4　设置样品长期保存库，建筑面积不低于 200 m^2，须通风、干燥、防火、无污染、避免阳光直射，并及时清洁、防止霉变与虫害鼠害等。

7.2.2.5　设置晾晒场，面积不低于 200 m^2，混凝土地面。

7.2.2.6　设置农机具存放场所，长度不低于 10 m、宽度不低于 8 m、高度不低于 5 m，须通风、干燥、防火。

7.2.2.7　设置宿舍与食堂，具体建设规模根据实际需求和有关规定确定。

7.2.2.8　设置门卫室，建筑面积不超过 20 m^2。

7.2.2.9　设置配电室，配套相关设施设备，满足监测、科研等供电需求，建设要求按照 GB 50053、GB 50054 等有关规定执行。

7.2.2.10　设置水井房，配套相关设施设备，满足科研、生活等供水需求，建设要求按照 GB 50265 有关规定执行。

7.2.2.11　设置消防水池，配套相关设施设备，满足安全防护需求，建设要求按照 GB 50974 的相关规定执行。

7.2.2.12　设置污水处理站，配套相关设施设备，满足实验分析、生产生活等过程废水处理的需求，达标排放。

7.2.2.13　设置公共绿地或开展用地绿化，具体要求按照 GB 50180 有关规定执行。

8　设施设备

8.1　配备原则

应配备与监测任务、科研内容等相适应的设施设备，并考虑配备设施设备的科学性、可靠性和先进性。在同等条件下，优先选择国产设施设备。

8.2　配备要求

8.2.1　实验分析设备

按表 2 配置实验分析所需的基础仪器设备。不同监测站可根据自身功能定位、研究内容和区域环境特点等，参见附录 A 选择配置相关专用仪器设备。

表 2　设施设备配置

类别	序号	名称	单位	数量	技术参数	备注
实验分析设备	1	天平	台	3	量程：百分之一、千分之一、万分之一	各量程 1 台
	2	真空干燥箱	台	1	真空度：133 Pa；容量：53 L 及以上；定时范围：0 h～100 h	
	3	烘箱	台	2	温度：25℃～300℃	
	4	马弗炉	台	1	程序升温控温，工作温度 0℃～1 000℃	用于样品的高温处理
	5	研磨仪	台	1	出料粒度：最小可达 0.1 μm	
	6	打样机	个	2		
	7	移液器	个	2	范围：0.1 mL～10 mL	
	8	冷冻离心机	台	1	转速：4 000 r/min～20 000 r/min；温度可控：4℃～30℃	用于低温条件下样品的快速分离沉淀
	9	振荡器	台	1	振荡幅度 20 mm，振荡频率 0 r/min～280 r/min	
	10	pH 计	个	2	测量精度：0.01	
	11	旋转蒸发仪	台	2	容量：0.25 L～3 L	用于样品浓缩
	12	真空冷冻干燥机	台	1	冻干面积 0.12 m^2，冷冻腔容积 1.2 L	
	13	恒温水浴锅	个	2	四孔以上	
	14	可调温电炉	个	2		
	15	电热板	个	2		
	16	消煮炉	个	2	36 位及上	用于样品的消化处理
	17	超纯水系统	套	1	产水量≥1.5 L/min；水质电阻率≤18.2 MΩ·cm(25℃)	用于制纯水
	18	超声波清洗器	台	1	容量：8 L 以上	用于样品超声提取和试验用品清洗
	19	土壤采样器	套	2		
	20	水样采样器	套	2		
	21	冰柜	个	3	温度：－18℃	
	22	冰箱	个	3	温度：－18℃～4℃	
	23	超低温冰箱	个	2	温度：－80℃	
	24	封口打包设备	套	1		
	25	原子吸收分光光度计	台	1	4 通道及以上	用于重金属及微量元素检测

表 2(续)

类别	序号	名称	单位	数量	技术参数	备注
实验分析设备	26	紫外/可见分光光度计	台	1	波长范围 190 nm～1 100 nm	用于农产品中蛋白质、赖氨酸、葡萄糖、维生素 C、硝酸盐、亚硝酸盐、砷、汞，以及植物中叶绿素、全氮和酶活力等分析
	27	火焰光度计	台	1	Na、K、Li、Ca、Ba 元素同时检测	用于 Na、K 等元素测定
	28	凯氏定氮仪	台	1	测定范围：0.1 mg～200 mg 氮；重现性：RSD<0.5%	用于全氮、蛋白等测定
数据处理设备	29	台式计算机	台	3		
	30	笔记本电脑	台	2		
	31	打印机	台	1		彩色
	32	传真机	台	1		
	33	档案柜	个	8		
	34	资料盒	个	20		
	35	GPS	台	1		
	36	移动存储介质	个	6	移动硬盘：1 TB；U 盘：8 GB；DVD 光盘：4.72 GB	移动硬盘 2 个、U 盘 2 个、光盘 2 盒
	37	网络通信设施	套	1		用于数据获取、传输等
	38	数据处理软件	套	2～3	DPS、SPSS 以及其他相关软件	
样品长期保存设备	39	玻璃容器(广口瓶等)	个	若干		适合存放干燥样品
	40	安培瓶	个	若干		适用于土壤、种子等样品
	41	样品架	个	10	铁质架	
	42	样品柜	个	10	铁皮柜	
	43	标签条码化设备	套	1		
	44	计算机	台	1		

8.2.2 数据处理设备

按表 2 配置相关数据处理设备。

8.2.3 样品长期保存设备

按表 2 配置样品长期保存相关设备。

8.2.4 农机具

参见附录 A 选择配置农机具。

8.2.5 地面气象观测设备

主要包括自动气象观测站及相关设施，应符合 QX/T 45、QX/T 61 等有关规定。

8.2.6 科研管理设备

根据实际需要合理配置，一般包括桌、椅、书柜、计算机、打印机、传真机、网络、投影仪等，力争节约。

8.2.7 运行保障设备

8.2.7.1 供水设备应满足监测站用水需求，一般包括水泵及电气设施、压力罐、给排水管网、检验仪表、检漏设备、消防设备以及相关水质净化设备等。建筑供水排水，应符合 GB 50015 的规定要求。

8.2.7.2 供电设备应满足监测站用电需求，一般包括线路、电杆、变压器、发电机、互感器、接触器、仪表、漏保、消防设备等。其中，实验用房供电设计应满足 JGJ 91 的相关规定，专用设备应根据其要求设置稳压器或不间断电源。

8.2.7.3 消防安全设施必须满足监测站安全防护需求，一般包括建筑物内的火灾自动报警系统、室内消火栓、室外消火栓等固定设施，以及灭火器、消防水池等，按照 GB 50974 的规定执行。

9 节能节水、安全与环境保护

9.1 节能节水

9.1.1 建筑节能设计应按照 GB 50189 及其他相关标准的规定执行。

9.1.2 仪器设备应考虑节能节水要求。

9.1.3 生产生活、试验示范、检测分析等过程应节能节水。

9.2 安全

9.2.1 按 GB 50016 的规定执行，建筑防火类别为戊类，建筑耐火等级不低于二级。

9.2.2 实验用房的水电线路及通风布局应符合安全要求。使用强酸、强碱的实验用房地面应具有耐酸、碱和腐蚀的性能，用水较多的实验用房地面应设地漏。

9.2.3 农机具使用应遵守操作规程。

9.2.4 建筑物应符合消防安全要求，配备消防安全设施。

9.2.5 建筑抗震设防类别应为 GB 50011 的丙类。

9.3 环境保护

9.3.1 实验废液、废渣、废气的排放应符合有关规定，合理处置，按照 GB/T 32146.1 的规定执行。

9.3.2 生产生活、试验示范等过程中的废弃物排放应符合有关规定，合理处置。

9.3.3 农业生产、试验示范等过程中不得使用不符合国家规定和要求的农业投入品。

9.3.4 不得使用不符合环保要求的建筑材料。

10 投资估算

10.1 一般规定

10.1.1 投资估算应参考当地工程概算定额，与当地建设水平、市场行情相一致。

10.1.2 实验用房、管理用房、宿舍及食堂、门卫室等在非采暖区的投资估算指标应减少采暖的费用。

10.2 投资估算指标

监测站基本建设投资至少为 700 万元，具体投资估算指标见表 3。

表 3　投资估算指标参考

类别	序号	名称	投资估算指标,万元	备注
观测试验区	一	田间工程		
	1	土地平整		包括破土开挖、平整、翻土等
	2	道路	10	包括土方挖填等
	3	畜禽舍		
	4	水池(网箱)		
	5	给排水设施		
	5.1	机井(抽水站)及配套	15	包括水泵、输变电设备等
	5.2	给水设施		包括水渠、水管、喷灌设备等
	5.3	排水设施		包括水渠、水管等
	6	塑料大棚		包括土地平整、骨架、给排水设施等
	7	网室		包括土地平整、钢骨架、给排水设施等
	8	日光温室		包括土地平整、骨架、降温、通风、给排水设施等
	9	围墙(围栏)	20	包括基础、墙体等
	10	光纤线路		
	11	安防通信线路		
	二	设施设备		
	1	自动气象观测站	20	见 8.2.5
	2	农机具	40	参见附录 A
	3	在线监测设备	20	参见附录 A
科研管理区	一	建安及场区工程		
	1	实验用房	150	包括土建、装饰、给排水及消防、采暖、照明及弱电、通风及空调等工程
	2	管理用房	50	包括土建、装饰、给排水及消防、采暖、照明及弱电等工程
	3	样品长期保存库	50	包括土建、装饰、给排水及消防、采暖、照明及弱电、通风及空调等工程
	4	晾晒场	8	包括土地平整、土方等工程

表 3(续)

类别	序号	名称	投资估算指标,万元	备注
科研管理区	5	农机具存放场所	10	包括土建、装饰、电气照明等工程
	6	宿舍	30	包括土建、装饰、给排水及消防、采暖、照明等工程
	7	食堂	15	包括土建、装饰、给排水及消防、采暖、电气、照明、锅炉设备等工程
	8	门卫室	8	包括土建、装饰、给排水及消防、采暖、电气、照明等工程,以及大门1个
	9	配电室	20	包括变压器、发电机、电线等
	10	水井房(生活用)	25	包括机井、水泵、压力罐、电气设施等
	11	消防水池	8	包括土方工程等
	12	污水处理站	25	包括污水管渠系统、泵站、污泥处理设施等
	13	道路	10	包括土方挖填等工程
	14	围墙	10	包括基础、墙体等
	15	绿化	10	包括草坪和绿植种植等
	16	光纤线路	8	
	17	场区监控系统	15	
	18	安防通信线路	8	
	二	设施设备		
	1	实验分析设备		
	1.1	基础仪器设备	80	见表2
	1.2	专用仪器设备	350	参见附录A
	2	数据处理设备	10	见表2
	3	样品长期保存设备	10	见表2
	4	科研管理设备	20	见8.2.6
	5	厨房设备	20	包括餐具、桌椅、消毒设备等
	6	宿舍设备	10	包括床、桌椅、空调等
监测站基本建设最小投资			700	

11 运行管理

11.1 严格按照农业环境监测与保护相关技术规程、管理规定运行，建立健全规章制度，科学规范管理。

11.2 实行站长负责制，站长应具有农业环境领域高级专业技术职称，具备较强的技术、组织和协调能力。

11.3 具有稳定的工作团队，固定人员不少于4人，高级专业技术职称人员不少于2人。

11.4 从事室外农业环境调查、观测、试验、示范与管理的人员，应具备相关专业大专以上学历，至少配备1名本科以上学历人员。

11.5 从事实验室检测分析与管理的人员，应具备相关专业本科以上学历，熟悉检测业务，拥有3年以上实验室检测分析经验。

11.6 从事数据处理的人员，总数不少于2人，应具备本科以上学历，熟悉数据统计分析理论和方法，至少有1人具有高级专业技术职称。

附　录　A
（资料性附录）
选用设备配置表

选用设备配置见表 A.1。

表 A.1　选用设备配置

类别	序号	名称	单位	数量	技术参数	备注
专用仪器设备	1	微波消解仪	台	1	处理样品量 40 个/批及以上	用于样品快速自动消解
	2	砻谷机(小型)	台	2		用于谷物样品脱壳
	3	匀浆机	台	2	2 800 r/min～28 000 r/min	用于样品高度均一化
	4	电导率仪	台	1		
	5	培养箱	台	1	控温范围：5℃～65℃；温度分辨率：0.1℃	用于植物和微生物的培养
	6	大气采样器	个	1	采样流量范围：60 L/min～150 L/min；配备 PM10 和 PM2.5 采样头。可选：0.1 L/min～1.5 L/min、0.1 L/min～3 L/min 双气路及以上	
	7	盐度仪	台	1		
	8	COD 测定仪	台	1	测定范围：1 mg/L～2 500 mg/L	
	9	溶解氧测定仪	台	1	测量范围：0.0 mg/L～20.0 mg/L	
	10	浊度仪	台	1	量程：流通式 0 NTU～100 NTU；投入式 0 NTU～4 000 NTU	用于测定液体浊度
	11	叶绿素测定仪	台	1	测量范围：0.0 SPAD～99.9 SPAD	
	12	光合作用测定仪	台	1		用于农作物和植物的光合、呼吸、蒸腾等指标进行测量、计算
	13	显微镜	台	1		
	14	注射流动分析仪	台	1	配套自动进样器，带有总氮、总磷、氨氮、硝酸盐/亚硝酸盐等模块	用于测定总氮、总磷、硝酸盐等
	15	原子荧光光度计	台	1	2 通道	用于汞、砷测定
	16	气相色谱仪	台	1	自动进样系统；4 个独立控温检测器	用于农药成分及农药残留检测
	17	液相色谱仪	台	1	自动进样系统；带有紫外吸收检测器(UVD)、荧光检测器(FLD)、质谱检测器(MSD)3 种检测器	用于农药成分及农药残留检测
	18	电感耦合等离子体质谱仪(ICP-MS)	台	1	检测范围：10^{-12}～10^{-4}；RSD＜5%；氧化物＜2%；双电荷＜3%	用于重金属元素测定

表 A.1(续)

类别	序号	名称	单位	数量	技术参数	备注
在线监测设备	19	土壤分层原位监测系统	套	1	指标:温度、水分、电导率原位监测;深度:0 m～1 m,间隔 20 cm;时间:10min/次	用于土壤在线原位监测
	20	水质自动监测系统	套	1	实现流速、温度、电导率、pH、浊度、COD、溶解氧、氨氮等参数实时传输	用于种植业、水产养殖业水文水质在线监测
农机具	21	拖拉机	台	1		适用于种植业
	22	收割机	台	1		适用于种植业
	23	翻耕设备	套	1		适用于种植业
	24	播种设备	套	1		适用于种植业
	25	插秧机	台	1		适用于种植业
	26	卷帘机	台	1		适用于种植业
	27	施药设备	套	1		适用于种植业
	28	防疫消毒设备	套	1		适用于养殖业
	29	饲喂(投饲)设备	套	1		适用于养殖业
	30	清粪(塘)设备	套	1		适用于养殖业
	31	饮水设备	套	1		适用于畜禽养殖业
	32	增氧设备	套	1		适用于水产养殖业
	33	捕鱼设备	套	1		适用于水产养殖业
	34	运输设备	辆	1		
	35	其他小工具等	把	若干		

第四部分

其他类标准

ICS 65.020.01
B 07

中华人民共和国农业行业标准

NY/T 3500—2019

农业信息基础共享元数据

Fundamental shared metadata of agriculture information

2019-08-01 发布　　2019-11-01 实施

中华人民共和国农业农村部　发布

前　言

本标准按照 GB/T 1.1 给出的规则进行起草。

本标准由农业农村部市场与信息化司提出。

本标准由农业农村部农业信息化标准化技术委员会归口。

本标准起草单位:农业农村部信息中心、北京市农林科学院农业信息与经济研究所。

本标准主要起草人:唐文凤、罗长寿、梁栋、魏清凤、于峰、于维水、余军、孙光荣、杨硕、曹承忠、贾昕为、郑亚明、呼亚杰、王富荣。

农业信息基础共享元数据

1 范围

本标准规定了农业信息基础共享元数据的术语和定义、符合性要求、元数据的属性、基础共享元数据、元数据扩展、农业信息资源代码编码方法。

本标准适用于农业信息的描述、保存、查询、交换、共享与发布。

2 规范性引用文件

下列文件对于本文件的应用是必不可少的。凡是注日期的引用文件,仅注日期的版本适用于本文件。凡是不注日期的引用文件,其最新版本(包括所有的修改单)适用于本文件。

GB/T 7408 数据元和交换格式 信息交换 日期和时间表示法(ISO 8601:2000,IDT)

GB 13000 信息技术 通用多八位编码字符集(UCS)(ISO/IEC 10646:2003,IDT)

GB/T 18391.1—2009 信息技术 元数据注册系统(MDR) 第1部分:框架

GB/T 21063.3—2007 政务信息资源目录体系 第3部分:核心元数据

GB/T 7408 数据元和交换格式 信息交换 日期和时间表示法

3 术语和定义

下列术语和定义适用于本文件。

3.1

元数据 metadata

定义和描述其他数据的数据。

[GB/T 18391.1—2009,定义 3.2.16]

3.2

元数据元素 metadata element

元数据的基本单元。

注:元数据元素在元数据实体中是唯一的。

[GB/T 21063.3—2007,定义 3.1]

3.3

元数据实体 metadata entity

一组说明数据相同特性的元数据元素。

注:可以包含一个或一个以上元数据元素。

[GB/T 21063.3—2007,定义 3.2]

3.4

基础共享元数据 fundamental shared metadata

为数据共享交换提供基础,描述信息基本属性的元数据元素和元数据实体。

3.5

农业信息 agricultural information

与农业生产、经营、管理及服务等活动有关的消息、情报、数据及资料等的总称。

3.6

农业信息资源 agricultural information resource

经过系统化组织、有序、可利用的各种农业信息。

4 符合性要求

在进行元数据交换时，应遵循附录A的要求。

在进行元数据扩展时，应遵循附录B的步骤。

使用者对农业信息资源代码进行编码时，可参考附录C。

使用者对农业信息资源进行描述时，可参考附录D。

5 元数据的属性

5.1 概述

采用摘要表示的方式定义和描述元数据，摘要内容包括以下属性：中文名称、定义、英文名称、数据类型、值域、注解。

5.2 属性说明

5.2.1 中文名称

元数据元素或元数据实体的中文名称。

5.2.2 定义

描述元数据实体或元数据元素的基本内容，给出信息资源某个特性的解释和说明。

5.2.3 英文名称

元数据实体或元素的英文名称，一般用英文全称。

所有组成词汇为无缝连写。元数据元素的首词汇全部采用小写字母，其余每个词汇的首字母采用大写；元数据实体的每个词汇的首字母大写。

5.2.4 数据类型

说明元数据元素或元数据实体的数据类型，对元数据元素的有效值域及允许的有效操作进行了规定，如整型、实型、布尔型、字符串、日期型等。

5.2.5 值域

规定了元数据元素的有效取值范围。

5.2.6 注解

5.2.6.1 约束

说明一个元数据元素或元数据实体是否选取的描述符。该描述符分别为：

a) 必选，表明该元数据元素或元数据实体应选择。

b) 可选，根据实际应用可以选择也可以不选的元数据元素或元数据实体。

可选元数据实体可以有必选元素，但只当可选实体被选用时才成为必选。如果一个可选元数据实体未被使用，则该实体所包含的元素(包括必选元素)也不选用。

5.2.6.2 最大出现次数

说明元数据元素或元数据实体可以出现的最大实例数目。只出现一次的用“1”表示，多次重复出现的用“N”表示。允许不为1的固定出现次数用相应的整型数值表示，如“2”“3”“4”等。

6 基础共享元数据

6.1 概述

基础共享元数据包括12个元数据实体及元数据元素，如下：

a) 信息资源名称；

b) 信息资源代码；

c) 信息来源；

d) 信息资源摘要；

e) 信息资源关键字；

f) 信息格式；
g) 数据类型；
h) 发布日期；
i) 涉密情况；
j) 共享属性；
k) 更新周期；
l) 关联资源代码。

6.2 描述

6.2.1 信息资源名称

定义:缩略描述信息资源内容的标题。

英文名称:resourceName。

数据类型:字符型。

值域:自由文本。

注解:必选项;最大出现次数为1。

6.2.2 信息资源代码

定义:信息资源唯一不变的标识代码。

英文名称:resourceCode。

数据类型:字符型。

值域:自由文本。

注解:可选项;最大出现次数为1。

6.2.3 信息来源

定义:说明信息提供方及其联系方式的信息。

英文名称:informationSource。

数据类型:复合型。

注解:必选项;最大出现次数为 N。

6.2.3.1 信息提供方

定义:提供信息的单位。

英文名称:informationProvider。

数据类型:字符型。

值域:自由文本。

注解:必选项;最大出现次数为1。

6.2.3.2 信息提供方联系方式

定义:提供信息的单位联系方式。

英文名称:providerTelephone。

数据类型:字符型。

值域:7位～18位数字字符(包括企业或人员的固定联系电话号码,完整的电话包括国际区号、国内长途区号、本地电话号和分机号,之间用"-"分隔)。

注解:必选项;最大出现次数为1。

6.2.4 信息资源摘要

定义:对信息资源内容的概要描述。

英文名称:informationAbstract。

数据类型:字符型。

值域:自由文本。

注解:必选项;最大出现次数为1。

6.2.5 **信息资源关键字**

定义:用于概况描述信息资源内容的通用词、形式化词或短语。

英文名称:informationKeywords。

数据类型:字符型。

值域:自由文本。

注解:可选项;最大出现次数为 1。

6.2.6 **信息格式**

定义:信息资源的存在方式。

英文名称:informationFormat。

数据类型:字符型。

值域:电子信息文档、数据库格式。

注解:必选项;最大出现次数为 1。

6.2.7 **数据类型**

定义:标明该信息项的数据类型。

英文名称:dataType。

数据类型:字符型。

值域:电子文档数据存储类型,按照 GB 13000 的规定执行。

注解:必选项;最大出现次数 1。

6.2.8 **发布日期**

定义:信息资源提供方发布共享信息资源的日期。

英文名称:releaseDate。

数据类型:日期型。

值域:按照 GB/T 7408 的规定执行,格式为 CCYY-MM-DD。

注解:可选项;最大出现次数 1。

6.2.9 **涉密情况**

定义:对资源密级状态的说明。

英文名称:secretLevel。

数据类型:字符型。

值域:"公开""秘密""机密""绝密"。

注解:必选项;最大出现次数 1。

6.2.10 **共享属性**

定义:说明信息共享情况的信息。

英文名称:sharingRule。

数据类型:复合型。

注解:必选项;最大出现次数 1。

6.2.10.1 **共享类型**

定义:信息资源的共享类型,包括无条件共享、有条件共享、不予共享。

英文名称:sharingType。

数据类型:字符型。

值域:无条件共享为 1、有条件共享为 2、不予共享为 3。

注解:必选项;最大出现次数 1。

6.2.10.2 **共享条件**

定义:不同共享类型的信息资源的共享条件。

英文名称:sharingCondition。

数据类型：字符型。

值域：自由文本。

注解：必选项；最大出现次数 1。

6.2.10.3 共享方式

定义：获取信息资源的方式。

英文名称：sharingMode。

数据类型：字符型。

值域：自由文本。

注解：必选项；最大出现次数 1。

6.2.11 更新周期

定义：对信息资源更新的频率。

英文名称：accessPeriodicity。

数据类型：字符型。

值域：自由文本，如实时、每日、每周、每月、每季、每年等。

注解：必选项；最大出现次数 1。

6.2.12 关联资源代码

定义：相关联资源的符合规范标识体系的代码。

英文名称：relationCode。

数据类型：字符型。

值域：自由文本，如该信息资源同属于其他资源分类体系，需要标注该资源在其他分类体系中的代码。

注解：可选项；最大出现次数 N。

7 元数据扩展

7.1 元数据扩展的类型

对元数据内容进行扩展时，应包含第 6 章所定义的元数据。扩展的类型如下：

a) 扩展元数据元素的值域；

b) 增加新的元数据元素；

c) 增加新的元数据实体类型；

d) 对已有的元数据元素施加更严格的限定；

e) 对已有元数据元素值域施加更多的限定；

f) 创建新的元数据代码表元素（扩展代码表）。

7.2 元数据扩展的实施

在扩展元数据之前，应仔细地查阅第 6 章中现有的元数据及其属性，根据实际需求确认是否缺少适用的元数据。

对于每一个增加的元数据，应按照本标准第 5 章的规定，采用摘要表示的方式，定义其中文名称、英文名称、数据类型、值域、注解。

对于新建的代码表和代码表元素，应说明代码表中每个值的名称、代码以及定义。

7.3 元数据扩展的原则

7.3.1 选取元数据时，既要考虑数据资源单位的数据资源特点以及工作的复杂、难易程度，又要充分满足农业信息资源的利用以及用户查询、提取数据的需要。

7.3.2 选取的元数据不但要满足农业信息资源标准化需求，更应该考虑将来一定时间内可能产生的标准化需求。扩展过程中，可以积极参考国内和国外先进标准。

7.3.3 新建的元数据不应与第 6 章定义的元数据中的现有的元数据实体、元素、代码表的名称、定义相冲突。

7.3.4 增加的元数据元素应按照第6章所确定的层次关系进行合理的组织。如果第6章现有的元数据实体无法满足新增元数据的需要，则可以新建元数据实体。

7.3.5 新建的元数据实体可以定义为复合元数据实体，即可以包含现有的和新建的元数据元素作为其组成部分。

7.3.6 允许以代码表替代值域为自由文本的现有元数据元素的值域。

7.3.7 允许增加现有代码表中值的数量，扩充后的代码表应与扩充前的代码表在逻辑上保持一致。

7.3.8 允许对现有的元数据元素的值域进行缩小（如在第6章中规定的某元数据元素的值域中有7个值，在扩展后可以规定它的值域只包含其中的4个值）。

7.3.9 允许对现有的元数据的可选性和最大出现次数施以更严格的限制（如在第6章中定义为可选的元数据，在扩展后可以是必选的；定义为可无限次重复出现的元数据，在扩展后可以是只能出现1次）。

7.3.10 不得扩展7.3所不允许的任何内容。

7.4 元数据扩展的报备

当元数据内容不能满足用户需求时，将相关的元数据标准文档报农业农村部信息管理部门进行审核。审核通过后，可以按照上述方法扩展。

8 农业信息资源代码编码方法

农业信息资源代码结构由前段码和后段码组成。前段码为农业信息资源分类码，由“类”“项”“目”“细目”的代码组合组成；后段码为农业信息资源顺序码。

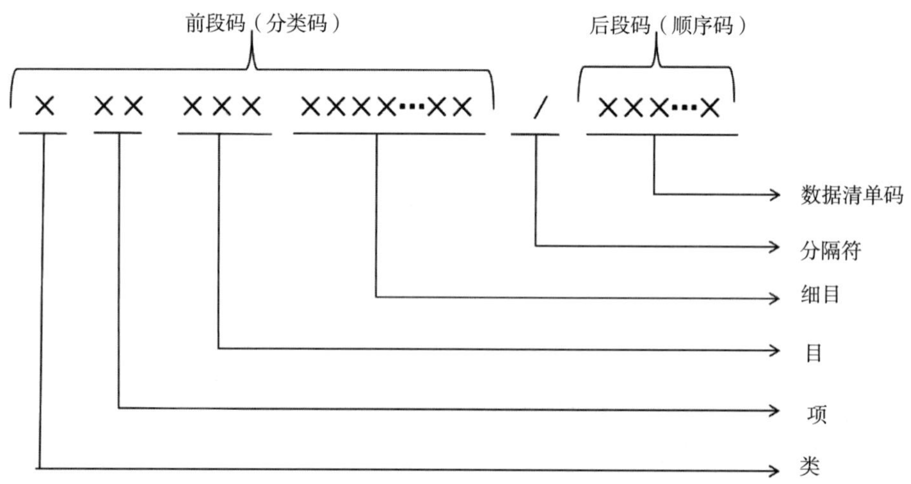

注1：“类”是农业信息资源的一级分类，用1位阿拉伯数字表示，从“1”开始编码，最大为“9”。

注2：“项”为信息资源的二级分类，用2位阿拉伯数字表示，从“01”开始顺序编码，最大为“99”。

注3：“目”为信息资源的三级分类，用3位阿拉伯数字表示，从“001”开始顺序编码，最大为“999”；如信息资源分类没有“目”级的划分，则以000编码补充至6位。

注4：“细目”为信息资源的4级分类，不限定长度，每扩展一级用2位阿拉伯数字表示，每层级从01开始顺序编码，依次类推，直至满足业务需求为止。

注5：分隔符为区分前段码和后段码，以便于机器识读。

注6：数据清单码是农业信息资源顺序码，采用不定长度，原则上以1为起始、连续整数的阿拉伯数字表示。

图1 农业信息资源代码结构

附　录　A
（规范性附录）
农业信息基础共享元数据 XMLSchema

```
〈? xml version="1.0" encoding="utf-8"?〉
〈xs:schema id="Fundamental_shared_metadata_of_agriculture_information"
    targetNamespace="http://tempuri.org/XMLSchema1.xsd"
    elementFormDefault="qualified"
    xmlns="http://tempuri.org/XMLSchema1.xsd"
    xmlns:mstns="http://tempuri.org/XMLSchema1.xsd"
    xmlns:xs="http://www.w3.org/2001/XMLSchema"
〉
    〈xs:element name="metadata"〉
        〈xs:annotation〉
            〈xs:documentation〉
                农业信息基础共享元数据
            〈/xs:documentation〉
        〈/xs:annotation〉
        〈xs:complexType〉
            〈xs:sequence〉
                〈xs:element name="resourceName" type="xs:string"  minOccurs="1"  maxOccurs="1"〉
                    〈xs:annotation〉
                        〈xs:documentation〉信息资源名称〈/xs:documentation〉
                    〈/xs:annotation〉
                〈/xs:element〉
                〈xs:element name="resourceCode" type="xs:string"  minOccurs="1"  maxOccurs="1"〉
                    〈xs:annotation〉
                        〈xs:documentation〉信息资源代码〈/xs:documentation〉
                    〈/xs:annotation〉
                〈/xs:element〉
                〈xs:element name="informationSource"  minOccurs="1"  maxOccurs="unbounded"〉
                    〈xs:annotation〉
                        〈xs:documentation〉信息来源〈/xs:documentation〉
                    〈/xs:annotation〉
                    〈xs:complexType〉
                        〈xs:sequence〉
                            〈xs:element name="informationProvider" type="xs:string"  minOccurs="1"  maxOccurs="1"〉
                                〈xs:annotation〉
```

```
                    〈xs:documentation〉信息提供方〈/xs:documentation〉
                〈/xs:annotation〉
            〈/xs:element〉
            〈xs:element name="providerTelephone" type="xs:string" minOccurs="1" maxOccurs="1"〉
                〈xs:annotation〉
                    〈xs:documentation〉信息提供方联系方式〈/xs:documentation〉
                〈/xs:annotation〉
            〈/xs:element〉
        〈/xs:sequence〉
    〈/xs:complexType〉
〈/xs:element〉
〈xs:element name="informationAbstract " type="xs:string" minOccurs="1" maxOccurs="1"〉
    〈xs:annotation〉
        〈xs:documentation〉信息资源摘要〈/xs:documentation〉
    〈/xs:annotation〉
〈/xs:element〉
〈xs:element name="informationKeywords" type="xs:string" minOccurs="1" maxOccurs="1"〉
    〈xs:annotation〉
        〈xs:documentation〉信息资源关键字〈/xs:documentation〉
    〈/xs:annotation〉
〈/xs:element〉
〈xs:element name="informationFormat" type="xs:string" minOccurs="1" maxOccurs="1"〉
    〈xs:annotation〉
        〈xs:documentation〉信息格式〈/xs:documentation〉
    〈/xs:annotation〉
〈/xs:element〉
〈xs:element name="dataType" type="xs:string" minOccurs="1" maxOccurs="1"〉
    〈xs:annotation〉
        〈xs:documentation〉数据类型〈/xs:documentation〉
    〈/xs:annotation〉
〈/xs:element〉
〈xs:element name="releaseDate" type="xs:date" minOccurs="1" maxOccurs="1"〉
    〈xs:annotation〉
        〈xs:documentation〉发布日期〈/xs:documentation〉
    〈/xs:annotation〉
〈/xs:element〉
〈xs:element name="secretLevel" minOccurs="1" maxOccurs="1"〉
    〈xs:annotation〉
        〈xs:documentation〉涉密情况〈/xs:documentation〉
```

```
        〈/xs:annotation〉
            〈xs:simpleType〉
                〈xs:restriction base="xs:string"〉
                〈xs:enumeration value="公开"/〉
                〈xs:enumeration value="秘密"/〉
                〈xs:enumeration value="机密"/〉
                〈xs:enumeration value="绝密"/〉
                〈/xs:restriction〉
            〈/xs:simpleType〉
    〈/xs:element〉
    〈xs:element name="sharingRule"    minOccurs="1"    maxOccurs="1"〉
        〈xs:annotation〉
            〈xs:documentation〉共享属性〈/xs:documentation〉
        〈/xs:annotation〉
        〈xs:complexType〉
            〈xs:sequence〉
                〈xs:element name="sharingType"  minOccurs="1" maxOccurs="1"〉
                    〈xs:annotation〉
                        〈xs:documentation〉共享类型〈/xs:documentation〉
                    〈/xs:annotation〉
                    〈xs:simpleType〉
                        〈xs:restriction base="xs:int"〉
                        〈xs:enumeration value="1"/〉
                        〈xs:enumeration value="2"/〉
                        〈xs:enumeration value="3"/〉
                        〈/xs:restriction〉
                    〈/xs:simpleType〉
                〈/xs:element〉
                〈xs:element name="sharingCondition" type="xs:string"  minOccurs
="1" maxOccurs="1"〉
                    〈xs:annotation〉
                        〈xs:documentation〉共享条件〈/xs:documentation〉
                    〈/xs:annotation〉
                〈/xs:element〉
                〈xs:element name="sharingMode" type="xs:string"  minOccurs="
1" maxOccurs="1"〉
                    〈xs:annotation〉
                        〈xs:documentation〉共享方式〈/xs:documentation〉
                    〈/xs:annotation〉
                〈/xs:element〉
            〈/xs:sequence〉
        〈/xs:complexType〉
    〈/xs:element〉
    〈xs:element name="accessPeriodicity" type="xs:string" minOccurs="1" maxOc-
curs="1"〉
```

```
                〈xs:annotation〉
                    〈xs:documentation〉更新周期〈/xs:documentation〉
                〈/xs:annotation〉
            〈/xs:element〉
            〈xs:element name="relationCode" type="xs:string"  maxOccurs="unbounded"〉
                〈xs:annotation〉
                    〈xs:documentation〉关联资源代码〈/xs:documentation〉
                〈/xs:annotation〉
            〈/xs:element〉

        〈/xs:sequence〉
    〈/xs:complexType〉

  〈/xs:element〉
〈/xs:schema〉
```

附　录　B
（规范性附录）
农业信息基础共享元数据扩展步骤

对本标准定义的元数据进行扩展时，可依据本标准中规定的方法，主要分为以下 7 个步骤：

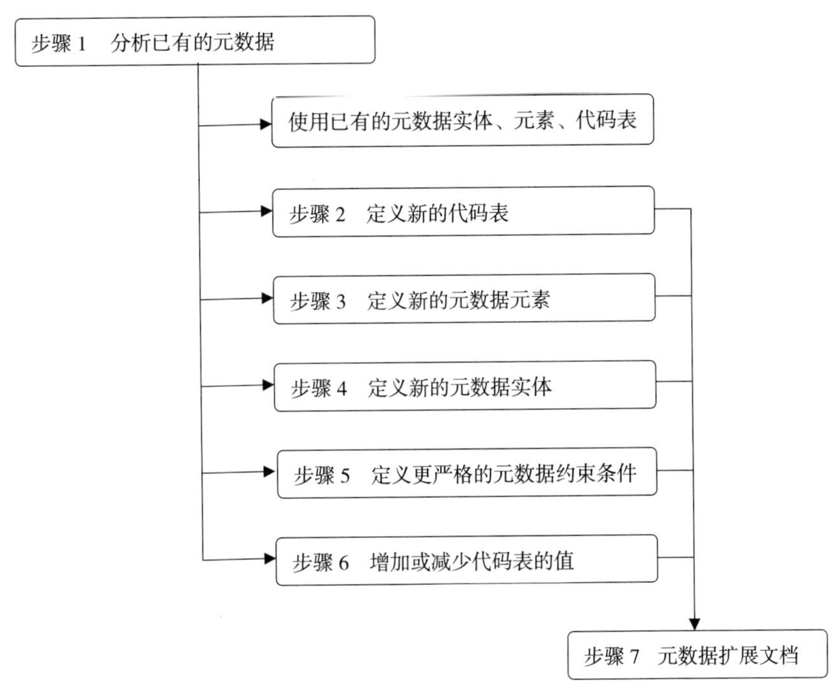

图 B.1　元数据扩展方法

步骤 1　分析已有的元数据

扩展元数据的第 1 步应保证对现有的元数据进行全面的分析，这种分析不仅要针对元数据实体/元素的名称，还应分析它们的定义、数据类型、约束条件、值域和最大出现次数等属性，在不能满足需要的情况下进行扩展。分析方法如下：

a）如果现有元数据能够满足要求，则直接采用即可，无需新建元数据；
b）在现有元数据中的元数据代码表无法满足要求的情况下，需要通过建立新的元数据代码表以满足需要，则进行步骤 2；
c）在现有元数据中的元数据元素无法满足要求的情况下，需要通过建立新的元数据元素以满足需要，则进行步骤 3；
d）在现有元数据中的元数据实体无法满足要求的情况下，需要通过建立新的元数据实体以满足需要，则进行步骤 4；
e）通过更改现有元数据中的元数据的约束条件就可以满足要求的情况下，则进行步骤 5；
f）在现有元数据中代码表的值需要扩展的情况下，则进行步骤 6。

步骤 2　定义新的代码表

在需要一个新的代码表以满足某个元数据元素值域需要时：

a）建立新的元数据代码表，并添加代码表中的值；
b）进入步骤 7，建立元数据扩展文档；
c）使用新元数据代码表以满足需求。

步骤 3　定义新的元数据元素

在需要一个新的元数据元素以满足需要时：

a）　给出新元数据元素的中文名称、英文名称、定义、数据类型、值域、注解等属性信息；

b）　如果它需要新的代码表，则进行步骤 2；

c）　进入步骤 7，建立元数据扩展文档；

d）　使用新元数据代码表以满足需求。

步骤 4　定义新的元数据实体

在需要一个新的元数据实体以满足需要时：

a）　给出新元数据实体的中文名称、定义、英文名称、数据类型、值域、注解等属性信息；

b）　确定构成元数据实体的元数据元素；

c）　如果构成该元数据实体的元数据元素需要新建，则进行步骤 3；

d）　进入步骤 7，建立元数据扩展文档；

e）　使用新元数据代码表以满足需求。

步骤 5　定义更严格的元数据约束条件

如果要选用一个现有元数据中的已有的元数据实体、元素，但需要其具备更严格的约束条件，则可以用"必选"代替"条件必选"或"可选"，可以用"条件必选"代替"可选"。方法是：

a）　定义该元数据实体、元素新的约束条件。如果新的条件约束是"条件必选"，则给出应使用该元数据实体、元素时的条件；

b）　进入步骤 7，建立元数据扩展文档；

c）　使用新元数据代码表以满足需求。

步骤 6　增加或减少代码表的值

要选用一个现有元数据中的代码表，但需要通过减少或增加代码表中的项来对原有的代码表进行特化，方法是：

a）　修改该代码表，减少或增加相应的项；

b）　进入步骤 7，建立元数据扩展文档；

c）　使用新元数据代码表以满足需求。

步骤 7　元数据扩展文档

一旦定义了新元数据实体、元素，需要明确地记录对农业信息基础共享元数据的改变，这种改变应按相应格式在新标准文档中记录。

附 录 C
(资料性附录)
农业信息资源代码编码示例

本标准中农业信息资源代码编码规则在应用过程中需要与具体的信息分类框架相结合。应用第8章中规定的农业信息资源代码编码方法时,其前段码根据具体的信息资源分类框架进行编码,其后段码依据资源产生的顺序依次编码。

以“全国近10年旱地土壤面积”数据集为例,在编码前需确定其所属农业信息资源的分类。假设农业信息资源的分类框架如图C.1所示,则该数据集的分类编码如下:

类级——基础信息类,编码为“1”;

项级——农业自然资源,编码为“01”;

目级——土地资源,编码为“002”;

细目——耕地下的旱地,编码为“0101”;

旱地信息资源分类编码为1010020101;

全国近10年旱地土壤面积的编码为1010020101/1。

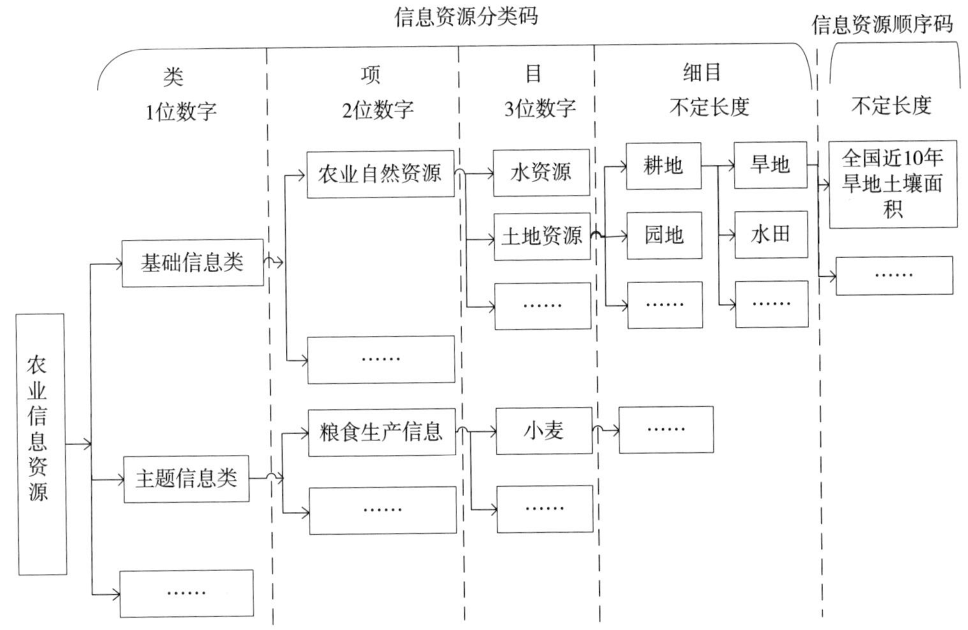

图C.1 农业信息资源分类框架及编码示例

附 录 D
(资料性附录)
农业信息基础共享元数据示例

应用6.2的规定,给出以下农业信息基础共享元数据示例(下述内容仅具有示意性)。

全国近10年旱地土壤面积数据集元数据示例

信息资源名称:全国近10年旱地土壤面积

信息资源代码:1010020101/1

信息来源:

　　信息提供方:某土地资源管理部门

　　信息提供方联系方式:×××-×××××××××

信息资源摘要:2007—2016年全国旱地土壤的面积,单位为公顷

信息资源关键字:全国;旱地;10年;面积

信息格式: Access数据库.mdb格式

数据类型:日期型、文本型、数字型

发布日期:2016年12月31日

涉密情况:公开

共享属性:

　　共享类型:有条件共享

　　共享条件:用于工作参考及数据核校验

　　共享方式:通过资源提供方备案使用

更新周期:每年

关联资源代码: Null

参 考 文 献

[1] Dublin Core Metadata Element Set，Version 1. 1：Reference Description. 2003-06-02，http://dublincore. org
[2] GB/T 25100—2010 信息与文献 都柏林核心元数据元素集
[3] GB/T 26816—2011 信息资源核心元数据

ICS 35.240.60
B 07

中华人民共和国农业行业标准

NY/T 3501—2019

农业数据共享技术规范

Sharing technical specification of agricultural data

2019-08-01 发布 2019-11-01 实施

中华人民共和国农业农村部 发布

前　　言

本标准按照 GB/T 1.1—2009 给出的规则起草。

请注意本文件的某些内容可能涉及专利。本文件的发布机构不承担识别这些专利的责任。

本标准由农业农村部市场与信息化司提出。

本标准由农业农村部农业信息化标准化技术委员会归口。

本标准起草单位:农业农村部信息中心、中国测绘科学研究院。

本标准主要起草人:唐文凤、张福浩、梁栋、赵阳阳、孙光荣、张志然、杨硕、李新。

农业数据共享技术规范

1 范围

本标准提出了数据共享的流程和技术管理要求，规定了农业数据共享技术的术语和定义、数据基本约定、元数据、数据说明、数据检查要求、数据共享服务和数据安全。

本标准适用于农业农村部机关各司局、派出机构、直属各单位以及地方各级农业部门进行农业数据共享。

本标准中涉及的共享数据指非涉密数据。

2 规范性引用文件

下列文件对于本文件的应用是必不可少的。凡是注日期的引用文件，仅注日期的版本适用于本文件。凡是不注日期的引用文件，其最新版本(包括所有的修改单)适用于本文件。

GB/T 18391.5 信息技术 元数据注册系统(MDR) 第5部分:命名和标识原则

GB/T 21063.1 政务信息资源目录体系 第1部分:总体框架

GB/T 25647 电子政务术语

国发〔2016〕51号 政务信息资源共享管理暂行办法

农办发〔2017〕10号 农业部政务信息资源目录编制指南

3 术语和定义

GB/T 21063.1 和 GB/T 25647 界定的以及下列术语和定义适用于本文件。

3.1

数据 data

对事实、概念或指令的一种形式化的表示。适宜于人工或自动方式进行通信、解释和处理。

3.2

农业数据 agricultural data

农业部门或者其他部门采集、加工、使用、处理的涉农数据。

3.3

数据共享 data sharing

不同用户或不同系统按照一定的规则共同使用根据协议形成的数据。

3.4

数据实体 data entity

用于共享的农业数据，与数据说明和元数据共同组成共享数据。

3.5

目录服务 directory service

提供数据的发现与定位功能的一种信息服务。

3.6

数据接口 data interface

进行数据传输时，数据提供方和接收方需遵守的接口约束或规定。

4 概述

4.1 数据共享流程

一个具体的数据共享流程可被分解为一个或多个从提供者到使用者的信息传递的过程，在该过程中，数据共享的管理环节和角色关系如图 1 所示。

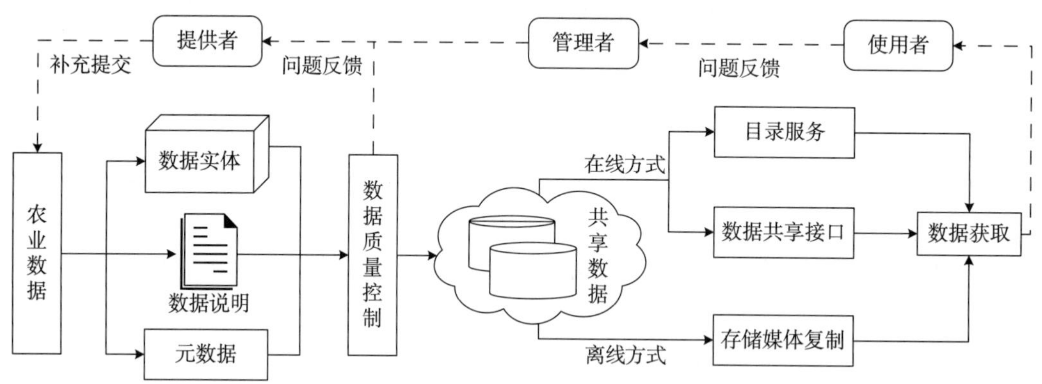

图 1　数据共享流程框图

4.2　技术管理要求

4.2.1　提供者

提供者的管理内容包括，但不限于：

a)　负责本部门共享数据的组织、管理和更新；
b)　明确本部门提供的共享数据的使用范围和使用权限；
c)　应考虑共享数据的安全，可对管理者和使用者提出相关要求；
d)　负责与使用者、管理者协商并确定共享数据实体、交换模式和更新周期；
e)　按管理者和使用者的反馈意见修正共享数据中存在的问题。

4.2.2　管理者

管理者的管理内容包括，但不限于：

a)　负责对数据共享流程进行规划、配置及部署；
b)　负责数据共享工作的日常管理及监控维护；
c)　应严格遵守数据的使用范围和使用权限共享数据；
d)　负责配合提供者更新数据，并及时公布共享目录；
e)　负责对提供者提交数据的检查审核，若有疑义或有明显错误的，应及时反馈提供者予以校核；
f)　负责保证数据共享服务环境的安全。

4.2.3　使用者

使用者的管理内容包括，但不限于：

a)　根据实际工作提出数据共享需求；
b)　负责与提供者、管理者协商并确定共享数据实体、交换模式和更新周期；
c)　对于共享获得的数据在授权范围内进行使用，未经授权，不能将信息提供给第三方；
d)　在数据使用过程中若发现问题和疑义，应及时反馈管理者，并由管理者反馈给提供者予以校核；
e)　负责已获取共享数据的安全。

5　数据基本约定

5.1　数据组成

共享数据由 3 部分组成，包括数据实体、元数据和数据说明。数据说明是针对数据实体提供的具体说明，便于使用者使用数据。数据实体、元数据和数据说明均为必备内容。

5.2　数据实体格式

对共享的数据实体进行格式规定。共享数据提供者应尽可能提供机读的电子文件，若只有纸质媒体应尽量提供电子扫描格式。电子格式的数据，可采用但不限于：

a) 表格类。用字符型、数值型、布尔型等数据类型或统一的数据结构表示的数据。
b) 数据库类。利用数据库系统定义的用来存放数据的文件格式来组织、存储和管理的数据。
c) 网页文本类。包括网页类和文本类数据。
d) 多媒体类。用数字化形式描述的,将声音、图形、图像和动画等各种媒体有机组合形成的数据。
e) 地理空间类。用于描述地理实体空间特征和属性特征的数据,由空间数据和属性数据组成。
f) 自描述类。由提供者提出的,农业行业内的其他通用格式数据。
g) 复合类。由上述 2 种或 2 种以上类型组合而成的数据。

5.3 数据共享目录

数据共享目录的编制应符合国发〔2016〕51 号和农办发〔2017〕10 号的规定。

6 元数据

6.1 元数据编写要求

6.1.1 真实性

应确保元数据内容真实可信。

6.1.2 易读性

凡以文本填写的内容,其文字应通俗易懂。

6.1.3 权威性

元数据应由数据的所有者或其认可的作者编写完成。必要时,需经过有关部门认可或专家论证。

6.1.4 完整性

应按照本标准对元数据的约束条件进行填写。凡必选内容必须填写。一定条件下必选的内容在满足条件时必须填写。可选内容宜尽可能多地填写,以帮助管理者与使用者更充分地了解数据。

6.2 元数据内容

元数据的内容与格式应符合农办发〔2017〕10 号的规定。

6.3 元数据录入及使用

6.3.1 录入

可采用文字处理软件或专用录入软件录入元数据。元数据负责单位以文本文件的形式提供有关数据实体的元数据。

6.3.2 使用

共享数据的元数据应写入数据库,形成元数据库,提供网络查询。

6.3.3 更新

随着数据实体内容的更新,元数据内容也应及时更新。

7 数据说明

7.1 数据说明编写要求

7.1.1 一致性

数据说明应与数据实体和元数据保持一致。

7.1.2 可靠性

数据说明应可靠,能够提供长期、稳定的内容和服务。

7.1.3 规范性

数据说明中说明内容与格式应统一。

7.1.4 唯一性

数据说明应能正确表述共享数据,且只能对应唯一的共享数据。

7.2 数据说明内容

依据数据格式的特征,数据说明包括的内容有所区别。

共享数据的数据说明应提供的内容、含义和使用限定等见表1,数据说明示例参见附录A。

表1 共享数据的数据说明内容表

序号	内　容	含　　义	使用限定	类型
1	数据名称	缩略描述数据内容的标题	必选	自由文本
2	数据代码	数据的编码	必选	
3	主要技术参数	提供使用数据所需要的必要参数	可选	
4	数据内容说明	共享数据所表述的主题内容和内容简介等	可选	
5	数据使用方法简介	包括硬件、操作系统及工具软件要求、解压缩方法、数据库装入和调用说明等	必选	
6	其他应说明的问题	数据说明内容无法包括的信息或数据提供者认为有必要让使用者了解的信息	可选	

8 数据检查要求

8.1 完整性

共享数据内容应完整,数据实体、元数据和数据说明缺一不可。数据实体文件、元数据的数据项和数据说明内容应无遗漏和多余。

8.2 一致性

数据实体、元数据与数据说明应对应一致。元数据与数据说明中的内容能正确表述共享数据。

8.3 规范性

数据实体、元数据和数据说明须遵循本标准规定的相关要求。数据目录编制应符合5.3的要求,元数据应符合第6章的要求,数据说明应符合第7章的要求。

8.4 正确性

数据内容的表达应符合国际约定俗成的习惯或国家标准和行业标准的名词术语,暂无标准的可按行业习惯给出规范的描述。

8.5 及时性

检查共享数据实体、元数据和数据说明是否发生变更,保证共享数据的时效性。

8.6 两级审核

数据检查采用初审和复审的两级审核制。初审由数据提供者按本标准检查数据,确认无误后方可向管理者提交数据。复审由管理者对提交的数据进行检查,如发现问题,应向提供者提出修改意见,提供者根据修改意见进行修改补充,检查无误后重新提交。数据通过初审和复审通过后,方可对使用者提供共享服务。

9 数据共享服务

9.1 共享服务方式

数据共享服务宜采用网络共享方式,包括目录服务方式和共享接口方式。因条件限制不宜在网络上传输的数据,宜采用存储媒体复制方式。

9.2 目录服务

9.2.1 目录发现

使用者通过浏览目录和内容,直观发现符合要求的数据。

9.2.2 定位服务

通过目录检索,找到符合要求的数据,实现快速定位。定位服务应支持目录和共享数据的单一条件检索或组合条件检索。

9.2.3 数据实体浏览

使用者可以快速查看选定的数据实体。浏览内容可以是简单概括的内容快照,也可以是详细的内容展示。

9.2.4 元数据浏览

使用者可查看选定目录的元数据信息。应提供元数据必选项信息,可提供元数据可选项和其他信息。

9.2.5 数据下载

数据下载提供数据实体、元数据和数据文档的在线下载。

9.2.6 数据访问

数据访问包括访问服务、访问接口 2 种形式。访问服务应提供数据服务的访问地址;访问接口应提供数据实体的交换应用接口,接口要求应符合 9.3 的规定。

9.3 数据接口模型

9.3.1 概述

本标准规定的数据接口模型用于在数据共享时封装共享数据实体,可支持结构化数据、非结构化数据的封装。

数据接口模型由数据结构、数据集和附件集组成,如图 2 所示。SharedData 表示共享接口模型,SharedDataType 描述了共享数据模型的内部结构。数据结构用来描述信息内容的结构信息,元素名称为 DataStructure。数据集用来封装结构化数据,元素名称为 DataSet。附件集用来封装非结构化数据,元素名称为 Attachments。数据结构是必选项,数据集和附件集为可选项,但至少出现一个。

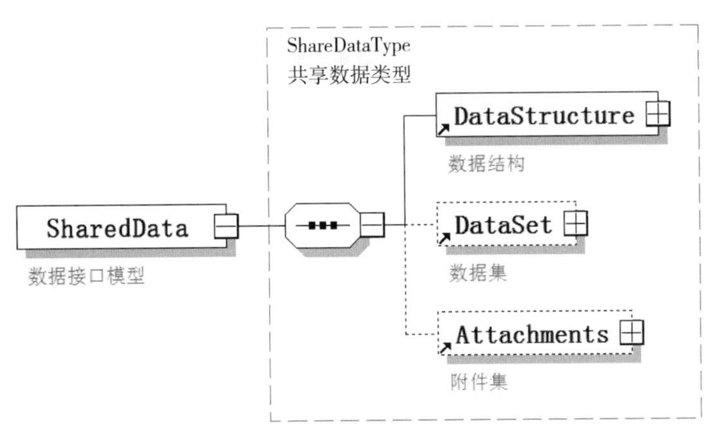

图 2 数据共享接口模型示意图

数据接口模型的 XML Schema 见附录 B,数据接口模型封装交换指标项的 XML 文件示例参见附录 C。

9.3.2 数据结构

数据结构由数据标识、数据名称、数据提供单位、说明性注释、编码描述、数据项描述、附件项描述 7 个元素组成,如图 3 所示。

a) 数据标识:
   XML 元素名称:ResourceID。

说明:数据的标识符,遵循 GB/T 18391.5 中对标识符的相关规定。该元素为必选元素。

b) 数据名称:
   XML 元素名称:ResourceName。
   说明:用于显示的数据的名称,可以采用数据的常用名称,如自然人基本信息、法人基本信息。该元素为必选元素。

c) 数据提供单位:
   XML 元素名称:OrganizationName。
   说明:用于标明提供数据的单位名称。该元素为必选元素。

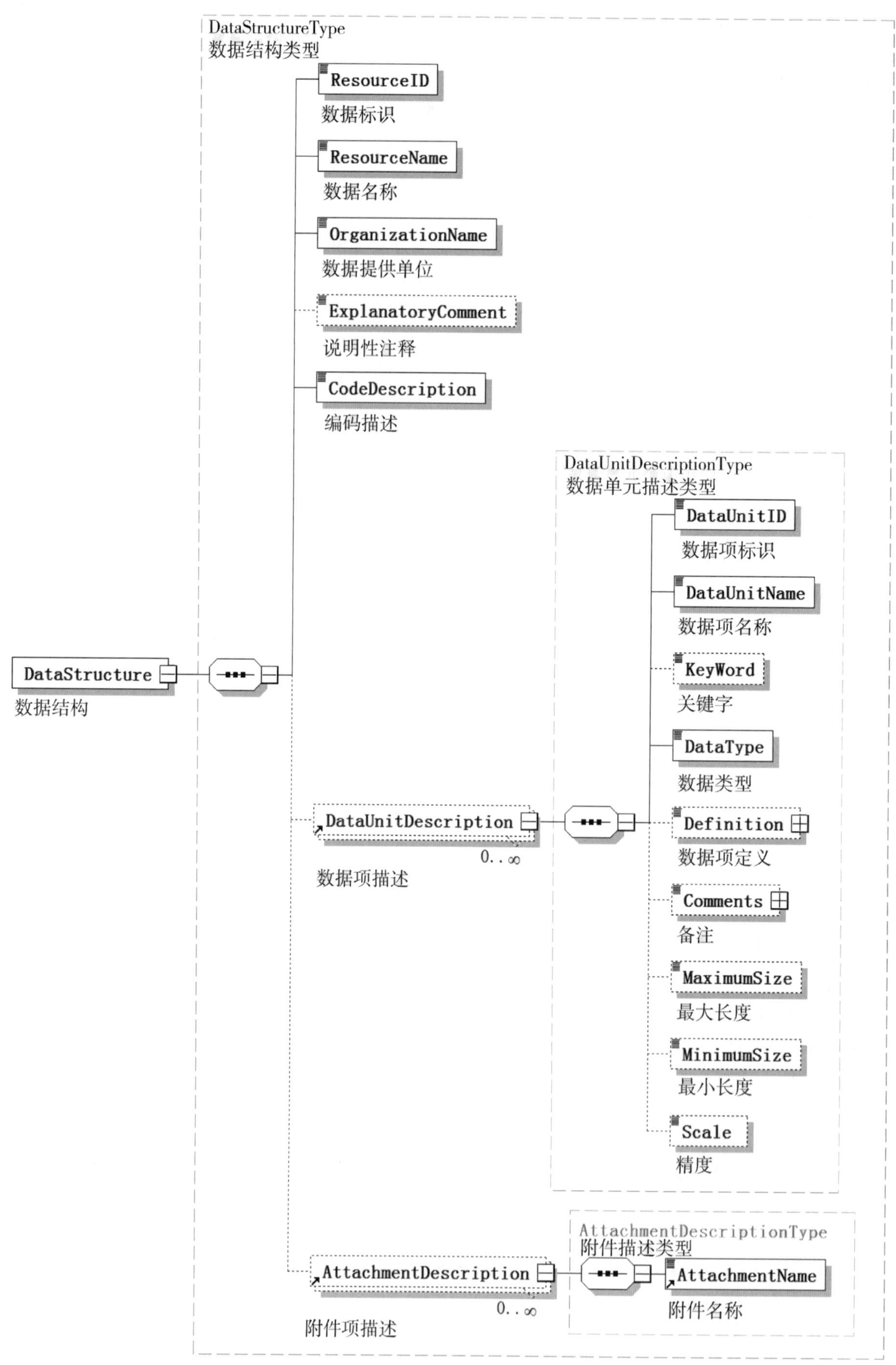
DataStructureType
数据结构类型
ResourceID
数据标识
ResourceName
数据名称
OrganizationName
数据提供单位
ExplanatoryComment
说明性注释
CodeDescription
编码描述
DataStructure
数据结构
DataUnitDescriptionType
数据单元描述类型
DataUnitID
数据项标识
DataUnitName
数据项名称
KeyWord
关键字
DataType
数据类型
Definition
数据项定义
Comments
备注
MaximumSize
最大长度
MinimumSize
最小长度
Scale
精度
DataUnitDescription
0..∞
数据项描述
AttachmentDescriptionType
附件描述类型
AttachmentDescription
0..∞
附件项描述
AttachmentName
附件名称

图 3　数据结构示意图

d) 说明性注释：

XML 元素名称：ExplanatoryComment。

说明：对数据的解释性描述，用于对数据进行补充性、提示性说明。该元素为可选元素。

e) 编码描述：

XML 元素名称：CodeDescription。

说明：对数据编码方式的说明。该元素为必选元素。

f) 数据项描述：

XML 元素名称：DataUnitDescription。

说明：构成结构化数据的最小单元，一个 DataUnitDescription 描述一个指标项的结构。该元素为可选元素，可以出现多次。数据项描述由数据项标识、数据项名称、关键字、数据类型、数据项定义、备注、最大长度、最小长度、精度 9 个元素组成。

1) 数据项标识：

XML 元素名称：DataUnitID。

说明：数据项的唯一标识符。该元素为必选元素。

2) 数据项名称：

XML 元素名称：DataUnitName。

说明：数据项的名称。采用业务中惯用的名称作为数据项名称。该元素为必选元素。

3) 关键字：

XML 元素名称：KeyWord。

说明：描述数据主题特征的规范化词或词组。该元素为可选元素。

4) 数据类型：

XML 元素名称：DataType。

说明：数据项值的类型。可采用但不限于以下 4 种：字符型、数值型、日期型、二进制等。该元素为必选元素。

5) 数据项定义：

XML 元素名称：Definition。

说明：描述数据项的含义。该元素为可选元素。

6) 备注：

XML 元素名称：Comments。

说明：数据项备注信息。该元素为可选元素。

7) 最大长度：

XML 元素名称：MaximumSize。

说明：数据项取值的最大长度，不指定表示没有最大长度限制。该元素为可选元素。

8) 最小长度：

XML 元素名称：MinimumSize。

说明：数据项取值的最小长度，不指定表示没有最小长度限制。该元素为可选元素。

9) 精度：

XML 元素名称：Scale。

说明：数值型数据项的精度，即小数点后的位数，不指定表示没有精度限制。该元素为可选元素。

g) 附件项描述：

XML 元素名称：AttachmentDescription。

说明：构成非结构化数据的最小单元，一个 AttachmentDescription 描述一个指标项的结构。该元素为可选元素，可以出现多次。该元素为可选元素。

附件名称：

XML 元素名称:AttachmentName。

说明:单个附件项的名称。该元素为必选元素。

9.3.3 数据集

数据集用来封装结构化数据。数据集由一个或多个数据记录组成,如图 4 所示。

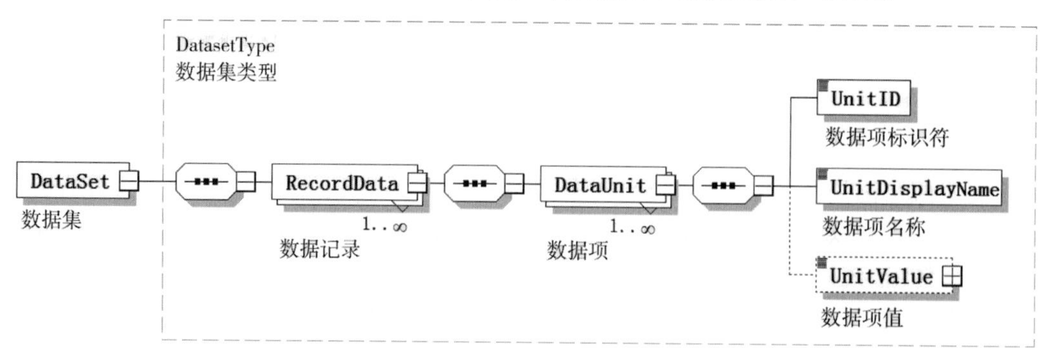

图 4 数据集示意图

a) 数据记录:

XML 元素名称:RecordData。

说明:组成数据集的基本单元,表示一条记录,如关系数据库表的一行或电子表格的一行。数据记录由一个或多个数据项组成。该元素为必选元素。

b) 数据项:

XML 元素名称:DataUnit。

说明:组成数据记录的基本单元,如关系数据库中表的某个字段或电子表格的某个单元格。数据项由数据项标识符、数据项名称和数据项值 3 个元素组成。

1) 数据项标识符:

XML 元素名称:UnitID。

说明:数据项的标识符,与数据结构中的某个数据项对应。该元素为必选元素。

2) 数据项名称:

XML 元素名称:UnitDisplayName。

说明:数据项的名称。该元素为必选元素。

3) 数据项值:

XML 元素名称:UnitValue。

说明:数据项的值。对二进制类型的值采用相关编码。该元素为可选元素。

9.3.4 附件集

附件集用来封装非结构化数据。附件集由一个或多个附件构成,如图 5 所示。

单个附件:

XML 元素名称:Attachment。

说明:附件是封装非结构化文件的基本单元。单个附件由附件标识、显示名称、描述、类型描述、附件内容 5 个元素组成。

a) 附件标识:

XML 元素名称:AttachmentID。

说明:用于唯一标识该附件的标识符。该元素为必选元素。

b) 显示名称:

XML 元素名称:AttachmentDisplayName。

说明:该附件用于显示的名称。该元素为必选元素。

c) 描述:

XML 元素名称:Description。

说明:对该附件的解释性信息。该元素为可选元素。

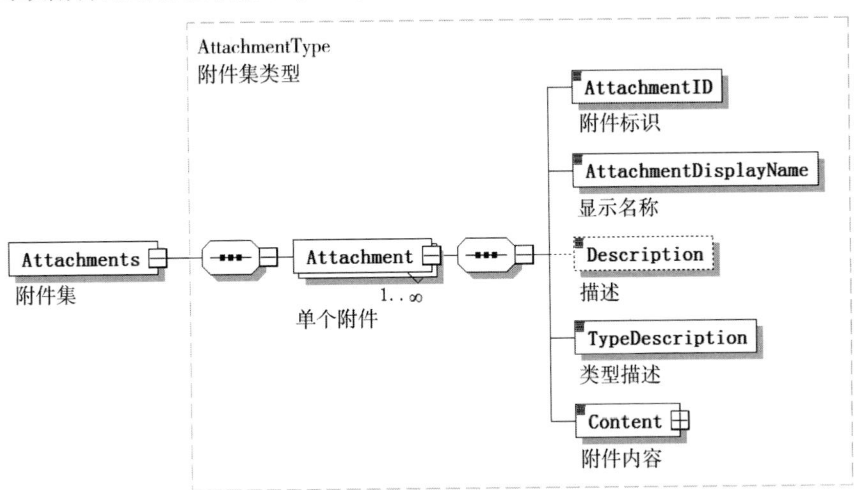

图5 附件集示意图

d) 类型描述:

XML 元素名称:TypeDescription。

说明:描述该附件的类型。该元素为必选元素。

e) 附件内容:

XML 元素名称:Content。

说明:表示附件的内容,可以通过多种方式描述,包括文件名、URL 等。该元素为必选元素。

10 数据安全

数据提供者、使用者和管理者对共享数据的安全应符合相关标准和要求。

附 录 A
(资料性附录)
数 据 说 明 示 例

A.1 ××市农业灾害监测数据库说明示例

数据名称

××市农业灾害监测数据库

数据代码

AAG01

主要技术参数

数据库的主要技术参数包括:

a) 参数说明:数据采用十进制为单位的地理坐标表示;
b) 投影:通用横轴墨卡托投影(Universal Transverse Mercator Projection,UTM)。

数据库内容说明

该数据库包含:

a) 1个农作物旱灾分布图层、1个水灾分布图层、1个虫灾分布图层、1个鼠灾分布图层、1个冻灾分布图层、1个草原和森林火灾分布图层及1个其他灾害分布图层;
b) 以农业灾害监测为目的经处理得到的矢量数据的中间结果和终端结果;
c) 其他农业灾害监测的图层信息。

数据使用方法简介

使用地理信息系统软件显示或使用本数据库,常用软件包括ArcGIS、MapInfo、ArcView等。

其他应说明的问题

本数据是××市农业灾害监测建设项目工作成果的一部分。

A.2 2010年各省(自治区、直辖市)粮食生产统计数据说明示例

数据名称

2010年各省(自治区、直辖市)粮食生产统计数据

数据代码

ZGB120101

数据文件内容说明

该数据反映我国各省(自治区、直辖市)粮食生产的情况,包括作物类型、单位亩产(kg)、种植面积(万 hm^2)、总(万t)产量、面积的增长速度(%)、产量的增长速度(%)、面积占粮食比重(%)和产量占粮食比重(%)等数据项。

数据使用方法简介

使用Microsoft Excel浏览本数据,可将XLS格式的表格转换为其他格式,如XML、txt或csv等。

附　录　B
（规范性附录）
共享接口 XML Schema

```
〈?xml version="1.0" encoding="编码方式"?〉
〈xs:schema xmlns:xs="http://www.w3.org/2001/XMLSchema" xmlns="农业农村部电子政务系统数据共享接口访问的域名地址" targetNamespace="农业农村部电子政务系统数据共享接口访问的域名地址" elementFormDefault="qualified" attributeFormDefault="unqualified"〉
    〈xs:element name="SharedData" type="SharedDataType"〉
        〈xs:annotation〉
            〈xs:documentation〉数据接口模型〈/xs:documentation〉
        〈/xs:annotation〉
    〈/xs:element〉
    〈xs:complexType name="SharedDataType"〉
        〈xs:sequence〉
            〈xs:element ref="DataStructure"〉
                〈xs:annotation〉
                    〈xs:documentation〉数据结构〈/xs:documentation〉
                〈/xs:annotation〉
            〈/xs:element〉
            〈xs:element ref="DataSet" minOccurs="0"〉
                〈xs:annotation〉
                    〈xs:documentation〉数据集〈/xs:documentation〉
                〈/xs:annotation〉
            〈/xs:element〉
            〈xs:element ref="Attachments" minOccurs="0"〉
                〈xs:annotation〉
                    〈xs:documentation〉附件集〈/xs:documentation〉
                〈/xs:annotation〉
            〈/xs:element〉
        〈/xs:sequence〉
    〈/xs:complexType〉
    〈xs:element name="DataStructure" type="DataStructureType"〉
        〈xs:annotation〉
            〈xs:documentation〉数据结构〈/xs:documentation〉
        〈/xs:annotation〉
    〈/xs:element〉
    〈xs:complexType name="DataStructureType"〉
        〈xs:sequence〉
            〈xs:element name="ResourceID" type="xs:string"〉
                〈xs:annotation〉
                    〈xs:documentation〉数据标识〈/xs:documentation〉
```

```
                〈/xs:annotation〉
            〈/xs:element〉
            〈xs:element name="ResourceName" type="xs:string"〉
                〈xs:annotation〉
                    〈xs:documentation〉数据名称〈/xs:documentation〉
                〈/xs:annotation〉
            〈/xs:element〉
            〈xs:element name="OrganizationName" type="xs:string"〉
                〈xs:annotation〉
                    〈xs:documentation〉数据提供单位〈/xs:documentation〉
                〈/xs:annotation〉
            〈/xs:element〉
            〈xs:element name="ExplanatoryComment" type="xs:string" minOccurs="0"〉
                〈xs:annotation〉
                    〈xs:documentation〉说明性注释〈/xs:documentation〉
                〈/xs:annotation〉
            〈/xs:element〉
            〈xs:element name="CodeDescription"〉
                〈xs:annotation〉
                    〈xs:documentation〉编码描述〈/xs:documentation〉
                〈/xs:annotation〉
            〈/xs:element〉
            〈xs:element ref="DataUnitDescription" minOccurs="0" maxOccurs="unbounded"〉
                〈xs:annotation〉
                    〈xs:documentation〉数据项描述〈/xs:documentation〉
                〈/xs:annotation〉
            〈/xs:element〉
            〈xs:element ref="AttachmentDescription" minOccurs="0" maxOccurs="unbounded"〉
                〈xs:annotation〉
                    〈xs:documentation〉附件项描述〈/xs:documentation〉
                〈/xs:annotation〉
            〈/xs:element〉
        〈/xs:sequence〉
    〈/xs:complexType〉
    〈xs:element name="DataUnitDescription" type="DataUnitDescriptionType"〉
        〈xs:annotation〉
            〈xs:documentation〉数据项描述〈/xs:documentation〉
        〈/xs:annotation〉
    〈/xs:element〉
    〈xs:complexType name="DataUnitDescriptionType"〉
        〈xs:sequence〉
            〈xs:element name="DataUnitID" type="xs:string"〉
        〈xs:annotation〉
            〈xs:documentation〉数据项标识〈/xs:documentation〉
        〈/xs:annotation〉
```

```
〈/xs：element〉
〈xs：element name＝"DataUnitName" type＝"xs：string"〉
    〈xs：annotation〉
        〈xs：documentation〉数据项名称〈/xs：documentation〉
    〈/xs：annotation〉
〈/xs：element〉
〈xs：element name＝"KeyWord" type＝"xs：string" minOccurs＝"0"〉
    〈xs：annotation〉
        〈xs：documentation〉关键字〈/xs：documentation〉
    〈/xs：annotation〉
〈/xs：element〉
〈xs：element name＝"DataType" type＝"xs：string"〉
    〈xs：annotation〉
        〈xs：documentation〉数据类型〈/xs：documentation〉
    〈/xs：annotation〉
〈/xs：element〉
〈xs：element name＝"Definition" type＝"xs：anyType" minOccurs＝"0"〉
    〈xs：annotation〉
        〈xs：documentation〉数据项定义〈/xs：documentation〉
    〈/xs：annotation〉
〈/xs：element〉
〈xs：element name＝"Comments" type＝"xs：string" minOccurs＝"0"〉
    〈xs：annotation〉
        〈xs：documentation〉备注〈/xs：documentation〉
    〈/xs：annotation〉
〈/xs：element〉
〈xs：element name＝"MaximumSize" type＝"xs：int" minOccurs＝"0"〉
    〈xs：annotation〉
        〈xs：documentation〉最大长度〈/xs：documentation〉
    〈/xs：annotation〉
〈/xs：element〉
〈xs：element name＝"MinimumSize" type＝"xs：int" minOccurs＝"0"〉
    〈xs：annotation〉
        〈xs：documentation〉最小长度〈/xs：documentation〉
    〈/xs：annotation〉
〈/xs：element〉
〈xs：element name＝"Scale" type＝"xs：int" minOccurs＝"0"〉
    〈xs：annotation〉
        〈xs：documentation〉精度〈/xs：documentation〉
    〈/xs：annotation〉
〈/xs：element〉
    〈/xs：sequence〉
〈/xs：complexType〉
〈xs：element name＝"AttachmentDescription" type＝"AttachmentDescriptionType"〉
    〈xs：annotation〉
```

```
                〈xs:documentation〉附件项描述〈/xs:documentation〉
            〈/xs:annotation〉
        〈/xs:element〉
        〈xs:complexType name="AttachmentDescriptionType"〉
            〈xs:sequence〉
                〈xs:element name="AttachmentName" type="xs:string"〉
                    〈xs:annotation〉
                        〈xs:documentation〉附件名称〈/xs:documentation〉
                    〈/xs:annotation〉
                〈xs:element〉
〈/xs:sequence〉
        〈/xs:complexType〉
        〈xs:element name="DataSet" type="DataSetType"〉
            〈xs:annotation〉
                〈xs:documentation〉数据集〈/xs:documentation〉
            〈/xs:annotation〉
        〈/xs:element〉
        〈xs:complexType name="DataSetType"〉
            〈xs:sequence〉
                〈xs:element name="RecordData" maxOccurs="unbounded"〉
                    〈xs:annotation〉
                        〈xs:documentation〉数据记录〈/xs:documentation〉
                    〈/xs:annotation〉
                    〈xs:complexType〉
                        〈xs:sequence〉
                            〈xs:element name="DataUnit" maxOccurs="unbounded"〉
                                〈xs:annotation〉
                                    〈xs:documentation〉数据项〈/xs:documentation〉
                                〈/xs:annotation〉
                                〈xs:complexType〉
                                    〈xs:sequence〉
                                        〈xs:element name="UnitID" type="xs:string"〉
                                            〈xs:annotation〉
                                                〈xs:documentation〉数据项标识符〈/xs:documenta-
tion〉
                                            〈/xs:annotation〉
                                        〈/xs:element〉
                                        〈xs:element name="UnitDisplayNme" type="xs:string"〉
                                            〈xs:annotation〉
                                                〈xs:documentation〉数据项名称〈/xs:documentation〉
                                            〈/xs:annotation〉
                                        〈/xs:element〉
                                        〈xs:element name="UnitValue" type="xs:anyType" mi-
nOccurs="0"〉
                                            〈xs:annotation〉
```

```
                                        <xs:documentation>数据项值</xs:documentation>
                                    </xs:annotation>
                                </xs:element>
                            </xs:sequence>
                        </xs:complexType>
                    </xs:element>
                </xs:sequence>
            </xs:complexType>
        </xs:element>
    </xs:sequence>
</xs:complexType>
<xs:element name="Attachments" type="AttachmentType">
    <xs:annotation>
        <xs:documentation>附件集</xs:documentation>
    </xs:annotation>
</xs:element>
<xs:complexType name="AttachmentType">
    <xs:sequence>
        <xs:element name="Attachment" maxOccurs="unbounded">
            <xs:annotation>
                <xs:documentation>单个附件</xs:documentation>
            </xs:annotation>
            <xs:complexType>
                <xs:sequence>
                    <xs:element name="AttachmentID" type="xs:string">
                        <xs:annotation>
                            <xs:documentation>附件标识</xs:documentation>
                        </xs:annotation>
                    </xs:element>
                    <xs:element name="AttachmentDisplayName" type="xs:string">
                        <xs:annotation>
                            <xs:documentation>显示名称</xs:documentation>
                        </xs:annotation>
                    </xs:element>
                    <xs:element name="Description" type="xs:string" minOccurs="0">
                        <xs:annotation>
                            <xs:documentation>描述</xs:documentation>
                        </xs:annotation>
                    </xs:element>
                    <xs:element name="TypeDescription" type="xs:string">
                        <xs:annotation>
                            <xs:documentation>类型描述</xs:documentation>
                        </xs:annotation>
                    </xs:element>
                    <xs:element name="Content" type="xs:anyType">
```

```
                        〈xs:annotation〉
                            〈xs:documentation〉附件内容〈/xs:documentation〉
                        〈/xs:annotation〉
                    〈/xs:element〉
                〈/xs:sequence〉
            〈/xs:complexType〉
        〈/xs:element〉
    〈/xs:sequence〉
  〈/xs:complexType〉
〈/xs:schema〉
```

附 录 C
(资料性附录)
XML 数据样例

〈?xml version="1.0" encoding="UTF-8"?〉
〈SharedData xmlns:xsi="http://www.w3.org/2001/XMLSchema-instance" xmlns="http://www.egs.org.cn/shareddata" xsi:schemaLocation="http://www.egs.org.cn/shareddata.xsd"〉
〈DataStructure〉
〈ResourceID〉ZGB120161〈/ResourceID〉
〈ResourceName〉2016 年全国及各省、自治区、直辖市粮食产量〈/ResourceName〉
〈OrganizationName〉农业农村部〈/OrganizationName〉
〈CodeDescription〉参照《农业部政务信息资源目录编制指南》(农办发〔2017〕10 号)的代码编制规则编定〈/CodeDescription〉
〈DataUnitDescription〉
〈DataUnitID〉001〈/DataUnitID〉
〈DataUnitName〉地区〈/DataUnitName〉
〈DataType〉字符型〈/DataType〉
〈Comments〉我国省、自治区、直辖市名称〈/Comments〉
〈/DataUnitDescription〉
〈DataUnitDescription〉
〈DataUnitID〉002〈/DataUnitID〉
〈DataUnitName〉播种面积(万 hm^2)〈/DataUnitName〉
〈DataType〉数值型〈/DataType〉
〈Comments〉实际播种或移植有农作物的面积〈/Comments〉
〈/DataUnitDescription〉
〈DataUnitDescription〉
〈DataUnitID〉003〈/DataUnitID〉
〈DataUnitName〉粮食总产量(万 t)〈/DataUnitName〉
〈DataType〉数值型〈/DataType〉
〈Comments〉全国、省、自治区、直辖市内的粮食总产量〈/Comments〉
〈/DataUnitDescription〉
〈DataUnitDescription〉
〈DataUnitID〉004〈/DataUnitID〉
〈DataUnitName〉单位面积产量(kg/hm^2)〈/DataUnitName〉
〈DataType〉数值型〈/DataType〉
〈Comments〉平均每单位土地面积上所收获的农产品数量〈/Comments〉
〈/DataUnitDescription〉
〈/DataStructure〉
〈DataSet〉
〈RecordData〉
〈DataUnit〉
〈UnitID〉地区〈/UnitID〉

〈UnitDisplayName〉地区〈/UnitDisplayName〉
〈UnitValue〉全国〈/UnitValue〉
〈/DataUnit〉
〈DataUnit〉
〈UnitID〉播种面积(万 hm^2)〈/UnitID〉
〈UnitDisplayName〉播种面积(万 hm^2)〈/UnitDisplayName〉
〈UnitValue〉113028.2〈/UnitValue〉
〈/DataUnit〉
〈DataUnit〉
〈UnitID〉粮食总产量(万 t)〈/UnitID〉
〈UnitDisplayName〉粮食总产量(万 t)〈/UnitDisplayName〉
〈UnitValue〉61623.9〈/UnitValue〉
〈/DataUnit〉
〈DataUnit〉
〈UnitID〉单位面积产量(kg/hm^2)〈/UnitID〉
〈UnitDisplayName〉单位面积产量(kg/hm^2)〈/UnitDisplayName〉
〈UnitValue〉5452.1〈/UnitValue〉
〈/DataUnit〉
〈DataUnit〉
〈UnitID〉地区〈/UnitID〉
〈UnitDisplayName〉地区〈/UnitDisplayName〉
〈UnitValue〉北京〈/UnitValue〉
〈/DataUnit〉
〈DataUnit〉
〈UnitID〉播种面积(万 hm^2)〈/UnitID〉
〈UnitDisplayName〉播种面积(万 hm^2)〈/UnitDisplayName〉
〈UnitValue〉87.3〈/UnitValue〉
〈/DataUnit〉
〈DataUnit〉
〈UnitID〉粮食总产量(万 t)〈/UnitID〉
〈UnitDisplayName〉粮食总产量(万 t)〈/UnitDisplayName〉
〈UnitValue〉53.7〈/UnitValue〉
〈/DataUnit〉
〈DataUnit〉
〈UnitID〉单位面积产量(kg/hm^2)〈/UnitID〉
〈UnitDisplayName〉单位面积产量(kg/hm^2)〈/UnitDisplayName〉
〈UnitValue〉6148.2〈/UnitValue〉
〈/DataUnit〉
〈/RecordData〉
〈/DataSet〉
〈/SharedData〉

参 考 文 献

[1] GB/T 7408—2005 数据元和交换格式 信息交换 日期和时间表示法(ISO 8601:2000,IDT)
[2] GB/T 19487—2004 电子政务业务流程设计方法 通用规范
[3] GB/T 21062.1—2007 政务信息资源交换体系 第1部分:总体框架
[4] GB/T 21062.2—2007 政务信息资源交换体系 第2部分:技术要求
[5] GB/T 21062.3—2007 政务信息资源交换体系 第3部分:共享接口规范
[6] GB/T 21062.4—2007 政务信息资源交换体系 第4部分:技术管理要求
[7] GB/T 21063.4—2007 政务信息资源目录体系 第4部分:政务信息资源分类
[8] GB/T 24874—2010 草地资源空间信息共享数据规范
[9] GB/T 24888—2010 地震现场应急指挥数据共享技术要求
[10] GB/T 30850.1—2014 电子政务标准化指南 第1部分:总则
[11] GB/T 30850.5—2014 电子政务标准化指南 第5部分:支撑技术
[12] NY/T 1171—2006 草业资源信息元数据
[13] NY/T 1761—2009 农产品质量安全追溯操作规程 通则
[14] LY/T 1662.5—2008 数字林业标准与规范 第5部分:林业政策法规数据标准
[15] LY/T 1662.10—2008 数字林业标准与规范 第10部分:元数据标准
[16] ISO 11788—1—1997 农业信息系统间的电子数据交换 农业数据元辞典 第1部分:一般描述

ICS 65.020.01
B 04

中华人民共和国农业行业标准

NY/T 3526—2019

农情监测遥感数据预处理技术规范

Technical specification for remote sensing data preprocessing of agricultural condition monitoring

2019-12-27 发布　　2020-04-01 实施

中华人民共和国农业农村部　发布

前　言

本标准按照 GB/T 1.1—2009 给出的规则起草。

本标准由农业农村部发展规划司提出。

本标准由中国农业科学院农业资源与农业区划研究所归口。

本标准起草单位:中国农业科学院农业资源与农业区划研究所。

本标准主要起草人:王利民、刘佳、杨玲波、姚艳敏、唐鹏钦、滕飞、杨福刚、姚保民。

农情监测遥感数据预处理技术规范

1 范围

本标准规定了农情监测遥感数据预处理技术的术语和定义、缩略语、总体流程、数据获取、处理内容、质量检查、预处理报告编写。

本标准适用于基于光学卫星多光谱、宽波段遥感数据的农情监测遥感数据预处理业务工作，其他相关应用可参照执行。

2 规范性引用文件

下列文件对于本文件的应用是必不可少的。凡是注日期的引用文件，仅注日期的版本适用于本文件。凡是不注日期的引用文件，其最新版本(包括所有的修改单)适用于本文件。

GB/T 14950—2009 摄影测量与遥感术语

GB/T 30115—2013 卫星遥感影像植被指数产品规范

GB/T 31159—2014 大气气溶胶观测术语

GB/T 32453—2015 卫星对地观测数据产品分类分级规则

GB/T 36299—2018 光学遥感辐射传输基本术语

CH/T 1026 数字高程模型质量检验技术规程

CH/T 9008.2 基础地理信息数字成果 1∶500、1∶1 000、1∶2 000 数字高程模型

CH/T 9009.2 基础地理信息数字成果 1∶5 000、1∶10 000、1∶25 000、1∶50 000、1∶100 000 数字高程模型

3 术语和定义

下列术语和定义适用于本文件。

3.1

农情监测 agricultural condition monitoring

对农作物生长过程的监测及信息获取。

注：农情监测包括农作物种植面积与布局调查、农作物的长势监测、农业灾害的发生与发展监测与灾情损失评估、农作物产量预测等。

3.2

遥感 remote sensing

不接触物体本身，用传感器收集目标物的电磁波信息，经处理、分析后，识别目标物，揭示其几何、物理特征和相互关系及其变化规律的现代科学技术。

[GB/T 14950—2009，定义 3.1]

3.3

影像预处理 image preprocessing

对主要运算前的原始数据进行的某些加工。

[GB/T 14950—2009，定义 5.169]

3.4

辐射校正 radiometric correction

对由于外界因素、数据获取和传输系统产生的系统的、随机的辐射失真或畸变进行的校正。

[GB/T 14950—2009，定义 5.195]

3.5

辐射定标 radiometric calibration

根据遥感器定标方程和定标系数,将记录的量化数字灰度值转换成对应视场表观辐亮度的过程。

[GB/T 30115—2013,定义 3.7]

3.6

辐[射]亮度 radiance

辐射源在单位投影面积上、单位立体角内的辐射通量。

注:单位为瓦每平方米每球面度[$W/(m^2 \cdot sr)$]。

[GB/T 36299—2018,定义 2.8]

3.7

表观辐亮度 apparent radiance

遥感器入瞳处观测到的辐射亮度。

注:单位为瓦每平方米每球面度每微米[$W/(m^2 \cdot sr \cdot \mu m)$]。

[GB/T 30115—2013,定义 3.3]

3.8

数字灰度值 digital number

由遥感器各波段获取的反射或辐射能量量化而成的灰度等级。

注:无量纲,取值范围随遥感器量化等级的不同而不同。

[GB/T 30115—2013,定义 3.4]

3.9

表观反射率 apparent reflectance

表观辐亮度与无大气水平场景绝对白体假设下遥感器应获得入瞳辐亮度之间的比值。

[GB/T 30115—2013,定义 3.6]

3.10

地表反射率 surface reflectance

地物表面反射能量与到达地物表面的入射能量的比值。

[GB/T 30115—2013,定义 3.9]

3.11

几何校正 geometric correction

为消除影像的几何畸变而进行的投影变换、目标空间平面位置校正以及不同遥感器影像间的几何匹配校正等工作。

[GB/T 32453—2015,定义 3.19]

3.12

几何精校正 accurate geometric correction

采用地面控制点进行的几何校正。

[GB/T 32453—2015,定义 3.21]

3.13

区域网平差 block adjustment

利用多条航线构成的区域网模型进行整体平差的空中三角测量平差方法。

[GB/T 14950—2009,定义 5.83]

3.14

连接点 tie point

又称模型连接点,用于相邻模型连接的同名像点。

注:改写 GB/T 14950—2009,定义 5.86

3.15

多项式纠正　polynomial correction

对影像或图像的平移、缩放、旋转、仿射、偏扭、弯曲等几何变形采用多项式内插的方法进行改正。

[GB/T 14950—2009，定义 5.36]

3.16

大气校正　atmospheric correction

消除或减弱获取卫星遥感影像时，因大气传输过程中吸收或散射作用而引起的辐射畸变。

注：改写 GB/T 14950—2009，定义 5.191。

3.17

大气辐射传输模型　atmospheric radiative transfer model

描述电磁辐射在大气中传播时，受大气影响（吸收、散射和辐射等）而产生的运行规律的模型。

注：改写 GB/T 36299—2018，定义 4.27。

3.18

气溶胶光学厚度　aerosol optical depth，AOD；aerosol optical thickness，AOT

某一段路径上气溶胶消光系数的总和，量纲为 1。

[GB/T 31159—2014，定义 4.11]

4　缩略语

下列缩略语适用于本文件。

DEM：数字高程模型（digital elevation model）

DN：数字灰度值（digital number）

RPC：有理多项式系数（rational polynomial coefficient）

6S：太阳光谱波段卫星信号二次模拟（second simulation of the satellite signal in the solar spectrum）

5　总体流程

农情监测遥感数据预处理总体流程包括数据获取、辐射定标、几何校正、大气校正、其他预处理、质量检查、预处理报告编写等步骤，见图 1。

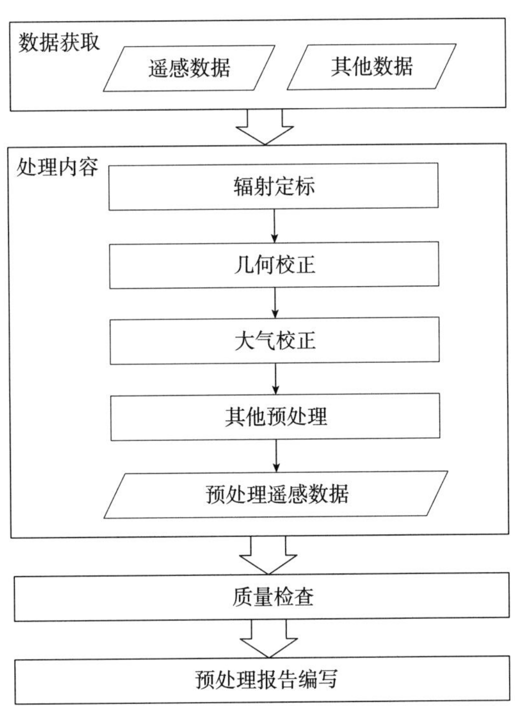

图 1　农情监测遥感数据预处理流程

6 数据获取

6.1 遥感数据

本标准针对的遥感数据是指经过辐射校正、传感器校正，未经过辐射定标、几何校正、大气校正的光学卫星多光谱、宽波段影像数据。

应根据农情监测的区域范围、监测作物类型、监测时间等，收集获取适宜空间分辨率和时相的遥感数据，基本要求如下：

a) 遥感数据应至少具有绿光波段(520 nm～570 nm)、红光波段(620 nm～760 nm)和近红外波段(760 nm～1 100 nm)，满足农情遥感监测的基本需要；

b) 云或浓雾覆盖像元的面积占影像总面积的百分比不超过 20%。可以通过邻近多时相影像合成晴空影像数据，以获取云覆盖或浓雾量符合要求的影像数据；

c) 遥感数据应图面清晰，定位准确，无明显条纹、点状和块状噪声，无数据丢失，无严重畸变。

6.2 其他数据

其他数据指进行农情监测遥感数据预处理的辅助数据，包括：

a) 基础地理信息数据：包括行政区划或监测区边界、数字高程模型(DEM)等，主要用于遥感数据的选择、裁切、拼接、几何校正等。DEM 数据格网间距(m)应与遥感数据空间分辨率相近，其质量应符合 CH/T 1026、CH/T 9008.2、CH/T 9009.2 中相应比例尺 DEM 的规定。

b) 卫星及遥感器参数：包括卫星的轨道高度、观测天顶角和方位角、观测时间、太阳天顶角和方位角、遥感器的绝对辐射定标系数、相机光谱响应函数等，主要用于遥感数据的辐射定标、几何校正、大气校正等。卫星及遥感器参数可从卫星影像提供商处获取。

c) 控制点数据：地面实测或其他方式获取的地面控制点数据，主要用于几何校正及精度检验。

d) 气象参数数据：包括气溶胶光学厚度、大气水汽含量等，主要用于大气校正。气象参数数据可从自动或人工气象观测站点获取。

7 处理内容

7.1 辐射定标

7.1.1 表观辐亮度计算

对遥感卫星影像进行辐射定标，将各波段数据(数字灰度值)转换为表观辐亮度图像。辐射定标表观辐亮度按式(1)计算。

$$L_a(\lambda) = a \times DN(\lambda) + b \quad (1)$$

式中：

$L_a(\lambda)$ ——卫星影像波段的表观辐亮度，单位为瓦每平方米每球面度每微米[W/(m^2 · sr · μm)]；

$DN(\lambda)$——卫星影像的数字灰度值；

a、b ——定标系数。a 为定标斜率，单位为瓦每平方米每球面度每微米[W/(m^2 · sr · μm)]；b 为定标偏置值，单位为瓦每平方米每球面度每微米[W/(m^2 · sr · μm)]。

传感器不同波段各有其定标系数，可从卫星影像自带元数据或卫星影像提供商处获取。需要注意的是，随着遥感器的老化和功能衰退，定标系数会有所改变。

7.1.2 表观反射率计算

根据式(1)所得 L_a，按式(2)计算得到表观反射率 ρ_{TOA}。

$$\rho_{TOA}(\lambda) = \frac{\pi L_a(\lambda) d^2}{E_0(\lambda)\cos\theta_s} \quad (2)$$

式中：

$\rho_{TOA}(\lambda)$——卫星影像波段的表观反射率，无量纲；

$L_a(\lambda)$ ——卫星影像波段的表观辐亮度，单位为瓦每平方米每球面度每微米[W/(m^2 · sr · μm)]；

d ——日地距离(以天文单位计);

$E_0(\lambda)$ ——卫星的波段平均太阳辐照度,单位为瓦每平方米每微米[$W/(m^2 \cdot \mu m)$];

θ_s ——太阳天顶角。

7.2 几何校正

7.2.1 提供 RPC 参数的卫星影像几何校正

对于以 RPC 参数、卫星影像配合方式提供的影像数据(如 GF-1 高分一号卫星、ZY-1 资源一号卫星等),推荐使用 RPC 区域网平差模型对原始 RPC 参数进行修正,并结合 DEM 进行影像的正射校正。在正射校正过程中,除使用连接点数据外,也要使用地面控制点数据。基于 RPC 区域网平差模型的影像正射校正原理方法介绍参见附录 A。

对于 RPC 正射校正后几何精度依然不满足要求的影像,可采用 7.2.2 中的基于多项式纠正方法重新进行影像数据的几何精校正。

7.2.2 未提供 RPC 参数的卫星影像几何校正

对于不具备 RPC 参数的卫星影像,或 RPC 校正后精度不满足要求的影像,推荐使用多项式纠正方法进行影像的几何精校正。

几何精校正应使用实地采集的地面控制点坐标,或者使用高分辨率影像底图采集控制点,对遥感影像进行多项式纠正,进一步消除误差。式(3)为多项式纠正一般公式。

$$\begin{cases} x = \sum_{i=0}^{n} \sum_{j=0}^{n-i} a_{ij} X^i Y^j \\ y = \sum_{i=0}^{n} \sum_{j=0}^{n-i} b_{ij} X^i Y^j \end{cases} \quad \cdots\cdots (3)$$

式中:

x、y ——卫星影像校正前的图像坐标;

X、Y ——图像校正后的坐标(图像控制点坐标);

a_{ij}、b_{ij}——多项式系数;

n ——多项式的次数,一般取 $n \leqslant 3$。

控制点在影像上应均匀分布,控制点的数量 m 应满足式(4)。

$$m \geqslant \frac{(n+1)(n+2)}{2} \quad \cdots\cdots (4)$$

7.2.3 重采样

可以采用最邻近像元法、双线性内插法、双三次卷积法等方法,进行与原遥感数据分辨率相同的重采样,计算出校正后影像像元位置的表观辐亮度或表观反射率,形成几何校正后的遥感数据。

7.2.4 精度要求

经过几何精校正后,卫星影像平地、丘陵地的大地坐标误差≤1 个像元,山地、高山地的大地坐标误差≤2个像元。

7.3 大气校正

7.3.1 方法选择

大气校正的输入数据为辐射定标、几何校正后的卫星表观辐亮度或表观反射率,输出数据为地表反射率。大气校正方法可以根据遥感器特性、地表覆盖和气象参数等条件进行选择。所选择的大气校正方法应能基本消除大气瑞利散射、米氏散射、水汽吸收和气溶胶等的影响。

本标准推荐采用大气辐射传输模型的方法进行大气校正,其中 6S 大气辐射传输模型介绍参见附录 B。大气校正中,卫星轨道高度、观测方位角、观测天顶角、观测时间、太阳天顶角、太阳方位角、相机光谱响应函数等卫星及遥感器参数数据,可从卫星影像头文件(元数据)中获取,或自卫星影像提供商处获取。大气气溶胶光学厚度、水汽含量等大气参数应尽量使用测量方式获取,若无法获取,可使用预估值(如能见度代替气溶胶光学厚度)代替。

7.3.2 质量要求

7.3.2.1 在不易获取实测地表反射率数据的情况下，可对影像中植被、水体等具有独特光谱特征地物的地表反射率值进行定性评价，评估其是否与典型植被、水体光谱特征一致。

7.3.2.2 大气校正精度也可以采用地表反射率实测值定量评价，各波段地表反射率与地面同一时间、同一地点的地表反射率实测值相比，平均相对误差应小于15%。

7.4 其他预处理

可以根据农情监测的实际需求，使用行政区划或监测区边界等基础地理信息数据进行遥感影像的裁切、镶嵌、重投影等处理。

8 质量检查

8.1 组织形式

农情监测遥感数据预处理质量评价应采用过程检查与最终检查相结合的方式进行，各检查工作应相互独立，并形成检查报告。具体要求如下：

a) 过程检查采用分部检查的方式，对遥感数据预处理过程中的原始影像质量、几何校正结果、大气校正结果进行检查。在确保质量满足要求后，方能提交最终检查。

b) 最终检查采用抽样检查方式，抽样比例可根据实际影像数量设置，但不应少于影像总数量的10%。

8.2 几何校正质量检查

通过与地面检查点的地理位置坐标比对，进行卫星遥感影像几何校正的质量检查，基本要求如下：

a) 地面检查点的地理位置通过差分GPS或经过几何精校正的高分辨率遥感影像底图上获取；

b) 一幅影像应至少选取5个检查点，检查点的分布应当尽可能在影像上均匀分布，应选择明显地物点作为检查点；

c) 通过计算检查点影像坐标与实测坐标的误差，评价卫星影像的几何校正精度。平地、丘陵地的大地坐标误差≤1个像元，山地、高山地的大地坐标误差≤2个像元。

8.3 大气校正质量检查

8.3.1 定性方式

通过对比卫星影像植被、水体、裸地、建筑等典型地物光谱特征曲线，评价大气校正结果。若校正后反射率曲线存在典型地物光谱的特征，则认为质量合格；否则，应重新进行大气校正。

8.3.2 定量方式

根据地面实测的地表反射率检查大气校正影像成果质量，基本要求如下：

a) 地面实测点的地理位置使用差分GPS精确获取，定位精度高于影像分辨率；

b) 地面实测点光谱数据应采用地物高光谱测量仪获取，测量仪器的光谱覆盖范围应当完全覆盖卫星影像光谱范围，光谱分辨率应优于5 nm；

c) 地面实测点光谱测量时间应当与卫星过境时间前后相差30 min以内；

d) 地面测量时的天气条件要求为天气晴朗，测量区域周边10 km^2内天顶无云，气溶胶光学厚度小于0.25(水平能见度大于10 km)，风力小于4级；

e) 地面测量时，每一个实测点应当同时测量5次，并取5次测量平均值作为该点的地表反射率测量值；

f) 地面实测的光谱测量结果应当与卫星遥感器相应波段的光谱响应函数进行卷积运算，将地面实测的地表反射率值转换为卫星遥感器的地表反射率，计算方法见式(5)；

$$\rho_m = \frac{\int_{\lambda 1}^{\lambda 2} S(\lambda) E(\lambda) d\lambda}{\int_{\lambda 1}^{\lambda 2} E(\lambda) d\lambda} \quad \cdots\cdots (5)$$

式中：

ρ_m ——卫星遥感器波段 m 的地表反射率；

λ_1、λ_2——波段 m 的覆盖波长的范围，即该波段遥感器响应波长最小值和最大值；

$S(\lambda)$ ——地面实测地表反射率；

$E(\lambda)$ ——遥感器波段 m 的光谱相应函数；

λ ——波长。

g) 同一地点、同一时间遥感影像大气校正结果与地面测量值对比，相对误差应小于 15%，计算方法见式(6)。

$$RE_i=\frac{|\rho_i-s_i|}{s_i}\times 100 \tag{6}$$

式中：

RE_i——相对误差，以百分数(%)表示；

ρ_i ——遥感影像大气校正后的地表反射率；

s_i ——地面实测地表反射率。

9 预处理报告编写

农情监测遥感数据预处理完成后，应编写预处理报告，主要内容包括：

a) 影像预处理的数据源情况、处理时间；

b) 影像预处理流程、几何校正方法和精度、大气校正方法和精度；

c) 影像预处理人员、检查人员等信息。

附　录　A
（资料性附录）
基于 RPC 区域网平差模型的影像正射校正

A.1　RPC 模型原理

RPC 模型即有理函数纠正模型，是一种能获得与严格成像模型近似一致精度的、形式简单的概括模型，形式见式(A.1)。

$$\begin{cases} c=\dfrac{Num_c(u,v,w)}{Den_c(u,v,w)} \\ r=\dfrac{Num_r(u,v,w)}{Den_r(u,v,w)} \end{cases} \quad \text{(A.1)}$$

其中，$Num_c(u,v,w)$、$Den_c(u,v,w)$、$Num_r(u,v,w)$、$Den_r(u,v,w)$ 为 (u,v,w) 的三次多项式，形式见式(A.2)。

$$p(u,v,w)=a_1+a_2\cdot v+a_3\cdot u+a_4\cdot w+a_5\cdot v\cdot u+a_6\cdot v\cdot w+a_7\cdot u\cdot w+a_8\cdot u^2+a_9\cdot v^2+a_{10}\cdot w^2+a_{11}\cdot u\cdot v\cdot w+a_{12}\cdot u^3+a_{13}\cdot v\cdot u^2+a_{14}\cdot v\cdot w^2+a_{15}\cdot v^2\cdot u+a_{16}\cdot u^3+a_{17}\cdot u\cdot w^2+a_{18}\cdot v^2\cdot w+a_{19}\cdot u^2\cdot w+a_{20}\cdot w^3 \quad \text{(A.2)}$$

式中：

u,v,w　　——正则化的物方坐标；

c、r　　——正则化的像方坐标；

a_1、a_2、…、a_{20}——RPC 模型参数。

$Num_c(u,v,w)$、$Den_c(u,v,w)$、$Num_r(u,v,w)$、$Den_r(u,v,w)$ 各 20 个，共 80 个。

用 (φ,λ,h) 表示地面点原始坐标的纬度、经度和大地高，(C,V) 表示原始像点坐标，则正则化计算见式(A.3)。

$$\begin{cases} \begin{cases} u=(\varphi-\varphi_0)/\varphi_s \\ v=(\lambda-\lambda_0)/\lambda_s \\ w=(h-h_0)/h_s \end{cases} \\ \begin{cases} c=(C-C_0)/C_s \\ v=(V-V_0)/V_s \end{cases} \end{cases} \quad \text{(A.3)}$$

式中：

φ_0、λ_0、h_0、C_0、V_0——正则化平移参数；

φ_s、λ_s、h_s、C_s、V_s——正则化尺度参数。

加上此处的 10 个正则化参数，RPC 模型的参数共 90 个。

A.2　RPC 区域网平差模型原理

由于星载全球导航卫星系统 GNSS、恒星相机和陀螺等设备获取的传感器位置和姿态参数精度有限，会造成 RPC 模型存在较大的系统误差，反映到像方坐标上，可表示为式(A.4)。

$$\begin{cases} \Delta C=e_0+e_C\cdot C+e_R\cdot R+e_{CR}\cdot C\cdot R+e_{C^2}\cdot C^2+e_{R^2}\cdot R^2+\cdots \\ \Delta V=f_0+f_C\cdot C+f_R\cdot R+f_{CR}\cdot C\cdot R+f_{C^2}\cdot C^2+f_{R^2}\cdot R^2+\cdots \end{cases} \quad \text{(A.4)}$$

式中：

ΔC　　——C 的改正量；

ΔR　　——R 的改正量；

e_0、e_C、… ——像点坐标的改正系数；

f_0、f_C、…——像点坐标的改正系数。

用（S,L）表示经系统误差改正后的像点坐标，当改正量 ΔC、ΔR 的表达式取至一次项时，（S,L）与（C,R）之间的关系见式(A.5)。

$$\begin{cases} S = C + \Delta C = e_0 + e_1 \cdot C + e_2 \cdot R \\ L = R + \Delta R = f_0 + f_1 \cdot C + f_2 \cdot R \end{cases} \quad \cdots\cdots (A.5)$$

式中：

e_0、e_1、e_2、f_0、f_1、f_2——各影像的仿射变换参数。

式(A.5)即为 RPC 区域网平差模型的数学模型。基于这一模型，按照泰勒级数展开，构建法方程，并使用逐步消元法等方法，结合连接点、控制点及 DEM 数据，即可求解 e_0、e_1、e_2、f_0、f_1、f_2 等未知数，进而获取更精确的正射校正影像。

附　录　B
（资料性附录）
6S大气辐射传输模型简介

6S大气辐射传输模型假设陆地表面为均匀的朗伯体，在大气垂直均匀变化的条件下，卫星遥感器所接收的表观反射率 $\rho(\theta_s,\theta_v,\phi_s,\phi_v)$ 可表示为大气路径反射、散射与吸收的函数，具体见式(B.1)。

$$\rho(\theta_s,\theta_v,\phi_s,\phi_v)=T_g(\theta_s,\theta_v)\left[\rho_{r+a}+T(\theta_S)T(\theta_V)\frac{\rho_s}{1-S\times\rho_s}\right] \quad \text{(B.1)}$$

式中：

θ_s ——太阳天顶角；

θ_v ——观测天顶角；

ϕ_s ——太阳方位角；

ϕ_v ——观测方位角；

ρ_{r+a} ——由分子散射加气溶胶散射所构成的路径辐射反射率；

$T_g(\theta_s,\theta_v)$ ——大气吸收所构成的反射率；

$T(\theta_S)$ ——太阳到地面的散射透过率；

$T(\theta_v)$ ——地面到卫星遥感器的散射透过率；

S ——大气球面反照率；

ρ_s ——地面目标反射率。

参 考 文 献

[1]GB/T 33175—2016 国家基本比例尺地图 1∶500 1∶1 000 1∶2 000 正射影像地图
[2]GB/T 33178—2016 国家基本比例尺地图 1∶250 000 1∶500 000 1∶1000 000 正射影像地图
[3]GB/T 33179—2016 国家基本比例尺地图 1∶25 000 1∶50 000 1∶100 000 正射影像地图
[4]GB/T 33182—2016 国家基本比例尺地图 1∶5 000 1∶10 000 正射影像地图
[5]GB/T 34509.1—2017 陆地观测卫星光学遥感器在轨场地辐射定标方法 第1部分:可见光近红外
[6]GB/T 34509.2—2017 陆地观测卫星光学遥感器在轨场地辐射定标方法 第2部分:热红外
[7]刘佳,王利民,杨玲波,等. 基于6S模型的GF-1卫星影像大气校正及效果[J]. 农业工程学报,2015,31(19):159-168.
[8]刘佳,王利民,杨玲波,等. 基于有理多项式模型区域网平差的GF-1影像几何校正[J]. 农业工程学报,2015,31(22):146-154.

ICS 65.020.01
B 04

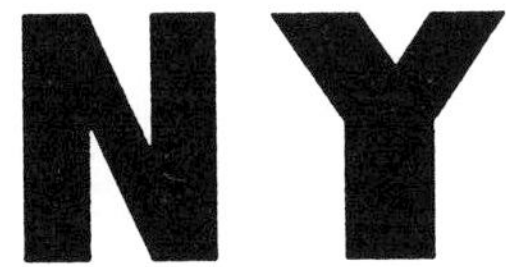

中华人民共和国农业行业标准

NY/T 3527—2019

农作物种植面积遥感监测规范

Specification for remote sensing monitoring of crop planting area

2019-12-27 发布　　2020-04-01 实施

中华人民共和国农业农村部　发布

前　言

本标准按照 GB/T 1.1—2009 给出的规则起草。

本标准由农业农村部发展规划司提出。

本标准由中国农业科学院农业资源与农业区划研究所归口。

本标准起草单位：中国农业科学院农业资源与农业区划研究所。

本标准主要起草人：刘佳、王利民、姚艳敏、杨玲波、唐鹏钦、滕飞、李丹丹、杨福刚、姚保民。

农作物种植面积遥感监测规范

1 范围

本标准规定了农作物种植面积遥感监测的术语和定义、缩略语、基本要求、监测处理流程、数据获取与处理、农作物遥感分类识别、精度检验、农作物种植面积量算和统计、农作物种植面积遥感监测专题产品制作。

本标准适用于基于中高空间分辨率卫星遥感数据的农作物种植面积监测业务工作。

2 规范性引用文件

下列文件对于本文件的应用是必不可少的。凡是注日期的引用文件，仅注日期的版本适用于本文件。凡是不注日期的引用文件，其最新版本(包括所有的修改单)适用于本文件。

GB/T 13989 国家基本比例尺地形图分幅和编号

GB/T 14950—2009 摄影测量与遥感术语

GB/T 16820—2009 地图学术语

GB/T 20257(所有部分) 国家基本比例尺地图图式

GB/T 30115 卫星遥感影像植被指数产品规范

3 术语和定义

下列术语和定义适用于本文件。

3.1

农作物 crop

在大田栽培下收获供人类食用或作工业原料用的作物。

注：包括粮食作物、经济作物、工业原料作物、饲料作物、药材作物等，如水稻、小麦、玉米、大豆、油菜、棉花、蔬菜等。

3.2

种植面积 planting area

在耕地或其他适宜耕种的土地上实际播种或栽培农作物的面积。

3.3

农作物生育期 crop growing season

作物自播种到籽实成熟的总天数。不以收籽实为目的的某些作物(如麻类、薯类、甘蔗、甜菜等)自播种到主产品收获所需的总天数。

注：农作物生育期也有自出苗算起。

3.4

遥感 remote sensing

不接触物体本身，用传感器收集目标物的电磁波信息，经处理、分析后，识别目标物，揭示其几何、物理特征和相互关系及其变化规律的现代科学技术。

[GB/T 14950—2009，定义 3.1]

3.5

像元 pixel;picture element

数字影像的基本单元。

[GB/T 14950—2009，定义 4.67]

3.6

空间分辨率 spatial resolution

遥感影像上能够识别的两个相邻地物的最小距离。

注:空间分辨率通常用像元大小、像解率或视场角来表示。

3.7

阿尔伯斯投影 Albers projection

一种正轴等面积割圆锥投影,又称双标准纬线等积圆锥投影。由阿尔伯斯于1805年创拟。

[GB/T 16820—2009,定义3.62]

3.8

高斯-克吕格投影 Gauss-Kruger projection

正轴等角横切椭圆柱投影。由德国数学家、天文学家高斯(C. F. Gauss)拟定,德国大地测量学家克吕格(J. Krüger)补充而成。假想用一个椭圆柱横切于椭球面上某投影带的中央子午线,将中央子午线两侧一定经差范围内的经纬线交点按等角条件投影到椭圆柱上,并将此圆柱面展为平面而成。其投影带中央子午线投影成直线且长度不变,赤道投影也为直线,并与中央子午线正交。

[GB/T 16820—2009,定义3.56]

3.9

几何校正 geometric correction

为消除影像的几何畸变而进行投影变换或不同波段影像间的配准等校正过程。

[GB/T 14950—2009,定义5.190]

3.10

大气校正 atmospheric correction

消除或减弱获取卫星遥感影像时,因大气传输过程中吸收或散射作用而引起的辐射畸变。

注:改写GB/T 14950—2009,定义5.191。

3.11

植被指数 vegetation index(VI)

一种利用多光谱遥感影像不同谱段数据的线性或非线性组合而形成的能反映绿色植物生长状况和分布的特征指数。

[GB/T 14950—2009,定义5.201]

3.12

归一化差值植被指数 normalized difference vegetation index(NDVI)

近红外波段反射率和可见光红光波段反射率之差与二者之和的比值。

3.13

多时相影像 multi-temporal images

不同时间获取的同一地区的影像。

[GB/T 14950—2009,定义6.50]

3.14

训练样本 training sample

可由实地调查或图像解释方法选取确定的已知地物属性或特征的图像像元,用于进行分类的学习和训练,以建立分类模型或分类函数的样本。

3.15

验证样本 validation sample

可由实地调查或图像解释方法选取确定的已知地物属性或特征的图像像元,用于验证分类结果精度的样本数。

3.16

监督分类 supervised classification

根据已知训练区提供的样本,通过选择特征参数,建立判别函数以对待分类影像进行的图像分类。

[GB/T 14950—2009,定义 5.240]

3.17

决策树分类 decision tree classification

通过对训练样本进行归纳学习,生成决策树或决策规则,然后使用决策树或决策规则对新数据进行分类的一种数学方法。

3.18

非监督分类 unsupervised classification

以不同影像地物在特征空间中类别特征的差别为依据的一种无先验(已知)类别标准的图像分类。

[GB/T 14950—2009,定义 5.249]

3.19

面向对象分类 object-oriented classification

基于影像空间、纹理和光谱等信息,对影像进行分割和分类的方法。

3.20

目视判读 visual interpretation

判读者通过直接观察或借助判读仪研究地物在遥感影像上反映的各种影像特征,并通过推理分析地物间的相互关系,识别所需地物信息的过程。

注:改写 GB/T 14950—2009,定义 4.144。

4 缩略语

下列缩略语适用于本文件。

GIS:地理信息系统(geographic information system)

GNSS:全球导航卫星系统(global navigation satellite system)

ISODATA:迭代自组织数据分析(iterative self-organizing data analysis)

J-M:J-M 距离(Jeffries-Matusita)

MLC:最大似然分类(maximum likelihood classification)

NDVI:归一化差值植被指数(normalized difference vegetation index)

RF:随机森林(random forest)

SVM:支持向量机(support vector machine)

VI:植被指数(vegetation index)

5 基本要求

5.1 空间基准

5.1.1 大地基准:2000 国家大地坐标系(CGCS2000)。

5.1.2 高程基准:1985 国家高程基准。

5.1.3 投影方式:省级及以上尺度宜采用阿尔伯斯投影,省级以下尺度宜采用高斯-克吕格投影。

5.2 分幅和编号

1∶500～1∶1 000 000 比例尺的农作物种植面积遥感监测专题图的分幅和编号按 GB/T 13989 的规定执行。

5.3 监测时间

农作物种植面积遥感监测时间应选择待监测农作物与其他农作物、背景地物的遥感影像特征差异最显著、识别效果最佳的时间节点。

冬小麦、春小麦、春玉米、夏玉米、早稻、中稻及一季稻、晚稻、春大豆、冬油菜、棉花、甘蔗 11 种主要农作物种植面积遥感监测最佳时间参见附录 A。

6 监测处理流程

农作物种植面积遥感监测处理流程主要包括数据获取与处理、农作物遥感分类识别、精度检验、农作物种植面积量算和统计、农作物种植面积遥感监测专题产品制作5个步骤，见图1。

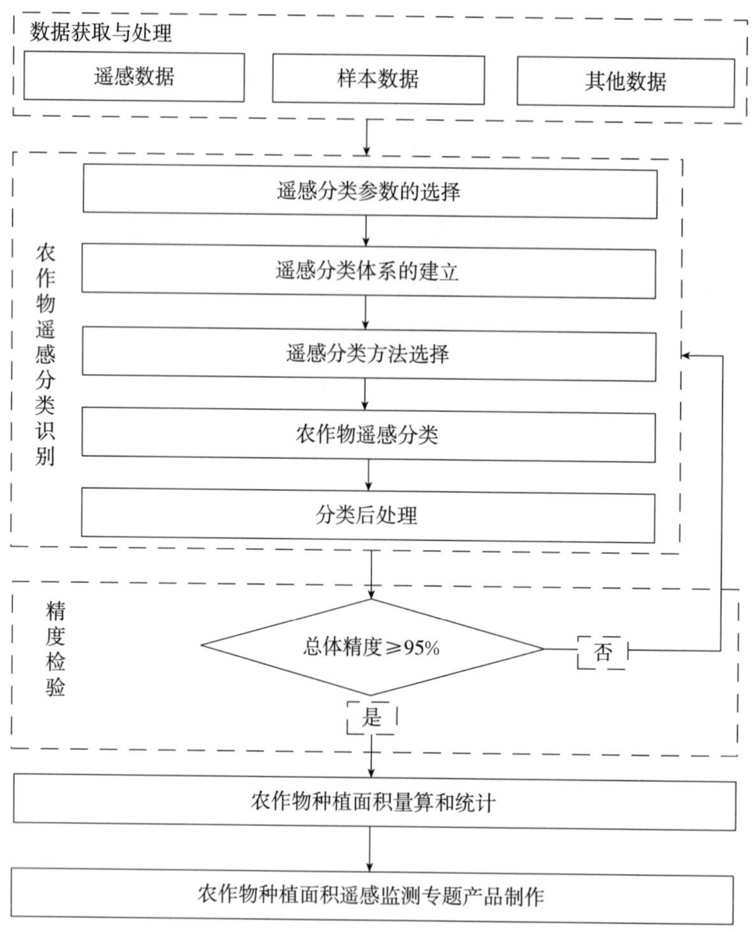

图1 农作物种植面积遥感监测处理流程

7 数据获取与处理

7.1 遥感数据

7.1.1 遥感数据的选择

遥感数据的选择要求如下：

a) 应选择至少具有绿光波段(520 nm～570 nm)、红光波段(620 nm～760 nm)、近红外波段(760 nm～1 100 nm)范围的卫星影像数据。

b) 卫星影像数据空间分辨率应优于30 m。云或浓雾覆盖像元的面积占影像总面积的百分比不超过20%。可以通过相近多时相影像合成晴空影像数据，以获取云覆盖或浓雾量符合要求的影像数据。

c) 除收集监测区域农作物种植面积最佳监测时间范围的影像数据外，也应收集最佳监测时间前期、后期同一季农作物不同生育时期的影像数据，参与农作物遥感分类，以便提高监测精度。

d) 卫星影像数据应图面清晰，定位准确，无明显条纹、点状和块状噪声，无数据丢失，无严重畸变。

7.1.2 遥感数据前处理

遥感数据前处理要求如下：

a) 根据不同的传感器选择相应的辐射定标参数进行遥感影像辐射定标。经大气校正后，获得地表反射率影像数据。如果农作物遥感分类识别以植被指数(VI)为依据，还应进一步计算并合成植被指数，获得植被指数影像数据。植被指数的计算与合成按 GB/T 30115 的规定执行。

b) 影像应进行几何校正，配准后平地、丘陵地的大地坐标误差≤1 个像元，山地、高山地的大地坐标误差≤2 个像元。

7.2 样本数据

7.2.1 数量与布局

样本数据数量与布局要求如下：

a) 在监测区域范围内选择若干抽样区域作为样本数据。样本的类别应当包含监测区域的主要地物类别(如监测的农作物类型、其他农作物类型，以及水体、裸地等)，应具有区域代表性。

b) 样本应均匀分布，样本数量应满足统计学的基本要求，每种地物类型的样本数量不少于 30 个。

c) 样本数据的采集时间与农作物种植面积监测时间应处于同一季农作物生长期内。

7.2.2 类别及获取方式

用于农作物遥感分类识别的样本数据包括训练样本数据和验证样本数据。

样本数据获取方式包括：

a) 地面采集：工作人员携带能获取地面样本坐标信息的设备(如 GNSS 手持机)，记录样本样方的坐标信息，并同步采集地物类别、照片等信息。样本数据地面调查表参见附录 B。

b) 航拍采集：使用航拍设备采集样本区域高精度航空影像，经过几何校正和拼接，结合地面调查，采用目视判读勾绘地物类别的方式获取样本。

c) 高分辨率卫星影像采集：使用更高空间分辨率的卫星遥感影像，结合实地调查，采用目视判读勾绘地物类别的方式获取样本。

7.3 其他数据

为提高农作物遥感分类识别的精度，其他数据宜包括：

a) 监测区域行政区划图、数字高程模型图；

b) 监测区域农作物种植面积信息的统计年鉴数据；

c) 监测区域农作物面积遥感监测历史成果数据等。

8 农作物遥感分类识别

8.1 遥感分类参数的选择

8.1.1 遥感分类参数应包括光谱反射率特征，也可以包括由光谱反射率衍生计算的植被指数特征，如归一化差值植被指数(NDVI)等。

8.1.2 如果采用面向对象分类方法，应对卫星影像数据进行适度的尺度分割，并计算分割单元内的纹理特征。

8.2 遥感分类体系的建立

8.2.1 基于样本数据获取监测区域的监测农作物类型、其他农作物类型，以及水体、裸地等地物的遥感分类参数。

8.2.2 采用空间距离方法分析遥感影像对监测农作物的识别能力。如果选择的空间距离方法为 J-M 距离，则监测农作物的识别能力 J-M 距离应大于 1.8 以上。

8.2.3 针对卫星影像空间分辨率，选择能够达到预期识别精度的农作物、其他地物类型建立农作物遥感分类体系，进行后续分类处理。

8.3 遥感分类方法选择

基于训练样本数据，可以选择监督分类、非监督分类、目视判读、面向对象等分类方法或组合进行分类，推荐的分类方法如下：

a) 监督分类方法推荐使用最大似然分类(MLC)、支持向量机(SVM)和随机森林(RF)，或者其他特征性增强的决策树分类方法；

b) 非监督分类方法推荐使用迭代自组织数据分析(ISODATA)、K 均值聚类(K-means)等方法，在使用非监督分类方案时，训练样本作为非监督分类结果的重分类样本；

c) 目视判读分类方法是在遥感分类体系建立后，不使用任何机器识别方法，直接采用人工目视判读的方式对监测作物进行识别和勾绘；

d) 面向对象分类方法是在卫星影像数据尺度分割的基础上，采用上述 3 种分类方案之一进行识别。

8.4 农作物遥感分类

8.4.1 将遥感分类参数、训练样本输入选择的分类方法进行分类，分析得到监测区域内的农作物遥感分类结果。

8.4.2 将分类结果中不包括监测农作物的地物类型归并为一类，监测农作物类型保持原类别。

8.5 分类后处理

8.5.1 将农作物遥感分类结果与遥感影像底图叠加，结合经验知识进行全图人工目视检查，对错分、漏分结果直接进行目视判读修改；对无法明确判断的类别采用其他方式进行标识和修改。

8.5.2 将由多幅卫星影像获取的分类结果进行拼接，并消除拼接线两侧分类结果的差异和错误。

9 精度检验

基于验证样本采用混淆矩阵中的总体精度，作为农作物遥感分类结果精度验证指标。按照式(1)计算总体精度，总体精度应不低于 95%。

$$p_c = \frac{\sum_{i=1}^{k} p_{ii}}{p} \times 100 \quad\cdots\cdots(1)$$

式中：

p_c——总体精度，以百分数(%)表示；

k ——类别的数量；

p ——样本的总数；

p_{ii}——遥感分类为 i 类而实测类别也为 i 类的样本数目。

10 农作物种植面积量算和统计

采用 GIS 软件对监测区域分类的监测农作物进行面积量算。依据监测要求和条件，确定需要扣除面积的线状地物类型(如道路、沟渠等)。采用抽样的方式，确定该类线状地物的扣除系数，根据扣除系数计算监测农作物的实际面积。

11 农作物种植面积遥感监测专题产品制作

11.1 专题图制作

农作物面积遥感监测专题图要素包括图名、图例、比例尺、制图单位、制图时间等，内容包括监测农作物类型、行政区划等信息。其中，基本地图要素制作方式按 GB/T 20257 的规定执行。

11.2 监测报告编写

农作物种植面积遥感监测报告内容包括采用的卫星及传感器、影像获取时间、监测时间、样本信息、分类方法、分类精度、农作物面积等信息。统计表格包括根据遥感监测结果获取的分行政区各类农作物面积汇总数据。

附 录 A
(资料性附录)
主要农作物种植面积遥感监测最佳时间

主要农作物种植面积遥感监测最佳时间见表 A.1。

表 A.1 主要农作物种植面积遥感监测最佳时间

农作物	种植区域	遥感监测最佳时间	播种期	收获期	生育期
冬小麦	长城以南到华南部分地区,以及新疆和青藏高原均可种植。其中,黄淮海平原是冬小麦主产区	分蘖期、返青至拔节期。例如,黄淮海平原冬小麦的监测最佳时间是3月上旬至4月下旬、12月上旬至1月上旬	9月上旬至11月上旬。由北向南,播种期逐渐向后推迟,一般北方比南方早1个月～2个月。其中,黄淮海平原从9月下旬开始播种,一直持续到10月下旬	3月上旬至7月上旬。由南向北逐渐成熟,一般南方比北方早成熟2个月～4个月。其中,黄淮海地区南部5月下旬开始成熟,北部到6月中旬全部成熟	125 d～290 d。由南向北,生长周期逐渐增加。其中,黄淮海平原冬小麦从播种到成熟的日数一般为225 d～275 d
春小麦	主要种植在长城以北地区。其中,东北和西北地区是春小麦主产区	拔节至抽穗期。例如,东北地区春小麦监测最佳时间是5月下旬至6月上旬	3月下旬至4月下旬。其中,东北地区4月中旬、西北地区4月上旬开始播种	7月中旬至9月上旬。其中,东北地区8月上旬、西北地区7月中旬开始收获	110 d～190 d。其中,东北和西北地区春小麦从播种到成熟的日数一般为110 d
春玉米	除高寒地区外,全国其他区域均可种植。主要种植在东北、西北、华北和西南地区	抽雄期。例如,东北地区春玉米监测最佳时间是7月中旬至8月上旬	3月上旬至5月中旬。其中,东北地区4月下旬至5月上旬、西北地区4月下旬、华北地区4月中旬、西南地区3月上旬开始播种	8月上旬至10月上旬。其中,东北地区9月下旬、西北地区10月上旬、华北地区9月上旬、西南地区8月上旬开始收获	120 d～150 d。其中,东北地区120 d～145 d、西北地区140 d～150 d、华北地区130天、西南地区120 d～140 d
夏玉米	长城以南到海南岛均可种植。其中,黄淮海平原是夏玉米主产区	抽雄期。例如,黄淮海平原夏玉米监测最佳时间是8月上旬至8月中旬	5月下旬至6月下旬。由南向北逐渐推迟。其中,黄淮海平原南部6月上旬、北部6月下旬陆续播种	9月上旬至10月上旬。其中,黄淮海平原南部9月中旬、北部9月下旬开始收获	95 d～130 d。其中,黄淮海平原95 d～110 d
早稻	长江以南地区。其中,湖南省和江西省是早稻主产区	移栽至抽穗期。例如,湖南省早稻监测最佳时间为5月上旬至6月下旬	2月中旬至4月下旬。由南向北逐渐推迟	7月上旬至7月下旬。其中,湖南省和江西省7月下旬开始收获	105 d～130 d。由北向南逐渐增加。其中,湖南省和江西省早稻播种到成熟的日数为115 d～120 d
中稻及一季稻	除高寒地区外,全国其他区域均可种植。其中,东北和长江中下游地区是一季稻主产区	移栽至抽穗期。例如,东北地区一季稻监测最佳时间是6月中旬至9月中旬	4月下旬至5月下旬,由南向北逐渐推迟。其中,东北地区5月中下旬开始播种	8月中旬至9月下旬。其中,东北地区9月下旬开始收获	110 d～170 d。其中,东北地区120 d～140 d
晚稻	长江以南地区。其中,湖南省和江西省是晚稻主产区	移栽至抽穗期。例如湖南省晚稻监测最佳时间是8月上旬至9月中旬	6月中旬至6月下旬。其中,湖南省和江西省6月中旬开始播种	10月下旬至11月中旬。其中,湖南省和江西省10月下旬开始收获	130 d～150 d。其中,湖南省和江西省130 d～135 d

表 A.1(续)

农作物	种植区域	遥感监测最佳时间	播种期	收获期	生育期
春大豆	主要种植在东北、华北和西北地区。其中,东北地区是春大豆主产区	开花至盛荚期。例如,东北春大豆监测最佳时间是7月中旬至8月中旬	4月上旬至5月上旬。其中,东北地区4月下旬至5月上旬播种	8月下旬至9月上旬。其中东北地区8月下旬至9月上旬开始收获	95 d～105 d。其中,东北地区95 d～100 d
冬油菜	长江中下游地区	蕾薹至开花期。例如,湖南省冬油菜监测最佳时间是3月下旬至4月上旬	9月下旬至10月上旬	3月下旬至5月下旬	115 d～125 d
棉花	主要种植在新疆、西北、华北和长江中下游地区	现蕾至开花期。例如,新疆棉花监测最佳时间是6月下旬至7月上旬	4月上旬至4月下旬。其中,新疆4月中旬至下旬、西北4月下旬、华北4月中旬至下旬、长江中下游4月中旬开始播种	8月中旬至9月下旬。其中,新疆8月下旬至9月上旬、西北9月中旬、华北9月中旬至下旬、长江中下游8月下旬至9月上旬,棉花进入吐絮期	120 d～155 d。其中,新疆和西北140 d、华北150 d～155 d、长江中下游135 d～140 d
甘蔗[a]	主要种植在华南地区	10月中旬至11月上旬	春播一般在1月下旬至3月中旬,秋播一般在8月下旬至9月下旬	春播甘蔗在5月中旬至7月中旬收割,秋播甘蔗12月中旬至次年2月收割	210 d～300 d
[a] 甘蔗为多年生作物,通常3年重新播种一次。					

附　录　B
(资料性附录)
农作物种植面积遥感监测样本数据地面调查表

农作物种植面积遥感监测样本数据地面调查表见表 B.1。

表 B.1　农作物种植面积遥感监测样本数据地面调查表

<table>
<tr><td>调查时间</td><td colspan="3">___年___月___日___时___分</td></tr>
<tr><td>调查地点</td><td colspan="3">___省___市___县___乡___村</td></tr>
<tr><td>调查人</td><td></td><td>联系人</td><td></td></tr>
<tr><td>经度及纬度/度分秒</td><td></td><td>海拔/米(保留小数点后两位)</td><td></td></tr>
<tr><td>样本基本描述
(包括变化原因)</td><td colspan="3"></td></tr>
<tr><td>照片编号
(日期+县名+编号)</td><td></td><td>照片说明</td><td></td></tr>
<tr><td>样本位置
(精确到行政村)</td><td></td><td>地形</td><td></td></tr>
<tr><td colspan="4">样本图</td></tr>
</table>

参 考 文 献

[1]GB/T 10111—2008 随机数的产生及其在产品质量抽样检验中的应用程序

ICS 13.080.20
B 11

中华人民共和国农业行业标准

NY/T 3528—2019

耕地土壤墒情遥感监测规范

Specification for remote sensing monitoring of soil moisture in cropland

2019-12-27 发布 2020-04-01 实施

中华人民共和国农业农村部 发布

前 言

本标准按照 GB/T 1.1—2009 给出的规则起草。

本标准由农业农村部发展规划司提出。

本标准由中国农业科学院农业资源与农业区划研究所归口。

本标准起草单位:中国农业科学院农业资源与农业区划研究所。

本标准主要起草人:王利民、刘佳、姚艳敏、邓辉、唐鹏钦、滕飞、杨福刚、杨玲波、季富华。

耕地土壤墒情遥感监测规范

1 范围

本标准规定了耕地土壤墒情遥感监测处理流程、技术方法、质量控制以及成果报告编写的基本要求。

本标准适用于基于卫星遥感数据的耕地土壤墒情监测业务工作。采用其他数据源开展耕地土壤墒情监测可参照执行。

对于长时间处于土壤饱和含水量状态的水田,不适于本标准确定的范围。

2 规范性引用文件

下列文件对于本文件的应用是必不可少的。凡是注日期的引用文件,仅注日期的版本适用于本文件。凡是不注日期的引用文件,其最新版本(包括所有的修改单)适用于本文件。

GB/T 14950—2009 摄影测量与遥感术语

GB/T 15968—2008 遥感影像平面图制作规范

GB/T 20257(所有部分) 国家基本比例尺地图图式

GB/T 28923.1 自然灾害遥感专题图产品制作要求 第1部分:分类、编码与制图

GB/T 30115—2013 卫星遥感影像植被指数产品规范

GB/T 32136—2015 农业干旱等级

NY/T 1782—2009 农田土壤墒情监测技术规范

SL 364—2015 土壤墒情监测规范

SL 568—2012 土壤墒情评价指标

3 术语和定义

下列术语和定义适用于本文件。

3.1

土壤墒情 soil moisture condition

影响作物生育的土壤水分条件。

[SL 568—2012,定义 2.1]

3.2

土壤重量含水量 gravimetric soil moisture content

土壤保持的水分质量与其干土质量的比值,以百分数表示。

[SL 364—2015,定义 3.11]

3.3

土壤田间持水量 field capacity

土壤毛管悬着水达到最大数量时的土壤含水量,以重量百分数表示。

[SL 568—2012,定义 2.3]

3.4

土壤相对湿度 relative soil moisture

土壤重量含水量与土壤田间持水量的比值,以百分数表示。

3.5

土壤墒情等级 levels of soil moisture

农田土壤含水量对作物不同生育阶段水分需求的满足程度。

[NY/T 1782—2009,定义 3.1]

3.6

遥感　remote sensing

不接触物体本身,用传感器收集目标物的电磁波信息,经处理、分析后,识别目标物,揭示其几何、物理特征和相互关系及其变化规律的现代科学技术。

[GB/T 14950—2009,定义 3.1]

3.7

归一化差值植被指数　normalized difference vegetation index, *NDVI*

近红外波段反射率和可见光红光波段反射率之差与二者之和的比值。

3.8

作物冠层温度　crop canopy temperature

农田作物层不同高度叶和茎以及土壤表面温度的平均值。

3.9

辐射亮度　radiance

单位投影面积、单位立体角上的辐射通量。

[GB/T 30115—2013,定义 3.2]

3.10

亮度温度　brightness temperature

当一个物体的辐射亮度与某一黑体的辐射亮度相同时,该黑体的物理温度则为该物体的亮度温度。

4　缩略语

下列缩略语适用于本文件。

ATI:表观热惯量指数(apparent thermal inertia index)

EOS:地球观测系统(earth observation system)

MODIS:中分辨率成像光谱仪(moderate resolution imaging spectrometer)

NDVI:归一化差值植被指数(normalized difference vegetation index)

NOAA:美国国家海洋与大气管理局(national oceanic and atmospheric administration)

VSWI:植被供水指数(vegetation supply water index)

5　监测处理流程

对卫星数据完成预处理后,按以下处理流程进行耕地土壤墒情遥感监测:

a)　根据作物种植类型分布图以及作物生育时期数据,计算监测区域耕地土壤墒情遥感监测指标,包括表观热惯量指数(*ATI*)和植被供水指数(*VSWI*),或者其他干旱指数。处在苗期生长的作物区域,宜采用 *ATI* 模型;处在苗期生长以后的作物区域,宜采用 *VSWI* 模型。

b)　结合土壤墒情地面调查数据,反演估测监测区域土壤相对湿度。

c)　确定监测区域耕地土壤墒情等级,并进行结果验证。

d)　制作耕地土壤墒情评价等级专题图。

e)　编制耕地土壤墒情遥感监测报告。

耕地土壤墒情遥感监测处理流程见图 1。

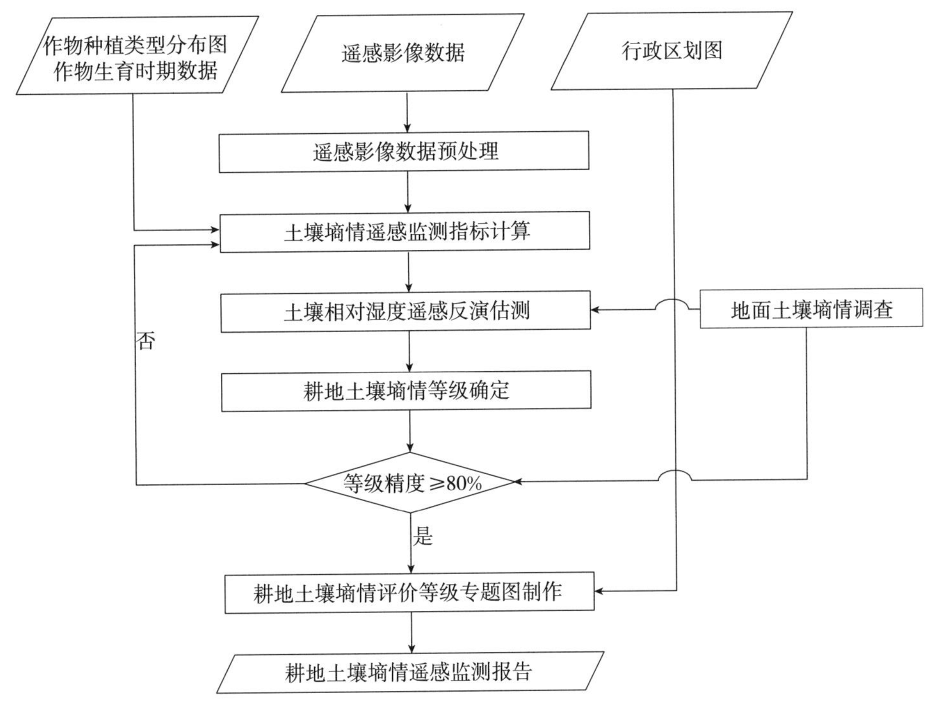

图 1 耕地土壤墒情遥感监测处理流程

6 数据源和数据预处理

6.1 遥感数据

6.1.1 遥感数据的选择

遥感数据的选择要求如下：

a) 应选择具有红光波段(620 nm～760 nm)、近红外波段(760 nm～1 250 nm)、热红外波段(10.0 μm～14.0 μm)范围的卫星影像数据。例如，中国风云 3 号系列极轨气象卫星(FY-3)、美国 NOAA 极轨气象卫星以及 EOS/MODIS 等卫星影像数据。

b) 根据所确定的制图区域，收集监测时间范围内的卫星影像数据。

c) 覆盖制图区域的卫星影像数据云或浓雾量不超过 10%。

6.1.2 遥感数据预处理

耕地土壤墒情监测前，遥感数据应经过以下处理：

a) 根据不同的传感器选择相应的辐射定标参数进行遥感影像数据辐射定标，并进行大气校正。

b) 影像数据需进行几何校正，配准误差在 1 个像元之内。

c) 涉及多时相、多景遥感影像数据预处理时，应实现无缝镶嵌。

d) 影像数据应通过剪裁或掩膜处理，获取所监测区域内的遥感影像数据。

e) 遥感影像平面坐标系应采用国家规定的统一坐标系，见 GB/T 15968—2008 的 3.2.1。其中 1∶(10 000～500 000)遥感影像平面图的投影采用高斯-克吕格投影；1∶1 000 000 遥感影像平面图的投影采用正轴等角圆锥投影。

6.2 地面土壤墒情监测数据

收集整理覆盖监测区域、监测时间的地面土壤墒情监测数据，至少包括：监测点的经纬度坐标、海拔、10 cm～20 cm 层次的土壤含水量，用于土壤相对湿度遥感反演估算和耕地土壤墒情等级确定精度验证。

地面土壤墒情监测点空间分布宜采用格网均匀布设方式，监测区域内每种作物类型监测点数量应满足统计模型估计的基本要求。有关地面土壤墒情监测点的设置、土壤湿度测定方法、数据采集要求、数据格式和处理说明等内容见 NY/T 1782—2009。

6.3 其他数据

其他数据至少应包括：

a） 监测区域作物种植类型分布图或耕地分布图，比例尺宜优于遥感影像出图比例尺；

b） 监测区域行政区划数据；

c） 监测区域作物不同生育时期资料。

7 土壤墒情遥感监测指标计算

7.1 表观热惯量指数(*ATI*)

处在苗期生长的作物区域，宜采用 ATI 模型。按照式(1)计算 ATI，获得监测区域 ATI 空间分布图。

$$ATI = (1 - ABE)/\Delta T \quad \cdots\cdots (1)$$

式中：

ATI ——表观热惯量指数，单位为开分之一(K^{-1})；

ABE ——地表全波段反照率，单位为百分号(%)；

ΔT ——每日最高地表温度和最低地表温度的温差，单位为开(K)。

根据采用的卫星数据，选择适宜的方法计算 ABE 和 ΔT。其中采用 MODIS 数据计算 ABE 和 ΔT 参见附录 A。

7.2 植被供水指数(*VSWI*)

7.2.1 *VSWI* 的计算公式

处在苗期生长以后的作物区域，宜采用 $VSWI$ 模型。按照式(2)计算 $VSWI$，获得监测区域 $VSWI$ 空间分布图。

$$VSWI = NDVI / T_c \quad \cdots\cdots (2)$$

式中：

$VSWI$ ——植被供水指数，单位为开分之一(K^{-1})；

$NDVI$ ——监测时段的归一化差值植被指数，无量纲；

T_c ——作物冠层温度，单位为开(K)。

7.2.2 作物冠层温度(T_c)

可以采用地表温度(T_s)代替冠层温度(T_c)。采用 MODIS 数据计算地表温度 T_s 参见附录 A。附录 B 可用于反演地表温度的典型红外传感器及谱段参见附录 B。

7.2.3 归一化差值植被指数(*NDVI*)

按照式(3)计算 $NDVI$，获得监测区域 $NDVI$ 空间分布图。详细的 $NDVI$ 处理流程见 GB/T 30115—2013。其中，采用 MODIS 数据计算 $NDVI$ 参见附录 A。

$$NDVI = (NIR - R)/(NIR + R) \quad \cdots\cdots (3)$$

式中：

$NDVI$ ——监测时段的归一化差值植被指数，无量纲；

NIR ——近红外波段反射率，无量纲；

R ——可见光红光波段反射率，无量纲。

8 土壤相对湿度遥感反演估算

土壤相对湿度是耕地土壤墒情等级划分的指标，能直接反映作物可利用水分的状况。本标准采用的土壤相对湿度土层厚度取 10 cm～20 cm。按照式(4)反演估算土壤相对湿度，获得监测区域土壤相对湿度空间分布图。

$$SHI = a \times X + b \quad \cdots\cdots (4)$$

式中：

SHI ——遥感反演估算的土壤相对湿度，单位为百分号(%)；

X ——ATI 或 $VSWI$ 值，单位为开分之一(K^{-1})；

a、b ——系数。应针对不同地区和不同作物类型，根据土壤墒情地面观测值拟合 a、b 系数。

9 耕地土壤墒情等级确定

耕地土壤墒情划分 5 个等级：湿润（1 级墒情）、正常（2 级墒情）、轻旱（3 级墒情）、中旱（4 级墒情）和重旱（5 级墒情）。耕地土壤墒情等级划分标准见表 1。根据表 1 确定监测区域土壤墒情等级，并进行各等级的统计汇总。

表 1 耕地土壤墒情等级划分表

土壤墒情等级	土壤相对湿度（SHI）	土壤墒情对作物旱情影响程度
湿润（1 级）	$80\%<SHI<100\%$	土壤相对湿度适宜农作物相应生长，地表湿润，无旱象
正常（2 级）	$60\%<SHI\leqslant 80\%$	土壤相对湿度适宜农作物相应生长，地表正常，无旱象
轻旱（3 级）	$50\%<SHI\leqslant 60\%$	土壤相对湿度导致农作物生长发育受到较轻微程度影响，地表蒸发量较小，近地表空气干燥
中旱（4 级）	$40\%<SHI\leqslant 50\%$	土壤相对湿度导致农作物生长发育受到较大程度影响，能够导致减产，土壤表面干燥，作物叶片有萎蔫现象
重旱（5 级）	$SHI\leqslant 40\%$	土壤相对湿度导致农作物生长发育受到阻碍，能够导致农作物绝收，土壤出现较厚的干土层，作物叶片萎蔫或干枯，果实脱落

10 等级精度计算

耕地土壤墒情遥感监测结果等级精度计算方法如下：

a) 在监测区域范围内，对同期地面观测土壤湿度的样点计算土壤相对湿度，按照表 1 进行分级。地面观测样点土壤相对湿度计算方法参见附录 C。

b) 将地面观测样点土壤相对湿度分级结果与对应的遥感监测区域耕地土壤墒情等级分布图同名像点进行比较，按照式（5）计算等级精度，将等级精度≥80%的监测结果定为合格。

$$A=\frac{R}{n}\times 100 \quad\cdots\cdots\cdots\cdots(5)$$

式中：

A ——等级精度，单位为百分号（%）；

R ——遥感监测与地面观测样点比较土壤墒情分级正确点的数据，单位为个；

n ——地面土壤墒情观测样点数，单位为个。

11 耕地土壤墒情遥感监测专题图制作和报告编写

11.1 专题图制作

耕地土壤墒情遥感监测专题图要素包括图名、图例、比例尺、耕地土壤墒情等级、行政区划地理信息等。其中，基本地图要素制作方式按 GB/T 20257—2017 的规定完成，耕地土壤墒情等级分布图的制作方式按 GB/T 28923.1—2012 的规定完成。

11.2 监测报告编写

耕地土壤墒情遥感监测报告内容包括采用的卫星及传感器、监测时间范围、耕地土壤墒情等级及比例等遥感监测结果信息，统计表格包括根据遥感监测结果获取的耕地土壤墒情等级和比例等信息。

附 录 A
(资料性附录)
EOS/MODIS 数据相关参数计算

A.1 MODIS 亮度温度计算

按照式(A.1)计算亮度温度。

$$T_i = \frac{K_{i,2}}{\ln\left(1+\frac{K_{i,1}}{I_i}\right)} \quad \cdots\cdots \text{(A. 1)}$$

式中：

T_i ——MODIS 数据第 $i(i=31,32)$波段的亮度温度,单位为开(K);

$K_{i,2}$——常量,单位为开(K);对于 $i=31$ 波段,$K_{31,2}=1\ 304.413\ 87$,对于 $i=32$ 波段,$K_{32,2}=1\ 196.978\ 785$;

$K_{i,1}$——常量,单位为瓦每平方米球面度微米[W/(m² · sr · μm)];对于 $i=31$ 波段,$K_{31,1}=729.541636$,对于 $i=32$ 波段,$K_{32,1}=474.684\ 780$;

I_i ——MODIS 数据第 $i(i=31,32)$波段的辐射强度,单位为瓦每平方米球面度微米[W/(m² · sr · μm)];

具体内容可参见参考文献[2]。

A.2 地表温度计算

采用劈窗算法计算地表温度,见式(A.2)。

$$T_s = A_0 + A_1 T_{31} - A_2 T_{32} \quad \cdots\cdots \text{(A. 2)}$$

式中：

T_s ——地表温度,单位为开(K);

A_0、A_1、A_2——与地表比辐射率、大气透过率等参数相关的系数,均无量纲,具体计算过程参见参考文献[3]。

T_{31} ——MODIS 数据第 31 波段(远红外波段)的亮度温度,单位为开(K);

T_{32} ——MODIS 数据第 32 波段(远红外波段)的亮度温度,单位为开(K)。

也可以直接采用 MODIS 温度产品参与后续计算。

A.3 地表全波段反照率计算

按照式(A.3)计算地表全波段反照率。

$$\begin{aligned} ABE =& 0.16CH_1 + 0.291CH_2 + 0.243CH_3 + 0.116CH_4 \\ &+ 0.112CH_5 + 0.081CH_7 - 0.0015 \end{aligned} \quad \cdots\cdots \text{(A. 3)}$$

式中：

CH_1、CH_2、CH_3、CH_4、CH_5、CH_7——MODIS 数据第 1、第 2、第 3、第 4、第 5、第 7 通道的反射率,无量纲。

具体计算过程可参见参考文献[4]。

A.4 地表温差(ΔT)计算

按照式(A.4)和式(A.5)计算地表温差 ΔT。

$$\Delta T = 2\frac{T_c(t_1) - T_c(t_2)}{\sin\left(\frac{\pi t_1}{12} + \omega\right) - \sin\left(\frac{\pi t_2}{12} + \omega\right)} \quad \cdots\cdots\cdots\cdots (A.4)$$

$$\omega = \cos^{-1}(-\tan\phi\tan\delta) \quad \cdots\cdots\cdots\cdots (A.5)$$

式中：

ΔT ——每日最高地表温度和最低地表温度的温差，单位为开(K)；

$T_c(t_1)$——t_1时间的地表温度，单位为开(K)；

$T_c(t_2)$——t_2时间的地表温度，单位为开(K)；

ω ——中间变量，无特殊含义，无量纲；

ϕ ——弧度制表示的当地纬度，单位为 rad，单位通常可省略；

δ ——弧度制表示的太阳赤纬，单位为 rad，单位通常可省略。

具体计算过程可参见参考文献[5]，根据不同的数据获取条件，也可以采用亮度温度代替地表温度计算温度差。

A.5 *NDVI* 计算

按照式(A.6)计算基于 MODIS 数据的 *NDVI*。

$$NDVI = (CH_2 - CH_1)/(CH_2 + CH_1) \quad \cdots\cdots\cdots\cdots (A.6)$$

式中：

$NDVI$ ——监测时段的归一化差值植被指数，无量纲；

CH_1 ——MODIS 数据第 1 通道的反射率，无量纲；

CH_2 ——MODIS 数据第 2 通道的反射率，无量纲。

附　录　B
（资料性附录）
可用于反演地表温度的典型红外传感器及谱段

可用于反演地表温度的典型红外传感器及谱段见表 B.1。根据传感器的波段设置，对应的地表温度反演方法可以分为单波段算法、多波段算法和分裂窗算法 3 类。

表 B.1　可用于反演地表温度的典型红外传感器及谱段

传感器	波段	光谱范围，μm	主要算法
Landsat 8/TIRS	10,11	10.60～11.19 11.50～12.51	单波段算法
HJ-1/IRS	4	10.50～12.50	单波段算法
FY-3/MERSI	5	中心波长：11.25	单波段算法
EOS/ASTER	10,11,12,13,14	8.125～8.475 8.475～8.825 8.925～9.275 10.25～10.95 10.95～11.65	多波段算法
NOAA/AVHRR	3,4,5	3.55～3.93 10.50～11.30 11.50～12.50	分裂窗算法 多波段算法
EOS/MODIS	20,22,23,29,31,32,33	3.66～3.84 3.929～3.989 4.02～4.08 8.4～8.7 10.78～11.28 11.77～12.27 13.185～13.485	分裂窗算法 多波段算法
FY-3/VIRR	3,4,5	3.55～3.93 10.3～11.3 11.5～12.5	分裂窗算法 多波段算法

附 录 C
(资料性附录)
土壤相对湿度计算方法

C.1 土壤重量含水量

土壤重量含水量(w)的计算参见 GB/T 32136—2015 中附录 E。

C.2 土壤田间持水量

土壤田间持水量(f_c)的计算参见 GB/T 32136—2015 中附录 E。

C.3 土壤相对湿度

地面样点土壤相对湿度按式(C.1)计算。

$$SHI=\frac{w}{f_c}\times 100 \qquad \text{(C.1)}$$

式中:

SHI ——监测土层土壤相对湿度,单位为百分号(%);

w ——监测土层土壤重量含水量,单位为百分号(%);

f_c ——监测土层土壤田间持水量,单位为百分号(%)。

参 考 文 献

[1]Price J C.The potential of remotely sensed thermal infrared data to infer surface soil moisture and evaporation[J].Water Resources Research,1980,16(4):787-795.

[2]覃志豪,高懋芳,秦晓敏,等. 农业旱灾监测中的地表温度遥感反演方法——以 MODIS 数据为例[J].自然灾害学报,2005,14(4):64-71.

[3]姜立鹏,覃志豪,谢雯. MODIS 数据地表温度反演分裂窗算法的 IDL 实现[J].测绘与空间地理信息,2006,29(3):114-117.

[4]Liang S L. Narrowband to broadband conversions of land surface albedo Ⅰ algorithms[J].Remote Sensing of Environment,2000(76):213-238.

[5]宋扬,房世波,梁瀚月,等.基于 MODIS 数据的农业干旱遥感指数对比和应用[J].国土资源遥感,2017,29(2):215-220.

[6]梁顺林,李小文,王锦地,等. 定量遥感:理念与算法[M]. 北京:科学出版社,2013

[7]刘玉洁,杨忠东. MODIS 遥感信息处理原理与算法[M]. 北京:科学出版社,2001.

[8]唐华俊,周清波,姚艳敏.农业空间信息标准与规范[M]. 北京:中国农业出版社,2016.

附录

中华人民共和国农业农村部公告
第 127 号

《苹果腐烂病抗性鉴定技术规程》等 41 项标准业经专家审定通过，现批准发布为中华人民共和国农业行业标准，自 2019 年 9 月 1 日起实施。

特此公告。

附件：《苹果腐烂病抗性鉴定技术规程》等 41 项农业行业标准目录

农业农村部

2019 年 1 月 17 日

附件:

《苹果腐烂病抗性鉴定技术规程》等41项农业行业标准目录

序号	标准号	标准名称	代替标准号
1	NY/T 3344—2019	苹果腐烂病抗性鉴定技术规程	
2	NY/T 3345—2019	梨黑星病抗性鉴定技术规程	
3	NY/T 3346—2019	马铃薯抗青枯病鉴定技术规程	
4	NY/T 3347—2019	玉米籽粒生理成熟后自然脱水速率鉴定技术规程	
5	NY/T 3413—2019	葡萄病虫害防治技术规程	
6	NY/T 3414—2019	日晒高温覆膜法防治韭蛆技术规程	
7	NY/T 3415—2019	香菇菌棒工厂化生产技术规范	
8	NY/T 3416—2019	茭白储运技术规范	
9	NY/T 3417—2019	苹果树主要害虫调查方法	
10	NY/T 3418—2019	杏鲍菇等级规格	
11	NY/T 3419—2019	茶树高温热害等级	
12	NY/T 3420—2019	土壤有效硒的测定　氢化物发生原子荧光光谱法	
13	NY/T 3421—2019	家蚕核型多角体病毒检测　荧光定量PCR法	
14	NY/T 3422—2019	肥料和土壤调理剂　氟含量的测定	
15	NY/T 3423—2019	肥料增效剂　3,4-二甲基吡唑磷酸盐(DMPP)含量的测定	
16	NY/T 3424—2019	水溶肥料　无机砷和有机砷含量的测定	
17	NY/T 3425—2019	水溶肥料　总铬、三价铬和六价铬含量的测定	
18	NY/T 3426—2019	玉米细胞质雄性不育杂交种生产技术规程	
19	NY/T 3427—2019	棉花品种枯萎病抗性鉴定技术规程	
20	NY/T 3428—2019	大豆品种大豆花叶病毒病抗性鉴定技术规程	
21	NY/T 3429—2019	芝麻品种资源耐湿性鉴定技术规程	
22	NY/T 3430—2019	甜菜种子活力测定　高温处理法	
23	NY/T 3431—2019	植物品种特异性、一致性和稳定性测试指南　补血草属	
24	NY/T 3432—2019	植物品种特异性、一致性和稳定性测试指南　万寿菊属	
25	NY/T 3433—2019	植物品种特异性、一致性和稳定性测试指南　枇杷属	
26	NY/T 3434—2019	植物品种特异性、一致性和稳定性测试指南　柱花草属	
27	NY/T 3435—2019	植物品种特异性、一致性和稳定性测试指南　芥蓝	
28	NY/T 3436—2019	柑橘属品种鉴定　SSR分子标记法	
29	NY/T 3437—2019	沼气工程安全管理规范	
30	NY/T 1220.1—2019	沼气工程技术规范　第1部分:工程设计	NY/T 1220.1—2006
31	NY/T 1220.2—2019	沼气工程技术规范　第2部分:输配系统设计	NY/T 1220.2—2006
32	NY/T 1220.3—2019	沼气工程技术规范　第3部分:施工及验收	NY/T 1220.3—2006
33	NY/T 1220.4—2019	沼气工程技术规范　第4部分:运行管理	NY/T 1220.4—2006
34	NY/T 1220.5—2019	沼气工程技术规范　第5部分:质量评价	NY/T 1220.5—2006
35	NY/T 3438.1—2019	村级沼气集中供气站技术规范　第1部分:设计	

（续）

序号	标准号	标准名称	代替标准号
36	NY/T 3438.2—2019	村级沼气集中供气站技术规范　第2部分:施工与验收	
37	NY/T 3438.3—2019	村级沼气集中供气站技术规范　第3部分:运行管理	
38	NY/T 3439—2019	沼气工程钢制焊接发酵罐技术条件	
39	NY/T 3440—2019	生活污水净化沼气池质量验收规范	
40	NY/T 3441—2019	蔬菜废弃物高温堆肥无害化处理技术规程	
41	NY/T 3442—2019	畜禽粪便堆肥技术规范	

中华人民共和国农业农村部公告
第 196 号

《耕地质量监测技术规程》等 123 项标准业经专家审定通过，现批准发布为中华人民共和国农业行业标准，自 2019 年 11 月 1 日起实施。

特此公告。

附件：《耕地质量监测技术规程》等 123 项农业行业标准目录

农业农村部

2019 年 8 月 1 日

附件：

《耕地质量监测技术规程》等123项农业行业标准目录

序号	标准号	标准名称	代替标准号
1	NY/T 1119—2019	耕地质量监测技术规程	NY/T 1119—2012
2	NY/T 3443—2019	石灰质改良酸化土壤技术规范	
3	NY/T 3444—2019	牦牛冷冻精液生产技术规程	
4	NY/T 3445—2019	畜禽养殖场档案规范	
5	NY/T 3446—2019	奶牛短脊椎畸形综合征检测 PCR 法	
6	NY/T 3447—2019	金川牦牛	
7	NY/T 3448—2019	天然打草场退化分级	
8	NY/T 821—2019	猪肉品质测定技术规程	NY/T 821—2004
9	NY/T 3449—2019	河曲马	
10	NY/T 3450—2019	家畜遗传资源保种场保种技术规范　第1部分:总则	
11	NY/T 3451—2019	家畜遗传资源保种场保种技术规范　第2部分:猪	
12	NY/T 3452—2019	家畜遗传资源保种场保种技术规范　第3部分:牛	
13	NY/T 3453—2019	家畜遗传资源保种场保种技术规范　第4部分:绵羊、山羊	
14	NY/T 3454—2019	家畜遗传资源保种场保种技术规范　第5部分:马、驴	
15	NY/T 3455—2019	家畜遗传资源保种场保种技术规范　第6部分:骆驼	
16	NY/T 3456—2019	家畜遗传资源保种场保种技术规范　第7部分:家兔	
17	NY/T 3457—2019	牦牛舍饲半舍饲生产技术规范	
18	NY/T 3458—2019	种鸡人工授精技术规程	
19	NY/T 822—2019	种猪生产性能测定规程	NY/T 822—2004
20	NY/T 3459—2019	种猪遗传评估技术规范	
21	NY/T 3460—2019	家畜遗传资源保护区保种技术规范	
22	NY/T 3461—2019	草原建设经济生态效益评价技术规程	
23	NY/T 3462—2019	全株玉米青贮霉菌毒素控制技术规范	
24	NY/T 566—2019	猪丹毒诊断技术	NY/T 566—2002
25	NY/T 3463—2019	禽组织滴虫病诊断技术	
26	NY/T 3464—2019	牛泰勒虫病诊断技术	
27	NY/T 3465—2019	山羊关节炎脑炎诊断技术	
28	NY/T 1187—2019	鸡传染性贫血诊断技术	NY/T 681—2003, NY/T 1187—2006
29	NY/T 3466—2019	实验用猪微生物学等级及监测	
30	NY/T 575—2019	牛传染性鼻气管炎诊断技术	NY/T 575—2002
31	NY/T 3467—2019	牛羊饲养场兽医卫生规范	
32	NY/T 3468—2019	猪轮状病毒间接 ELISA 抗体检测方法	
33	NY/T 3363—2019	畜禽屠宰加工设备　猪剥皮机	NY/T 3363—2018 (SB/T 10493—2008)
34	NY/T 3364—2019	畜禽屠宰加工设备　猪胴体劈半锯	NY/T 3364—2018 (SB/T 10494—2008)
35	NY/T 3469—2019	畜禽屠宰操作规程　羊	
36	NY/T 3470—2019	畜禽屠宰操作规程　兔	
37	NY/T 3471—2019	畜禽血液收集技术规范	

（续）

序号	标准号	标准名称	代替标准号
38	NY/T 3472—2019	畜禽屠宰加工设备　家禽自动掏膛生产线技术条件	
39	NY/T 3473—2019	饲料中纽甜、阿力甜、阿斯巴甜、甜蜜素、安赛蜜、糖精钠的测定　液相色谱-串联质谱法	
40	NY/T 3474—2019	卵形鲳鲹配合饲料	
41	NY/T 3475—2019	饲料中貂、狐、貉源性成分的定性检测　实时荧光 PCR 法	
42	NY/T 3476—2019	饲料原料　甘蔗糖蜜	
43	NY/T 3477—2019	饲料原料　酿酒酵母细胞壁	
44	NY/T 3478—2019	饲料中尿素的测定	
45	NY/T 132—2019	饲料原料　花生饼	NY/T 132—1989
46	NY/T 123—2019	饲料原料　米糠饼	NY/T 123—1989
47	NY/T 124—2019	饲料原料　米糠粕	NY/T 124—1989
48	NY/T 3479—2019	饲料中氢溴酸常山酮的测定　液相色谱-串联质谱法	
49	NY/T 3480—2019	饲料中那西肽的测定　高效液相色谱法	
50	SC/T 7228—2019	传染性肌坏死病诊断规程	
51	SC/T 7230—2019	贝类包纳米虫病诊断规程	
52	SC/T 7231—2019	贝类折光马尔太虫病诊断规程	
53	SC/T 4047—2019	海水养殖用扇贝笼通用技术要求	
54	SC/T 4046—2019	渔用超高分子量聚乙烯网线通用技术条件	
55	SC/T 6093—2019	工厂化循环水养殖车间设计规范	
56	SC/T 7002.15—2019	渔船用电子设备环境试验条件和方法　温度冲击	
57	SC/T 6017—2019	水车式增氧机	SC/T 6017—1999
58	SC/T 3110—2019	冻虾仁	SC/T 3110—1996
59	SC/T 3124—2019	鲜、冻养殖河豚鱼	
60	SC/T 5108—2019	锦鲤售卖场条件	
61	SC/T 5709—2019	金鱼分级　水泡眼	
62	SC/T 7016.13—2019	鱼类细胞系　第 13 部分:鲫细胞系(CAR)	
63	SC/T 7016.14—2019	鱼类细胞系　第 14 部分:锦鲤吻端细胞系(KS)	
64	SC/T 7229—2019	鲤浮肿病诊断规程	
65	SC/T 2092—2019	脊尾白虾　亲虾	
66	SC/T 2097—2019	刺参人工繁育技术规范	
67	SC/T 4050.1—2019	拖网渔具通用技术要求　第 1 部分:网衣	
68	SC/T 4050.2—2019	拖网渔具通用技术要求　第 2 部分:浮子	
69	SC/T 9433—2019	水产种质资源描述通用要求	
70	SC/T 1143—2019	淡水珍珠蚌鱼混养技术规范	
71	SC/T 2093—2019	大泷六线鱼　亲鱼和苗种	
72	SC/T 4049—2019	超高分子量聚乙烯网片　绞捻型	
73	SC/T 9434—2019	水生生物增殖放流技术规范　金乌贼	
74	SC/T 1142—2019	水产新品种生长性能测试　鱼类	
75	SC/T 4048.1—2019	深水网箱通用技术要求　第 1 部分:框架系统	
76	SC/T 9429—2019	淡水渔业资源调查规范　河流	
77	SC/T 2095—2019	大型藻类养殖容量评估技术规范　营养盐供需平衡法	
78	SC/T 3211—2019	盐渍裙带菜	SC/T 3211—2002
79	SC/T 3213—2019	干裙带菜叶	SC/T 3213—2002
80	SC/T 2096—2019	三疣梭子蟹人工繁育技术规范	

（续）

序号	标准号	标准名称	代替标准号
81	SC/T 9430—2019	水生生物增殖放流技术规范　鳜	
82	SC/T 1137—2019	淡水养殖水质调节用微生物制剂　质量与使用原则	
83	SC/T 9431—2019	水生生物增殖放流技术规范　拟穴青蟹	
84	SC/T 9432—2019	水生生物增殖放流技术规范　海蜇	
85	SC/T 1140—2019	莫桑比克罗非鱼	
86	SC/T 2098—2019	裙带菜人工繁育技术规范	
87	SC/T 6137—2019	养殖渔情信息采集规范	
88	SC/T 2099—2019	牙鲆人工繁育技术规范	
89	SC/T 3053—2019	水产品及其制品中虾青素含量的测定　高效液相色谱法	
90	SC/T 1139—2019	细鳞鲷	
91	SC/T 9435—2019	水产养殖环境(水体、底泥)中孔雀石绿的测定　高效液相色谱法	
92	SC/T 1141—2019	尖吻鲈	
93	NY/T 1766—2019	农业机械化统计基础指标	NY/T 1766—2009
94	NY/T 985—2019	根茬粉碎还田机　作业质量	NY/T 985—2006
95	NY/T 1227—2019	残地膜回收机　作业质量	NY/T 1227—2006
96	NY/T 3481—2019	根茎类中药材收获机　质量评价技术规范	
97	NY/T 3482—2019	谷物干燥机质量调查技术规范	
98	NY/T 1830—2019	拖拉机和联合收割机安全技术检验规范	NY/T 1830—2009
99	NY/T 2207—2019	轮式拖拉机能效等级评价	NY/T 2207—2012
100	NY/T 1629—2019	拖拉机排气烟度限值	NY/T 1629—2008
101	NY/T 3483—2019	马铃薯全程机械化生产技术规范	
102	NY/T 3484—2019	黄淮海地区保护性耕作机械化作业技术规范	
103	NY/T 3485—2019	西北内陆棉区棉花全程机械化生产技术规范	
104	NY/T 3486—2019	蔬菜移栽机　作业质量	
105	NY/T 1828—2019	机动插秧机　质量评价技术规范	NY/T 1828—2009
106	NY/T 3487—2019	厢式果蔬烘干机　质量评价技术规范	
107	NY/T 1534—2019	水稻工厂化育秧技术规程	NY/T 1534—2007
108	NY/T 209—2019	农业轮式拖拉机　质量评价技术规范	NY/T 209—2006
109	NY/T 3488—2019	农业机械重点检查技术规范	
110	NY/T 364—2019	种子拌药机　质量评价技术规范	NY/T 364—1999
111	NY/T 3489—2019	农业机械化水平评价　第2部分:畜牧养殖	
112	NY/T 3490—2019	农业机械化水平评价　第3部分:水产养殖	
113	NY/T 3491—2019	玉米免耕播种机适用性评价方法	
114	NY/T 3492—2019	农业生物质原料　样品制备	
115	NY/T 3493—2019	农业生物质原料　粗蛋白测定	
116	NY/T 3494—2019	农业生物质原料　纤维素、半纤维素、木质素测定	
117	NY/T 3495—2019	农业生物质原料热重分析法　通则	
118	NY/T 3496—2019	农业生物质原料热重分析法　热裂解动力学参数	
119	NY/T 3497—2019	农业生物质原料热重分析法　工业分析	
120	NY/T 3498—2019	农业生物质原料成分测定　元素分析仪法	
121	NY/T 3499—2019	受污染耕地治理与修复导则	
122	NY/T 3500—2019	农业信息基础共享元数据	
123	NY/T 3501—2019	农业数据共享技术规范	

中华人民共和国农业农村部公告
第 197 号

《饲料中硝基咪唑类药物的测定　液相色谱-质谱法》等 10 项标准业经专家审定通过，现批准发布为中华人民共和国农业行业标准，自 2020 年 1 月 1 日起实施。

特此公告。

附件：《饲料中硝基咪唑类药物的测定　液相色谱-质谱法》等 10 项国家标准目录

农业农村部

2019 年 8 月 1 日

附件：

《饲料中硝基咪唑类药物的测定　液相色谱-质谱法》等10项国家标准目录

序号	标准号	标准名称	代替标准号
1	农业农村部公告第197号—1—2019	饲料中硝基咪唑类药物的测定　液相色谱-质谱法	农业部1486号公告—4—2010
2	农业农村部公告第197号—2—2019	饲料中盐酸沃尼妙林和泰妙菌素的测定　液相色谱-串联质谱法	
3	农业农村部公告第197号—3—2019	饲料中硫酸新霉素的测定　液相色谱-串联质谱法	
4	农业农村部公告第197号—4—2019	饲料中海南霉素的测定　液相色谱-串联质谱法	
5	农业农村部公告第197号—5—2019	饲料中可乐定等7种α-受体激动剂的测定　液相色谱-串联质谱法	
6	农业农村部公告第197号—6—2019	饲料中利巴韦林等7种抗病毒类药物的测定　液相色谱-串联质谱法	
7	农业农村部公告第197号—7—2019	饲料中福莫特罗、阿福特罗的测定　液相色谱-串联质谱法	
8	农业农村部公告第197号—8—2019	动物毛发中赛庚啶残留量的测定　液相色谱-串联质谱法	
9	农业农村部公告第197号—9—2019	畜禽血液和尿液中150种兽药及其他化合物鉴别和确认　液相色谱-高分辨串联质谱法	
10	农业农村部公告第197号—10—2019	畜禽血液和尿液中160种兽药及其他化合物的测定　液相色谱-串联质谱法	

国家卫生健康委员会
农 业 农 村 部
国家市场监督管理总局
公 告
2019年 第5号

根据《中华人民共和国食品安全法》规定，经食品安全国家标准审评委员会审查通过，现发布《食品安全国家标准 食品中农药最大残留限量》（GB 2763—2019，代替GB 2763—2016和GB 2763.1—2018）等3项食品安全国家标准。其编号和名称如下：

GB 2763—2019 食品安全国家标准 食品中农药最大残留限量

GB 23200.116—2019 食品安全国家标准 植物源性食品中90种有机磷类农药及其代谢物残留量的测定 气相色谱法

GB 23200.117—2019 食品安全国家标准 植物源性食品中喹啉铜残留量的测定 高效液相色谱法

以上标准自发布之日起6个月正式实施。标准文本可在中国农产品质量安全网（http://www.aqsc.org）查阅下载。标准文本内容由农业农村部负责解释。

特此公告。

国家卫生健康委员会

农业农村部

国家市场监督管理总局

2019年8月15日

农 业 农 村 部
国家卫生健康委员会
国家市场监督管理总局
公 告
第114号

根据《中华人民共和国食品安全法》规定，经食品安全国家标准审评委员会审查通过，现发布《食品安全国家标准 食品中兽药最大残留限量》(GB 31650—2019，代替农业部公告第235号中的相应部分)及9项兽药残留检测方法食品安全国家标准，其编号和名称如下：

GB 31650—2019 食品安全国家标准 食品中兽药最大残留限量

GB 31660.1—2019 食品安全国家标准 水产品中大环内酯类药物残留量的测定 液相色谱-串联质谱法

GB 31660.2—2019 食品安全国家标准 水产品中辛基酚、壬基酚、双酚A、己烯雌酚、雌酮、17α-乙炔雌二醇、17β-雌二醇、雌三醇残留量的测定 气相色谱-质谱法

GB 31660.3—2019 食品安全国家标准 水产品中氟乐灵残留量的测定 气相色谱法

GB 31660.4—2019 食品安全国家标准 动物性食品中醋酸甲地孕酮和醋酸甲羟孕酮残留量的测定 液相色谱-串联质谱法

GB 31660.5—2019 食品安全国家标准 动物性食品中金刚烷胺残留量的测定 液相色谱-串联质谱法

GB 31660.6—2019 食品安全国家标准 动物性食品中5种α_2-受体激动剂残留量的测定 液相色谱-串联质谱法

GB 31660.7—2019 食品安全国家标准 猪组织和尿液中赛庚啶及可乐定残留量的测定 液相色谱-串联质谱法

GB 31660.8—2019 食品安全国家标准 牛可食性组织及牛奶中氮氨菲啶残留量的测定 液相色谱-串联质谱法

GB 31660.9—2019 食品安全国家标准 家禽可食性组织中乙氧酰胺苯甲酯残留量的测定 高效液相色谱法

以上标准自2020年4月1日起实施。标准文本可在中国农产品质量安全网(http://www.aqsc.org)查阅下载。

农业农村部
国家卫生健康委员会
国家市场监督管理总局
2019年9月6日

中华人民共和国农业农村部公告
第 251 号

《肥料　包膜材料使用风险控制准则》等 39 项标准业经专家审定通过，现批准发布为中华人民共和国农业行业标准，自 2020 年 4 月 1 日起实施。

特此公告。

附件：《肥料　包膜材料使用风险控制准则》等 39 项农业行业标准目录

农业农村部

2019 年 12 月 27 日